地方电厂岗位检修培训教材

U0393521

热工控制检修

张本贤　主编

中国电力出版社
CHINA ELECTRIC POWER PRESS

近 20 多年来，全国有一大批地方电厂、企业自备电厂和热电厂的 50～350MW 火力发电机组相继投产，检修岗位新职工和生产人员迅速增加。为了做好检修生产人员岗位技术培训和技能鉴定工作，按照部颁《国家职业技能鉴定规范·电力行业》《电力工人技术等级标准》和《火力发电厂检修岗位规范》以及检修规程的要求，突出岗位重点、注重操作技能、便于考核培训等，组织专家技术人员编写了《地方电厂岗位检修培训教材》，分为锅炉设备检修、汽轮机设备检修、电气设备检修、热工控制检修、电厂化学检修、燃料设备检修和循环流化床锅炉检修，共 7 册。

本书是《地方电厂岗位检修培训教材　热工控制检修》，全书共分五篇二十七章，第一篇热工仪表检修相关知识，介绍电子元器件综合知识，基本模拟电路和数字电路，热控系统电源，热工测量与控制系统接地及防静电，热工仪表检修用仪表工具及设备，检修一般原则和热工测量概述，传感器变送器知识；第二篇测温仪表检修，介绍温度测量概述，热电偶、热电阻、温度开关、温度变送器、辐射式温度计、温度显示仪表检修及校准；第三篇压力仪表检修，介绍压力测量概述，弹性式压力表、数字压力表、电触点压力表、压力开关、压力变送器及检修检定；第四篇流量仪表检修，介绍流量测量概述，差压式流量计、其他类型流量计检修检定；第五篇其他测量仪表检修，介绍氧量计、称重仪表及检修检定以及执行器（执行机构）及其检修。

本书可作为全国地方电厂、企业自备电厂和热电厂 50～350MW 火力发电机组、具有高中及以上文化程度从事热工控制检修的生产人员、工人、技术人员、管理干部以及有关热工专业师生岗位技能和技能鉴定的培训教材。

图书在版编目（CIP）数据

热工控制检修/张本贤主编. —北京：中国电力出版社，2015.4

地方电厂岗位检修培训教材

ISBN 978-7-5123-6614-5

Ⅰ.①热…　Ⅱ.①张…　Ⅲ.①火电厂-热力工程-自动控制系统-维修-岗位培训-教材　Ⅳ.①TM621.4

中国版本图书馆 CIP 数据核字（2014）第 233980 号

中国电力出版社出版、发行

（北京市东城区北京站西街 19 号　100005　http://www.cepp.sgcc.com.cn）

北京市同江印刷厂印刷

各地新华书店经售

＊

2015 年 4 月第一版　　2015 年 4 月北京第一次印刷

787 毫米×1092 毫米　16 开本　19.75 印张　532 千字

印数 0001—3000 册　　定价 58.00 元

火力发电企业的汽轮机、锅炉等热力设备及系统的安全运行在整个火力发电机组的安全经济运行中处于十分重要的地位。如何通过有效的控制和调节来保证这些设备的安全经济运行状态，是火力发电厂热工测量及控制仪表最主要的任务。现场的热控部门及人员采取有效的措施，对热工测量及控制仪表进行维护、检修和检定，是实现对主要热力设备进行有效控制与调节最直接的手段。

火力发电生产过程涉及的设备很多，在发电生产过程中既要完成热能向机械能的转化，又要同时完成发电机的发电，这使得这些设备及关键部件长期工作在高温、高压、高转速和高磨损的恶劣条件下。要保证这些设备及部件更可靠和有效工作，需要有一种既准确合理又可靠有效的控制与调节，需要控制与调节设备始终保持良好的工作状态，这就需要检修工作人员掌握必要的检修技术和技能。

电力体制改革加快了火力发电企业技术改造的步伐，同时也使得火力发电企业生产过程有更加明确的分工，一大批专业检修机构应运而生。由于这些专业检修企业是新组建的企业，因此更具有现代企业的理念，对培训更加重视；也由于这些企业中老员工居多，老员工们更加习惯于凭老经验开展工作，因此更有必要通过培训和学习使其更进一步培养现代企业设备检修的理念。

编写本书，立足于适应现代专业检修企业对热工控制检修专业的培训需求，以50～350MW 机组的热工测量与仪表为对象，试图全面介绍有关热工控制检修的基础、专业知识和技能，以及检修管理的有关内容，以期能对相关人员通过培训或自学，对提高相关知识和技能有所帮助。

本书是在多年培训授课的基础上，由张本贤老师联合多家火力发电厂的现场工程技术人员，针对火力发电厂热力设备的各种测量仪表，从技术实用性出发，力求全面介绍有关的技术内容，包括设备结构、工作原理、运行维护、故障排除和设备检修等，进行编写而成的。本书可作为各类火力发电企业（检修企业）热工控制检修的专业培训教材，也可作为各类职业学校相关专业的教学参考书及自学教材。

本书由张本贤主编和统稿。张晓编写第一章，苏博编写第四章，宋岩岩编写第五章，李欣芳编写第六章，张本贤编写第二章、第三章、第七章～第二十七章。

在本书的编写过程中，笔者曾经多次到辽宁发电厂、辽河石油勘探局热电厂、抚顺发电厂、铁岭发电厂、大连热电集团公司香海热电厂、华能大连电厂等企业调研和考察学习，得到了这些企业领导和相关人员的大力支持和帮助，在此表示深深的谢意！

限于编者水平，书中疏漏之处在所难免，恳请读者在使用中提出宝贵意见和建议，以便修订时及时改进。

编　者

2014 年 10 月

目 录

前言

第一篇　热工仪表检修相关知识

第一章　电子元器件综合知识 ··· 1
　第一节　电阻器 ··· 1
　第二节　电容器 ··· 3
　第三节　电感器 ··· 5
　第四节　半导体二极管 ·· 8
　第五节　半导体三极管 ·· 10
　第六节　场效应管 ··· 12
　第七节　集成电路 ··· 14
　第八节　晶体振荡器 ··· 15
第二章　基本模拟电路和数字电路 ······································ 18
　第一节　基本逻辑门电路 ··· 18
　第二节　TTL 逻辑门电路 ·· 20
　第三节　直流稳定电源电路 ·· 23
　第四节　振荡电路 ··· 26
第三章　热控系统的电源 ··· 29
　第一节　稳压电源的分类及知识 ··· 29
　第二节　不间断电源系统 UPS ··· 31
第四章　热工测量与控制系统接地及防静电 ·························· 36
　第一节　热工测量及控制系统的接地 ··································· 36
　第二节　热工测量与控制系统的防静电 ································ 39
第五章　热工仪表检修用仪表及设备 ··································· 44
　第一节　钳形电流表 ··· 44
　第二节　绝缘电阻表及其使用 ··· 47
　第三节　万用表及其使用 ··· 51
　第四节　示波器及其使用 ··· 57
第六章　热工仪表检修用工具及设备 ··································· 64
　第一节　电烙铁及其焊接技术 ··· 64
　第二节　热风枪 ··· 69
第七章　传感器变送器知识 ··· 72

第一节　传感器概述 ……………………………………………………………………… 72
第二节　传感器的特性 …………………………………………………………………… 74
第三节　传感器的选用 …………………………………………………………………… 76
第四节　实际应用中的传感器的形式 ………………………………………………… 77
第五节　变送器相关知识 ………………………………………………………………… 78

第八章　热工仪表检修的一般原则 ……………………………………………………… 81
第一节　系统故障分析 …………………………………………………………………… 81
第二节　仪表故障分析判断方法 ……………………………………………………… 83
第三节　仪表检修的方法及注意事项 ………………………………………………… 86

第九章　热工测量概述 …………………………………………………………………… 89
第一节　热工测量的概念及方法 ……………………………………………………… 89
第二节　测量误差 ………………………………………………………………………… 90
第三节　热工测量仪表主要品质指标 ………………………………………………… 92
第四节　工业自动化仪表的组成和分类 ……………………………………………… 93
第五节　热工计量 ………………………………………………………………………… 95

第二篇　测温仪表检修

第十章　温度测量概述 …………………………………………………………………… 98
第一节　温度及温度测量 ………………………………………………………………… 98
第二节　温度测量仪表的分类和比较 ………………………………………………… 100

第十一章　热电偶的安装、检修及检定 ……………………………………………… 103
第一节　热电偶的测温原理 ……………………………………………………………… 103
第二节　热电偶的结构及其类型 ……………………………………………………… 107
第三节　热电偶的安装及检修 ………………………………………………………… 108
第四节　热电偶的校准及检定 ………………………………………………………… 112

第十二章　热电阻的检修及检定 ……………………………………………………… 116
第一节　热电阻温度计 …………………………………………………………………… 116
第二节　热电阻的分类及结构 ………………………………………………………… 117
第三节　热电阻的检修 …………………………………………………………………… 119
第四节　热电阻的检定 …………………………………………………………………… 121

第十三章　温度开关（温度控制器）的校验 ………………………………………… 125
第一节　双金属温度开关的校验 ……………………………………………………… 125
第二节　压力式温度计（温度开关）的检修及校验 ……………………………… 131

第十四章　温度变送器及检定 ………………………………………………………… 138
第一节　温度变送器概述 ………………………………………………………………… 138
第二节　温度变送器的校验 ……………………………………………………………… 141
第三节　一体化温度变送器及校验 …………………………………………………… 143

第十五章　辐射式温度计及检定 ……………………………………………………… 150
第一节　辐射式温度计概述 ……………………………………………………………… 150
第二节　全辐射式温度计及检定 ……………………………………………………… 151
第三节　光学高温计及检定 ……………………………………………………………… 157

第十六章　温度显示仪表的检修及校准 ··· 166
第一节　动圈式温度指示仪表的检修及校准 ··· 166
第二节　电子自动平衡式仪表的检修与调校 ··· 171
第三节　力矩电机式温度指示仪表及校验 ··· 175
第四节　数字式温度显示仪表的检修与校准 ··· 177
第五节　测温系统的检查与校准 ··· 181

第三篇　压力仪表检修

第十七章　压力测量概述 ··· 185
第一节　压力概念 ·· 185
第二节　压力测量仪表 ··· 186
第十八章　弹性式压力表的检修检定 ··· 192
第一节　弹性压力测量装置 ··· 192
第二节　弹簧管式压力表的检修 ··· 194
第三节　弹簧管压力表的检定 ·· 199
第十九章　数字压力表及检定 ··· 202
第一节　数字压力表 ·· 202
第二节　数字压力表的检定 ··· 204
第二十章　电触点压力表及压力（差压）开关检修与校验 ····························· 209
第一节　弹簧管式电触点压力表的检定与校验 ··· 209
第二节　压力开关（压力控制器）及其检修检定 ·· 211
第三节　差压开关的检修及校验 ··· 216
第二十一章　压力（差压）变送器及检修、检定 ··· 219
第一节　压力（差压）变送器概述 ·· 219
第二节　压力变送器的选型、检修及安装 ··· 222
第三节　压力变送器的调校 ··· 226

第四篇　流量仪表检修

第二十二章　流量测量概述 ··· 234
第一节　流量计量意义 ··· 234
第二节　流量计量基本概念 ··· 235
第三节　流量计种类及其特点 ·· 236
第二十三章　差压式流量计及检修检定 ··· 239
第一节　差压式流量计概述 ··· 239
第二节　差压式流量计的调校及检定 ·· 244
第二十四章　其他类型流量计的检修检定 ·· 250
第一节　容积式流量计 ··· 250
第二节　靶式流量计 ·· 257
第三节　电磁流量计 ·· 259
第四节　超声波流量计 ··· 265
第五节　浮子流量计 ·· 269

第五篇　其他测量仪表检修

第二十五章　氧量传感器及其检修检定 ··· 273
　第一节　氧化锆氧量传感器原理及结构 ··· 273
　第二节　氧化锆氧量传感器的检修和校准 ··· 275
　第三节　氧量传感器的安装及使用维护 ··· 281
第二十六章　称重仪表及检修检定 ··· 283
　第一节　概述 ·· 283
　第二节　电子皮带秤的检定与校验 ··· 285
　第三节　电子称重仪表的检修 ··· 289
第二十七章　执行器（执行机构）及其检修 ··· 293
　第一节　执行器（执行机构）概述 ··· 293
　第二节　电动执行机构及其检修 ··· 297
　第三节　SMC 普通型阀门电动装置的检修 ·· 301
　第四节　气动调节机构的检修 ··· 304
参考文献 ··· 307

第一篇

热工仪表检修相关知识

第一章　电子元器件综合知识

第一节　电　阻　器

一、概述

1. 电阻器的概念

在电路中对电流有阻碍作用并且造成能量消耗的部分叫电阻器，简称电阻。电阻器的英文缩写为 R（Resistor）及排阻 R_N。电阻器的常见单位是 Ω（欧姆）、$k\Omega$（千欧姆）和 $M\Omega$（兆欧姆）。电阻器的单位换算：$1M\Omega$（兆欧）$= 10^3 k\Omega$（千欧）$= 10^6 \Omega$（欧）。

2. 电阻器的结构、符号及标示

电阻器符号、结构及标示见图 1-1。

图 1-1　电阻器符号、结构及标示

(a) 电阻器符号；(b) 线绕电阻器的结构；(c) 电阻器在电路图中的标示

3. 电阻器的特性

电阻为线性元件，即电阻两端电压与流过电阻的电流成正比，通过这段导体的电流强度与这段导体的电阻成反比，即欧姆定律：$I=U/R$。

电阻的作用为分流、限流、分压、偏置、滤波（与电容器组合使用）和阻抗匹配等。

电阻器在电路中用"R"加编号（数字）表示，如：R15 表示编号为 15 的电阻器。

4. 电阻器的在电路中的参数标注方法

电阻器的在电路中的参数标注方法有 3 种，即直标法、色标法和数标法。

(1) 直标法是将电阻器的标称值用数字和文字符号直接标在电阻体上，其允许偏差则用百分数表示，未标偏差值的即为 ±20%。

(2) 数码标示法主要用于贴片等小体积的电路，在三位数码中，从左至右第一、二位数表示有效数字，第三位表示 10 的倍幂或者用 R 表示（R 表示 0）。如：472 表示 $47\times10^2\Omega$（即 4.7kΩ）；104 则表示 100kΩ；R22 表示 0.22Ω、122 表示 1200Ω=1.2kΩ、1402 表示 14 000Ω=14kΩ。

(3）色环标注法使用最多，普通的色环电阻器用 4 环表示，精密电阻器用 5 环表示，紧靠电阻体一端头的色环为第一环，露电阻体本色较多的另一端头为末环。现举例如下：

如果色环电阻器用四环表示，前两个色环代表有效数字，第 3 个色环代表 10 的倍幂，第四个色环代表色环电阻器的误差范围，见图 1-2。

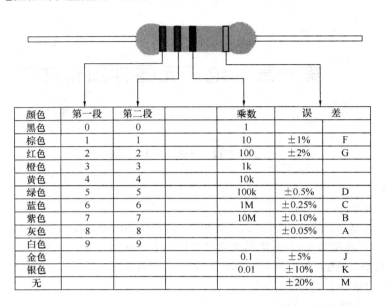

颜色	第一段	第二段	乘数	误	差
黑色	0	0	1		
棕色	1	1	10	±1%	F
红色	2	2	100	±2%	G
橙色	3	3	1k		
黄色	4	4	10k		
绿色	5	5	100k	±0.5%	D
蓝色	6	6	1M	±0.25%	C
紫色	7	7	10M	±0.10%	B
灰色	8	8		±0.05%	A
白色	9	9			
金色			0.1	±5%	J
银色			0.01	±10%	K
无				±20%	M

图 1-2 两位有效数字阻值的色环表示法

如果色环电阻器用五环表示，前面三个色环代表有效数字，第四个色环代表 10 的倍幂。第五个色环代表色环电阻器的误差范围，见图 1-3。

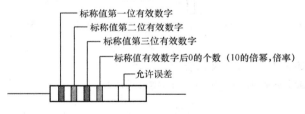

图 1-3 三位有效数字阻值的色环表示法

五色环电阻器（精密电阻）

二、电阻器的检测

1. 用指针万用表检测

（1）首先选择测量挡位，再将倍率挡旋钮置于适当的挡位，一般 100Ω 以下电阻器可选 $R \times 1$ 挡，100Ω～1kΩ 的可选 $R \times 10$ 挡，1～10kΩ 的可选 $R \times 100$ 挡，10～100kΩ 的可选 $R \times 1k$ 挡，100kΩ 以上的可选 $R \times 10k$ 挡。

（2）测量挡位选择确定后，对万用表电阻挡进行校零。

（3）接着将万用表的两表笔分别和电阻器的两端相接，表针应指在相应的阻值刻度上，可读出被测电阻的阻值。如果表针不动或指示不稳定或指示值与电阻器上的标示值相差很大，则说明该电阻器已损坏。

2. 用数字万用表检测

（1）首先根据被测电阻的阻值范围选择挡位，一般 200Ω 以下可选 200 挡，200Ω～2kΩ 可选 2k 挡，2～20kΩ 可选 20k 挡，20～200kΩ 的可选 200k 挡，200kΩ～2MΩ 的选择 2M 挡。2～20MΩ 的选择 20M 挡，20MΩ 以上的选择 200M 挡。

（2）接着将万用表的两表笔分别与电阻器的两端相接，应显示相应的阻值。如果显示值与电阻器上的标示值相差很大，则说明该电阻器已损坏。

第二节 电 容 器

电容器简称电容，也是组成电子电路的主要元件。它可以储存电能，具有充电、放电及通交流、隔直流的特性。从某种意义上说，电容器有点像电池。尽管两者的工作方式截然不同，但它们都能存储电能。电池有两个电极，在电池内部，化学反应使一个电极产生电子，另一个电极吸收电子。而电容器则要简单得多，它不能产生电子，它只是存储电子。它是各类电子设备大量使用的不可缺少的基本元件之一。各种电容器在电路中能起不同的作用，如耦合和隔直流、旁路、整流滤波、高频滤波、调谐、储能和分频等。电容器应根据电路中电压、频率、信号波形、交直流成分和温湿度条件来加以选用。电容器的英文缩写是 C（capacitor）。

电容器常用的单位为法（F）、毫法（mF）、微法（μF）、纳法（nF）、皮法（pF），单位之间的换算关系为 $1F(法)=10^3 mF(毫法)=10^6 \mu F(微法)=10^9 nF(纳法)=10^{12} pF(皮法)$；$1pF=10^{-3} nF=10^{-6} \mu F=10^{-9} mF=10^{-12} F$。

一、电容器概述

1. 电容器的符号

电容器的符号如图 1-4 所示。

2. 电容器的分类

电容器主要分为以下 10 类：

（1）按照结构分三大类：固定电容器、可变电容器和微调电容器。

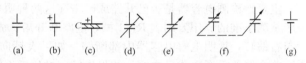

图 1-4 电容器的图形符号

(a) 一般符号；(b) 电解电容器；(c) 国外电解电容器的符号；(d) 微调电容器；(e) 单连可变电容器；(f) 双连可变电压容器；(g) 穿心电容器

（2）按电解质分类：有机介质电容器、无机介质电容器、电解电容器和空气介质电容器等。

（3）按用途分有：高频旁路、低频旁路、滤波、调谐、高频耦合、低频耦合、小型电容器。

（4）按制造材料的不同可以分为：瓷介电容、涤纶电容、电解电容、钽电容，还有先进的聚丙烯电容等。

（5）高频旁路：陶瓷电容器、云母电容器、玻璃膜电容器、涤纶电容器、玻璃釉电容器。

（6）低频旁路：纸介电容器、陶瓷电容器、铝电解电容器、涤纶电容器。

（7）滤波：铝电解电容器、纸介电容器、复合纸介电容器、液体钽电容器。

（8）调谐：陶瓷电容器、云母电容器、玻璃膜电容器、聚苯乙烯电容器。

（9）低耦合：纸介电容器、陶瓷电容器、铝电解电容器、涤纶电容器、固体钽电容器。

（10）小型电容：金属化纸介电容器、陶瓷电容器、铝电解电容器、聚苯乙烯电容器、固体钽电容器、玻璃釉电容器、金属化涤纶电容器、聚丙烯电容器、云母电容器。

3. 电容器的特性

电容器容量的大小就是表示能储存电能的大小，电容对交流信号的阻碍作用称为容抗，它与交流信号的频率和电容量有关。电容的特性主要是隔直流通交流，通高频阻低频。

4. 电容器的识别方法

电容器的主要性能指标是包括电容器的容量（即储存电荷的容量）、耐压值（指在额定温度范围内电容器能长时间可靠工作的最大直流电压或最大交流电压的有效值）和耐温值（表示电容

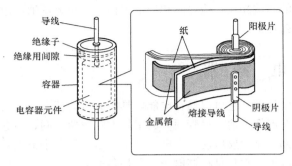

图 1-5　纸介电容器构造

导线
绝缘子
绝缘用间隙
容器
电容器元件

纸
阳极片
金属箔
熔接导线
阴极片
导线

器所能承受的最高工作温度）。

电容器的识别方法与电阻的识别方法基本相同，分直标法、色标法和数标法 3 种。

5. 电容器的结构

如图 1-5 所示为纸介电容器的结构。

二、电容器的好坏测量

1. 脱离线路时检测

采用万用表 R×1k 挡，在检测前，先将电解电容的两根引脚相碰，以便放掉电容内残余的电荷。当表笔刚接通时，表针向右偏转一个角度，然后表针缓慢地向左回转，最后表针停下。表针停下来所指示的阻值为该电容的漏电电阻，此阻值越大越好，最好接近无穷大处。如果漏电电阻只有几十千欧，说明这一电解电容器漏电严重。表针向右摆动的角度越大（表针还应向左回摆），说明这一电解电容器的电容量也越大，反之说明容量越小。

2. 线路上直接检测

主要是检测电容器是否已开路或已击穿这两种明显故障，而对漏电故障由于受外电路的影响一般是测不准的。用万用表 R×1 挡，电路断开后，先放掉残存在电容器内的电荷。测量时若表针向右偏转，说明电解电容器内部断路。如果表针向右偏转后所指示的阻值很小（接近短路），说明电容器严重漏电或已击穿。如果表针向右偏后无回转，但所指示的阻值不是很小，说明电容器开路的可能性很大，应脱开电路后进一步检测。

3. 线路通电状态时检测

若怀疑电解电容器只在通电状态下才存在击穿故障，可以给电路通电，然后用万用表直流挡测量该电容器两端的直流电压。如果电压很低或为 0V，则是该电容器已击穿。对于电解电容器的正、负极标志不清楚的，必须先判别出它的正、负极。对换万用表笔测两次，以漏电大（电阻值小）的一次为准，黑表笔所接一脚为负极，另一脚为正极。

4. 可变电容器的检测

（1）用手轻轻旋动转轴，应感觉十分平滑，不应感觉时松时紧甚至有卡滞现象。将转轴向前、后、上、下、左、右等各个方向推动时，转轴不应有松动的现象。

（2）用一只手旋动转轴，另一只手轻摸动片组的外缘，不应感觉有任何松脱现象。转轴与动片之间接触不良的可变电容器，是不能再继续使用的。

（3）将万用表置于 R×10k 挡，一只手将两个表笔分别接可变电容器的动片和定片的引出端，另一只手将转轴缓缓旋动几个来回，万用表指针都应在无穷大位置不动。在旋动转轴的过程中，如果指针有时指向零，说明动片和定片之间存在短路点；如果碰到某一角度，万用表读数不为无穷大而是出现一定阻值，说明可变电容器动片与定片之间存在漏电现象。

5. 固定电容器的检测

（1）检测 10pF 以下的小电容，因 10pF 以下的固定电容器容量太小，用万用表进行测量，只能定性地检查其是否有漏电、内部短路或击穿现象。测量时，可选用万用表 R×10k 挡，用两表笔分别任意接电容的两个引脚，阻值应为无穷大。若测出阻值（指针向右摆动）为零，则说明电容漏电损坏或内部击穿。

（2）检测 10pF～0.01μF 固定电容器是否有充电现象，进而判断其好坏。万用表选用 R×1k 挡。两只三极管的 β 值均为 100 以上，且穿透电流要小。可选用 3DG6 等型号硅三极管组成复合管。万用表的红和黑表笔分别与复合管的发射极 e 和集电极 c 相接。由于复合三极管的放大作用，把被测电容器的充放电过程予以放大，使万用表指针摆动幅度加大，从而便于观察。应注意的是：在测试操作时，特别是在测较小容量的电容时，要反复调换被测电容引脚接触 A、B 两点，才能明显地看到万用表指针的摆动。

（3）对于 $0.01\mu F$ 以上的固定电容器，可用万用表的 R×10k 挡直接测试电容器有无充电过程以及有无内部短路或漏电，并可根据指针向右摆动的幅度大小估计出电容器的容量。

第三节 电 感 器

电感器的英文缩写为 L，电感在电路中常用"L"加数字表示，如：L6 表示编号为 6 的电感。电感线圈是将绝缘的导线在绝缘的骨架上绕一定的圈数制成。直流可通过线圈，直流电阻就是导线本身的电阻，压降很小；当交流信号通过线圈时，线圈两端将会产生自感电动势，自感电动势的方向与外加电压的方向相反，阻碍交流的通过，所以电感的特性是通直流阻交流，频率越高，线圈阻抗越大。电感器在电路中可与电容器组成振荡电路。

电感线圈是由导线一圈靠一圈地绕在绝缘管上，导线彼此互相绝缘，而绝缘管可以是空心的，也可以包含铁芯或磁粉芯，简称电感。单位有（H）亨、mH（毫亨）、μH（微亨），$1H=10^3 mH=10^6 \mu H$。

一、电感器的作用与电路图形符号

1. 电感器的电路图形符号

电感器是用漆包线、纱包线或塑皮线等在绝缘骨架或磁芯、铁芯上绕制成的一组串联的同轴线匝，图 1-6 是不同电感器在电路中的图形符号。

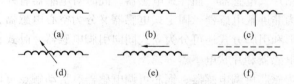

图 1-6 六种电感器图形符号

（a）固定值（开环形式）；（b）固定值（闭环形式）；（c）带抽头；

（d）可变值；（e）固定值；（f）铁粉或铁酸盐铁芯调节电感

2. 电感器的作用

电感器的主要作用是对交流信号进行隔离、滤波或与电容器、电阻器等组成谐振电路。

二、电感器的结构与特点

电感器一般由骨架、绕组、屏蔽罩、封装材料、磁芯或铁芯等组成。

1. 骨架

骨架泛指绕制线圈的支架。一些体积较大的固定式电感器或可调式电感器（如振荡线圈、阻流圈等），大多数是将漆包线（或纱包线）环绕在骨架上，再将磁芯或铜芯等装入骨架的内腔，以提高其电感量。

骨架通常是采用塑料、胶木、陶瓷制成，根据实际需要可以制成不同的形状。

小型电感器（例如色码电感器）一般不使用骨架，而是直接将漆包线绕在磁芯上。

空心电感器（也称脱胎线圈或空心线圈，多用于高频电路中）不用磁芯、骨架和屏蔽罩等，而是先在模具上绕好后再脱去模具，并将线圈各圈之间拉开一定距离。

2．绕组

绕组是指具有规定功能的一组线圈，它是电感器的基本组成部分。

绕组有单层和多层之分。单层绕组又有密绕（绕制时导线一圈挨一圈）和间绕（绕制时每圈导线之间均隔一定的距离）两种形式；多层绕组有分层平绕、乱绕、蜂房式绕法等多种。

3．磁芯与磁棒

磁芯与磁棒一般采用镍锌铁氧体（NX系列）或锰锌铁氧体（MX系列）等材料，它有"工"字形、柱形、帽形、E形、罐形等多种形状。

4．铁芯

铁芯材料主要有硅钢片、坡莫合金等，其外形多为E形。

5．屏蔽罩

为避免有些电感器在工作时产生的磁场影响其他电路及元器件正常工作，就为其增加了金属屏幕罩（例如半导体收音机的振荡线圈等）。采用屏蔽罩的电感器，会增加线圈的损耗，使品质因数Q值降低。

6．封装材料

有些电感器（如色码电感器、色环电感器等）绕制好后，用封装材料将线圈和磁芯等密封起来。封装材料采用塑料或环氧树脂等。

三、电感器的种类

1．按结构分类

电感器按其结构的不同可分为线绕式电感器和非线绕式电感器（多层片状、印刷电感等），还可分为固定式电感器和可调式电感器。

按贴装方式分，有贴片式电感器、插件式电感器。同时对电感器有外部屏蔽的称为屏蔽电感器，线圈裸露的一般称为非屏蔽电感器。固定式电感器又分为空心电感器、磁芯电感器、铁芯电感器等，根据其结构外形和引脚方式还可分为立式同向引脚电感器、卧式轴向引脚电感器、大中型电感器、小巧玲珑型电感器和片状电感器等。

可调式电感器又分为磁芯可调电感器、铜芯可调电感器、滑动触点可调电感器、串联互感可调电感器和多抽头可调电感器。

2．按工作频率分类

电感按工作频率可分为高频电感器、中频电感器和低频电感器。

空心电感器、磁芯电感器和铜芯电感器一般为中频或高频电感器，而铁芯电感器多数为低频电感器。

3．按用途分类

电感器按用途可分为振荡电感器、校正电感器、显像管偏转电感器、阻流电感器、滤波电感器、隔离电感电感器、补偿电感器等。

阻流电感器（也称阻流圈）分为高频阻流圈、低频阻流圈、电子镇流器用阻流圈等。

滤波电感器分为电源（工频）滤波电感器和高频滤波电感器等。

四、电感线圈的主要特性参数

电感器的主要参数有电感量、允许偏差、品质因数、分布电容及额定电流等。

1．电感量L

电感量也称自感系数，是表示电感器产生自感应能力的一个物理量。

环形电感的电感量L表示线圈本身的固有特性，与电流大小无关。除专门的电感线圈（色码电感）外，电感量一般不专门标注在线圈上，而以特定的名称标注。

2. 感抗 X_L

电感线圈对交流电流阻碍作用的大小称感抗 X_L，单位是欧姆。它与电感量 L 和交流电频率 f 的关系为 $X_L = 2\pi f L$。

3. 允许偏差

允许偏差是指电感器上标称的电感量与实际电感的允许误差值。

4. 品质因数 Q

品质因数 Q 是表示线圈质量的一个物理量，Q 为感抗 X_L 与其等效的电阻的比值，即 $Q = X_L/R$。线圈的 Q 值愈高，回路的损耗愈小。线圈的 Q 值与导线的直流电阻、骨架的介质损耗、屏蔽罩或铁芯引起的损耗、高频趋肤效应的影响等因素有关。线圈的 Q 值通常为几十到几百。

5. 分布电容

线圈的匝与匝间、线圈与屏蔽罩、线圈与底板间存在的电容被称为分布电容。分布电容的存在使线圈的 Q 值减小，稳定性变差，因而线圈的分布电容越小越好。

6. 额定电流

额定电流是指电感器在正常工作时允许通过的最大电流值。若工作电流超过额定电流，则电感器就会因发热而使性能参数发生改变，甚至还会因过流而烧毁。

五、常用线圈

1. 单层线圈

单层线圈是用绝缘导线一圈挨一圈地绕在纸筒或胶木骨架上，如晶体管收音机中波天线线圈。

2. 蜂房式线圈

如果所绕制的线圈，其平面不与旋转面平行，而是相交成一定的角度，这种线圈称为蜂房式线圈。

3. 铁氧体磁芯和铁粉芯线圈

线圈的电感量大小与有无磁芯有关。在空心线圈中插入铁氧体磁芯，可增加电感量和提高线圈的品质因数。

4. 铜芯线圈

铜芯线圈在超短波范围应用较多，利用旋动铜芯在线圈中的位置来改变电感量，这种调整比较方便、耐用。

5. 色码电感器

色码电感器是具有固定电感量的电感器，其电感量标志方法同电阻一样以色环来标记。

6. 小型固定电感器

小型固定电感器通常是用漆包线在磁芯上直接绕制而成，主要用在滤波、振荡、陷波、延迟等电路中，它有密封式和非密封式两种封装形式，两种形式又都有立式和卧式两种外形结构。

六、自感与互感

1. 自感

当线圈中有电流通过时，线圈的周围就会产生磁场。当线圈中电流发生变化时，其周围的磁场也产生相应的变化，此变化的磁场可使线圈自身产生感应电动势（感生电动势，电动势用以表示有源元件理想电源的端电压），这就是自感。

2. 互感

两个电感线圈相互靠近时，一个电感线圈的磁场变化将影响另一个电感线圈，这种影响就是互感。互感的大小取决于电感线圈的自感与两个电感线圈耦合的程度，利用此原理制成的元件叫做互感器。

七、电感的测量

电感的质量检测包括外观和阻值测量。首先检测电感的外表是否完好，磁性有无缺损，有无裂缝，金属部分有无腐蚀氧化，标志是否完整清晰，接线有无断裂或拆伤等。用万用表对电感作初步检测，测线圈的直流电阻，并与原已知的正常电阻值进行比较。如果检测值比正常值显著增大，或指针不动，可能是电感器本体断路。若比正常值小许多，可判断电感器本体严重短路，线圈的局部短路需用专用仪器进行检测。

第四节 半导体二极管

二极管又称晶体二极管，简称二极管（diode），如图 1-7 所示。它是一种能够单向传导电流的电子器件。在半导体二极管内部有一个 PN 结、两个引线端子，这种电子器件按照外加电压的方向，具备单向电流的传导性。一般来讲，晶体二极管是一个由 P 型半导体和 N 型半导体烧结形成的 P—N 结界面。在其界面的两侧形成空间电荷层，构成自建电场。当外加电压等于零时，由于 P—N 结两边载流子的浓度差引起扩散电流和由自建电场引起的漂移电流相等，而处于电平衡状态，这也是常态下的二极管特性。

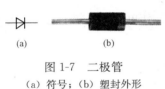

图 1-7 二极管
(a) 符号；(b) 塑封外形

一、二极管特性

1. 正向性

外加正向电压时，在正向特性的起始部分，正向电压很小，不足以克服 PN 结内电场的阻挡作用，正向电流几乎为零，这一段称为死区。这个不能使二极管导通的正向电压称为死区电压。当正向电压大于死区电压以后，PN 结内电场被克服，二极管正向导通，电流随电压增大而迅速上升。在正常使用的电流范围内，导通时二极管的端电压几乎维持不变，这个电压称为二极管的正向电压。当二极管两端的正向电压超过一定数值 U_{th} 时，内电场很快被削弱，电流迅速增长，二极管正向导通。

U_{th} 叫做门坎电压或阈值电压，硅管约为 0.5V，锗管约为 0.1V。硅二极管的正向导通压降约为 0.6~0.8V，锗二极管的正向导通压降约为 0.2~0.3V。

2. 反向性

外加反向电压不超过一定范围时，通过二极管的电流是少数载流子漂移运动所形成反向电流。由于反向电流很小，二极管处于截止状态。这个反向电流又称为反向饱和电流或漏电流，二极管的反向饱和电流受温度影响很大。

3. 击穿

外加反向电压超过某一数值时，反向电流会突然增大，这种现象称为电击穿。引起电击穿的临界电压称为二极管反向击穿电压。电击穿时二极管失去单向导电性。

二、二极管的类型

二极管种类有很多，按照所用的半导体材料，可分为锗二极管（Ge 管）和硅二极管（Si 管）。根据其不同用途，可分为检波二极管、整流二极管、稳压二极管、开关二极管、隔离二极管、肖特基二极管、发光二极管、硅功率开关二极管、旋转二极管等。按照管芯结构，又可分为点接触型二极管、面接触型二极管及平面型二极管。点接触型二极管是用一根很细的金属丝压在光洁的半导体晶片表面，通以脉冲电流，使触丝一端与晶片牢固地烧结在一起，形成一个"PN结"。由于是点接触，只允许通过较小的电流（不超过几十毫安），适用于高频小电流电路，如收音机的检波等。面接触型二极管的"PN结"面积较大，允许通过较大的电流（几安到几十安），主要用于把交流电变换成直流电的"整流"电路中。平面型二极管是一种特制的硅二极管，它不仅能通过较大的电流，而且性能稳定可靠，多用于开关、脉冲及高频电路中。

1. 按二极管的构造分类

按二极管的结构分类有点接触型、面接触型、键型、合金型、扩散型、台面型、平面型、合金扩散型、外延型、肖特基二极管。

2. 按二极管的用途分类

按二极管的用途分类有检波二极管、整流二极管、限幅二极管、调制二极管、混频二极管、放大二极管、开关二极管、变容二极管、频率倍增用二极管、稳压二极管、PIN型二极管、雪崩二极管、肖特基二极管、瞬变电压抑制二极管、双基极二极管、发光二极管、硅功率开关二极管。

3. 点接触型二极管

按点接触型二极管分类有一般用点接触型二极管、高反向耐压点接触型二极管、高反向电阻点接触型二极管、高传导点接触型二极管。

三、二极管的检测方法

检测小功率晶体二极管：

（1）判别正、负电极。

1）观察外壳上的符号标记。通常在二极管的外壳上标有二极管的符号，带有三角形箭头的一端为正极，另一端是负极。

2）观察外壳上的色点。在点接触二极管的外壳上，通常标有极性色点（白色或红色）。一般标有色点的一端即为正极。还有的二极管上标有色环，带色环的一端则为负极。

3）以阻值较小的一次测量为准，黑表笔所接的一端为正极，红表笔所接的一端则为负极。

4）观察二极管外壳，带有银色带一端为负极。

（2）检测最高反向击穿电压。对于交流电来说，因为不断变化，因此最高反向工作电压也就是二极管承受的交流峰值电压。

（3）检测双向触发二极管。将万用表置于相应的直流电压挡，测试电压由绝缘电阻表提供。测试时，摇动绝缘电阻表，用同样的方法测出 U_{BR} 值。最后将 U_{BO} 与 U_{BR} 进行比较，两者的绝对值之差越小，说明被测双向触发二极管的对称性越好。

（4）瞬态电压抑制二极管（TVS）的检测。用万用表测量管子的好坏对于单向极型的 TVS，按照测量普通二极管的方法，可测出其正、反向电阻，一般正向电阻为 $4k\Omega$ 左右，反向电阻为无穷大。

对于双向极型的 TVS，任意调换红、黑表笔测量其两引脚间的电阻值均应为无穷大，否则，说明管子性能不良或已经损坏。

四、二极管的主要参数

用来表示二极管的性能好坏和适用范围的技术指标，称为二极管的参数。不同类型的二极管有不同的特性参数。

1. 最大整流电流 I_F

它是指二极管长期连续工作时，允许通过的最大正向平均电流值，其值与 PN 结面积及外部散热条件等有关。

2. 最高反向工作电压 U_{drm}

加在二极管两端的反向电压高到一定值时，会将管子击穿，失去单向导电能力。

3. 反向电流 I_{drm}

反向电流是指二极管在常温（25℃）和最高反向电压作用下，流过二极管的反向电流。反向电流越小，管子的单方向导电性能越好。

4. 动态电阻 R_d

二极管特性曲线静态工作点 Q 附近电压的变化与相应电流的变化量之比。

5. 最高工作频率 F_m

F_m 是二极管工作的上限频率。F_m 的值主要取决于 PN 结结电容的大小。若超过此值，则单向导电性将受影响。

6. 电压温度系数 α_{uz}

α_{uz} 指温度每升高 1℃时的稳定电压的相对变化量。

第五节 半 导 体 三 极 管

一、概述

1. 内部结构

如图 1-8 所示，半导体三极管（简称晶体管）是内部含有 2 个 PN 结，并且具有电流放大能力的特殊器件。它分 NPN 型和 PNP 型两种类型，这两种类型的三极管工作特性上可互相弥补，所谓 OTL 电路中的对管就是由 PNP 型和 NPN 型配对使用。

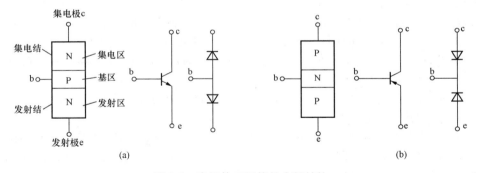

图 1-8 半导体三极管的内部结构

（a）NPN 型；（b）PNP 型

2. 半导体三极管的分类

（1）按频率分：高频管和低频管。

（2）按功率分：小功率管，中功率管和大功率管。

（3）按结构分：PNP 管和 NPN 管。

（4）按材质分：硅管和锗管。

（5）按功能分：开关管和放大管。

3. 三极管的型号命名

国产半导体分立器件型号的命名方法（见 GB/T 249—1989）：

型号组成：用阿拉伯数字表示器件电极数。

第一部分：用字母表示器件的材料和极性。

第二部分：用汉语拼音字母表示器件类型。

第三部分：用数字表示器件序号。

第四部分：用汉语拼音字母表示规格。

4．三极管的主要参数

（1）特征频率 f_T：当 $f = f_T$ 时，三极管完全失去电流放大功能。如果工作频率大于 f_T，电路将不正常工作。

（2）工作电压/电流：用这个参数可以指定该管的电压、电流使用范围。

（3）h_{FE}：电流放大倍数。

（4）U_{CEO}：集电极发射极反向击穿电压，表示临界饱和时的饱和电压。

（5）P_{CM}：最大允许耗散功率。

二、三极管的工作原理

半导体三极管是具有信号放大作用的电子元件。要实现放大作用，必须给三极管加合适的电压，即管子发射结必须具备正向偏压，而集电极必须反向偏压，这也是三极管放大电流必须具备的外部条件。

1．三极管的电流分配规律

三极管的电流分配规律为 $I_e = I_b + I_c$，由于基极电流 I_b 的变化，使集电极电流 I_c 发生更大的变化，即基极电流 I_b 的微小变化控制了集电极电流较大变化，这就是三极管的电流放大原理。其电流放大倍数 $h_{FE} = \Delta I_c / \Delta I_b$。

2．半导体三极管的三种工作状态

如图1-9所示，半导体三极管具有放大、饱和导通、截止三种工作状态，在模拟电路中一般使用放大作用。

（1）截止状态（截止模式）：当加在三极管发射结的电压小于PN结的导通电压时，基极电流为零，集电极电流和发射极电流都为零，三极管这时失去了电流放大作用，集电极和发射极之间相当于开关的断开状态，称三极管处于截止状态。

（2）放大状态（线性放大模式）：当加在三极管发射结的电压大于PN结的导通电压，并处于某一恰当的值时，三极管的发射结正向偏置，集电结反向偏置，这时基极电流对集电极电流起着控制作用，使三极管具有电流放大作用，这时三极管处于放大状态。

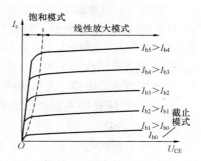

图1-9　半导体三极管的
三种工作状态

（3）饱和导通状态（饱和模式）：当加在三极管发射结的电压大于PN结的导通电压，并当基极电流增大到一定程度时，集电极电流不再随着基极电流的增大而增大，而是处于某一定值附近不怎么变化，这时三极管失去电流放大作用，集电极与发射极之间的电压很小，集电极和发射极之间相当于开关的导通状态。三极管的这种状态我们称为饱和导通状态。

饱和和截止状态一般用在数字电路中。

三、半导体三极管的检测

1．用万用表判断半导体三极管的极性和类型（用指针式万用表）

（1）先选量程：R×100Ω 或 R×1kΩ 挡位。

（2）判别半导体三极管基极：用万用表黑表笔固定三极管的某一个电极，红表笔分别接半导体三极管另外两个电极，观察指针偏转。若两次的测量阻值都大或是都小，则该脚所接就是基极（两次阻值都小的为 NPN 型管，两次阻值都大的为 PNP 型管）；若两次测量阻值一大一小，则用黑笔重新固定半导体三极管一个引脚极继续测量，直到找到基极。

（3）判别半导体三极管的 c 极和 e 极：确定基极后，对于 NPN 管，用万用表两表笔接三极管另外两极，交替测量两次。若两次测量的结果不相等，则其中测得阻值较小一次黑笔接的是 e 极，红笔接的是 c 极（若是 PNP 型管则黑红表笔所接的电极相反）。

（4）判别半导体三极管的类型：如果已知某个半导体三极管的基极，可以用红表笔接基极，黑表笔分别测量其另外两个电极引脚。如果测得的电阻值很大，则该三极管是 NPN 型半导体三极管，如果测量的电阻值都很小，则该三极管是 PNP 型半导体三极管。

2. 半导体三极管的好坏检测

测量 PNP 型半导体三极管的发射极和集电极的正向电阻值。红表笔接基极，黑表笔接发射极，所测的阻值为发射极正向电阻值。若将黑表笔接集电极（红表笔不动），所测的阻值便是集电极的正向电阻值，正向电阻值愈小愈好。

测量 PNP 型半导体三极管的发射极和集电极的反向电阻值。将黑表笔接基极，红表笔分别接发射极与集电极，所测的阻值分别为发射极和集电极的反向电阻，反向电阻愈小愈好。

测量 NPN 型半导体三极管的发射极和集电极的正向电阻值的方法与测量 PNP 型半导体三极管的方法相反。

第六节 场 效 应 管

三极管是电流控制的双极型器件，场效应管是一种电压控制的单极型半导体器件，它不但具有一般三极管的特点，如体积小、质量轻、耗电省、寿命长等特点，而且还具有输入阻抗高（可达 $10^9 \sim 10^{14}\Omega$）、噪声低、热稳定性好、抗辐射能力强等特点，因此目前已广泛用于各种电子电路中。

按场效应管结构的不同，可分为结型和绝缘栅型两种。绝缘栅型场效应管在制造工艺方面简单，便于实现集成电路，发展很快，目前已得到广泛应用。

一、场效应管的主要参数及特点

1. 直流参数

（1）饱和漏极电流 I_{DSS}。I_{DSS} 是耗尽型结型场效应管的一个重要参数，它的定义是当栅极—源极之间的电压 U_{GS} 等于零，而漏极—源极之间的电压 U_{DS} 大于夹断电压 U_P 时对应的漏极电流。

（2）夹断电压 U_P。U_P 也是耗尽型结型场效应管的重要参数，其定义为当 U_{DS} 一定时，使 I_D 减小到某一个微小电流（如 1、$50\mu A$）时所需的 U_{GS} 值。

（3）开启电压 U_{th}。U_{th} 是增强型场效应管的重要参数，它的定义是当 U_{DS} 一定时，漏极电流 I_D 达到某一数值（例如 $10\mu A$）时所需加的 U_{GS} 值。

（4）直流输入电阻 R_{GS}。R_{GS} 是栅极—源极之间所加电压与产生的栅极电流之比。由于栅极几乎不索取电流，因此输入电阻很高。结型在 $10^6\Omega$ 以上，MOS 管在 $10^{10}\Omega$ 以上。

2. 交流参数

（1）低频跨导 g_m。低频跨导 g_m，单位是 mA/V。它的值可由转移特性或输出特性求得。

（2）极间电容。场效应管 3 个电极之间的电容，包括 C_{GS}、C_{GD} 和 C_{DS}。这些极间电容愈小，则管子的高频性能愈好。这些极间电容一般为几个皮法。

3. 极限参数

（1）漏极最大允许耗散功率 P_{Dm}。这部分功率将转化为热能，使管子的温度升高。P_{Dm} 决定于场效应管允许的最高温升。

（2）漏极、源极间击穿电压 BU_{DS}。在场效应管输出特性曲线上，当漏极电流 I_D 急剧上升产生雪崩击穿时的 U_{DS}。

（3）栅极、源极间击穿电压 BU_{GS}。结型场效应管正常工作时，栅极、源极之间的 PN 结处于反向偏置状态，若 U_{GS} 过高，PN 结将被击穿。

4．场效应管的特点

（1）场效应管是一种电压控制器件，即通过 U_{GS} 来控制 I_D。

（2）场效应管输入端几乎没有电流，所以其直流输入电阻和交流输入电阻都非常高。

（3）由于场效应管是利用多数载流子导电的，因此与双极性三极管相比，具有噪声小、受辐射的影响小、热稳定性较好，而且存在零温度系数工作点等特性。

（4）由于场效应管的结构对称，有时漏极和源极可以互换使用，而各项指标基本上不受影响，因此应用时比较方便、灵活。

（5）场效应管的制造工艺简单，有利于大规模集成。

（6）由于 MOS 场效应管的输入电阻可高达 $10^{15}\,\Omega$，因此，由外界静电感应所产生的电荷不易泄漏，而栅极上的 SiO_2 绝缘层又很薄，这将在栅极上产生很高的电场强度，以致引起绝缘层击穿而损坏管子。

（7）场效应管的跨导较小，当组成放大电路时，在相同的负荷电阻下，电压放大倍数比双极型三极管低。

二、场效应管的测试

1．结型场效应管的管脚识别

场效应管的栅极相当于晶体管的基极，源极和漏极分别对应于晶体管的发射极和集电极。将万用表置于 R×1kΩ 挡，用两表笔分别测量每两个管脚间的正、反向电阻。当某两个管脚间的正、反向电阻相等，均为数千欧时，则这两个管脚为漏极 D 和源极 S（可互换），余下的一个管脚即为栅极 G。对于有 4 个管脚的结型场效应管，另外一极是屏蔽极（使用中接地）。

2．判定栅极

用万用表黑表笔碰触管子的一个电极，红表笔分别碰触另外两个电极。若两次测出的阻值都很小，说明均是正向电阻，该管属于 N 沟道场效应管，黑表笔接的也是栅极。

3．确定源极和漏极

制造工艺决定了场效应管的源极和漏极是对称的，可以互换使用，并不影响电路的正常工作，所以不必加以区分。源极与漏极间的电阻约为几千欧。注意不能用此法判定绝缘栅型场效应管的栅极。因为这种管子的输入电阻极高，栅源极间的极间电容又很小，测量时只要有少量的电荷，就可在极间电容上形成很高的电压，容易将管子损坏。

4．估测场效应管的放大能力

将万用表拨到 R×100Ω 挡，红表笔接源极 S，黑表笔接漏极 D，相当于给场效应管加上 1.5V 的电源电压。这时表针指示出的是 D-S 极间电阻值。然后用手指捏栅极 G，将人体的感应电压作为输入信号加到栅极上。由于管子的放大作用，U_{DS} 和 I_D 都将发生变化，也相当于 D-S 极间电阻发生变化，可观察到表针有较大幅度的摆动。如果手捏栅极时表针摆动很小，说明管子的放大能力较弱。

5．用测电阻法判别场效应管的好坏

首先将万用表置于 R×10Ω 或 R×100Ω 挡，测量源极 S 与漏极 D 之间的电阻，通常在几十欧到几千欧范围（在手册中可知，各种不同型号的管，其电阻值是各不相同的），如果测得阻值大于正常值，可能是由于内部接触不良；如果测得阻值是无穷大，可能是内部断极。然后把万用表置于 R×10kΩ 挡，再测栅极 G1 与 G2 之间、栅极与源极、栅极与漏极之间的电阻值，当测得其各项电阻值均为无穷大，则说明管是正常的；若测得上述各阻值太小或为通路，则说明管是坏的。要注意，若两个栅极在管内断极，可用元件代换法进行检测。

第七节　集　成　电　路

集成电路（integrated circuit）是一种微型电子器件或部件。采用一定的工艺，把一个电路中所需的晶体管、二极管、电阻、电容和电感等元件及布线互连一起，制作在一小块或几小块半导体晶片或介质基片上，然后封装在一个管壳内，成为具有所需电路功能的微型结构。

集成电路具有体积小、重量轻、引出线和焊接点少、寿命长、可靠性高、性能好等优点，同时成本低，便于大规模生产。

一、集成电路的基本分类

1. 按功能结构分类

集成电路按其功能、结构的不同，可以分为模拟集成电路、数字集成电路和数/模混合集成电路三大类。

2. 按制作工艺分类

集成电路按制作工艺可分为半导体集成电路和膜集成电路。膜集成电路又分为厚膜集成电路和薄膜集成电路。

3. 按集成度高低分类

集成电路按集成度高低的不同可分为小规模集成电路、中规模集成电路、大规模集成电路、超大规模集成电路、特大规模集成电路和巨大规模集成电路。

4. 按导电类型不同分类

集成电路按导电类型不同可分为双极型集成电路和单极型集成电路。

5. 按应用领域分类

集成电路按应用领域不同可分为标准通用集成电路和专用集成电路。

二、集成电路的型号命名

我国集成电路的型号命名由五部分组成，分别是第 0 部分、第一部分、第二部分、第三部分和第四部分。

各部分的含义如下：

第 0 部分：用字母表示符合国家标准，C 表示中国国际产品。

第一部分：用字母表示器件类型。

第二部分：用数字表示器件的系列代号。

第三部分：用字母表示器件的工作温度。

第四部分：用字母表示器件的封装。

GB 3430—1989《半导体集成电路型号命名方法》规定集成电路型号各部分的符合及意义。

三、集成电路的检测常识

（1）检测前要了解集成电路及其相关电路的工作原理。检查和修理集成电路前首先要熟悉所用集成电路的功能、内部电路、主要电气参数、各引脚的作用以及引脚的正常电压、波形与外围元件组成电路的工作原理。如果具备以上条件，那么分析和检查会容易许多。

（2）测试不要造成引脚间短路。电压测量或用示波器探头测试波形时，表笔或探头不要由于滑动而造成集成电路引脚间短路,最好在与引脚直接连通的外围印刷电路上进行测量。任何瞬间的短路都容易损坏集成电路,在测试扁平型封装的 CMOS 集成电路时更要加倍小心。

(3) 严禁在无隔离变压器的情况下,用已接地的测试设备去接触底板带电的设备。严禁用外壳已接地的仪器设备直接测试无电源隔离变压器的设备。否则极易与底板带电的设备造成电源短路,波及集成电路,造成故障的进一步扩大。

(4) 要注意电烙铁的绝缘性能。不允许带电使用烙铁焊接,要确认烙铁不带电,最好把烙铁的外壳接地,对 MOS 电路更应小心,能采用 6~8V 的低压电烙铁就更安全。

(5) 要保证焊接质量。焊接时确实焊牢,焊锡的堆积、气孔容易造成虚焊。焊接时间一般不超过 3s,烙铁的功率应用内热式 25W 左右。已焊接好的集成电路要仔细查看,最好用电阻表测量各引脚间有否短路,确认无焊锡粘连现象再接通电源。

(6) 不要轻易断定集成电路的损坏。不要轻易地判断集成电路已损坏。因为集成电路绝大多数为直接耦合,一旦某一电路不正常,可能会导致多处电压变化,而这些变化不一定是集成电路损坏引起的。另外在有些情况下测得各引脚电压与正常值相符或接近时,也不一定都能说明集成电路就是好的。因为有些软故障不会引起直流电压的变化。

(7) 测试仪表内阻要大。测量集成电路引脚直流电压时,应选用表头内阻大于 $20\text{k}\Omega/\text{V}$ 的万用表,否则对某些引脚电压会有较大的测量误差。

(8) 要注意功率集成电路的散热。功率集成电路应散热良好,不允许不带散热器而处于大功率的状态下工作。

(9) 引线要合理。如需要加接外围元件代替集成电路内部已损坏部分,应选用小型元器件,且接线要合理以免造成不必要的寄生耦合,尤其是要处理好音频功放集成电路和前置放大电路之间的接地端。

第八节 晶 体 振 荡 器

晶体振荡器是一种器件,是从一块石英晶体上按一定方位角切下薄片(简称为晶片、石英晶体或晶体),而在封装内部添加 IC 组成振荡电路的晶体元件。其产品一般用金属外壳封装,也有用玻璃壳、陶瓷或塑料封装的。

通用晶体振荡器,用于产生振荡频率。时钟脉冲用石英晶体谐振器与其他元件配合产生标准脉冲信号,广泛用于数字电路中。微处理器也要用石英晶体谐振器。

一、技术指标

1. 总频差

在规定的时间内,由于规定的工作和非工作参数全部组合而引起的晶体振荡器频率与给定标称频率的最大频差。

总频差包括频率温度稳定度、频率温度准确度、频率老化率、频率电源电压稳定度和频率负载稳定度共同造成的最大频差。一般只对短期频率稳定度关心,而对其他频率稳定度指标不严格要求的场合采用。

2. 频率温度稳定度

在标称电源和负载下,工作在规定温度范围内的不带隐含基准温度或带隐含基准温度的最大允许频偏。

f_T 为频率温度稳定度(不带隐含基准温度);f_{Tref} 为频率温度稳定度(带隐含基准温度);f_{max} 为规定温度范围内测得的最高频率;f_{min} 为规定温度范围内测得的最低频率;f_{ref} 为规定基准

温度测得的频率。

采用 f_{Tref} 指标的晶体振荡器其生产难度要高于采用 f_T 指标的晶体振荡器，故 f_{Tref} 指标的晶体振荡器售价较高。

3. 频率稳定预热时间

以晶体振荡器稳定输出频率为基准，从加电到输出频率小于规定频率允差所需要的时间。

4. 频率老化率

在恒定的环境条件下测量振荡器频率时，振荡器频率和时间之间的关系。这种长期频率漂移是由晶体元件和振荡器电路元件的缓慢变化造成的，可用规定时限后的最大变化率，或规定的时限内最大的总频率变化来表示。

5. 频率压控范围

将频率控制电压从基准电压调到规定的终点电压，晶体振荡器频率的最小峰值改变量。

6. 压控频率响应范围

当调制频率变化时，峰值频偏与调制频率之间的关系。通常用规定的调制频率比规定的调制基准频率低若干分贝表示。

7. 频率压控线性

与理想（直线）函数相比的输出频率—输入控制电压传输特性的一种量度，它以百分数表示整个范围频偏的可容许非线性度。

8. 单边带相位噪声

偏离载波 f 处，一个相位调制边带的功率密度与载波功率之比。

二、主要参数

晶体振荡器的主要参数如表 1-1 所示。

表 1-1 晶体振荡器的主要参数

参　　　数	基　本　描　述
频率准确度	在标称电源电压、标称负载阻抗、基准温度（25℃）以及其他条件保持不变，晶体振荡器的频率相对与其规定标称值的最大允许偏差，即 $(f_{max} - f_{min})/f_0$
温度稳定度	其他条件保持不变，在规定温度范围内晶体振荡器输出频率的最大变化量，相对于温度范围内输出频率极值之和的允许频偏值，即 $(f_{max} - f_{min})/(f_{max} + f_{min})$
频率调节范围	通过调节晶振的某可变元件改变输出频率的范围
调频（压控）特性	包括调频频偏、调频灵敏度、调频线性度
负载特性	其他条件保持不变，负载在规定变化范围内，晶体振荡器输出频率相对于标称负载下的输出频率的最大允许频偏
电压特性	其他条件保持不变，电源电压在规定变化范围内，晶体振荡器输出频率相对于标称电源电压下的输出频率的最大允许频偏
杂波	输出信号中与主频无谐波（副谐波除外）关系的离散频谱分量与主频的功率比
谐波	谐波分量功率与载波功率之比
频率老化	在规定的环境条件下，由于元件（主要是石英谐振器）老化而引起的输出频率随时间系统漂移的过程

参　　数	基　本　描　述
日波动	指振荡器经过规定的预热时间后，每隔 1h 测量一次，连续测量 24h，将测试数据按 $S = (f_{max} - f_{min})/f_0$ 计算，得到日波动
开机特性	在规定的预热时间内，振荡器频率值的最大变化，用 $V = (f_{max} - f_{min})/f_0$ 表示
相位噪声	短期稳定度的频域量度

三、工作原理

　　晶体振荡器在电气上可以等效成一个电容和一个电阻并联，再串联一个电容的二端网络，电工学上这个网络有两个谐振点，以频率的高低分，其中较低的频率为串联谐振，较高的频率为并联谐振。由于晶体自身的特性致使这两个频率的距离相当接近，在这个极窄的频率范围内，晶体振荡器等效为一个电感，所以只要晶振的两端并联上合适的电容，它就会组成并联谐振电路。这个并联谐振电路加到一个负反馈电路中就可以构成正弦波振荡电路。由于晶振等效为电感的频率范围很窄，所以即使其他元件的参数变化很大，这个振荡器的频率也不会有很大的变化。晶振有一个重要的参数，那就是负载电容值，选择与负载电容值相等的并联电容，就可以得到晶振标称的谐振频率。一般的晶振振荡电路都是在一个反相放大器（注意是放大器不是反相器）的两端接入晶振，再有两个电容分别接到晶振的两端，每个电容的另一端再接到地，这两个电容串联的容量值就应等于负载电容，请注意一般 IC 的引脚都有等效输入电容，这个不能忽略。一般的晶振的负载电容为 15pF 或 12.5pF，如果再考虑元件引脚的等效输入电容，则两个 22pF 的电容构成晶振的振荡电路就是比较好的选择。

第二章 基本模拟电路和数字电路

第一节 基本逻辑门电路

一、门电路的概念

实现基本和常用逻辑运算的电子电路，叫逻辑门电路。这种电路用逻辑"1"表示高电平；用逻辑"0"表示低电平。

1. "与"门

"与"门的逻辑表达式为 $F=AB$。

"与"门的电路原理、符号和逻辑电平关系可以用图 2-1 来表示。即只有当输入端 A 和 B 均为"1"时，输出端 F 才为"1"，不然 F 为"0"。"与"门的常用芯片型号有 74LS08、74LS09 等。

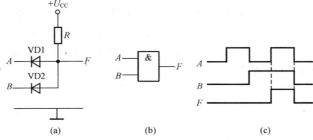

图 2-1 "与"门的电路原理、符号和逻辑电平关系

(a)"与"门的电路原理；(b)"与"门的符号；(c)"与"门的逻辑电平关系

2. "或"门

"或"门的逻辑表达式为 $F=A+B$。

"或"门的电路原理、符号和逻辑电平关系可以用图 2-2 来表示。即当输入端 A 和 B 有一个为"1"时，输出端 F 即为"1"，所有输入端 A 和 B 均为"0"时，F 才会为"0"。

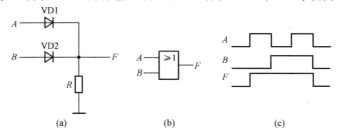

图 2-2 "或"门的电路原理、符号和逻辑电平关系

(a)"或"门的电路原理；(b)"或"门的符号；(c)"或"门的逻辑电平关系

3. "非"门

"非"门的逻辑表达式为 $F=\overline{A}$。

"非"门的电路原理、符号可以用图2-3来表示。即输出端总是与输入端相反。

4. "与非"门

如图2-4所示，"与非"门的逻辑表达式为 $F = \overline{AB}$。即只有当所有输入端 A 和 B 均为"1"时，输出端 F 才为"0"，不然 F 为"1"。

5. "或非"门

如图2-5所示，"或非"门的逻辑表达式为 $F = \overline{A+B}$。即只要输入端 A 和 B 中有一个为"1"时，输出端 F 即为"0"。所以输入端 A 和 B 均为"0"时，F 才会为"1"。

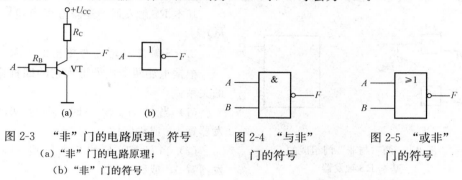

图2-3 "非"门的电路原理、符号
(a) "非"门的电路原理；
(b) "非"门的符号

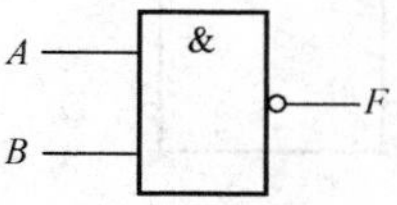

图2-4 "与非"门的符号

图2-5 "或非"门的符号

6. "同或"门

如图2-6所示，"同或"门的逻辑表达式为 $F = AB + \overline{A}\overline{B} = \overline{A \oplus B}$。任何能够实现"同或"逻辑关系的电路均称为"同或"门。由"非"门、"与"门和"或"门组合而成。输入端 A、B 的电平状态互为相反时，输出（F）一定为低电平"0"；而当输入端 A、B 的电平状态相同时，输出（F）一定为高电平"1"。

7. "异或"门

如图2-7所示，"异或"门由"非"门、"与"门和"或"门组成，其逻辑表达式为 $F = \overline{A}B + A\overline{B}$。当输入端 A、B 的电平状态互为相反时，输出端 F 一定为高电平"1"；而当输入端 A、B 的电平状态相同时，输出端 F 一定为低电平"0"。

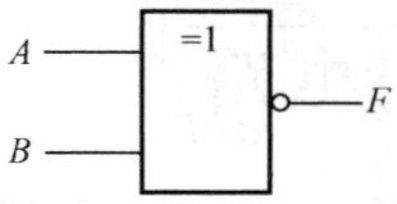

图2-6 "同或"门的图形符号 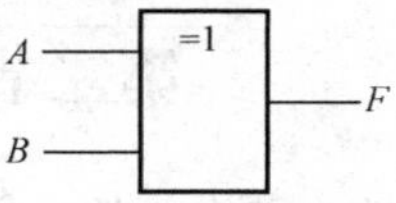　　　　图2-7 "异或"门的图形符号

8. "与或非"门

如图2-8所示，"与或非"门电路是由两个或两个以上与门和一个或门，再加一个非门串联起来的门电路，其逻辑表达式为 $F = \overline{AB + CD}$。

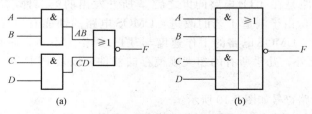

图2-8 "与或非"门电路的结构示意图和图形符号
(a) 结构示意；(b) 图形符号

从图 2-8 中可看出，两个"与"门的输出端分别输出 AB 和 CD，加到"或非"门电路的两个输入端，这样就构成了"与或非"门电路。显然，4 个输入端 A、B、C、D 先进行两个"与"逻辑运算，再对结果进行"或"逻辑运算，最后再次进行"非"逻辑运算。

二、RS 触发器

1. RS 触发器的电路结构

RS 触发器的电路结构是把两个"与非"门 G1、G2 的输入、输出端交叉连接，即可构成基本 RS 触发器，其逻辑电路如图 2-9 所示。它有两个输入端 R、S 和两个输出端 Q、$\overline{Q}$。

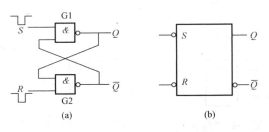

图 2-9　两"与非"门组成的
基本 RS 触发器
（a）逻辑电路；（b）逻辑符号

基本 RS 触发器的逻辑方程为 $Q = \overline{SQ}$　$\overline{Q} = \overline{RQ}$。

2. RS 触发器输入与输出的关系

根据上述两个式子得到它的四种输入与输出的关系：

（1）当 $R=1$、$S=0$ 时，则 $Q=0$，$\overline{Q}=1$，触发器置 1，或称置位。

（2）当 $R=0$、$S=1$ 时，则 $Q=1$，$\overline{Q}=0$，触发器置 0，或称复位。

（3）当 $R=S=1$ 时，触发器状态保持不变，这体现了触发器具有记忆功能。

（4）当 $R=S=0$ 时，触发器状态不确定。

3. 基本 RS 触发器的特性

（1）基本 RS 触发器具有置位、复位和保持（记忆）的功能；

（2）基本 RS 触发器的触发信号是低电平有效，属于电平触发方式；

（3）基本 RS 触发器存在约束条件（$R+S=1$），由于两个与非门的延迟时间无法确定，当 $R=S=0$ 时，将导致下一状态的不确定。

（4）当输入信号发生变化时，输出即刻就会发生相应的变化，即抗干扰性能较差。

第二节　TTL 逻辑门电路

以双极型半导体管为基本元件，集成在一块硅片上，并具有一定的逻辑功能的电路称为双极型逻辑集成电路，简称 TTL 逻辑门电路（Transistor-Transistor Logic）。它是数字电子技术中常用的一种逻辑门电路，应用较早，技术已比较成熟。TTL 主要由双极结型晶体管和电阻构成，具有速度快的特点。

一、CMOS 逻辑门电路

CMOS 逻辑门电路是在 TTL 电路问世之后，所开发出的第二种广泛应用的数字集成器件，从发展趋势来看，由于制造工艺的改进，CMOS 电路的性能有可能超越 TTL 而成为占主导地位的逻辑器件。CMOS 电路的工作速度与 TTL 的相差不多，而它的功耗和抗干扰能力则远优于 TTL。此外，几乎所有的超大规模存储器件，以及 PLD 器件都采用 CMOS 工艺制造。

MOS 管结构及电路符号如图 2-10 所示。

MOS 管主要参数包括开启电压 U_T、直流输入电阻 R_{GS}、漏源极击穿电压 BU_{DS}、栅源极击穿电压 BU_{GS}、低频跨导 g_m、导通电阻 R_{ON}、极间电容、低频噪声系数 N_F 等。

二、CMOS 单元电路

(一) CMOS 反相器

MOSFET 有 P 沟道和 N 沟道两种，每种中又有耗尽型和增强型两类。由 N 沟道和 P 沟道两种 MOSFET 组成的电路，称为互补 MOS 或 CMOS 电路。

图 2-11 表示 CMOS 反相器电路，由两只增强型 MOSFET 组成，其中一个为 N 沟道结构，另一个为 P 沟道结构。为了电路能正常工作，要求电源电压 U_{DD} 大于两个管子的开启电压的绝对值之和。

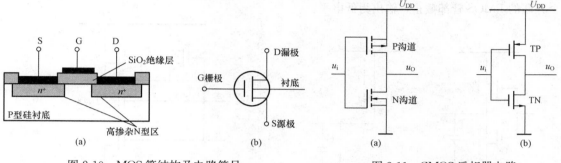

图 2-10 MOS 管结构及电路符号
(a) 结构示意图；(b) 电路符号

图 2-11 CMOS 反相器电路
(a) 电路；(b) 简化电路

1. 工作原理

当 $u_i = U_{DD}$ 时，TN 的输出特性在横坐标轴上，叠加一条负载线，它是负载管 TP 的输出特性的负载曲线，几乎是一条与横轴重合的水平线。两条曲线的交点即工作点。显然，这时的输出电压 $u_{ol} \approx 0V$（典型值小于 10mV），而通过两管的电流接近于零。这就是说，电路的功耗很小（微瓦量级）。

当 $u_i = 0V$ 时，工作管 TN 在栅源极电压为 0 的情况下运用，其输出特性几乎与横轴重合，负载曲线是负载管 TP 在栅源极电压为 U_{DD} 时的输出特性，也几乎是一条与横轴重合的水平线。两条去向相交的工作点决定了通过两器件的电流接近零值。可见上述两种极限情况下的功耗都很低。

由此可知，基本 CMOS 反相器近似于一个理想的逻辑单元，其输出电压接近于零或 $+U_{DD}$，而功耗几乎为零。

2. 传输特性

图 2-12 为 CMOS 反相器的传输特性图。图中 $U_{DD} = 10V$，$U_{TN} = |U_{TP}| = U_T = 2V$。由于 $U_{DD} > (U_{TN} + |U_{TP}|)$，因此，当 $U_{DD} - |U_{TP}| > u_i > U_{TN}$ 时，TN 和 TP 两管同时导通。考虑到电路是互补对称的，一器件可将另一器件视为它的漏极负载。还应注意，器件在放大区（饱和区）呈现恒流特性，两器件之一可当作高

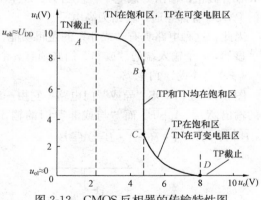

图 2-12 CMOS 反相器的传输特性图

阻值的负载。因此，在过渡区域，传输特性变化比较急剧。两管在 $u_i = U_{DD}/2$ 处呈转换状态。

3. 工作速度

CMOS 反相器在电容负载情况下，它的开通时间与关闭时间是相等的，这是因为电路具有互补对称的性质。图 2-13 表示当 $u_i = 0V$ 时，TN 截止，TP 导通，由 U_{DD} 通过 TP 向负载电容 C_L 充电的情况。由于 CMOS 反相器中，两管的 g_m 值均设计得较大，其导通电阻较小，充电回路的时间常数较小。类似地，亦可分析电容 C_L 的放电过程。CMOS 反相器的平均传输延迟时间约为 10ns。

（二）CMOS 逻辑门电路

1. "与非" 门电路

图 2-14 是二输入端 CMOS "与非" 门电路，其中包括两个串联的 N 沟道增强型 MOS 管和两个并联的 P 沟道增强型 MOS 管。每个输入端连到一个 N 沟道和一个 P 沟道 MOS 管的栅极。当输入端 A、B 中只要有一个为低电平时，就会使与它相连的 NMOS 管截止，与它相连的 PMOS 管导通，输出为高电平；仅当 A、B 全为高电平时，才会使两个串联的 NMOS 管都导通，使两个并联的 PMOS 管都截止，输出为低电平。

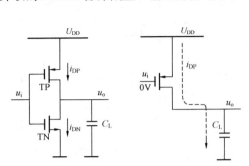

图 2-13　CMOS 反相器的电容负载　　图 2-14　二输入端 CMOS "与非" 门电路

因此，这种电路具有 "与非" 的逻辑功能，即 $F = \overline{A \cdot B}$。

n 个输入端的 "与非" 门必须有 n 个 NMOS 管串联和 n 个 PMOS 管并联。

2. "或非" 门电路

图 2-15 是二输入端 CMOS "或非" 门电路。其中包括两个并联的 N 沟道增强型 MOS 管和两个串联的 P 沟道增强型 MOS 管。

当输入端 A、B 中只要有一个为高电平时，就会使与它相连的 NMOS 管导通，与它相连的 PMOS 管截止，输出为低电平；仅当 A、B 全为低电平时，两个并联 NMOS 管都截止，两个串联的 PMOS 管都导通，输出为高电平。

因此，这种电路具有 "或非" 的逻辑功能，其逻辑表达式为 $F = \overline{A + B}$。

显然，n 个输入端的 "或非" 门必须有 n 个 NMOS 管和 n 个 PMOS 管并联。

（三）"异或" 门电路

图 2-16 为 CMOS "异或" 门电路。它由一级 "或非" 门和一级 "与或非" 门组成。"或非" 门的输出 $X = \overline{A + B}$。而 "与或非" 门的输出 F 即为输入 A、B 的 "异或" $F = \overline{A \cdot B + X} = \overline{A \cdot B + \overline{A + B}} = A \cdot B + \overline{A} \cdot \overline{B} = A \oplus B$。

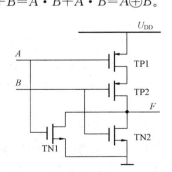
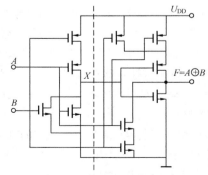

图 2-15　二输入端 CMOS "或非" 门电路　　图 2-16　CMOS "异或" 门电路

第三节 直流稳定电源电路

热工测量及控制系统包含有大量的计算机、传感器、变送器及各种接口电路，这些电路无一例外地用到直流电源，而且对电源的稳定性有很高的要求。开关式直流稳定电源能满足这方面的要求。

一、开关电源的电路组成

开关电源的主要电路由输入电磁干扰滤波器（EMI）、整流滤波电路、功率变换电路、PWM控制器电路、输出整流滤波电路组成。辅助电路有输入过欠压保护电路、输出过欠压保护电路、输出过流保护电路、输出短路保护电路等。

开关电源的电路组成方框图，如图 2-17 所示。

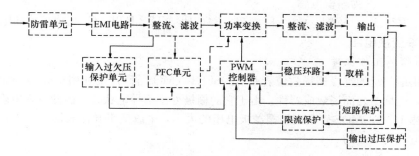

图 2-17 开关电源电路方框图

二、输入电路的原理及构成

1. AC 输入整流滤波电路原理

AC 输入整流滤波电路原理如图 2-18 所示。

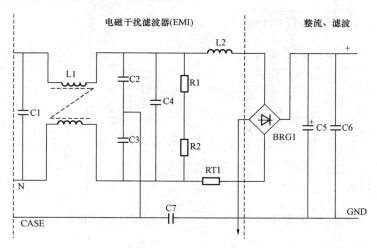

图 2-18 AC 输入整流、滤波电路原理图

2. DC 输入滤波电路原理

DC 输入滤波电路原理如图 2-19 所示。

（1）输入滤波电路：C1、L1、C2 组成的双 Ⅱ 形滤波网络主要是对输入电源的电磁噪声及杂

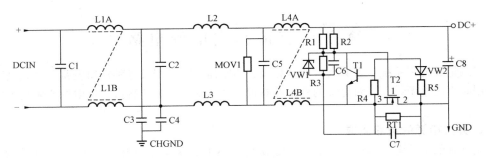

图 2-19　DC 输入滤波电路

波信号进行抑制，防止对电源干扰，同时也防止电源本身产生的高频杂波对电网干扰。C3、C4 为安规电容，L2、L3 为差模电感。

（2）R1、R2、R3、VW1、C6、T1、Z2、R4、R5、T2、RT1、C7 组成抗浪涌电路。

三、功率变换电路

1. MOS 管的工作原理

目前应用最广泛的绝缘栅场效应管是 MOSFET（MOS 管），是利用半导体表面的电声效应进行工作的，也称为表面场效应器件。由于它的栅极处于不导电状态，因此输入电阻可以大大提高，最高可达 $10^5\,\Omega$。MOS 管是利用栅源极电压的大小，来改变半导体表面感生电荷的多少，从而控制漏极电流的大小的。

2. 功率变换电路

功率变换电路原理如图 2-20 所示。

3. 推挽式功率变换电路

推挽式功率变换电路如图 2-21 所示，T1 和 R2 将轮流导通。

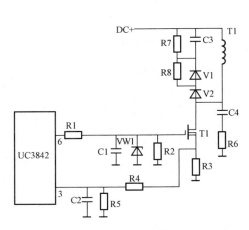

图 2-20　功率变换电路原理

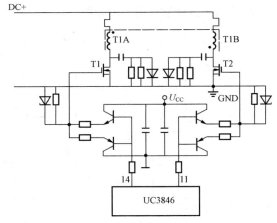

图 2-21　推挽式功率变换电路

四、输出整流滤波电路

1. 正激式整流电路

正激式整流电路构成及原理如图 2-22 所示。

T1 为开关变压器，其一次和二次的相位同相。V1 为整流二极管，V2 为续流二极管，R1、C1、R2、C2 为削尖峰电路。L1 为续流电感，C4、L2、C5 组成 Ⅱ 形滤波器。

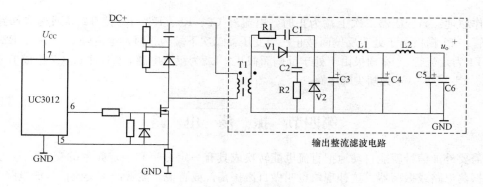

图 2-22　正激式整流电路

2. 反激式整流电路

反激式整流电路如图 2-23 所示。

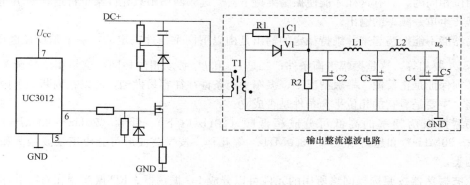

图 2-23　反激式整流电路

T1 为开关变压器，其一次和二次的相位相反。V1 为整流二极管，R1、C1 为削尖峰电路。L1 为续流电感，R2 为假负载，C4、L2、C5 组成 Ⅱ 形滤波器。

3. 同步整流电路

同步整流电路如图 2-24 所示。

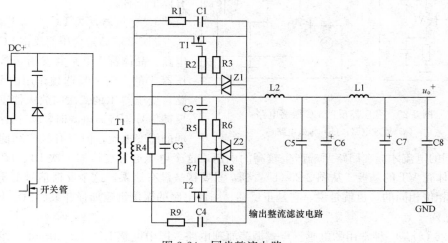

图 2-24　同步整流电路

工作原理：当变压器二次上端为正时，电流经 C2、R5、R6、R7 使 T2 导通构成回路，T2 为整流管。T1 栅极由于处于反偏而截止。当变压器二次下端为正时，电流经 C3、R4、R2 使 T1 导通，T1 为续流管。T2 栅极由于处于反偏而截止。L2 为续流电感，C6、L1、C7 组成 Ⅱ 形滤波器。R1、C1、R9、C4 为削尖峰电路。

第四节 振荡电路

不需要外加信号就能自动地把直流电能转换成具有一定振幅和一定频率的交流信号的电路，就称为振荡电路或振荡器。这种现象也叫做自激振荡，或者说，能够产生交流信号的电路，就叫做振荡电路。

一个振荡器必须包括放大器、正反馈电路和选频网络三部分。放大器能对振荡器输入端所加的输入信号予以放大，使输出信号保持恒定的数值。正反馈电路保证向振荡器输入端提供的反馈信号是相位相同的，只有这样才能使振荡维持下去。选频网络则只允许某个特定频率 f_0 能通过，使振荡器产生单一频率的输出。

振荡器能不能振荡起来并维持稳定的输出是由以下两个条件决定的：一个是反馈电压 U_f 和输入电压 U_i 要相等，这是振幅平衡条件；二是 $\dot{U}_f$ 和 $\dot{U}_i$ 必须相位相同，这是相位平衡条件，也就是说必须保证是正反馈。一般情况下，振幅平衡条件往往容易做到，所以在判断一个振荡电路能否振荡，主要是看它的相位平衡条件是否成立。

振荡器按振荡频率的高低可分成超低频（20Hz 以下）、低频（20Hz～200kHz）、高频（200kHz～30MHz）和超高频（30～350MHz）等几种。按振荡波形可分成正弦波振荡和非正弦波振荡两类。

正弦波振荡器按照选频网络所用的元件可以分成 LC 振荡器、RC 振荡器和石英晶体振荡器三种。石英晶体振荡器有很高的频率稳定度，只在要求很高的场合使用。在一般家用电器中，大量使用着各种 LC 振荡器和 RC 振荡器。

一、LC 振荡器

LC 振荡器的选频网络是 LC 谐振电路。它们的振荡频率都比较高，常见电路有以下三种。

1. 变压器反馈 LC 振荡电路

图 2-25（a）是变压器反馈 LC 振荡原理电路。晶体管 VT 是共发射极放大器。变压器 T 的一次是起选频作用的 LC 谐振电路，变压器 T 的二次向放大器输入提供正反馈信号。接通电源时，LC 回路中出现微弱的瞬变电流，但只有频率和回路谐振频率 f_0 相同的电流才能在回路两端产生较高的电压，这个电压通过变压器一次 L1、L2 的耦合又送回到晶体管 VT 的基极。从图 2-25（b）看到，只要接法没有错误，这个反馈信号电压是和输入信号电压相位相同的，也就是说，它是正反馈。因此电路的振荡迅速加强并最后稳定下来。

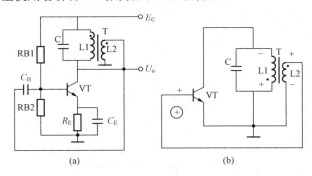

图 2-25 变压器反馈 LC 振荡电路
（a）原理电路；（b）等效电路

2. 电感三点式振荡电路

图 2-26（a）是一种常用的电感三点式振荡原理电路。图中电感 L1、L2 和电容 C 组成起选频

作用的谐振电路。从 L2 上取出反馈电压加到晶体管 VT 的基极。从图 2-26（b）看到，晶体管的输入电压和反馈电压是同相的，满足相位平衡条件的，因此电路能起振。由于晶体管的 3 个极是分别接在电感的 3 个点上的，因此被称为电感三点式振荡电路。

3. 电容三点式振荡电路

还有一种常用的振荡电路是电容三点式振荡电路，其原理电路见图 2-27（a）。图中电感 L 和电容 C1、C2 组成起选频作用的谐振电路，从电容 C2 上取出反馈电压加到晶体管 VT 的基极。从图 2-27（b）看到，晶体管的输入电压和反馈电压同相，满足相位平衡条件，因此电路能起振。由于电路中晶体管的 3 个极分别接在电容 C1、C2 的 3 个点上，因此被称为电容三点式振荡电路。

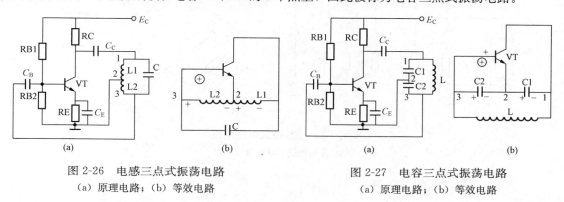

图 2-26　电感三点式振荡电路　　　　图 2-27　电容三点式振荡电路
（a）原理电路；（b）等效电路　　　　（a）原理电路；（b）等效电路

二、RC 振荡器

RC 振荡器的选频网络是 RC 电路，它们的振荡频率比较低。常用的电路有以下两种。

1. RC 相移振荡电路

图 2-28（a）是 RC 相移振荡电路。电路中的 3 节 RC 网络同时起到选频和正反馈的作用。从图 2-28（b）的交流等效电路看到：因为是单级共发射极放大电路，晶体管 VT 的输出电压与输入电压在相位上相差 180°。当输出电压经过 RC 网络后，变成反馈电压 U_f 又送到输入端时，由于 RC 网络只对某个特定频率 f_0 的电压产生 180°的相移，所以只有频率为 f_0 的信号电压才是正反馈而使电路起振。可见 RC 网络既是选频网络，又是正反馈电路的一部分。

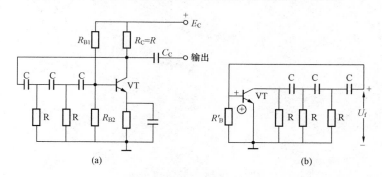

图 2-28　RC 相移振荡电路
（a）原理电路；（b）等效电路

2. RC 桥式振荡电路

图 2-29（a）是一种常见的 RC 桥式振荡电路。图中左侧的 R1、C1 和 R2、C2 串并联电路就是它的选频网络。这个选频网络又是正反馈电路的一部分。这个选频网络对某个特定频率为 f_0 的

信号电压没有相移（相移为 0°），其他频率的电压都有大小不等的相移。由于放大器有 2 级，从 VT2 输出端取出的反馈电压 U_f 是和放大器输入电压同相的（2 级相移 360°＝0°）。因此反馈电压经选频网络送回到 VT1 的输入端时，只有某个特定频率为 f_0 的电压才能满足相位平衡条件而起振。可见 RC 串并联电路同时起到了选频和正反馈的作用。

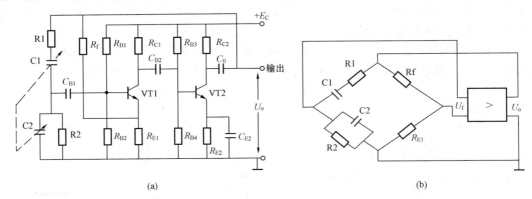

(a)　　　　　　　　　　　　　　　　(b)

图 2-29　RC 桥式振荡电路
（a）原理电路；（b）等效电路

第三章 热控系统的电源

第一节 稳压电源的分类及知识

一、交流稳压电源的分类及其特点

能够提供一个稳定电压和频率的电源，称为交流稳定电源。目前国内多数厂家所做的工作是交流电压稳定。下面结合市场有的交流稳压电源简述其分类特点。

1. 参数调整（谐振）型

这类稳压电源，稳压的基本原理是 LC 串联谐振，早期出现的磁饱和型稳压器就属于这一类。它的优点是结构简单，无众多的元器件，可靠性高，稳压范围宽，抗干扰和抗过载能力强。缺点是能耗大，噪声大，笨重且造价高。

在磁饱和原理的基础上发展而成的参数稳压器和我国 20 世纪 50 年代已流行的"磁放大器调整型电子交流稳压器"均属此类原理的交流稳压器。

2. 自耦（变比）调整型

(1) 机械调压型，即以伺服电动机带动炭刷在自耦变压器的绕组滑动面上移动，改变 U_o 对 U_i 的比值，以实现输出电压的调整和稳定，这种稳压器可以从几百瓦到几千瓦。它的特点是结构简单，造价低，输出波形失真小；但由于炭刷滑动接点易产生电火花，造成电刷损坏以至烧毁而失效，且电压调整速度慢。

(2) 改变抽头型，将自耦变压器做成多个固定抽头，通过继电器或晶闸管（固态继电器）作为开关器件，自动改变抽头位置，从而实现输出电压的稳定。

这种稳压器优点是电路简单，稳压范围宽（130～280V），效率高（≥95%），价格低。而缺点是稳压精度低（±8%～10%）、工作寿命短，它适用于家庭给空调器供电。

3. 大功率补偿型——净化型稳压器（含精密型稳压器）

这种稳压器用补偿环节实现输出电压的稳定，易实现微机控制。

这种稳压器的优点是抗干扰性能好、稳压精度高（在 ±1% 以内）、响应快（40～60ms）、电路简单、工作可靠。缺点是带计算机或程控交换机等非线性负载时有低频振荡现象；输入侧电流失真度大，源功率因数较低；输出电压对输入电压有相移。对抗干扰功能要求较高的单位，在城市里应用为宜，计算机供电时，必须选用计算机总功率的 2～3 倍左右稳压器来使用。因具有稳压、抗干扰、响应速度快、价格适中等优点，所以应用广泛。

4. 开关型交流稳压电源

开关型交流稳压电源应用于高频脉宽调制技术，与一般开关电源的区别是，它的输出量必须与输入侧同频、同相的交流电压。它的输出电压波形有准方波、梯形波、正弦波等，市场上的不间断电源（UPS）抽掉其中的蓄电池和充电器，就是一台开关型交流稳压电源，其稳压性好，控制功能强，易于实现智能化，是非常具有前途的交流稳压电源。但因其电路复杂，价格较高，所以推广较慢。

二、直流稳定电源的种类及选用

直流稳定电源按习惯可分为化学电源、线性稳定电源和开关型稳定电源，它们又分别具有各种不同类型。

1. 化学电源

我们平常所用的干电池，铅酸蓄电池，镍镉、镍氢、锂离子电池均属于这一类，各有其优缺点。随着科学技术的发展，又产生了智能化电池；在充电电池材料方面，美国研制人员发现锰的一种碘化物，用它可以制造出便宜、小巧、放电时间长、多次充电后仍保持性能良好的环保型充电电池。

2. 线性稳定电源

线性稳定电源有一个共同的特点，就是它的功率器件调整管工作在线性区，靠调整管之间的电压降来稳定输出。由于调整管静态损耗大，需要安装一个很大的散热器为其散热，而且由于变压器工作在工频（50Hz）上，所以重量较重。

这一类电源优点是稳定性高，纹波小，可靠性高，易做成多路，输出连续可调的成品。缺点是体积大、较笨重、效率相对较低。这类稳定电源又有很多种，从输出性质可分为稳压电源和稳流电源及集稳压、稳流于一身的稳压稳流（双稳）电源。从输出值来看可分定点输出电源、波段开关调整式和电位器连续可调式几种。从输出指示上可分指针指示型和数字显示式型等。

3. 开关型直流稳压电源

与线性稳压电源不同的一类稳定电源就是开关型直流稳压电源，它的电路形式主要有单端反激式、单端正激式、半桥式、推挽式和全桥式。它和线性电源的根本区别在于它的变压器不工作在工频，而是工作在几十千赫兹到几兆赫兹。功能管不是工作在饱和及截止区，即开关状态，开关电源因此而得名。

开关电源的优点是体积小，重量轻，稳定可靠；缺点相对于线性电源来说纹波较大（一般$\leqslant 1\% U_{o(P-P)}$，好的可做到十几毫伏峰-峰值或更小）。它的功率自几瓦至几千瓦均有产品。下面就一般习惯分类介绍几种开关电源：

（1）AC/DC电源。这一类电源也称一次电源，它自电网取得能量，经过高压整流滤波得到一个直流高压，供DC/DC变换器在输出端获得一个或几个稳定的直流电压，功率从几瓦至几千瓦均有产品，用于不同场合。此类产品的规格型号繁多，据用户需要而定。通信电源中的一次电源（AC220V输入，DC48V或24V输出）也属此类。

（2）DC/DC电源。在通信系统中也称二次电源，它是由一次电源或直流电池组提供一个直流输入电压，经DC/DC变换以后在输出端获一个或几个直流电压。

（3）通信电源。通信电源其实质上就是DC/DC变换器式电源，只是它一般以直流−48V或−24V供电，并用后备电池作DC供电的备份，将DC的供电电压变换成电路的工作电压。一般它又分中央供电、分层供电和单板供电三种，以后者可靠性最高。

（4）电台电源。电台电源输入AC220V/110V，输出DC13.8V，功率由所供电台功率而定，几安、几百安均有产品。为防止AC电网断电影响电台工作，而需要有电池组作为备份，所以此类电源除输出一个13.8V直流电压外，还具有对电池充电自动转换功能。

（5）模块电源。随着科学技术飞速发展，对电源可靠性、容量/体积比要求越来越高，模块电源越来越显示其优越性，它工作频率高、体积小、可靠性高，便于安装和组合扩容，所以越来越被广泛采用。目前国内虽有相应模块生产，但因生产工艺未能赶上国际水平，故障率较高。

DC/DC模块电源目前虽然成本较高，但从产品的漫长的应用周期整体成本来看，特别是因系统故障而导致高昂的维修成本及商誉损失来看，选用该电源模块还是合算的，在此还值得一提的是罗氏变换器电路，它的突出优点是电路结构简单，效率高和输出电压、电流的纹波值接近于零。

（6）特种电源。高电压小电流电源、大电流电源、400Hz 输入的 AC/DC 电源等，可归于此类，可根据特殊需要选用。开关电源的价位一般在 2～8 元/W，特殊小功率和大功率电源价格稍高，可达 11～13 元/W。

第二节　不间断电源系统 UPS

不间断电源系统 UPS 的全称是 Uninterruptible Power Supply，顾名思义，UPS 是一种能为负载提供连续的不间断电能供应的系统设备。UPS 最早的应用，应该是一些特殊的领域，比如医院的手术室供电保障、电台/电视台的节目播出系统供电、军事应用等。今天计算机技术、信息技术及其相关产业飞速发展，计算机在各行各业得到了广泛应用，于是 UPS 似乎也成了计算机系统设备的一个部分。越来越多的重要数据、图像、文字由计算机处理和存储，如果在工作中间突然停电，必然导致随机存储器中的数据和程序丢失或损坏；更严重的是，如果此时计算机的读写磁头正在工作的话，极易造成磁头或磁盘的损坏；假如这些数据是在银行清算系统或是证券交易等系统中丢失的话，后果更将不堪设想。

一、UPS 系统的基本功能

（1）为负载设备提供连续不间断的交流电能供给。

具体采用的技术方法是：平时由电网系统供电，在电网出现异常而突然停电时，能迅速地切换到 UPS 内部电源供电。由于负载设备对供电稳定性的要求不同，对选用的 UPS 切换速度要求也有所不同。比如，计算机内部的滤波电容放电只能维持计算机工作 8～10ms，如果超过这个时间，机器就进入自检重启状态。为了避免出现这些情况，必须要求 UPS 能在停电后 10ms 以内恢复对负载的正常供电。

（2）提供电压、频率稳定且准确的交流电能供给。

电网中的一些强脉冲尖峰、高能浪涌等干扰也会引起计算机等一些电器设备的误操作而带来不必要的损失；市电供应在一些特殊情况下，电压也会发生较大的波动，对精确设备的工作也会造成不良的影响。因此，UPS 系统供电，实际上还需要起到稳定电压、频率，过滤洁净电源环境等功能。一些 UPS 系统，还具备过电压、过电流安全报警，或自动保护功能。

二、UPS 的主要技术指标

新型 UPS 中的逆变器大多采用了 PWM 技术，同时采用了石英晶体振荡控制逆变器的频率，通过电压负反馈电路确保输出电压的稳定。它具有开关电源的一系列特点，通过精确调整脉冲宽度，保证功率稳定输出，同时，开关管在截止期间没有电流流过，故自身损耗很小，主要技术指标如下：

（1）额定输出功率和最大输出功率；

（2）切换时间；

（3）输出电压稳定度，参考值 $\pm0.5\%\sim\pm2\%$；

（4）输出频率稳定度，参考值 $\pm0.01\%\sim\pm0.5\%$；

（5）输出波形纯正（正弦波输出），电压畸变小于 1%，不存在谐波失真的问题；

（6）效率高、损耗低，参考指标高于 90%；

（7）故障率低、维护容易。

由于微处理器监控技术和先进的 IGBT 驱动型 SPWM 等高技术的采用，目前的 UPS 已达到了极高的可靠性水平，对于大型 UPS 来讲，其单机的年均无故障工作时间（MTBF）超过 20 万 h 已不成问题。如果采用双总线输出的多机"冗余"型 UPS 供电系统，其 MTBF 甚至可达

100万 h 数量级。

三、UPS 电源的分类

目前，针对用户的不同层次等级的负载用电要求，市场上已有四种类型的 UPS 电源品种。

1. 在线式（on-line）UPS 供电系统

单机功率 0.7～1500kVA。该系统的主备供电通路都是通过逆变器向负载供电的。由于市电经过了完善的滤波及逆变转换，因此它能为负载提供高质量的、纯净的正弦波电源，并且它的抗雷击能力也是一流的。

2. 准在线式 UPS 供电系统

单机功率 0.7～20kVA。这种 UPS 的逆变器只有当市电电压低于 150V 或高于 264V 时才投入工作，向负载提供高质量的正弦波电源；而当电压在 150～264V 之间时，逆变器停止工作，UPS 向用户负载提供经铁磁谐振稳压器或经变压器抽头调压处理的一般市电电源。

3. 后备（off-line）正弦波输出式 UPS 电源

单机输出功率为 0.25～2kVA。当市电在 170～264V 范围内时，它向负载提供经变压器抽头调压处理过的一般市电电源，仅当市电电源的电压低于 170V 或高于 264V 时，逆变器才工作，蓄电池储存的直流电逆变为正弦交流电向负载输出。

4. 后备（off-line）方波输出式 UPS 电源

单机输出功率 0.25～1kVA。这种机型与后备正弦波机型的不同之处在于当市电电压低于 165V 或高于 270V 时，向负载提供的是具有稳压特性的 50Hz 方波电源。这种机型在方波输出时，适宜接阻碍性负载，如果接感性负载的话，会烧毁 UPS 的逆变器或对负载产生损坏。

综上所述，在线式 UPS 输出电源质量最高，适宜各种负载类型，但价格最高；后备方波输出式 UPS 的性能最差，但价格最便宜。

四、UPS 的基本原理

从上述的几种 UPS 电源来看，在线式 UPS 的性能最佳，其电路设计也是最完善和最复杂的。下面就以目前应用较多的微机控制的小型在线式 UPS 电源为例，对 UPS 的典型工作原理作一介绍。

UPS 电源系统的工作过程如图 3-1 所示。市电电源先经过输入滤波器，将市电中的高频电磁干扰、射频干扰、尖峰脉冲等干扰进行吸收、抑制处理，然后分成四路进入下面不同的处理部分：

（1）送到具有"功率因数校正功能"的整流器输入端进行整流处理。

（2）进入 UPS 锁相同步电路，提取同步信号以便逆变器在市电停电时将蓄电池组产生的直流电进行瞬时同步逆变，保证负载侧供电的同步连续性。

（3）经充电器对 UPS 所配置的蓄电池组进行"浮充"式充电，以便市电中断时向逆变器提供充足的逆变能源。其浮充电压应为电池组标称端电压的 1.125 倍。

（4）直接经交流旁路供电通道馈送到切换开关的常闭触点上。这样设计的目的是为了在当逆变器或微处理器发生故障时直接由市电向负载供电，避免负载供电中断，同时启动蜂鸣器报警，提示值班人员采取

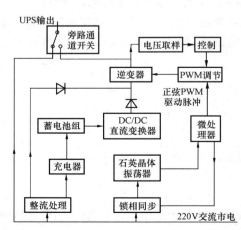

图 3-1　UPS 电源系统的工作过程

措施。这也是 UPS 高可靠性的一个体现。

整流器将输入的无干扰市电整流为幅值稳定的直流高压电源送到逆变器的直流总线输入端。当市电正常时，整流输出电压高于 DC/DC 输出的直流电压，开关二极管 V 截止，蓄电池不向逆变器提供逆变电源。逆变器在微处理器提供的正弦脉宽调制脉冲的控制下，将整流器输出的高压直流电逆变成标准的 50Hz 的正弦波电源。

当市电中断时或市电过高、过低时，在微处理器的控制下，DC/DC 直流变换器立即投入运行，将蓄电池的直流低电压提升到完全符合逆变器输入所要求的较高电压，再经逆变器向负载输出标准波形交流电源。

为了保证市电中断时，UPS 机内的控制电路继续工作，控制电路所需的直流电压不是取自市电输入端，而是由蓄电池组的直流电源经 DC/DC 变换得到的。

"同步镇相电路"除了实现主备电源的同步切换外，还能使逆变器输出的电压频率保持在所要求的误差范围内（即同步窗口）。当市电频率超过这个范围时，逆变器电源不再跟踪市电电源，而同步于本机石英晶体振荡频率 50Hz±0.5%，从而确保逆变器输出电压频率稳定在同步窗口之内。

"输入功率因数校正电路"的作用是使进入整流器的输入电流和电压保持良好的相位一致的关系，提高输入功率因数，同时也就提高了对市电的利用率。

"自动保护电路"具有两种主要的保护功能，一是逆变器输出过载或短路的自动保护，它可以有效地防止逆变器中的 IGBT 等大功率开关元件在负载短路时被烧毁；二是电池电压过低自动保护。UPS 在市电中断或不正常时，将会把蓄电池组的能量立即提供给逆变器，随着蓄电池放电时间的延长，电池所存储的能量逐渐释放出来，电池的电压也随之降低。当下降到阈值电平时，为防止电池组因过度放电而损坏，保护电路会立即停止逆变器的工作，中断电池组的放电过程。

"逆变器输出电压负反馈电路"。在逆变器输出电路中，通过建立"逆变器输出→微处理器→逆变器 PWM 调节→逆变器输入"这样一个电子负反馈闭环控制回路，可确保 UPS 向负载提供电压误差在±2%以内的高精度稳压电源。

五、供电环境对 UPS 的要求

作为电网与负载的中间环节，UPS 要能适应当地电网环境，并且在运行中不能对电网产生不良影响。对电网环境的适应能力：一台 UPS 对电网的适应能力主要指电网电压的变化范围、频率变化范围、波形失真和各种干扰情况下的运行能力。根据我国电网情况，UPS 允许的变化范围一般应做到±25%，而且我国电网电压的频率也存在不稳定的因素，UPS 必须在 50Hz±5%范围内能正常运行，特别是有的 UPS 输入端有降压变压器的波形畸变和干扰也是很复杂的，UPS 的输入端要有较强的滤波和抗干扰功能。防止 UPS 对电网的污染：UPS 电路中的主要功率部件是逆变器，由它产生的高频干扰很有可能反馈到电网中去，因此 UPS 电路本身应该具有去耦、滤波电路设计。逆变器的前级是整流电路，直接面对电网的污染。针对以上问题，UPS 开发技术人员和制造厂提出了输入功率因数校正（Power Factor Correction）措施，它实际上是一个有源滤波器。

六、UPS 的输出应满足的不同负载的各种要求

UPS 的各项输出性能指标应不低于或优于电网电压的正常指标。输出电压额定值：我国一般的用电设备是交流单相 220V、三相 380V，50Hz。

1. 输出容量

一般用伏安表示额定容量，使用时充分考虑效率，功率因数只有 0.6～0.8，当负载有非线

性成分时，要留有裕量。

2. 输出电压稳定度

一般能有 3%～5% 就可以了，有些品牌的 UPS 都优于这个要求，做到 ±1% 以内。输出电压频率稳定度：一般小于 3% 即可，当前大多数品牌都能达到 ±1%。三相输出时，要求 UPS 在不平衡负载（100%）下工作时，输出电压三相不平衡度应小于 2%～3%，相位差 120°±2°。

3. 输出电压波形总谐波失真度

一般应限制在 3%～5% 内。

4. 过载能力

局部供电配置的 UPS，它的容量是有限的，因而过载能力就成为它的一项重要指标。一般品牌的 UPS 可在 110% 负载下连续工作，125% 负载下持续 5～10min，200% 负载下持续 0.1～1s，与电网直接供电比较起来，UPS 的过载能力还很低，使用者在选型时应充分考虑这些因素。

5. 噪声

小型 UPS 使用时多数放置在被供电设备（如计算机）的左右，故一般要求小于 55dB。

6. 转换时间

一般后备式 UPS 在电网断电启动并切换到逆变工作时，对负载的供电会出现瞬时断电的现象，对于计算机系统，这种断电时间必须小于 4ms，在线式 UPS 的转换时间可小于 0.5ms。

UPS 的平均无故障时间 MTBF（Mean Time Between Failures）大多数在几万至十几万小时，但这是对 UPS 本身各元器件、部件寿命和系统配置进行理论分析后得出的，是一种理想情况。实际上元器件和部件的质量、整机配置、生产工艺、运行环境和维护水平都直接影响它的可靠性。

正确使用 UPS，可以减少其使用故障率、延长使用寿命，更加安全、可靠地保护用电系统。

七、UPS 系统的使用注意事项

1. 开关机顺序

为了避免负载在启动瞬间产生的冲击电流对 UPS 造成损坏，在使用时应首先给 UPS 供电，使其处于旁路工作状态。然后再逐个打开负载，这样就避免了负载电流对 UPS 的冲击，使 UPS 的使用寿命得以延长。关机顺序可以看作是开机顺序的逆过程，首先逐个关闭负载，再将 UPS 关闭。

2. 开机之前

在开机之前，首先需要确认输入市电连线的极性是否正确，以确保人身安全。注意负载总功率不能大于 UPS 的额定功率。应避免 UPS 工作在过载状态下，以保证 UPS 能够正常工作。

3. 关机之后

在市电中断后，UPS 由电池组供电并自动关机后，不要再利用 UPS 电池组供电开机，以避免电池因过量放电而损坏。当市电发生异常而转为 UPS 电池组供电时，应及时关闭负载并关机，待市电恢复正常再开机使用。

4. 使用环境

与计算机的工作环境类似，UPS 对环境温度的要求同样也不是很高，通常在 0～40℃ 都能正常工作。但防尘问题同样也困扰着 UPS，UPS 的使用环境要求清洁、少尘、干燥，灰尘和潮湿的环境会引起 UPS 工作不正常。而 UPS 电池组对温度要求则较高，标准使用温度为 25℃，平时最好不要超出 15～30℃ 这个范围。温度过低不但会减小电池组的容量，还会进一步影响 UPS 的使用寿命。另外，UPS 的防磁能力有限，所以不应把强磁性物体放在 UPS 上，否则会导致 UPS

工作不正常或损坏机器。

5. 电池维护

UPS 的电池组会存在自放电现象，如果长期放置不用会导致电池组的损坏，因此需要定期进行充放电。如果使用的是免维护的吸收式电解液系统电池，在正常使用时不会产生任何气体，但是如果用户使用不当而造成了电池组过量充电就会产生气体，并出现电池组内压增大的情况，严重时会使电池鼓胀、变形、漏液甚至破裂，用户如果发现这种现象应立即更换电池组。

6. 注意安全

由于 UPS 的电池组电压很高，对人体存在一定的电击危险，因此在装卸导电连接条和输出线时应具有安全保障，采用的工具应绝缘，特别是输出接点更应有防止触电的设置。

7. 充电电压

在 UPS 的充电过程中，如果充电电压过高会导致电池组的过量充电，反之则会造成电池组的充电不足。当充电电压不正常时，可能会让电池配置数据产生错误。因此在安装电池组时，一定要注意电池规格和数量的正确性，不同规格、不同品牌的电池应尽量避免混用，外接充电器也最好不要采用低价劣质产品。

8. 充电电流

与 UPS 的电压要求类似，在对 UPS 电池组进行充放电时应尽量避免过大的电流通过。虽然有时 UPS 的电池组可以接受一定程度的大电流，但在实际操作中还是应该尽量避免，否则会使电池极板变形，导致电池内阻增大。严重时电池容量将会严重下降，导致电池组寿命大幅缩短。

9. 放电深度

UPS 的放电深度对电池使用寿命的影响也是非常大的，电池放电深度越深，其循环使用次数就越少，因此在使用时应避免电池的深度放电。虽然有些品牌的 UPS 拥有放电保护功能，但如果 UPS 处于轻载放电或空载放电的情况下，也会让电池深度放电，从而影响电池组的使用寿命。

10. 负载大小

普通的用户会认为，UPS 的负载能力越大，对计算机的保护效果会越好，于是在购买时选用了高价格高负载能力的产品。而用户在实际应用时的负载只是 UPS 额定的 30％甚至更少，其实这样也会影响到 UPS 的使用寿命，毕竟其内部的电池组很多时候都不能完全正常地进行工作。当然也不是说 100％的额定负载是最好的，如果这样，UPS 出现任何小问题都会造成很大的损坏，实际操作表明选择 50％～80％的负载为最佳。

第四章　热工测量与控制系统接地及防静电

第一节　热工测量及控制系统的接地

火力发电机组采用计算机控制，已经是当今很普及的技术特点之一了。作为计算机控制技术的配套技术，热工测量系统采用了大量的以数字技术为核心的传感器和变送器，构成先进的热工测量系统。

以计算机及其测量控制元件组成的火力发电机组控制系统的接地系统，是防止寄生电容耦合的干扰，保护设备和人身的安全，保证计算机控制系统稳定可靠运行的重要手段。

计算机控制系统的接地系统，在抗干扰设计上是最简便、最经济而且也是效果最显著的一种方式。接地如能和屏蔽正确结合起来，则能更好地解决噪声问题。

因此，为了能保证计算机控制系统安全、可靠、稳定地运行，保证设备、人身的安全，针对不同类型计算机控制系统的不同要求，应设计出适当形式的接地系统。

根据国家标准"计算机技术要求"中对计算机接地系统的要求做了具体的规定，计算站一般具有以下几种地：

（1）计算机系统的直流地：要求电阻值不大于 1Ω。

（2）交流工作地：要求电阻值不大于 4Ω。

（3）安全保护地：要求电阻值不大于 4Ω。

（4）防静电接地：要求电阻值不大于 4Ω。

（5）防雷保护地：要求电阻值不大于 10Ω。

接地电阻一般指接地体上的工频交流电压或直流电压与通过接地体而流入地下的电流之比。

一、接地的概念

所谓接地，即把电路中的某一点或某一金属壳体用导线与大地连在一起，是以接地电流易于流动为目标，因此接地电阻越低，接地电流越容易流动。另外，电子计算机系统的接地，还希望尽量减少成为噪声原因的电位变动。所以接地电阻也是越低越好。

在火力发电机组的控制系统中，处理计算机接地时，应注意以下两点：

（1）信号电路和电源电路，高压电路和低压电路不应使用共地回路。

（2）灵敏电路的接地，应各自隔离或屏蔽，以防止地回流和静电感应而产生干扰。

下面就几种地线作用和实施办法叙述如下。

1. 交流工作地的作用

在计算机系统中，还有大量使用 380V/220V 交流电源的电气设备，如计算机的外部设备、变压器、空调设备机柜上的风机和维修设备，按国家规定要进行工作接地，即把中性点接地，也称二次接地。其作用在于确保人身安全和设备的安全。

在计算机系统中，交流设备很多，但交流设备的二次接地问题常常不为人们所重视，为此常常给人身和设备造成一些不必要的伤害。

具体措施是把计算机外部的中性点用绝缘导线串联起来接到配电柜的中性线上，然后用接地母线将其接地。其他交流设备，如空调机、新风机、稳频稳压设备等中性点各自独立按电气规范的规定接地。

2. 安全保护地

把机房内所有设备外壳以及电动机、空调机等设备的壳体与地之间做良好的接地，称为安全保护地。当绝缘被击穿时，由于机壳与地之间杂散阻抗的数值很大，使机壳上的电压基本上等于交流电源的电压（220V）。当人体触及机壳，且人体对地的绝缘不好时，将有相当大的电流通过人体进入大地，这是十分危险的。如将机壳接地情况就完全不同了，当绝缘被击穿时，接地短路电流沿着接地线和人体两条通路入大地。由于接地电阻很小，远远小于人体电阻，数值很大的电流通过接地电阻入大地，从而保护了人身安全。

具体的实施措施：计算机房内的安全保护地是将所有机柜的机壳用数根绝缘导线串联起来，再用接地母线（多股编织线）与大地相连，而计算机房的其他设备另接。

3. 计算机系统的直流地

计算机系统的直流地是数字电路的基准电位，不一定是大地电位，如该地线经一低阻通路接至大地，则该地线的电位可认为是大地电位，被称为接大地。在计算机术语中人们常常把计算机设备直流地的接地形式，称为计算机的接地。从目前的接法及形式看，与大地的接法不外乎两种：一是直流地悬浮；二是直流地接大地。

直流地悬浮就是直流地不接大地，与地严格绝缘，要求对地电阻的大小一般在 1MΩ 以上。那么直流地为什么要悬空？因为数字电路的直流地与交流地接在一起，有可能引入交流电力网电压的干扰，为了防止这种干扰需要把交流地和直流地严格地分开。直流地悬浮的缺点是，由于交流电电网的中性线一般接地（接大地），这就等于把数字电路的直流地也接大地，这样容易形成漏电，使交流与直流两者之间形成电流回流，还可能因直流地悬浮使这些设备带有瞬态电压，通过相互间连线的电容耦合去干扰邻近设备，万一发生交流相线与机柜相碰现象，就会使机柜带有很高的交流电压。如果机柜无安全地，大量的静电荷无处可去，淤积到机柜外壳上，使静电荷越积越多，影响机器的稳定运行。遇雷雨季节而避雷设备又不完善时，会遭雷击。

直流地接大地就是将计算机机房中数字电路的等电位地与大地相接，为了取得一定的公共电位，以减少电路的耦合，降低干扰影响，减少电气元件的电腐蚀和因线路对地绝缘不良而产生的串音等现象，一般接地电阻应小于 4Ω。直流地接大地方式克服了直流地悬空所带来的问题，笔者建议在计算机局域网机房系统中采用直流地接大地的做法。由于直流地与机柜外壳是分开的，因此机柜外壳接大地为高频干扰提供了低阻通路，对防止高频干扰和防止静电也起到一定的保护作用。

直流地有多种接法和选择：

（1）串联接地：多点接地，所谓串联接地，就是将计算系统中各个设备的直流地线以串联的方式接在作为直流地线的铜皮上。应该注意的是，此时所用的直接导线是多股编织或铜带，应与机壳绝缘。

（2）并联接地：单点接地计算机系统中用多股屏蔽软线接到铜块地线上，铜块下垫绝缘物质。

（3）网状地：在大型机房中，对地要求相对严格，目前广泛使用网状地线作为直流地，称为网状地。直流网状地是用一定截面积的铜带在活动地板下面交叉排列成 600mm×600mm 的方格，其交叉点与活动地板支撑点的位置交错排列，交点处用锡焊焊接或压接在一起。为了使直流网状地和大地绝缘，在铜带下面应垫 2～3mm 厚的绝缘胶皮或聚氯乙烯板等绝缘材料，要求对地电阻在 10MΩ 以上。直流网状地系统不仅有助于更好地保证逻辑电路电位参考点的一致，而且大大提高了机器内部和外部的抗干扰能力。但是网状地系统比较庞大，施工复杂，且费用较高，因而只适用在大型计算机机房中应用。

4. 防雷保护地

雷电是大气中的一种自然放电现象。雷击的放电速度很快，雷电电流的变化也很剧烈。雷云开始放电时雷电电流急剧增大，在闪电时，电流可达 $200\sim300$kA。雷电的破坏作用基本上可以分为三类。第一类是直击雷的作用即雷电直接击在建筑物或设备上造成破坏。第二类是雷电的二次作用，通常称为感应雷，即雷电电流产生的磁效应和静电效应所产生的作用，表现在：雷电电流产生的电磁场随着雷电电流一起剧烈变化。另一方面还由于静电荷感应都会在金属物件上或电气线路上感应出很高的电压（可达数十万伏），可严重危及设备和人员的安全。第三类是雷电电流沿电气线路和管道线路把高电压传到建筑物内部，形成所谓的电位引入，这当然是十分危险的。

防雷接地是组成防雷措施的一部分，其作用是把雷电流引入大地。建筑物和电气设备的防雷主要是用避雷器（包括避雷针、避雷带、避雷网和消雷装置等）。避雷器的一端与被保护设备相接，另一端连接地装置。当发生直击雷时，避雷器将雷电引向自身，雷电流经过其引下线和接地装置进入大地。此外，由于雷电引起静电感应副效应，为了防止造成间接损害，如房屋起火或触电等，通常也要将建筑物内的金属设备、金属管道和钢筋结构等接地；雷电波会沿着低压架空线、电视天线侵入房屋，引起屋内电工设备的绝缘击穿，从而造成火灾或人身触电伤亡事故，所以还要将线路上和进屋前的绝缘子铁脚接地。

一般说来，防雷装置可分为三个基本部分。

（1）接闪器。接闪器也叫受雷装置，是接收雷电电流的金属导体，也即通常所说的避雷针、避雷带或避雷网。

（2）引下线。引下线是连接避雷针（网）与接地装置的导体，一般敷设在房顶和墙壁上。它的作用是把雷电流由受雷装置引到接地装置。

（3）接地装置——接地地桩。要注意的是，为了设备和人身的安全，防雷保护地与直流地和安全保护地之间应间隔 15m 以上。

二、几种接地系统的相互关系

若将直流地、安全保护地、交流工作地和防雷保护地各组成系统，并分别接入不同的地桩上，这方案的最大优点在于可防止其他设备干扰计算机稳定运行，但施工复杂造价昂贵，难找出合适的场合。

现在我们采用这样一种方案，直流地、防雷地各自单独接地，把安全保护地与交流工作地共用一个地桩。即机房内的所有交流用电设备的中性线接在一起与配电柜的中性线端相接；再把各设备的机壳（架）用绝缘导线连在一起，也接在配电柜的中性线端子上，然后再用母线引至机房外接在接地地桩上。

三、不同地线的处理方法

（1）数字地和模拟地应分开。在高要求电路中，数字地与模拟地必须分开。即使是对于A/D、D/A转换器同一芯片上两种"地"最好也要分开，仅在系统一点上把两种"地"连接起来。

（2）浮地与接地。系统浮地，是将系统电路的各部分的地线浮置起来，不与大地相连。这种接法有一定的抗干扰能力，但系统与地的绝缘电阻不能小于 $50M\Omega$。一旦绝缘性能下降，就会带来干扰。通常采用系统浮地、机壳接地，可使抗干扰能力增强、安全可靠。

（3）一点接地。在低频电路中，布线和元件之间不会产生太大影响。通常频率小于 1MHz 的电路，采用一点接地。

（4）多点接地。在高频电路中，寄生电容和电感的影响较大。通常频率大于 10MHz 的电路，采用多点接地。

四、接地装置

由接地体和接地线组成。直接与土壤接触的金属导体，称为接地体。电工设备需接地点与接地体连接的金属导体，称为接地线。接地体可分为自然接地体和人工接地体两类。自然接地体有：

（1）埋在地下的自来水管及其他金属管道（液体燃料和易燃、易爆气体的管道除外）；

（2）金属井管；

（3）建筑物和构筑物与大地接触的或水下的金属结构；

（4）建筑物的钢筋混凝土基础等。

人工接地体可用垂直埋置的角钢、圆钢或钢管，以及水平埋置的圆钢、扁钢等。当土壤有强烈腐蚀性时，应将接地体表面镀锡或热镀锌，并适当加大截面。水平接地体一般可用直径为 8～10mm 的圆钢。垂直接地体的钢管长度一般为 2～3m，钢管外径为 35～50mm，角钢尺寸一般为 40mm×40mm×4mm 或 50mm×50mm×4mm。人工接地体的顶端应埋入地表面下 0.5～1.5m 处。这个深度以下，土壤电导率受季节影响变动较小，接地电阻稳定，且不易遭受外力破坏。

五、仪器仪表接地的十个小技巧

进行了仪器仪表安装之后，正确的接地能让自动化和控制系统远离麻烦。以下仪器仪表接地的十个小技巧能帮助更好地接地：

（1）控制系统 AC 电源应来自于一个分开的系统，与其他设备和使用分开；

（2）电源在设计时应该考虑到初始电流的冲击，至少能承受 10 个周期；

（3）控制系统 AC 接地应该建立在隔离变压器或 UPS 上，或者在附近；

（4）控制系统工作站 AC 电源应该使用专门的插座；

（5）当连接现场设备电源有几个 I/O 接口转接器时，应该使用隔离栅条；

（6）控制系统 AC 电源应该由隔离变压器或 UPS 供给；

（7）当 AC 和 DC 输入连接到同样的接线排，接线排必须以适当的警告标签标出；

（8）AC 接地线应该与载流线型号相当或大一号；

（9）预留一根额外的线或使用一终端盒，以提供测试点；

（10）接地系统的电阻必须进行测试，以保证接地能满足控制系统的要求。

第二节　热工测量与控制系统的防静电

静电是一种常见的物理现象。地毯上走过、抓住门的把手、梳头、脱毛线衣时，火花产生了。这个现象就是人们所知的静电放电（ESD，Electrostatic Discharge）。人类通过日常活动可产生高达 25kV 的静电放电。人类手的神经可感觉到低至大约 3000V 的静电放电。只需要 10V 的 ESD 就可毁坏今天 IC 内部的某些极小零件和迹线。其结果是，虽然 ESD 看不见、听不到或感觉不到，但可严重地损伤或毁坏电子产品。

一、静电的产生

静电起电包括使正、负电荷发生分离的一切过程，如通过固体与固体表面、固体与液体表面之间的接触、摩擦、碰撞，固体或液体表面的破裂等机械作用产生的正、负电荷分离。也包括气体的离子化、喷射带电以及在粉尘、雪花和暴风雨中的带电现象。

两种不同的金属 I 和 II 相接触时，当它们之间的距离小于 $25×10^{-10}$ m 时，由于量子力学的隧道效应，两种金属内的电子穿过界面而互相交换。

由于两金属的功函数不同，对电子的吸引力不同，当达到平衡时，一种金属失去电子带正电，另一种金属得到电子带负电，界面两侧出现了等量异号电荷（偶电层），两金属之间产生了一定的电位差（接触电势差）。

摩擦起电的实质是接触分离起电，即任何不同材质的物体接触后再分离，即可产生静电。当两种不同的材料发生摩擦时，因为电子的转移会产生静电电荷，得到电子的物体带负电，失去电子的物体带正电，这一过程称为摩擦起电。研究结果表明，不同的物质摩擦起电的序列按如下顺序排列：

空气→人手→石棉→兔毛→玻璃→云母→人发→尼龙→羊毛→铅→丝绸→铝→纸→棉花→钢铁→木→琥珀→蜡→硬橡胶→镍/铜→黄铜/银→金/铂→硫黄→人造丝→聚酯→赛璐珞→奥纶→聚氨酯→聚乙烯→聚丙烯→聚氯乙烯→二氧化硅→聚四氟乙烯

这个顺序按照"前正后负"排列，例如：玻璃和丝绸摩擦，玻璃排在丝绸前面，所以玻璃带正电，丝绸带负电。

人活动产生的静电电压如表 4-1 所示。

表 4-1   人活动产生的静电电压

人体活动	静电电压（kV）	
	相对湿度 10%～20%	相对湿度 65%～90%
人在地毯上走动	35	1.5
在工作台上操作	6	0.1
从工作椅上站起	18	1.5

计算机及热工测量用电子器件所能承受的静电电压如表 4-2 所示。

表 4-2   计算机及热工测量用电子器件所能承受的静电电压

器件类型	静电破坏电压（V）
VMOS	30～1800
OP-AMP	190～2500

要密切注意元件在不易察觉的放电电压下发生的损坏，这一点非常重要。人体有感觉的静电放电电压在 3000～5000V 之间，然而，元件发生损坏时的电压仅几百伏，如图 4-1 所示。

生产场所中的静电危害源如表 4-3 所列。

表 4-3   生产场所中的静电危害源

物体或工艺加工	材料或活动	备 注
人	站起、行走、操作	（1）人体是最普遍存在的静电危害源。 （2）对静电来说，人体是导体。 （3）用接地可控制人体静电
工作服		
椅子		
组装、清洗、测试和维修区		

二、静电对电子产品的危害

静电是时时刻刻到处存在的，但是在 20 世纪 40～50 年代很少有静电问题，因为那时是晶体三极管和二极管，而所产生的静电也不如现在普遍存在。在 60 年代，随着对静电非常敏感的

MOS 器件的出现，静电问题也出现了，到 70 年代静电问题越来越严重。八九十年代，随着集成电路的密度越来越大，一方面其二氧化硅膜的厚度越来越薄（微米至纳米），其承受的静电电压越来越低；另一方面，产生和积累静电的材料，如塑料、橡胶等大量使用，使得静电越来越普遍存在，仅美国电子工业每年因静电造成的损失达几百亿美元，因此静电防护已成为电子工业的隐形杀手。是电子工业普遍存在的"硬病毒"，在某个时刻内外因条件具备时就要发作。

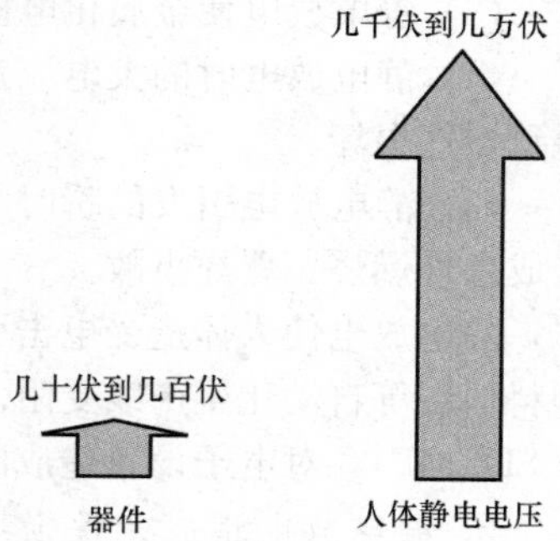

图 4-1　电子元件发生损坏的电压与人体感觉的静电放电电压的对比

1. 静电的基本物理特性

静电的基本物理特性为吸引或排斥、与大地有电位差、会产生放电电流。这三种特性会对构成计算机测量和控制系统的很多电子元件造成影响。

2. 静电对电子产品损害的形式

如果元件全部破坏，必能在生产及品管中被察觉而排除，影响较小。如果元件轻微受损，在正常测试下不易发现，在这种情形下，常会因经过多层次加工，甚至已在使用时，才发现破坏，不但检查不易，而且其损失也难以预测。要耗费很多人力及财力才能清查出所有问题，而且如果在使用时才察觉故障，其损失将可能巨大。

静电对电子产品损害的形式有吸尘（缩短寿命）、放电破坏（完全破坏）、放电产生热（潜在损伤）和放电产生电磁场（电磁干扰）。

(1) 静电吸附灰尘，降低元件绝缘电阻（缩短寿命）。

(2) 静电放电破坏，使元件受损不能工作（完全破坏）。

(3) 静电放电电场或电流产生的热，使元件受伤（潜在损伤）。

(4) 静电放电产生的电磁场幅度很大（达几百伏/m）、频谱极宽（从几十兆赫到几千兆赫），对电子产品造成干扰甚至损坏（电磁干扰）。

3. 静电对电子产品损害的特点

(1) 隐蔽性：人体不能直接感知静电，除非发生静电放电，但是发生静电放电人体也不一定能有电击的感觉，这是因为人体感知的静电放电电压为 2～3kV，所以静电具有隐蔽性。

(2) 潜在性：有些电子元器件受到静电损伤后的性能没有明显的下降，但多次累加放电会给器件造成内伤而形成隐患。因此静电对器件的损伤具有潜在性。

(3) 随机性：从一个电子元件产生以后，一直到它损坏以前，所有的过程都受到静电的威胁，而这些静电的产生具有随机性。其对电子元件的损坏也具有随机性。

(4) 复杂性：静电放电损伤的失效分析工作，因电子产品的精、细、微小的结构特点而费时、费事、费钱，要求较高的技术并往往需要使用扫描电镜等高精密仪器。即使如此，有些静电损伤现象也难以与其他原因造成的损伤加以区别，使人误把静电损伤失效当作其他失效。这在对静电放电损害未充分认识之前，常常归因于早期失效或情况不明的失效，从而不自觉地掩盖了失效的真正原因。所以静电对电子器件损伤的分析具有复杂性。

4. 静电放电造成微电子电路损伤的模式

(1) 静电放电使金属布线与扩散区（或多晶）接触孔产生火花，使金属和硅的欧姆接触被破坏。

(2) 静电放电使节点的温度超过半导体硅的熔点（1415℃）时，使硅熔解，产生再结晶，造成器件短路。

（3）静电放电使金属化电极和布线熔解、"球化"，造成电路开路。

（4）静电放电时的大电流流过 PN 结产生焦耳热，使结温升高，形成"热斑"或"热奔"，导致器件损坏。

（5）静电放电引发的瞬时大电流（静电火花）引燃引爆易燃、易爆气体混合物或电火工品，造成意外燃烧、爆炸事故。

静电放电使人体遭受电击引发操作失误造成二次事故、静电场的库仑力作用使纺织、印刷、塑料包装等自动化生产线受阻。第三类静电危害是由于静电放电的电磁辐射或静电放电电磁脉冲（ESDEMP），对电子设备造成的电磁干扰引发的各种事故。

5．静电放电造成元件损坏的机理分析

一般来说，静电放电都是在微秒或纳秒量级完成的，因此这一过程是一种绝热过程，放电瞬间通过回路的大电流，形成局部的高温热源。对微电子器件而言，其静电放电能量通过器件集中释放，其平均功率可达几千瓦，热量很难从功率耗散面向外扩散，因而在器件内形成大的温度梯度，造成局部热损伤，电路性能变坏或失效。

静电放电的强电场效应导致 MOS 声效应器件的栅氧化层被击穿，使器件失效；导致微电子电路绝缘介质击穿，或使器件性能下降；使集成电路和精密的电子组件老化，降低设备寿命。

电子元件从生产到使用的整体过程中都会产生静电，包括元件制造过程（含制造、切割、接线、检验到交货）、印刷电路板生产过程（收货、验收、储存、插入、焊接、品管、包装到出货）设备制造过程（电路板验收、储存、装配、品管、出货）、设备使用过程（收货、安装、试验、使用及保养）。

生产场所人员活动所产生的静电电压值见表 4-1。

6．静电放电的控制

从前面的分析可知静电是由于物体接触分离，甚至没有接触的感应等方式产生的，就连我们周围的空气也是由原子组成的，当这些空气流动时也会产生静电。可以说：在任何时间、任何地点都可能产生静电。要完全消除静电几乎是不可能的，但可以采取一些措施控制静电在不危害的程度之内。

三、热工检修过程防静电基本要求

1．静电防护的基本原则

（1）抑制静电荷的积聚；

（2）迅速、安全、有效地消除已经产生的静电荷。

2．防静电工作区场地

（1）地面材料：

1）禁止直接使用木质地板或铺设毛、麻、化纤地毯及普通地板革。

2）应该选用由静电导体材料构成的地面，如防静电活动地板或在普通地面上铺设防静电地垫，并有效接地。

3）允许使用经特殊处理过的水磨石地面，如事先敷设地线网、渗碳或在地面喷涂抗静电剂等。

（2）接地：

1）防静电系统必须有独立可靠的接地装置，接地电阻一般应小于 $1M\Omega$，埋设与检测方法应符合 GBJ 97 的要求。

2）防静电地线不得接在电源零线上，不得与防雷地线共用。

3）使用三相五线制供电，其大地线可以作为防静电地线（但零线、地线不得混接）。

4）接地主干线截面积应不小于 100mm²；支干线截面积应不小于 6mm²；设备和工作台的接地线应采用截面积不小于 1.25mm² 的多股敷塑导线，接地线颜色以黄绿色线为宜。

5）接地主干线的连接方式应采用钎焊。

6）防静电设备连接端子应确保接触可靠，易装拆，允许使用各种夹式连接器，如鳄鱼夹、插头座等。

（3）天花板材料：天花板材料应选用抗静电型材料制品，一般情况下允许使用石膏板制品，禁止使用普通塑料制品。

（4）墙壁面料：墙壁面料应使用抗静电型墙纸，一般情况下允许使用石膏涂料或石灰涂料墙面，禁止使用普通墙纸及塑料墙纸。

（5）湿度控制：

1）防静电工作区的环境相对湿度以不低于 50％ 为宜。

2）在不对产品造成有害影响的前提下，允许使用增湿设备喷洒制剂或水以增加环境湿度。

3）计算机房的湿度应符合 GB/T 2887《计算机场地通用规范》中的有关规定，类似的机房也应符合此规定。

（6）区域界限：防静电工作区应标明区域界限，并在明显处悬挂警示标志，警示标志应符合有关规程规定，工作区入口处应配置离子化空气风浴设备。

（7）电荷源：防静电工作区内禁止使用及接触易产生静电荷的电荷源，如表 4-4 中所列。

表 4-4　　　　　　　　　　　　　易产生静电荷的电荷源

类　　别	电　荷　源
工作台表面	油漆或浸漆表面、普通塑料贴面、普通乙烯及树脂表面
地板	塑料及普通地板革、抛光打蜡木地板、普通乙烯树脂
工作服，帽，鞋	普通涤纶、合成纤维及尼龙面料、塑料及普通胶底鞋
操作工具及设备	普通塑料盒、架、瓶、盘用品及纸制品，普通泡沫及一般移动工具，压缩机，喷射设备，蒸发设备等

3. 防静电设施

（1）静电安全工作台。静电安全工作台是防静电工作区的基本组成部分，它由工作台、防静电桌垫、腕带接头和接大地线等组成。防静电桌垫上应不少于两个腕带接头，一个供操作人员使用，另一个供技术人员、检验人员或其他人员使用。必要时，静电安全工作台上应配备离子风静电消除器。静电安全工作台上不允许堆放塑料盒（片）、橡皮、纸板、玻璃等易产生静电的杂物，图纸资料等应装入防静电文件袋内。

（2）防静电腕带。直接接触静电敏感器件的人员均应戴防静电腕带，腕带应与人体皮肤有良好接触，腕带必须对人体无刺激、无过敏影响，腕带系统对地电阻值应在 $10^6 \sim 10^8 \Omega$ 范围内。

（3）离子风静电消除器。消除绝缘材料表面的静电荷应使用离子风静电消除器。

（4）防静电工作服。进入防静电工作区的人员应穿防静电工作服，防静电工作服面料应符合 GB 12014《防静电服》规定。在相对湿度大于 50％ 的环境中，防静电工作服允许选用纯棉制品。

（5）防静电工作鞋。进入防静电工作区或接触 ESD 的人员应穿防静电工作鞋，防静电工作鞋应符合 GB 21146《个体防护装备职业鞋》的有关规定。一般情况下允许穿普通鞋，但应同时使用导电鞋束或脚跟带。

第五章　热工仪表检修用仪表及设备

第一节　钳形电流表

钳形电流表是一种用于测量电路负载状况、测量正在运行的电气线路电流大小的仪表，可在不断电的情况下测量电流。钳形电流表实质上是由一只电流互感器、钳形扳手和一只整流式磁电系有反作用力的仪表所组成的。钳形电流表一般可分为磁电式和电磁式两类。其中测量工频交流电的是磁电式，而电磁式为交、直流两用式。图5-1是钳形电流表外部构造。

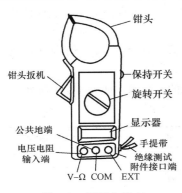

图 5-1　钳形电流表的外部构造

一、钳形电流表的工作原理

钳形电流表的工作原理是建立在电流互感器工作原理的基础上的，当握紧钳形电流表扳手时，电流互感器的铁芯可以张开，被测电流的导线进入钳口内部作为电流互感器的一次绕组。当放松扳手铁芯闭合后，根据互感器的原理而在其二次绕组上产生感应电流，钳形电流表指针偏转，从而指示出被测电流的数值。值得注意的是：由于其原理是利用互感器的原理，所以铁芯是否闭合紧密，是否有大量剩磁，对测量结果影响很大。当测量较小电流时，会使得测量误差增大。这时，可将被测导线在铁芯上多绕几圈来改变互感器的电流比，以增大电流量程。

漏电检测与通常的电流检测不同，两根（单相2线式）或三根（单相3线式，三相3线式）要全部夹住，也可夹住接地线进行检测。在低压电路上检测漏电电流的绝缘管理方法，已成为首要的判断手段。自其被（1997年电气设备技术标准的修正）确认以来，在不能停电的楼宇和工厂设备，便逐渐采用漏电电流钳形电流表来检测。交直流钳形电流表一般准确度不高，通常为2.5～5级。为了使用方便，表内还有不同量程的转换开关，供测不同等级电流以及测量电压。

二、钳形电流表的结构特点

钳形电流表通常作为交流电流表使用，在其表头上有一个钳形头，在测量电流时，钳形电流表不需要与待测电路连接，只需将供电导线（只一条）穿过钳口，便可直接进行电流的测量。

钳形电流表主要是由钳头、钳头扳机、保持按钮、功能旋钮、液晶显示屏、表笔插孔以及红、黑两支表笔等部分构成的。钳头用来钳住导线测量电流，红表笔和黑表笔主要用来连接钳形电流表测量电阻和电压。

图5-2是以FLUKE381型钳形电流表面板及构造。

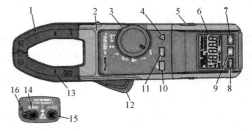

图 5-2　FLUKE 381 型/钳形电流表面板及构造

1—电流感应钳；2—触摸挡板；3—旋转功能开关；4—危险电压指示灯；5—显示模块释放按钮；6—显示模块；7—背光灯按钮；8—保持按钮；9—最小值/最大值（min/max）按钮；10—归零/功能切换（Zero/Shift）按钮；11—浪涌按钮；12—钳口开关；13—对齐标记；14—公共端子；15—电压/电阻输入端子；16—柔性电流钳输入端子

钳形电流表的钳头主要用于在测量交流电流时钳住被测导线，利用电流互感器原理感应导线电流。

钳形电流表的钳头扳机主要用于开闭钳头，按下时钳头张开，松开时钳头闭合。

钳形电流表的保持按钮主要用于检测电子电路时保持所测量的数据，以方便读取记录数据。

钳形电流表的功能旋钮主要针对钳形电流表一表多用的特点，为不同的检测设置相对应的量程。

钳形电流表的液晶显示屏主要用于显示检测数据、数据单位、选择量程等信息。

表笔插孔主要用于连接表笔的引线插头和绝缘测试附件。红表笔连接 V-Ω 插孔，黑表笔连接接地端。

三、钳形电流表的测量

1. 测试泄漏电流

要检查分支电路上是否有泄漏电流，将相线和中性线放在钳形表的夹爪中。测量到任何电流均为泄漏电流，即返回到接地回路的电流。供应电流（黑线）和返回电流（白线）生成相对的磁场。电流应该相等（并且方向相反），相对的磁场应相互抵消。如果没有抵消，则意味着一些电流（称为泄漏电流）正在从另一条通路返回，唯一的其他通路就是接地回路。

如果在供应电流和返回电流之间检测到一个净电流，则需要考虑负载和电路的性质。一个接线错误的电路可能使高达总负载电流一半大小的电流流过接地系统。如果测量到的电流非常高，则很可能存在接线问题。泄漏电流也可能由负载泄漏或绝缘不良而引起。

电动机中的绕组发生磨损或夹持机构中存在湿气是常见的罪魁祸首。如果怀疑存在泄漏，则使用绝缘电阻表进行断电测试，将有助于评估电路绝缘的完整性，并帮助确定是否存在问题以及哪里出现了问题。

2. 测量各个负载

要测量各个负载，可以在插座处使用一条引出线。它只不过是一条延长的电缆，其外部绝缘已被剥除以使黑色、白色和绿色导线露出。这比将插座撤出而接触到导线要容易得多。将负载插到电缆上，并将电缆插到插座中。要测量负载电流，夹住黑色导线，直接在绿色导线上或在黑色导线连同白色导线上进行接地电流检查。

3. 电动机和驱动器测量

加载：以三相的平均值测量的电动机吸入电流不应超过电动机的满负载电流额定值（乘以容许过载系数）。另外，负载电流低于满负载电流的 60％ 的电动机（多数是这样）效率越来越低，功率因数也会下降。

4. 电流平衡

电流不平衡可能表明电动机绕组出现问题（例如，因内部短路而在磁场绕组上产生不同电阻）。一般来说，不平衡应该低于 10％（为了计算不平衡，首先要计算三相读数的平均值；然后找到与平均值的最大偏差并除以平均值）。当三相中有一相没有电流时，极高的电流不平衡为单相不平衡。这通常由断开的熔断器引起。

5. 浪涌电流

直接加压起动（通过机械起动器）的电动机具有一个冲击电流。冲击电流在老式电动机上可达到 500％ 左右，而在节能型电动机上高达 1200％。冲击电流如果过高，常常会引起电压突降和恼人的脱扣。高级钳形电流表具有一个"突波"功能，可在突波电流上触发，并捕获其真实值。

6. 峰值负载（冲击负载）

一些电动机会经受冲击负载，它们可以引起足够的电流浪涌以使电动机控制器中的过载电路脱扣。可以使用最小值/最大值功能表来记录由冲击负载吸收的最差情况电流。

四、钳形电流表的使用

1. 在设施施工中使用钳形电流表

对于设施施工来说，钳形电流表是用于在配电盘处对各个分支电路上的负载进行测量的必备工具。虽然对电流进行抽查常常已经足够，但有时这种检查不会随着负载的接通与断开，以及经历若干个周期等而提供完整画面。电气系统中的电压应该是稳定的，但电流却变化很大。

为了检查某个电路上的峰值或最差情况负载，使用一个具有最小值/最大值功能的钳形电流表，该功能是针对测量存在时间长于 100ms 或大约 8 个周期的大电流而设计的。这些电流会导致断路器脱扣的间歇过载状况。

在断路器或熔断器的负载侧进行测量。断路器将在意外事故短路时将电路断开。这对于任何类型的直接接触电压测量来说都尤为重要。即使钳形电流表的夹钳具有绝缘，具有一种直接接触电压测量所没有的保护等级，小心谨慎仍然是必要的。

设施中电气工作中的一个常见问题是要将电气插座与断路器对应起来。在识别一个特定插座对应于电路方面，钳形电流表十分有用。首先要在配电盘上获得电路的现有电流的基准读数，然后，将钳形电流表置于最小值/最大值模式。来到有关插座处，插入一个负载（一个电吹风较为理想），接通其电源 1~2min。检查钳形电流表的最大电流读数是否改变。一个电吹风通常会吸入 10~13A 电流，因此，应该有可察觉的差别。如果读数相同，则说明使用的断路器不正确。

2. 在工业应用中使用钳形电流表

钳形电流表用于在配电盘处对馈线以及分支电路上的电路负载进行测量。分支电路上的测量应在断路器或熔断器的负载侧进行。

（1）应对馈线电缆的平衡状况和负载状况进行检查：所有三相上的电流应该大约相同，以将返回中性线的电流降到最低。

（2）还应检查中性线是否过载。在带有谐波负载时，即使馈线各相平衡，中性线也有可能携带大于馈线的电流。

（3）还应该检查每个分支电路是否可能发生过载。

（4）最后，应该对接地回路进行检查，应具有极小的对地电流。

3. 钳形电流表的使用步骤

（1）根据被测电流的种类、电压等级正确选择钳形电流表。一般交流 500V 以下的线路，选用 T301 型。测量高压线路的电流时，应选用与其电压等级相符的高压钳形电流表。

（2）正确检查钳形电流表的外观情况、钳口闭合情况及表头情况等是否正常。若指针没在零位，应进行机械调零。

（3）根据被测电流大小来选择合适的钳形电流表的量程。选择的量程应稍大于被测电流数值。若不知道被测电流的大小，应先选用最大量程估测。

（4）正确测量。测量时，应按紧扳手，使钳口张开，将被测导线放入钳口中央，松开扳手并使钳口闭合紧密。

（5）读数后，将钳口张开，将被测导线退出，将挡位置于电流最高挡或 OFF 挡。

4. 钳形电流表的使用注意事项

（1）由于钳形电流表要接触被测线路，所以测量前一定检查表的绝缘性能是否良好，即外壳无破损，手柄应清洁干燥。

（2）测量时，应戴绝缘手套或干净的线手套。

（3）测量时，应注意身体各部分与带电体保持安全距离（低压系统安全距离为 0.1～0.3 m）。

（4）钳形电流表不能测量裸导体的电流。

（5）严格按电压等级选用钳形电流表：低电压等级的钳形电流表只能测低压系统中的电流，不能测量高压系统中的电流。

（6）严禁在测量过程中切换钳形电流表的挡位；若需要换挡时，应先将被测导线从钳口退出再更换挡位。

五、钳形电流表的选型

（1）根据不同的检测对象、交流电流、直流电流，还是漏电电流来选择机种及型号。

（2）可检测的最大导体规格配合检测场所，有从 21mm 直径到 53mm 直径不同规格。

（3）考虑其他功能：不仅能检测电流，还有检测功能与记录输出于一体的机种型号。

第二节　绝缘电阻表及其使用

绝缘电阻表又称兆欧表，俗称摇表、绝缘摇表或麦格表。绝缘电阻表主要用来测量电气设备的绝缘电阻，如电动机、电器线路的绝缘电阻，判断设备或线路有无漏电现象、绝缘损坏或短路。绝缘电阻表的外部结构如图 5-3 所示，包括发电机摇柄、刻度盘、接线柱等。

一、绝缘电阻表内部结构

1. 发电机及机械系统

绝缘电阻表内部结构如图 5-4 所示。该系统主要由摇柄、防逆转系统（见图 5-5，由齿轮 1、摇柄轴、棘爪组成）、传动系统（齿轮 2、齿轮 3）、离心式摩擦调速系统（见图 5-6，由齿轮 4、摩擦滑块、弹簧、滑块支架组成）、转子、定子等组成。

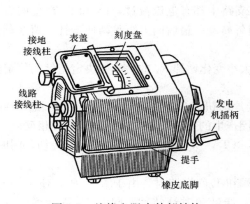

图 5-3　绝缘电阻表外部结构

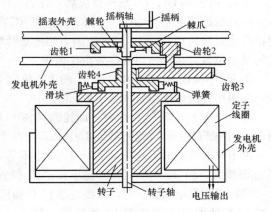

图 5-4　绝缘电阻表内部结构

2. 倍压整流系统

如图 5-7 所示，该系统由发电机 F，二极管 V1～V4，电容器 C1、C2 等组成。

3. 测量系统

如图 5-7 的虚线框内所示。测量机构采用磁电式双动圈流比计，流比计由两个在固定磁场中相互保持一定角度（一般为 45°），并固定在可自由转动的同一根轴上的铝框组成。转轴一端装有指针。

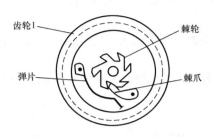

图 5-5　绝缘电阻表的防逆转系统

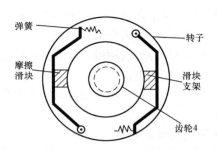

图 5-6　绝缘电阻表的离心式摩擦调速系统

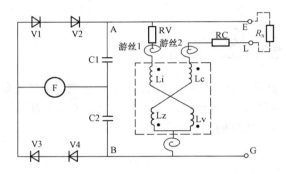

图 5-7　绝缘电阻表的倍压整流系统和测量系统

一小铝框上绕有电压线圈 Lv 和零点平衡线圈 Lz，另一个铝框上绕有电流线圈 Lc 和无穷大平衡线圈 Li。Lv 和 Li、Lc 和 Lz 分别对应反向串联。

二、绝缘电阻表的工作原理

当顺时针摇动手柄时，手柄通过棘轮、棘爪、齿轮 1、齿轮 2、齿轮 3 带动齿轮 4 转动，齿轮 4 依靠其下部的圆盘与摩擦滑块之间的摩擦，带动转子以 5 倍于手柄的转速旋转，定子线圈输出交流电压。

棘爪轮系统可防止转子逆转，离心摩擦调速系统可防止转子超速。手柄以额定转速转动时，定子线圈将输出 500V 的交流电压，经二极管 V1～V4，电容器 C1、C2 倍压整流后，在 A、B 两点输出 1100V 左右的直流高压。

（1）当被测电阻 $0 < R_x < \infty$ 时，RV 和 RC 两条支路中都有电流流过，Lv 和 Lz 产生的力矩使指针逆时针转动，Lc 和 Li 产生的力矩使指针顺时针转动，最后两力矩平衡使指针停留在刻度盘的某一位置，指针停留的位置由比值决定。

因 R_x 串接在 Rc 支路中，故 I_c 的大小将随 R_x 大小变化，即 R_x 的大小能决定指针的停留位置，亦即指针的停留位置指示了 R_x 的大小。

（2）当被测电阻 $R_x = \infty$ 时，即线路端钮 L 和接地端钮 E 间开路时，Rc 支路的电流 $I_c = 0$，而 Rv 支路则有电流 I_v 流过线圈 Lv、Li，这两个线圈产生的力矩 T_v 和 T_i 的方向恰好相反。

由于磁通气隙的不均匀，T_v、T_i 大小不等，$T_v > T_i$，从而使指针逆时针方向转动，同时，T_i 逐渐增大，当 $T_v = T_i$ 时指针指示在"0"位置。

（3）当被测电阻 $R_x = 0$，即线路端钮 L 和接地端钮 E 间短路时，由于 $R_v > R_c$，使 $I_c > I_v$，线圈 Lc 的匝数又多于线圈 Lv 的匝数，故 $T_c > T_v$，指针顺时针转动，同时 T_v 逐渐增大，当 $T_c = T_v$ 时，指针指示在"0"处。

三、指针绝缘电阻表使用方法

1. 准备工作

（1）试验前应拆除被试设备电源及一切对外连线，并将被试物短接后接地放电 1min，电容量较大的应至少放电 2min，以免触电和影响测量结果。

（2）校验仪表指针是否在无穷大上，否则需调整机械调零螺丝。

（3）用干燥清洁的柔软布擦去被试物的表面污垢，必要时先用汽油洗净套管的表面积垢，以消除表面漏电电流对测试结果的影响。

（4）将带屏蔽高压测试线一端（红色）插入"LINE"端，另一端（红色）接于被试设备的高压导体上，将带屏蔽高压测试线屏蔽端（黑色）插入"GROUND"端，另一端接于被试设备的高压护环上，以消除表面泄漏电流的影响。将另外一根黑色测试线插入地端"EARTH"端，另一端接于被试设备的外壳或地上。以电缆测试为例接法如图5-8所示。

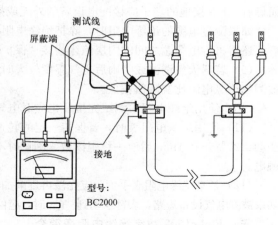

图5-8　测量电缆绝缘时的接线图

2. 开始测试

（1）打开电源开关，这时开关上的电源指示灯应发亮。

（2）整机开始自检，液晶屏幕（BC2000型带有液晶屏）上出现操作提示。

（3）按动电压选择键，选择需要的测试电压（2.5kV或5kV）。如不选择电压可进入下一步操作。

（4）按动翻页键，可选择测试编号（编号反黑）。如不选择编号可进入下一步操作，编号在该次测试完成后自动累加。

（5）按动测试键，开始测试。这时高压状态指示灯发亮，并且仪表内置蜂鸣器每隔1s响一声，代表"LINE"端有高压输出。

（6）这时液晶屏进入测试状态显示模式。

（7）仪表每隔一定时间发出提示音（15s、1min、10min）。

（8）根据所需要的测试结果（普通测试、吸收比测试、极化指数测试），再次按下测试键。

（9）需连续进行第二次测量时，再次按下测试键，返回选择测试编号状态时可按（4）～（7）步骤执行。

四、使用绝缘电阻表时的注意事项

（1）正确选择其电压和测量范围。50～380V的用电设备检查绝缘情况，可选用500V绝缘电阻表。500V以下的电气设备，绝缘电阻表应选用读数从零开始的，否则不易测量。

（2）选用绝缘电阻表外接导线时，应选用单根的多股铜导线，不能用双股绝缘线，绝缘强度要在500V以上，否则会影响测量的精确度。

（3）测量电气设备绝缘电阻时，测量前必须先断开设备的电源，并验明无电。如果是电容器或较长的电缆线路，应放电后再测量。

（4）绝缘电阻表在使用时必须远离强磁场，并且平放。摇动绝缘电阻表时，切勿使表受振动。

（5）在测量前，绝缘电阻表应先做一次开路试验，然后再做一次短路试验，表针在开路试验中应指到"∞"（无穷大）处；而在短路试验中能摆到"0"处，表明绝缘电阻表工作状态正常，可测电气设备。

（6）测量时，应清洁被测电气设备表面，以免引起接触电阻大，测量结果不准。

（7）在测电容器的绝缘电阻时需注意：电容器的耐压必须大于绝缘电阻表发出的电压值。测完电容后，应先取下绝缘电阻表线再停止摇动摇把，以防已充电的电容向绝缘电阻表放电而损坏仪表。测完的电容要用电阻进行放电。

（8）绝缘电阻表在测量时，还需注意绝缘电阻表上"L"端子通入电气设备的带电体一端，而标有"E"接地的端子应接配电设备的外壳或接电动机外壳或地线。

如果测量电缆的绝缘电阻时，除把绝缘电阻表"接地"端接入电气设备地外，另一端接线路后，还需再将电缆芯之间的内层绝缘物接"保护环"，以消除因表面漏电而引起的读数误差。

（9）若遇天气潮湿或降雨后空气湿度较大时，应使用"保护环"以消除绝缘物表面泄流，使被测物绝缘电阻比实际值偏低。

（10）使用绝缘电阻表测试完毕后也应对电气设备进行一次放电。

（11）使用绝缘电阻表时，要保持一定的转速，按绝缘电阻表的规定一般为 120r/min，容许变动±20％，在 1min 后取一稳定读数。测量时不要用手触摸被测物及绝缘电阻表接线柱，以防触电。

（12）摇动绝缘电阻表手柄，应先慢再逐渐加快，待调速器发生滑动后，应保持转速稳定不变。如果被测电气设备短路，表针摆动到"0"时，应停止摇动手柄，以免绝缘电阻表过流发热烧坏。

五、Fluke1508 数字绝缘电阻表简介

Fluke1508 数字绝缘电阻表具有中文界面和 LCD 显示屏。适用于测试电缆、电动机和变压器等。具有"一键"计算功能，可计算极化指标和介质吸收率，消除了人为计算误差。

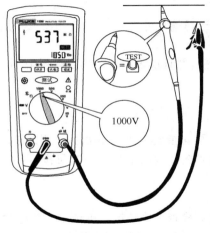

图 5-9　数字绝缘电阻表测量绝缘电阻

1．测量绝缘电阻

绝缘测试只能在不通电的电路上进行。要测量绝缘电阻，请按照图 5-9 所示设定测试仪并遵照下列步骤操作：

（1）将测试探头插入 V 和 COM（公共）输入端子。

（2）将旋转开关转至所需要的测试电压。

（3）将探头与待测电路连接。测试仪会自动检测电路是否通电。

主显示位置显示"－－－－"直到按测试 T 按钮，此时将获得一个有效的绝缘电阻读数。

2．测量极化指数和介电吸收比

极化指数（PI）是测量开始 10min 后的绝缘电阻与 1min 后的绝缘电阻之间的比率。

介电吸收比（DAR）是测量开始 1min 后的绝缘电阻与 30s 后的绝缘电阻之间的比率。

绝缘测试只能在不通电的电路上进行。要测量极化指数或介电吸收比步骤如下：

（1）将测试探头插入 V 和 COM（公共）输入端子。考虑到极化指数（PI）和介电吸收比（DAR）测试所需的时间，建议使用测试夹。

（2）将旋转开关转至所需要的测试电压位置。

（3）按 A C 按钮选择极化指数或介电吸收比。

（4）将探头与待测电路连接。测试仪会自动检测电路是否通电。

主显示位置显示"－－－－"直到按测试 T 按钮，此时将获得一个有效的电阻读数。

如果电路中的电压超过 30V（交流或直流），在主显示位置显示电压超过 30V 以上警告的同时，还会显示高压符号（Z）。如果电路中存在高电压，测试将被禁止。

（5）按下释放测试 T 按钮开始测试。测试过程中，辅显示位置上显示被测电路上所施加的测试电压。主显示位置上显示高压符号（Z）并以兆欧（MΩ）或吉欧（GΩ）为单位显示电阻。显示屏的下端出现 t 图标，直到测试结束。

数字绝缘电阻表测量极化指数和介电吸收比的方法如图 5-10 所示。

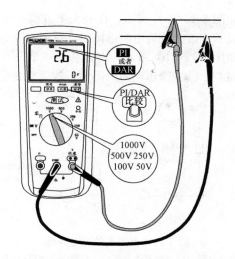

图5-10　数字绝缘电阻表测量极化指数和介电吸收比的方法

第三节　万用表及其使用

一、指针式万用表的原理与使用

"万用表"是万用电表的简称，能测量电流、电压、电阻，有的还可以测量三极管的放大倍数、频率、电容值、逻辑电位、分贝值等。万用表有很多种，现在最流行的有机械指针式（见图5-11）的和数字式的万用表，它们各有优点。下面介绍一些机械指针式万用表的原理和使用方法。

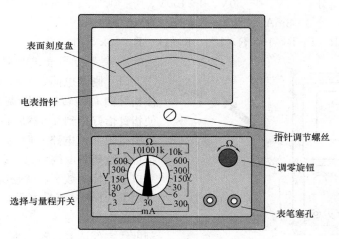

图5-11　普通型指针式万用表面板图

1. 万用表的基本原理

万用表的基本原理是利用一只灵敏的磁电式直流电流表（微安表）做表头，当微小电流通过表头，就会有电流指示。但表头不能通过大电流，所以必须在表头上并联与串联一些电阻进行分流或降压，从而测出电路中的电流、电压和电阻。下面分别介绍。

（1）测直流电流原理。如图 5-12（a）所示，在表头上并联一个适当的电阻（叫分流电阻）进行分流，就可以扩展电流量程。改变分流电阻的阻值，就能改变电流测量范围。

（2）测直流电压原理。如图 5-12（b）所示，在表头上串联一个适当的电阻（叫降压电阻）进行降压，就可以扩展电压量程。改变降压电阻的阻值，就能改变电压的测量范围。

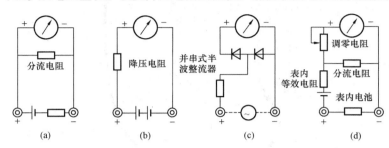

图 5-12　万用表的测量原理

(a) 测直流电阻；(b) 测直流电压；(c) 测交流电压；(d) 测电阻

（3）测交流电压原理。如图 5-12（c）所示，因为表头是直流表，所以测量交流时，需加装一个并、串式半波整流电路，将交流进行整流变成直流后再通过表头，这样就可以根据直流电的大小来测量交流电压。扩展交流电压量程的方法与直流电压量程相似。

（4）测电阻原理。如图 5-12（d）所示，在表头上并联和串联适当的电阻，同时串接一节电池，使电流通过被测电阻，根据电流的大小，就可测量出电阻值。改变分流电阻的阻值，就能改变电阻的量程。

2. 万用表的测量范围如下：

（1）直流电压：分 0～6V、0～30V、0～150V、0～300V、0～600V 5 挡。

（2）交流电压：分 0～6V、0～30V、0～150V、0～300V、0～600V 5 挡。

（3）直流电流：分 0～3mA、0～30mA、0～300mA 3 挡。

（4）电阻：分 R×1、R×10、R×100、R×1k、R×10k 5 挡。

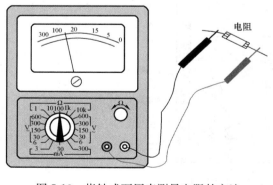

图 5-13　指针式万用表测量电阻的方法

3. 使用万用表进行测量

（1）测量电阻。先将表棒搭在一起短路，使指针向右偏转，随即调整"Ω"调零旋钮，使指针恰好指到 0。然后将两根表棒分别接触被测电阻（或电路）两端（见图 5-13），读出指针在欧姆刻度线（第一条线）上的读数，再乘以该挡标的数字，就是所测电阻的阻值。例如用 R×100 挡测量电阻，指针指在 80，则所测得的电阻值为 80×100＝8（kΩ）。由于"Ω"刻度线左部读数较密，难于看准，所以测量时应选择适当的欧姆挡。使指针在刻度线的中部或右部，这样读数比较清楚准确。每次换挡，都应重新将两根表棒短接，重新调整指针到零位，才能测准。

（2）测量直流电压。首先估计一下被测电压的大小，然后将转换开关拨至适当的 V 量程，将正表棒接被测电压"＋"端，负表棒接被测量电压"－"端（见图 5-14）。然后根据该挡量程数字与标直流符号"DC－"刻度线（第二条线）上的指针所指数字，来读出被测电压的大小。

如用 V300V 挡测量，可以直接读 0～300 的指示数值。如用 V30V 挡测量，只需将刻度线上 300 这个数字去掉一个"0"，看成是 30，再依次把 200、100 等数字看成是 20、10，即可直接读出指针指示数值。例如用 V6V 挡测量直流电压，指针指在 15，则所测得电压为 1.5V。

（3）测量直流电流。先估计一下被测电流的大小，然后将转换开关拨至合适的毫安量程，再把万用表串接在电路中，如图 5-15 所示。同时观察标有直流符号"DC"的刻度线，如电流量程选在 3mA 挡，这时，应把表面刻度线上 300 的数字，去掉两个"0"，看成 3，又依次把 200、100 看成是 2、1，这样就可以读出被测电流数值。例如用直流 3mA 挡测量直流电流，指针在 100，则电流为 1mA。

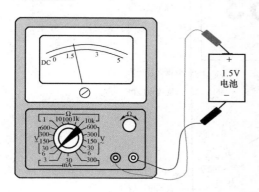

图 5-14　指针式万用表测量直流电压的方法

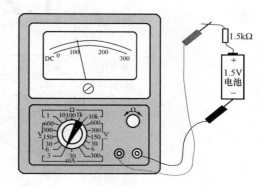

图 5-15　指针式万用表测量直流电流的方法

（4）测量交流电压。测交流电压的方法与测量直流电压相似，所不同的是因交流电没有正、负之分，所以测量交流时，表棒也就不需分正、负。读数方法与上述的测量直流电压的读法一样，只是数字应看标有交流符号"AC"的刻度线上的指针位置。

4.使用万用表的注意事项

万用表是比较精密的仪器，如果使用不当，不仅造成测量不准确而且极易损坏。但是，只要我们掌握万用表的使用方法和注意事项，谨慎从事，那么万用表就能经久耐用。使用万用表的注意事项如下：

（1）测量电流与电压不能旋错挡位。如果误将电阻挡或电流挡去测电压，就极易烧坏万用表。万用表不用时，最好将挡位旋至交流电压最高挡，避免因使用不当而损坏。

（2）测量直流电压和直流电流时，注意"＋"、"－"极性，不要接错。如发现指针反转，应立即调换表棒，以免损坏指针及表头。

（3）如果不知道被测电压或电流的大小，应先用最高挡，而后再选用合适的挡位来测试，以免表针偏转过度而损坏表头。所选用的挡位越靠近被测值，测量的数值就越准确。

（4）测量电阻时，不要用手触及元件裸露的两端（或两支表棒的金属部分），以免人体电阻与被测电阻并联，使测量结果不准确。

（5）测量电阻时，如将两支表棒短接，调"0Ω"旋钮至最大，指针仍然达不到 0 点，这种现象通常是由于表内电池电压不足造成的，应换上新电池方能准确测量。

（6）万用表不用时，不要旋在电阻挡，因为内有电池，如不小心易使两根表棒相碰短路，不仅耗费电池，严重时甚至会损坏表头。

二、数字万用表的基本原理及使用

数字万用表的类型多达上百种，按量程转换方式分类，可分为手动量程式数字万用表、自动量程式数字万用表和自动/手动量程数字万用表；按用途和功能分类，可分为低挡普及型（如 DT830 型数字万用表）数字万用表、中挡数字万用表、智能数字万用表、多重显示数字万用表和专用数字仪表等；按形状大小分，可分为袖珍式和台式两种。数字万用表的类型虽多，但测量原理基本相同。图 5-16 所示为 UT58A 型数字万用表外形简图。

图 5-16　UT58A 型数字万用表外形简图

数字万用表的基本组成框图如图 5-17 所示。它主要由两大部分组成：第一部分是输入与变换部分，主要作用是通过电流/电压转换器（I/U 转换器）、交/直流转换器（AC/DC 转换器）、电阻/电压转换器（R/U 转换器）将各被测量转换成直流电压量，再通过量程选择开关，经放大或衰减电路送 A/D 转换器后进行测量；第二部分是 A/D 转换电路与显示部分，其构成和作用与直流数字电压表的电路相同。因此，数字万用表是以直流数字电压表作基本表，配接与之成线性关系的直流电压、电流，交流电压、电流，欧姆变换器，即能将各自对应的电参量高准确度地用数字显示出来。

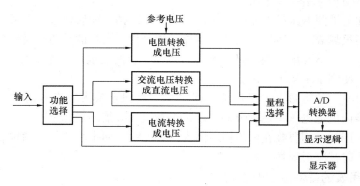

图 5-17　数字万用表的基本组成

下面以袖珍式 DT830 数字万用表为例，介绍数字万用表的测量原理。DT830 属于袖珍式数字万用表，采用 9V 叠层电池供电，整机功耗约 20mW；采用 LCD 液晶显示数字，最大显示数字为 ±1999，因而属于 3 位半万用表。

1. 直流电压测量电路

图 5-18 为数字万用表直流电压测量电路原理图，该电路是由电阻分压器所组成的外围电路和基本表构成的。把基本量程为 200mV 的量程扩展为五量程的直流电压挡。图中斜线区是导电橡胶，起连接作用。

2. 直流电流测量电路

图 5-19 为数字万用表直流电流测量电路原理图，图中 VD1、VD2 为保护二极管，当基本表 "IN＋"、"IN－" 两端电压大于 200mV 时，VD1 导通，当被测量电位端接入 "IN－" 时，VD2 导通，从而保护了基本表的正常工作，起到 "守门" 的作用。$R_2 \sim R_5$、R_{Cu} 分别为各挡的取样电阻，它们共同组成了电流/电压转换器（I/U），即测量时，被测电流在取样电阻上产生电压，该电压输入至 "IN＋"、"IN－" 两端，从而得到了被测电流的量值。若合理地选配各电流量程的取样电阻，就能使基本表直接显示被测电流量的大小。

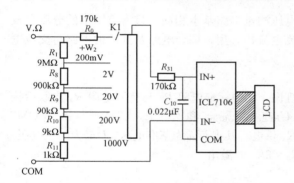

图 5-18　数字万用表直流电压测量电路原理图　　　图 5-19　数字万用表直流电流测量电路原理图

3. 交流电压测量电路

图 5-20 为数字万用表交流电压测量电路原理图。由图可见，它主要由输入通道、降压电阻、量程选择开关、耦合电路、放大器输入保护电路、运算放大器输入保护电路、运算放大器、交/直流（AC/DC）转换电路、环形滤波电路及 ICL7106 芯片组成。

图 5-20 中，C1 为输入电容。VD11、VD12 是 C1 的阻尼二极管，它可以防止 C1 两端出现过电压而影响放大器的输入端。R21 是为防止放大器输入端出现直流分量而设计的直流通道。VD5、VD6 互为反向连接，称为钳位二极管，起 "守门" 作用，防止输入至运算放大器 062 的信号超过规定值。运算放大器 062 完成对交流信号的放大，放大后的信号经 C5 加到二极管 VD7、VD8 上，信号的负半周通过 VD7，正半周通过 VD8，完成对交流信号进行全波整流。经整流后的脉动直流电压经电阻 R26、R31 和电容 C6、C10 组成的滤波电路滤波后，在 R27、RP4 上提取部分信号输入至基本表的输入端 "IN＋"。同时输入至基本表的部分信号经 C3 反馈到运算放大器 062 的反相输入端，以改善检波器的整流特性。电容器 C2 经 R22 接地，C2、C3 的电容量及质量直接影响着放大器的频率响应。C2 对高频部分影响较大，C3 对低频部分影响较大。C4、R23 承担抑制或消除电路自励的任务。若使基本表所获得的直流电压与交流输入电压的平均值成比例变化，可通过 RP4 进行调节。R6～R10 为分压电阻，与直流电压挡的分压电阻共用。

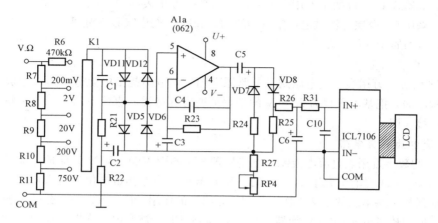

图 5-20　数字万用表交流电压测量电路原理图

4. 交流电流测量电路

交流电流测量电路与图 5-20 所示出的交流电压测量电路基本相同。只需将图中的分压器改成图 5-19 中的分流器即可。故其分流电阻与直流电流挡共用，耦合电路及其后的电路与交流电压测量电路共用。

5. 直流电阻测量电路

图 5-21（a）为数字万用表直流电阻测量原理图，图中标准电阻 R_0 与待测电阻 R_x 串联后接在基本表的"U_+"和"COM"之间。"U_+"和 U_{REF+}、U_{REF-} 和"IN+"、"IN－"和"COM"两两接通，用基本表的 2.8V 基准电压向 R_0 和 R_x 供电。其中 U_{R0} 为基准电压，U_{Rx} 为输入电压。根据设计，当 $R_x = R_0$ 时显示读数为 1000，当 $R_x = 2R_0$ 时溢出。

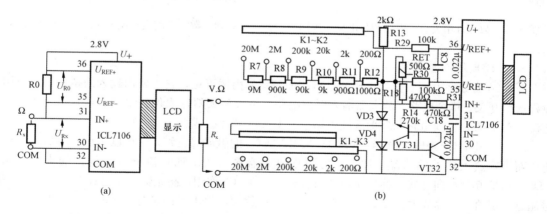

图 5-21　数字万用表直流电阻测量电路
（a）测量原理图；（b）实际电阻测量电路

因此，只要固定若干个标准电阻 R_0，就可实现多量程电阻测量。图 5-21（b）为实际电阻测量电路。其中，$R_7 \sim R_{12}$ 均为标准电阻，且与交流电压挡分压电阻共用。

6. 数字万用表使用注意事项

（1）如果无法预先估计被测电压或电流的大小，则应先拨至最高量程挡测量一次，再视情况逐渐把量程减小到合适位置。测量完毕，应将量程开关拨到最高电压挡，并关闭电源。

（2）满量程时，仪表仅在最高位显示数字"1"，其他位均消失，这时应选择更高的量程。

（3）测量电压时，应将数字万用表与被测电路并联。测电流时应与被测电路串联，测直流量时不必考虑正、负极性。

（4）当误用交流电压挡去测量直流电压，或者误用直流电压挡去测量交流电压时，显示屏将显示"000"，或低位上的数字出现跳动。

（5）禁止在测量高电压（220V 以上）或大电流（0.5A 以上）时换量程，以防止产生电弧，烧毁开关触点。

（6）当显示"□"、"BATT" 或 "LOW BAT" 时，表示电池电压低于工作电压。

第四节 示波器及其使用

一、示波器工作原理

示波器是利用电子示波管的特性，将人眼无法直接观测的交变电信号转换成图像显示在荧光屏上，以便测量的电子测量仪器。它是观察数字电路实验现象、分析实验中的问题、测量实验结果必不可少的重要仪器。如图 5-22 所示，示波器由示波管和电源系统、同步系统、X 轴偏转系统、Y 轴偏转系统、延迟扫描系统、标准信号源组成。

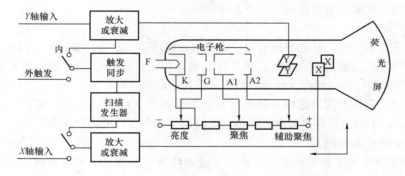

图 5-22　示波器的构成

（一）示波管

阴极射线管（CRT）简称示波管，是示波器的核心。它将电信号转换为光信号。电子枪、偏转系统和荧光屏三部分密封在一个真空玻璃壳内，构成了一个完整的示波管。

1. 荧光屏

现在的示波管屏面通常是矩形平面，内表面沉积一层磷光材料构成荧光膜。在荧光膜上常又增加一层蒸发铝膜。高速电子穿过铝膜，撞击荧光粉而发光形成亮点。铝膜具有内反射作用，有利于提高亮点的辉度。铝膜还有散热等其他作用。

当电子停止轰击后，亮点不能立即消失而要保留一段时间。亮点辉度下降到原始值的 10% 所经过的时间叫做"余辉时间"。余辉时间短于 $10\mu s$ 为极短余辉，$10\mu s \sim 1ms$ 为短余辉，$1ms \sim 0.1s$ 为中余辉，$0.1 \sim 1s$ 为长余辉，大于 1s 为极长余辉。一般示波器配备中余辉示波管，高频示波器选用短余辉，低频示波器选用长余辉。

由于所用磷光材料不同，荧光屏上能发出不同颜色的光。一般示波器多采用发绿光的示波管，以保护人的眼睛。

2. 电子枪及聚焦

电子枪由灯丝（F）、阴极（K）、栅极（G）、第一阳极（A1）和第二阳极（A2）组成。它的作用是发射电子并形成很细的高速电子束。灯丝通电加热阴极，阴极受热发射电子。栅极是一个顶部有小孔的金属圆筒，套在阴极外面。由于栅极电位比阴极低，对阴极发射的电子起控制作用，一般只有运动初速度大的少量电子，在阳极电压的作用下能穿过栅极小孔，奔向荧光屏，初速度小的电子仍返回阴极。如果栅极电位过低，则全部电子返回阴极，即管子截止。调节电路中的 W1 电位器，可以改变栅极电位，控制射向荧光屏的电子流密度，从而达到调节亮点的辉度。第一阳极、第二阳极和前加速极都是与阴极在同一条轴线上的三个金属圆筒。

电子束从阴极奔向荧光屏的过程中，经过两次聚焦过程。第一次聚焦由 K、G 完成，K、G 叫做示波管的第一电子透镜。第二次聚焦发生在 A1、A2 区域，调节第二阳极 A2 的电位，能使电子束正好会聚于荧光屏上的一点，这是第二次聚焦。A1 上的电压叫做聚焦电压，A1 又被叫做聚焦极。有时调节 A1 电压仍不能满足良好聚焦，需微调第二阳极 A2 的电压，A2 又叫做辅助聚焦极。

3. 偏转系统

偏转系统控制电子射线方向，使荧光屏上的光点随外加信号的变化描绘出被测信号的波形。偏转系统由两对互相垂直的偏转板组成偏转系统。Y 轴偏转板在前，X 轴偏转板在后，因此 Y 轴灵敏度高（被测信号经处理后加到 Y 轴）。两对偏转板分别加上电压，使两对偏转板间各自形成电场，分别控制电子束在垂直方向和水平方向偏转。

4. 示波管的电源

为使示波管正常工作，对电源供给有一定要求。规定第二阳极与偏转板之间电位相近，偏转板的平均电位为零或接近为零。阴极必须工作在负电位上。栅极 G 相对阴极为负电位（$-30 \sim -100\text{V}$），而且可调，以实现辉度调节。第一阳极为正电位（约 $+100 \sim +600\text{V}$），也应可调，用作聚焦调节。第二阳极与前加速极相连，对阴极为正高压（约 $+1000\text{V}$），相对于地电位的可调范围为 $\pm50\text{V}$。由于示波管各电极电流很小，可以用公共高压经电阻分压器供电。

（二）示波器的基本组成

控制 X 轴偏转板和 Y 轴偏转板上的电压，就能控制示波管显示图形形状。一个电子信号是时间的函数 $f(t)$，它随时间的变化而变化。因此，只要在示波管的 X 轴偏转板上加一个与时间变量成正比的电压，在 Y 轴加上被测信号（经过比例放大或者缩小），示波管屏幕上就会显示出被测信号随时间变化的图形。电信号中，在一段时间内与时间变量成正比的信号是锯齿波。

示波器的基本组成框图如图 5-23 所示。它由示波管、Y 轴系统、X 轴系统、Z 轴系统和电源五部分组成。

被测信号①接到"Y"输入端，经 Y 轴衰减器适当衰减后送至 Y1 放大器（前置放大），推挽输出信号②和③。经延迟级延迟 τ_1 时间，到 Y2 放大器。放大后产生足够大的信号④和⑤，加到示波管的 Y 轴偏转板上。为了在屏幕上显示出完整的稳定波形，将 Y 轴的被测信号③引入 X 轴系统的触发电路，在引入信号的正（或者负）极性的某一电平值产生触发脉冲⑥，启动锯齿波扫描电路（时基发生器），产生扫描电压⑦。由于从触发到启动扫描有一时间延迟 τ_2，为保证 Y 轴信号到达荧光屏之前 X 轴开始扫描，Y 轴的延迟时间 τ_1 应稍大于 X 轴的延迟时间 τ_2。扫描电压⑦经 X 轴放大器放大，产生推挽输出⑨和⑩，加到示波管的 X 轴偏转板上。Z 轴系统用于放大扫描电压正半周，并且变成正向矩形波，送到示波管栅极。这使得在扫描正半周显示的波形有某一固定辉度，而在扫描回程进行抹迹。

以上是示波器的基本工作原理。双踪显示则是利用电子开关将 Y 轴输入的两个不同的被测

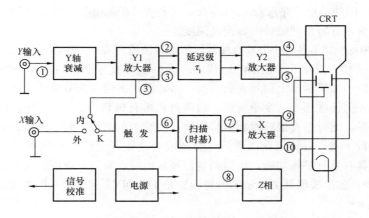

图 5-23　示波器基本组成框图

信号分别显示在荧光屏上。由于人眼的视觉暂留作用,当转换频率高到一定程度后,看到的是两个稳定的、清晰的信号波形。

示波器中往往有一个精确稳定的方波信号发生器,供校验示波器用。

二、示波器使用

示波器种类、型号很多,功能也不同。数字电路实验中使用较多的是 20MHz 或 40MHz 的双踪示波器。这些示波器用法大同小异。这里只是从概念上介绍示波器在数字电路实验中的常用功能。

(一) 荧光屏

荧光屏是示波管的显示部分。屏上水平方向和垂直方向各有多条刻度线,指示出信号波形的电压和时间之间的关系。水平方向指示时间,垂直方向指示电压。水平方向分为 10 格,垂直方向分为 8 格,每格又分为 5 份。垂直方向标有 0%,10%,90%,100% 等标志,水平方向标有 10%,90% 标志,供测直流电平、交流信号幅度、延迟时间等参数使用。根据被测信号在屏幕上占的格数乘以适当的比例常数(V/DIV,TIME/DIV)能得出电压值与时间值。

(二) 示波管和电源系统

1. 电源 (Power)

示波器主电源开关。当此开关按下时,电源指示灯亮,表示电源接通。

2. 辉度 (Intensity)

旋转该旋钮能改变光点和扫描线的亮度。观察低频信号时可小些,高频信号时大些。一般不应太亮,以保护荧光屏。

3. 聚焦 (Focus)

聚焦旋钮调节电子束截面大小,将扫描线聚焦成最清晰状态。

4. 标尺亮度 (Illuminance)

该旋钮调节荧光屏后面的照明灯亮度。正常室内光线下,照明灯暗一些好。室内光线不足的环境中,可适当调亮照明灯。

(三) 垂直偏转因数和水平偏转因数

1. 垂直偏转因数选择 (VOLTS/DIV) 和微调

在单位输入信号作用下,光点在屏幕上偏移的距离,称为偏移灵敏度,这一定义对 X 轴和 Y 轴都适用。灵敏度的倒数称为偏转因数。垂直灵敏度的单位是为 cm/V、cm/mV 或者 DIV/mV、

DIV/V，垂直偏转因数的单位是 V/cm、mV/cm 或者 V/DIV、mV/DIV。实际上因习惯用法和测量电压读数的方便，有时也把偏转因数当灵敏度。

单踪示波器中每个通道各有一个垂直偏转因数选择波段开关。一般按 1、2、5 方式从 5mV/DIV 到 5V/DIV 分为 10 挡。波段开关指示的值代表荧光屏上垂直方向一格的电压值。例如波段开关置于 1V/DIV 挡时，如果屏幕上信号光点移动一格，则代表输入信号电压变化 1V。

每个波段开关上往往还有一个小旋钮，微调每挡垂直偏转因数。将它沿顺时针方向旋到底，处于"校准"位置，此时垂直偏转因数值与波段开关所指示的值一致。逆时针旋转此旋钮，能够微调垂直偏转因数。垂直偏转因数微调后，会造成与波段开关的指示值不一致，这点应引起注意。许多示波器具有垂直扩展功能，当微调旋钮被拉出时，垂直灵敏度扩大若干倍（偏转因数缩小若干倍）。例如，如果波段开关指示的偏转因数是 1V/DIV，采用×5 扩展状态时，垂直偏转因数是 0.2V/DIV。

在做数字电路实验时，在屏幕上被测信号的垂直移动距离与+5V 信号的垂直移动距离之比，常被用于判断被测信号的电压值。

2. 时基选择（TIME/DIV）和微调

时基选择和微调的使用方法与垂直偏转因数选择和微调类似。时基选择也通过一个波段开关实现，按 1、2、5 方式把时基分为若干挡。波段开关的指示值代表光点在水平方向移动一个格的时间值。例如在 1μs/DIV 挡，光点在屏上移动一格代表时间值 1μs。

"微调"旋钮用于时基校准和微调。沿顺时针方向旋到底处于校准位置时，屏幕上显示的时基值与波段开关所示的标称值一致。逆时针旋转旋钮则对时基微调。旋钮拔出后处于扫描扩展状态。通常为×10 扩展，即水平灵敏度扩大 10 倍，时基缩小到 1/10。

示波器前面板上的位移（Position）旋钮调节信号波形在荧光屏上的位置，旋转水平位移旋钮（标有水平双向箭头）左右移动信号波形，旋转垂直位移旋钮（标有垂直双向箭头）上下移动信号波形。

（四）输入通道和输入耦合选择

1. 输入通道选择

输入通道至少有三种选择方式：通道 1（CH1）、通道 2（CH2）、双通道（DUAL）。选择通道 1 时，示波器仅显示通道 1 的信号。选择通道 2 时，示波器仅显示通道 2 的信号。选择双通道时，示波器同时显示通道 1 信号和通道 2 信号。测试信号时，首先要将示波器的地与被测电路的地连接在一起。根据输入通道的选择，将示波器探头插到相应通道插座上，示波器探头上的地与被测电路的地连接在一起，示波器探头接触被测点。

示波器探头上有一双位开关。此开关拨到"×1"位置时，被测信号无衰减送到示波器，从荧光屏上读出的电压值是信号的实际电压值。此开关拨到"×10"位置时，被测信号衰减为 1/10，然后送往示波器，从荧光屏上读出的电压值乘以 10 才是信号的实际电压值。

2. 输入耦合方式

输入耦合方式有三种选择：交流（AC）、地（GND）、直流（DC）。当选择"地"时，扫描线显示出"示波器地"在荧光屏上的位置。直流耦合用于测定信号直流绝对值和观测极低频信号。交流耦合用于观测交流和含有直流成分的交流信号。在数字电路实验中，一般选择"直流"方式，以便观测信号的绝对电压值。

（五）触发

被测信号从 Y 轴输入后，一部分送到示波管的 Y 轴偏转板上，驱动光点在荧光屏上按比例沿垂直方向移动；另一部分分流到 X 轴偏转系统产生触发脉冲，触发扫描发生器，产生重复的锯齿波电压加到示波管的 X 偏转板上，使光点沿水平方向移动，两者合一，光点在荧光屏上描绘出的图形就是被测信号图形。由此可知，正确的触发方式直接影响到示波器的有效操作。为了在荧光屏上得到稳定的、清晰的信号波形，掌握基本的触发功能及其操作方法是十分重要的。

1. 触发源（Source）选择

要使屏幕上显示稳定的波形，则需将被测信号本身或者与被测信号有一定时间关系的触发信号加到触发电路。触发源选择确定触发信号由何处供给。通常有三种触发源：内触发（INT）、电源触发（LINE）、外触发（EXT）。

内触发使用被测信号作为触发信号，是经常使用的一种触发方式。由于触发信号本身是被测信号的一部分，在屏幕上可以显示出非常稳定的波形。双踪示波器中通道 1 或者通道 2 都可以选作触发信号。

电源触发使用交流电源频率信号作为触发信号。这种方法在测量与交流电源频率有关的信号时是有效的。特别在测量音频电路、闸流管的低电平交流噪声时更为有效。

外触发使用外加信号作为触发信号，外加信号从外触发输入端输入。外触发信号与被测信号间应具有周期性的关系，由于被测信号没有用作触发信号，因此何时开始扫描与被测信号无关。

正确选择触发信号对波形显示的稳定、清晰有很大关系。例如在数字电路的测量中，对一个简单的周期信号而言，选择内触发可能好一些，而对于一个具有复杂周期的信号，且存在与它有周期关系的信号时，选用外触发可能更好。

2. 触发耦合（Coupling）方式选择

触发信号到触发电路的耦合方式有多种，目的是为了触发信号稳定、可靠。这里介绍几种常用的方法。

AC 耦合又称电容耦合。它只允许用触发信号的交流分量触发，触发信号的直流分量被隔断。通常在不考虑 DC 分量时使用这种耦合方式，以形成稳定触发。但是如果触发信号的频率小于 10Hz，会造成触发困难。

直流耦合（DC）不隔断触发信号的直流分量。当触发信号的频率较低或者触发信号的占空比很大时，使用直流耦合较好。

低频抑制（LFR）触发时触发信号经过高通滤波器加到触发电路，触发信号的低频成分被抑制。

高频抑制（HFR）触发时，触发信号通过低通滤波器加到触发电路，触发信号的高频成分被抑制。

此外还有用于电视维修的电视同步（TV）触发。这些触发耦合方式各有自己的适用范围，需在使用中去体会。

3. 触发电平（Level）和触发极性（Slope）

触发电平调节又叫同步调节，它使扫描与被测信号同步。电平调节旋钮调节触发信号的触发电平，一旦触发信号超过由旋钮设定的触发电平时，扫描即被触发。顺时针旋转旋钮，触发电平上升；逆时针旋转旋钮，触发电平下降。当电平旋钮调到电平锁定位置时，触发电平自动保持在触发信号的幅度之内，不需要电平调节就能产生一个稳定的触发。当信号波形复杂，用电平旋钮不能稳定触发时，用释抑（Hold Off）旋钮调节波形的释抑时间（扫描暂停时间），能使扫描与波形稳定同步。

极性开关用来选择触发信号的极性。拨在"＋"位置上时，在信号增加的方向上，当触发信号超过触发电平时就产生触发。拨在"－"位置上时，在信号减少的方向上，当触发信号超过触发电平时就产生触发。触发极性和触发电平共同决定触发信号的触发点。

（六）扫描方式（SweepMode）

扫描有自动（Auto）、常态（Norm）和单次（Single）三种扫描方式。

自动：当无触发信号输入，或者触发信号频率低于50Hz时，扫描为自激方式。

常态：当无触发信号输入时，扫描处于准备状态，没有扫描线。触发信号到来后，触发扫描。

单次：单次按钮类似复位开关。单次扫描方式下，按单次按钮时扫描电路复位，此时准备好（Ready）灯亮，触发信号到来后产生一次扫描。单次扫描结束后，准备好灯灭。单次扫描用于观测非周期信号或者单次瞬变信号，往往需要对波形拍照。

示波器还有一些更复杂的功能，如延迟扫描、触发延迟、X-Y工作方式等，这里就不介绍了。示波器入门操作是容易的，真正熟练则要在应用中掌握。

三、数字示波器

数字示波器因具有波形触发、存储、显示、测量、波形数据分析处理等独特优点，其使用日益普及。由于数字示波器与模拟示波器之间存在较大的性能差异，如果使用不当，会产生较大的测量误差，从而影响测试任务。

1. 区分模拟带宽和数字实时带宽

带宽是示波器最重要的指标之一。模拟示波器的带宽是一个固定的值，而数字示波器的带宽有模拟带宽和数字实时带宽两种。数字示波器对重复信号采用顺序采样或随机采样技术，所能达到的最高带宽为示波器的数字实时带宽，数字实时带宽与最高数字化频率和波形重建技术因子 K 相关（数字实时带宽＝最高数字化速率/K），一般并不作为一项指标直接给出。从两种带宽的定义可以看出，模拟带宽只适合重复周期信号的测量，而数字实时带宽则同时适合重复信号和单次信号的测量。厂家声称示波器的带宽能达到多少兆，实际上指的是模拟带宽，数字实时带宽是低于这个值的。

2. 采样速率

采样速率也称为数字化速率，是指单位时间内对模拟输入信号的采样次数，常以单位 MS/s 表示。采样速率是数字示波器的一项重要指标。

（1）如果采样速率不够，容易出现混叠现象。例如示波器的输入信号为一个100kHz的正弦信号，示波器显示的信号频率却是50kHz，这是因为示波器的采样速率太慢，产生了混叠现象。混叠就是屏幕上显示的波形频率低于信号的实际频率，或者即使示波器上的触发指示灯已经亮了，而显示波形仍不稳定。对于一个未知频率的波形，可以通过慢慢改变扫速到较快的时基挡，看波形的频率参数是否急剧改变，如果是，说明波形混叠已经发生；或者晃动的波形在某个较快的时基挡稳定下来，也说明波形混叠已经发生。可以通过调整扫速或采用自动设置（Autoset）加以克服。

（2）采样速率与 t/div 的关系。每台数字示波器的最大采样速率是一个定值。但是，在任意一个扫描时间 t/div，采样速率 f_s 由式 $f_s＝N/（t/div）$ 给出，式中 N 为每格采样点数。

当采样点数 N 为一定值时，f_s 与 t/div 成反比，扫速越大，采样速率越低。

综上所述，使用数字示波器时，为了避免混叠，扫速挡最好置于扫速较快的位置。如果想要捕捉到瞬息即逝的毛刺，扫速挡则最好置于主扫速较慢的位置。

3. 数字示波器的上升时间

在模拟示波器中，上升时间是示波器的一项极其重要的指标。而在数字示波器中，上升时间都不作为指标明确给出。

虽然波形的上升时间是一个定值，而用数字示波器测量出来的结果却因为扫速不同而相差甚远。模拟示波器的上升时间与扫速无关，而数字示波器的上升时间不仅与扫速有关，还与采样点的位置有关，使用数字示波器时，我们不能像用模拟示波器那样，根据测出的时间来反推出信号的上升时间。

四、示波器的探头

示波器探头对测量结果的准确性以及正确性至关重要，它是连接被测电路与示波器输入端的电子部件。最简单的探头是连接被测电路与电子示波器输入端的一根导线，复杂的探头由阻容元件和有源器件组成。简单的探头没有采取屏蔽措施很容易受到外界电磁场的干扰，而且本身等效电容较大，造成被测电路的负载增加，使被测信号失真。

如图 5-24 所示，示波器探头是在测试点或信号源和示波器之间建立了一条物理和电子连接；实际上，示波器探头是把信号源连接到示波器输入上的某类设备或网络，它必须在信号源和示波器输入之间提供足够方便优质的连接。连接的充分程度有三个关键的问题：物理连接、对电路操作的影响和信号传输。

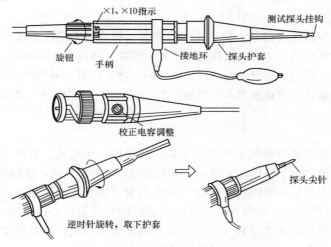

图 5-24 示波器探头的结构

在测量时为了降低外界噪声干扰，使用高阻探头比较好，但是使用探头所测量的信号幅度会衰减为原来的 1/10。使用探头最大可测 600V 信号电压（交流和直流的合成电压或交流电压的峰—峰值）。

使用探头测量信号时，为了得到较高的测量精度，测量前可预先将示波器的校正电压加到探头上，即将探头接到 CAL 端可以输出 1kHz 的方波脉冲信号。将示波器探头到校正信号输出端（CAL）时，示波管上会出现 1kHz 的方波脉冲信号。如果方波的形状不好，可以用螺丝刀微调示波器探头上的微调电容，使显示的波形正常。

示波器探头中设有一个可调电容，探头一端的插头有一个调整用的小孔。实际操作中可以一边观测信号波形一边进行调整直到波形良好。

示波器探头在×10 挡时具有高阻抗和低电容的特性，但是输入电压的幅度被衰减为原来的1/10，在测量时注意这个特点。

用×1 挡测量实际上就是被测信号直接送到示波器而没有衰减，因此输入电容比较大，约为250pF。测量时必须考虑这个因素。

第六章　热工仪表检修用工具及设备

第一节　电烙铁及其焊接技术

电烙铁，是电子维修的必备工具，主要用途是焊接元件及导线，按结构可分为内热式电烙铁和外热式电烙铁，按功能可分为焊接用电烙铁和吸锡用电烙铁，根据用途不同又分为大功率电烙铁和小功率电烙铁。内热式的电烙铁体积较小，而且价格便宜。一般用20～30W的内热式电烙铁。当然有一把50W的外热式电烙铁有备无患更好。内热式的电烙铁发热效率较高，而且更换烙铁头也较方便。

一、电烙铁的种类和规格

1. 外热式电烙铁

如图6-1所示，外热式电烙铁由烙铁头、烙铁芯、外壳、木柄、电源引线、插头等部分组成。由于烙铁头安装在烙铁芯里面，故称为外热式电烙铁。烙铁芯是电烙铁的关键部件，它是将电热丝平行地绕制在一根空心瓷管上构成的，中间的云母片绝缘，并引出两根导线与220V交流电源连接。外热式电烙铁的规格很多，常用的有25、45、75、100W等，功率越大烙铁头的温度也就越高。

2. 内热式电烙铁

如图6-2所示，内热式电烙铁由卡箍、手柄、接线柱、接地线、电源线、紧固螺钉、烙铁头、烙铁芯、外壳组成。由于烙铁芯安装在烙铁头里面，因而发热快，热利用率高，因此称为内热式电烙铁。内热式电烙铁的常用规格为20、50W几种。由于它的热效率高，20W内热式电烙铁就相当于40W左右的外热式电烙铁。内热式电烙铁的后端是空心的，用于套接在连接杆上，并且用弹簧夹固定，当需要更换烙铁头时，必须先将弹簧夹退出，同时用钳子夹住烙铁头的前端，慢慢地拔出，切记不能用力过猛，以免损坏连接杆。

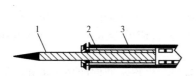

图6-1　外热式电烙铁结构
1—烙铁头；2—烙铁芯；3—外壳

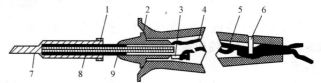

图6-2　内热式电烙铁结构
1—卡箍；2—手柄；3—接线柱；4—接地线；5—电源线；
6—紧固螺钉；7—烙铁头；8—烙铁芯；9—外壳

3. 恒温电烙铁

由于恒温电烙铁头内，装有带磁铁式的温度控制器，控制通电时间而实现温控，即给电烙铁通电时，烙铁的温度上升，当达到预定的温度时，因强磁体传感器达到了居里点而磁性消失，从而使磁芯触点断开，这时便停止向电烙铁供电；当温度低于强磁体传感器的居里点时，强磁体便恢复磁性，并吸动磁芯开关中的永久磁铁，使控制开关的触点接通，继续向电烙铁供电。如此循环往复，便达到了控制温度的目的。

还有一种是采用条状 PTC 发热元件的恒温电烙铁，其恒温原理电路图如图 6-3 所示。图中的热电丝即为电烙铁芯，结构如图 6-4 所示。

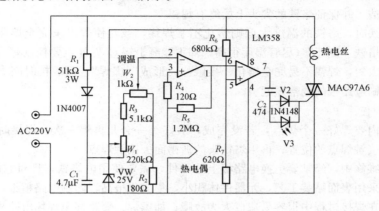

图 6-3　恒温电烙铁的原理电路图

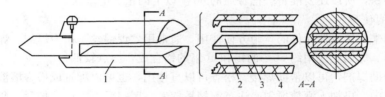

图 6-4　恒温电烙铁结构图

1—可卸换式速热烙铁头；2—条状 PTC 恒温发热元件；3—电极片；4—包裹绝缘层

4．吸锡电烙铁

吸锡电烙铁（见图 6-5）是将活塞式吸锡器与电烙铁熔为一体的拆焊工具。它具有使用方便、灵活、适用范围宽等特点。这种吸锡电烙铁的不足之处是每次只能对一个焊点进行拆焊。还有一种配合电烙铁进行拆卸用的电烙铁吸锡器，如图 6-6 所示。

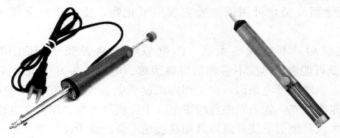

图 6-5　吸锡电烙铁　　　　　　图 6-6　电烙铁吸锡器

二、电烙铁的使用

1．使用前的检查

（1）电烙铁是捏在手里的，使用时应注意安全。新买的电烙铁先要用万用表电阻挡检查一下插头与金属外壳之间的电阻值，万用表指针应该不动。否则应彻底检查。

（2）建议将电烙铁的电源线更换成橡皮花线，因为它不像塑料电线那样容易被烫伤、破损，以致短路或触电。电烙铁的金属部分要可靠接地。

（3）新的电烙铁在使用前用锉刀锉一下烙铁的尖头，接通电源后等一会儿烙铁头的颜色会变，证明烙铁发热了。然后用焊锡丝放在烙铁尖头上镀上锡，使烙铁不易被氧化。在使用中，应使烙铁头保持清洁，并保证烙铁的尖头上始终有焊锡。

（4）使用烙铁时，烙铁的温度太低则熔化不了焊锡，或者使焊点未完全熔化不好看、不可靠。太高又会使烙铁"烧死"（尽管温度很高，却不能蘸上锡）。另外也要控制好焊接的时间，电烙铁停留的时间太短，焊锡不易完全熔化、接触好，形成"虚焊"，而焊接时间太长又容易损坏元器件，或使印刷电路板的铜箔翘起。

2. 电烙铁的使用

一般两三秒内要焊好一个焊点，若没完成，最好等一会儿再焊一次。焊接时电烙铁不能移动，应该先选好接触焊点的位置，再用烙铁头的搪锡面去接触焊点。

现代的电子维修中，经常要更换电路板上的元件，需要使用电烙铁，且对它的要求也很高。这是因为元件多采用表面贴装工艺，元器件体积小，集成化很高，印制电路精细，焊盘小。若电烙铁选择不当，在焊接过程中很容易造成人为故障，如虚焊、短路甚至焊坏电路板，所以要尽可能选择高档一些的电烙铁，如用恒温调温防静电电烙铁。另外，一些大器件如屏蔽罩的焊接，要采用大功率电烙铁，所以还要准备一把普通的60W以上的粗头电烙铁。

3. 助焊剂的使用

电烙铁是用来焊接电器元件的，为方便使用，通常用"焊锡丝"作为焊剂，焊锡丝内一般都含有助焊的松香。焊锡丝使用约60%的锡和40%的铅合成，熔点较低。

松香是一种助焊剂，可以帮助焊接。松香可以直接用，也可以配置成松香溶液，就是把松香碾碎，放入小瓶中，再加入酒精搅匀。注意酒精易挥发，用完后应把瓶盖拧紧。瓶里可以放一小块棉花，用时就用镊子夹出来涂在印刷板上或元器件上。

注意市面上有一种焊锡膏（有称焊油），这是一种带有腐蚀性的东西，是用在工业上的，不适合电子维修使用。还有市面上的松香水，并不是这里用的松香溶液。

4. 烙铁头的镀锡

新烙铁使用前，应用细砂纸将烙铁头打光亮，通电烧热，蘸上松香后用烙铁头刃面接触焊锡丝，使烙铁头上均匀地镀上一层锡。这样做，可以便于焊接和防止烙铁头表面氧化。旧的烙铁头如严重氧化而发黑，可用钢锉锉去表层氧化物，使其露出金属光泽后，重新镀锡，才能使用。

电烙铁接通电源后，不热或不太热，测电源电压是否低于AC210V（正常电压应为AC220V），电压过低可能造成热度不够和沾焊锡困难。电烙铁头发生氧化或烙铁头根端与外管内壁紧固部位氧化。中性线带电原因，在三相四线制供电系统中，中性线接地，与大地等电位。如用测电笔测试时氖泡发光，就表明中性线带电（中性线与大地之间存在电位差）。中性线开路，中性线接地电阻增大或接地引下线开路以及相线接地都会造成中性线带电。

5. 焊前处理

焊接前，应对元件引脚或电路板的焊接部位进行焊前处理。一般有"刮"、"镀"、"测"三个步骤。

"刮"就是在焊接前做好焊接部位的清洁工作，一般采用的工具是小刀和细砂纸。对于集成电路的端子，焊前一般不做清洁处理，但应保证端子清洁。对于自制的印制电路板，应首先用细砂纸将铜箔表面擦亮，并清理印制电路板上的污垢，再涂上松香酒精溶液或助焊剂后，方可使用。对于镀金银的合金引出线，不能把镀层刮掉，可用橡皮擦去表面脏物。

"镀"就是在元器件刮净的部位镀锡，具体做法是蘸松香酒精溶液涂在元器件刮净的部位，再将带锡的热烙铁头压在元器件上，并转动元器件，使其均匀地镀上一层很薄的锡层。若是多股金属丝的导线，打光后应先拧在一起，然后再镀锡。

"刮"完的元器件引线上应立即涂上少量的助焊剂，然后用电烙铁在引线上镀一层很薄的锡层，避免其表面重新氧化，以提高元器件的可焊性。

"测"就是在"镀"之后，利用万用表检测所有镀锡的元器件质量是否可靠，若有质量不可靠或已损坏的元器件，应用同规格元器件替换。

6. 操作步骤

做好焊前处理之后，就可正式进行焊接了。焊接时要注意不同的焊接对象，其需要的电烙铁工作温度也不相同。判断烙铁头的温度时，可将电烙铁碰触松香，若碰触时有"吱吱"的声音，则说明温度合适；若没有声音，仅能使松香勉强熔化，则说明温度低；若烙铁头一碰上松香就大量冒烟，则说明温度太高。

一般来讲，焊接的步骤主要有以下三步。

（1）烙铁头上先熔化少量的焊锡和松香，将烙铁头和焊锡丝同时对准焊点。

（2）在烙铁头上的助焊剂尚未挥发完时，将烙铁头和焊锡丝同时接触焊点，开始熔化焊锡。

（3）当焊锡浸润整个焊点后，再同时移开烙铁头和焊锡丝。

焊接过程的时间一般以 2～3s 为宜，焊接集成电路时，要严格控制焊料和助焊剂的用量。为了避免因电烙铁绝缘不良或内部发热器对外壳的感应电压损坏集成电路，实际应用中常采用拔下电烙铁的电源插头趁热焊接的方法。

7. 虚焊与焊接质量

焊接时，应保证每个焊点焊接牢固、接触良好。合格焊点如图 6-7（a）、（d）所示，其锡点光亮，圆滑而无毛刺，锡量适中，锡和被焊物融合牢固，没有虚焊和假焊。

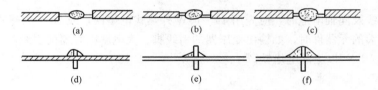

图 6-7　焊点质量示意图

（a）合格焊点；（b）焊点有毛刺；（c）蜂窝状虚焊；（d）合格焊点；（e）锡量过少；（f）锡量过多

虚焊就是虚假的焊接，是指焊点处只有少量锡，表面上好像焊住了，但实际上并没有焊上，造成接触不良，时通时断，有时用手一拔，引线就可以从焊点中拔出。由这种虚焊点引起的故障时有时无，不易查找。

为避免虚焊，应注意以下五点：

（1）保证金属表面清洁。若焊件或焊点表面有锈渍、污垢或氧化物，应在焊接之前用刀刮或砂纸打磨，直至露出光亮金属，才能给焊件或焊点表面镀上锡。

（2）掌握温度。为了使温度适当，应根据元器件大小选用功率合适的电烙铁，并注意掌握加热时间。若用功率小的电烙铁去焊接大型元器件或在金属底板上焊接地线，易形成虚焊。

烙铁头带着焊锡压在焊接处加热被焊物时，如有焊锡从烙铁头上自动散落到被焊物上，则说明加热时间已够，此时迅速移开烙铁头，被焊处留下一个圆滑的焊点。若移开电烙铁后，被焊处一点焊锡没留或留下很少，则说明加热时间太短、温度不够或被焊物太脏；若移开电烙铁前，焊锡就往下流，则表明加热时间太长，温度过高。

（3）上锡适量。根据焊件或焊点的大小来决定电烙铁蘸取的锡量。锡的蘸取量以使焊锡足够包裹住被焊物，形成一个大小合适且圆滑的焊点为宜。若一次上锡不够，可再补上，但需待前次上的锡一同被熔化后再移开电烙铁。

（4）选用合适的助焊剂。助焊剂的作用是提高焊料的流动性，防止焊接面氧化，起到助焊和保护作用。焊接电子元器件时，应尽量避免使用焊锡膏。比较好的助焊剂是松香制成的松香酒精溶液，焊接时，在被焊处滴上一点即可。

（5）先镀后焊。对于不易焊接的材料，应采用先镀后焊的方法，例如，对于不易焊接的铝质零件，可先给其表面镀上一层铜或者银，然后再进行焊接。具体做法是，先将一些 $CuSO_4$（硫酸铜）或 $AgNO_3$（硝酸银）加水配制成浓度为 20％左右的溶液，再把吸有上述溶液的棉球置于用细砂纸打磨光滑的铝件上面，也可将铝件直接浸于溶液中。由于溶液里的铜离子或银离子与铝发生置换反应，大约 20min 后，在铝件表面便会析出一层薄薄的金属铜或银。用海绵将铝件上的溶液吸干净，置于灯下烘烤至表面完全干燥。完成以上工作后，在其上涂上有松香的酒精溶液，便可直接焊接。

注意，该法同样适用于铁件及某些不易焊接的合金。溶液用后应盖好并置于阴凉处保存。当溶液浓度随着使用次数的增加而不断下降时，应重新配制。溶液具有一定的腐蚀性，应尽量避免与皮肤或其他物品接触。

8. 电烙铁的选用

电烙铁的种类及规格有很多种，而且被焊工件的大小又有所不同，因而合理地选用电烙铁的功率及种类，对提高焊接质量和效率有直接的关系。

（1）焊接集成电路、晶体管及受热易损元器件时，应选用 20W 内热式或 25W 的外热式电烙铁。

（2）焊接导线及同轴电缆时，应先用 45～75W 外热式电烙铁，或 50W 内热式电烙铁。

（3）焊接较大的元器件时，如输出变压器的引线脚、大电解电容器的引线脚，金属底盘接地焊片等，应选用 100W 以上的电烙铁。

9. 电烙铁使用注意事项

（1）电烙铁使用前应检查使用电压是否与电烙铁标称电压相符；

（2）电烙铁应该具有接地线；

（3）电烙铁通电后不能任意敲击、拆卸及安装其电热部分零件；

（4）电烙铁应保持干燥，不宜在过分潮湿或淋雨环境使用；

（5）拆烙铁头时，要切断电源；

（6）切断电源后，最好利用余热在烙铁头上上一层锡，以保护烙铁头；

（7）当烙铁头上有黑色氧化层时，可用纱布擦去，然后通电，并立即上锡；

（8）海绵用来收集锡渣和锡珠，用手捏刚好不出水为合适。

10. 电烙铁温度的设定

（1）温度由实际使用决定，以焊接一个锡点 4s 最为合适。平时观察烙铁头，当其发紫时，温度设置过高。

（2）一般直插电子料，将烙铁头的实际温度设置为 330～370℃；表面贴装（SMC）物料，将烙铁头的实际温度设置为 300～320℃。

（3）特殊物料，需要特别设置烙铁温度。

（4）咪头（驻极体话筒）、蜂鸣器等要用含银锡丝，温度一般在 270～290℃之间。

（5）焊接大的组件脚，温度不要超过 380℃，只可以增大烙铁功率。

第二节 热 风 枪

一、热风枪的构成

如图 6-8 所示为 A-BFA8520D 型热风枪的构成。

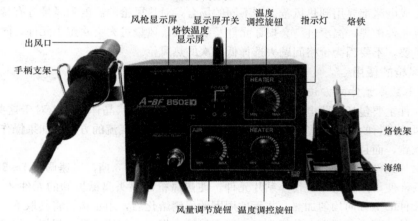

图 6-8　A-BFA8520D 型热风枪的构成

二、热风枪的原理

热风枪的原理主要是利用枪芯吹出的热风来对元件进行焊接与拆下的操作。根据热风枪的工作原理，热风枪电路主要包括温度信号放大电路、比较电路、可控硅控制电路、传感器、风控电路。另外，为了提高电路的整体性能，还设置了一些辅助电路，如温度显示电路、关机延时电路和过零检测电路。设置温度显示电路是为了便于调温。温度显示电路显示的温度为电路的实际温度，操作者在操作过程中可以依照显示屏上显示的温度来手动调节。而加入关机延时电路主要是为了提高电路的安全性。此电路是让枪芯被吹冷后电路再停止工作，这样就避免刚关断电源时枪芯过高的温度对人或物造成伤害。现在市场上有些要求不是很高的热风枪，未加过零电路，虽然可以正常工作，但是从技术上讲不是很完美。此设计加入过零电路的目的就是使电路中的可控硅在交流电过零处导通，以避免可控硅在正半周或负半周高电平处导通产生过高的冲击脉冲波，对电源产生污染，并且对并联在电路中的其他用电设备产生影响。

三、热风枪的分类

1. 普通型

普通型热风枪热风温度不稳，忽高忽低，风量也不稳。这种风枪的刻度只是调整它的功率大小，所以开机时温度升得很慢，滞后几分钟后温度直线上升，稍不留心就会烧坏线路板等。它的温度检测只用来温度过高保护，而不是真实调整温度值的。

2. 标准型

这种热风枪的刻度是真正用来调整温度的，开机时升温快，几十秒即可达到定值，而且温度不会直线上升，在相差不大的范围调整，风量也比较稳定，适用维修精密电子设备，拆装 CPU 时若操作得当，90%以上不会烧坏。

3. 数字温度显示型

这种与上一种性能基本相同，就是多了个数字温度显示，有的很精确。不过也有的显示温度不准，很容易产生误觉。用数字温度计测量的实际使用温度是：小头风嘴风口处 350～400℃，10mm 处约 300～350℃，20mm 处 260～300℃。可以用带温度计的数字万用表测试。

同时，有部分机器带有功率或其他电压、电流指示表盘。

如果使用的是没有数字温度的热风枪，可以用风枪在 30mm 处吹一张纸来估计，如果纸不会很快变黑，慢慢发黄为适宜。

热风枪是现代电子维修中用得最多的工具之一，使用的工艺要求也很高。从取下或安装小元件到大片的集成电路都要用到热风枪。在不同的场合，对热风枪的温度和风量等有特殊要求，温度过低会造成元件虚焊，温度过高会损坏元件及线路板。风量过大会吹跑小元件，同时对热风枪的选择也很重要，不要因为价格问题去选择低档次的热风枪。

四、热风枪的使用

1. 吹焊小贴片元件的方法

小贴片元件主要包括片状电阻、片状电容、片状电感及片状晶体管等。对于这些小型元件，一般使用热风枪进行吹焊。吹焊时一定要掌握好风量、风速和气流的方向。如果操作不当，不但会将小元件吹跑，而且还会损坏大的元器件。

吹焊小贴片元件一般采用小嘴喷头，热风枪的温度调至 2～3 挡，风速调至 1～2 挡。待温度和气流稳定后，便可用手指钳夹住小贴片元件，使热风枪的喷头离欲拆卸的元件 2～3cm，并保持垂直，在元件的上方向均匀加热，待元件周围的焊锡熔化后，用手指钳将其取下。如果焊接小元件，要将元件放正，若焊点上的锡不足，可用烙铁在焊点上加注适量的焊锡，焊接方法与拆卸方法一样，只要注意温度与气流方向即可。

2. 吹焊贴片集成电路的方法

用热风枪吹焊贴片集成电路时，首先应在芯片的表面涂放适量的助焊剂，这样既可防止干吹，又能帮助芯片底部的焊点均匀熔化。由于贴片集成电路的体积相对较大，在吹焊时可采用大嘴喷头，热风枪的温度可调至 3～4 挡，风量可调至 2～3 挡，风枪的喷头离芯片 25mm 左右为宜。吹焊时应在芯片上方均匀加热，直到芯片底部的锡珠完全熔解，此时应用手指钳将整个芯片取下。需要说明的是，在吹焊此类芯片时，一定要注意是否影响周边元件。另外芯片取下后，电路板会残留余锡，可用烙铁将余锡清除。若焊接芯片，应将芯片与电路板相应位置对齐，焊接方法与拆卸方法相同。

热风枪的喷头要垂直焊接面，距离要适中；热风枪的温度和气流要适当；吹焊电路板时，应将电路板上的电池类元件取下，以免电池受热而爆炸；吹焊结束时，应及时关闭热风枪电源，以免手柄长期处于高温状态，缩短使用寿命。禁止用热风枪吹焊液晶显示屏。

五、使用热风枪的注意事项

热风枪和热风焊台的喷嘴可按设定温度对集成电路吹出不同温度的热风，以完成拆卸或焊接。拆卸集成电路较容易，但焊接集成电路有一定技巧。

热风枪的喷嘴气流出口设计在喷嘴的上方，口径大小可以调整，故不会对 IC 附近的元器件造成热损伤。

正确使用热风枪通常要注意以下几个问题。

（1）锡球应完全熔化。表面安装集成电路在拆卸之前，所有焊接引脚的锡球均应完全熔化，如果有未完全熔化的锡球存在，起拔 IC 时则易损坏这些锡球连接的焊盘。

同样，在对表面安装的集成电路进行焊接时，如果有未完全熔化的锡球存在，就会造成焊接不良。

（2）操作间隙应合适。为了便于操作，热风枪喷嘴内部边缘与所焊 IC 之间的间隙不可太小，至少要保持 1mm 间隙。

（3）植锡网应合适。植锡网的孔径、孔数、间距与排列均应与 IC 一致。孔径一般是焊盘直径的 80%，且上边小、下边大，这样有利于焊锡在印制电路板上涂敷。

（4）防止印制电路板变形。为防止印制电路板单面受热变形，可先对印制电路板反面预热，温度一般控制在 150～160℃；一般尺寸不大的印制电路板，预热温度应控制在 160℃ 以下。

第七章 传感器变送器知识

第一节 传 感 器 概 述

一、传感器的定义

火力发电机组计算机控制信息处理技术取得进展以及微处理器和计算机技术的高速发展，都需要在传感器的开发方面有相应的进展。微处理器现在已经在测量和控制系统中得到了广泛的应用。随着这些系统能力的增强，作为信息采集系统的前端单元，传感器的作用越来越重要。传感器已成为自动化系统和机器人技术中的关键部件，作为系统中的一个结构组成，其重要性变得越来越明显。

最广义地来说，传感器是一种能把物理量或化学量转变成便于利用的电信号的器件。国际电工委员会（International Electrotechnical Committee，IEC）的定义为：传感器是测量系统中的一种前置部件，它将输入变量转换成可供测量的信号。一种说法是"传感器是包括承载体和电路连接的敏感元件"，而"传感器系统则是组合有某种信息处理（模拟或数字）能力的传感器"。传感器是传感器系统的一个组成部分，它是被测量信号输入的第一道关口。

传感器系统的框图见图 7-1，进入传感器的信号幅度是很小的，而且混杂有干扰信号和噪声。为了方便随后的处理过程，首先要将信号整形成具有最佳特性的波形，有时还需要将信号线性化。该工作是由放大器、滤波器以及其他一些模拟电路完成的。在某些情况下，这些电路的一部分是和传感器部件直接相邻的。成形后的信号随后转换成数字信号，并输入到微处理器。

传感器应是由两部分组成的，即直接感知被测量信号的敏感元件部分和初始处理信号的电路部分。按这种理解，传感器还包含了信号成形器的电路部分。

传感器系统的性能主要取决于传感器，传感器把某种形式的能量转换成另一种形式的能量。有两类传感器：有源的和无源的。有源传感器能将一种能量形式直接转变成另一种，不需要外接的能源或激励源［参见图 7-2（a）］。

无源传感器不能直接转换能量形式，但它能控制从另一输入端输入的能量或激励能［参见图7-2（b）］。

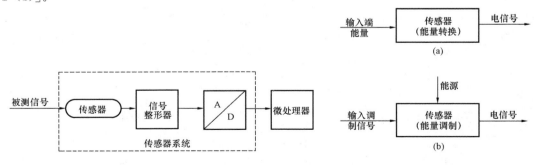

图 7-1　传感器系统的框图

图 7-2　传感器的信号流程
（a）有源传感器；（b）无源传感器

传感器承担将某个对象或过程的特定特性转换成数量的工作。其"对象"可以是固体、液体或气体，而它们的状态可以是静态的，也可以是动态（即过程）的。对象特性被转换量化后可以通过多种方式检测。对象的特性可以是物理性质的，也可以是化学性质的。按照其工作原理，传感器将对象特性或状态参数转换成可测定的电学量，然后将此电信号分离出来，送入传感器系统加以评测或标示。

各种物理效应和工作机理被用于制作不同功能的传感器。传感器可以直接接触被测量对象，也可以不接触。用于传感器的工作机制和效应类型不断增加，其包含的处理过程日益完善。

常将传感器的功能与人类五大感觉器官相比拟，具体是：光敏传感器（视觉）；声敏传感器（听觉）；气敏传感器（嗅觉）；化学传感器（味觉）；压敏、温敏、流体传感器（触觉）。

与当代的传感器相比，人类的感觉能力好得多，但也有一些传感器比人的感觉功能优越，例如人类没有能力感知紫外线或红外线辐射，感觉不到电磁场、无色无味的气体等。

对传感器设定了许多技术要求，有一些是对所有类型传感器都适用的，也有只对特定类型传感器适用。针对传感器的工作原理和结构，在不同场合均需要的基本要求是：

（1）高灵敏度、抗干扰的稳定性（对噪声不敏感）、线性、容易调节（校正简易）；

（2）高精度、高可靠性、无迟滞性、工作寿命长（耐用性）；

（3）可重复性、抗老化、高响应速率、抗环境影响（热、振动、酸、碱、空气、水、尘埃）的能力；

（4）选择性、安全性（传感器应是无污染的）、互换性、低成本；

（5）宽测量范围、小尺寸、重量轻和高强度、宽工作温度范围。

二、传感器的分类

根据传感器工作原理，可分为物理传感器和化学传感器两大类。物理效应包括压电效应，磁致伸缩现象，离化、极化、热电、光电、磁电等效应。被测信号量的微小变化都将转换成电信号。化学传感器包括那些以化学吸附、电化学反应等现象为因果关系的传感器，被测信号量的微小变化也将转换成电信号。

有些传感器既不能划分到物理类，也不能划分为化学类。大多数传感器是以物理原理为基础运作的。化学传感器技术问题较多，例如可靠性问题，规模生产的可能性，价格问题等，解决了这类难题，化学传感器的应用将会有巨大增长。

（1）按照其用途，传感器可分为压力敏和力敏传感器、位置传感器、液面传感器、能耗传感器、速度传感器、热敏传感器、加速度传感器、射线辐射传感器、振动传感器、湿敏传感器、磁敏传感器、气敏传感器、真空度传感器、生物传感器等。

（2）以其输出信号为标准可将传感器分为：

1）模拟传感器。将被测量的非电学量转换成模拟电信号。

2）数字传感器。将被测量的非电学量转换成数字输出信号（包括直接和间接转换）。

3）数字传感器。将被测量的信号量转换成频率信号或短周期信号的输出（包括直接或间接转换）。

4）开关传感器。当一个被测量的信号达到某个特定的阈值时，传感器相应地输出一个设定的低电平或高电平信号。

三、传感器敏感元件的材料

在外界因素的作用下，所有材料都会作出相应的、具有特征性的反应。它们中的那些对外界作用最敏感的材料，即那些具有功能特性的材料，被用来制作传感器的敏感元件。从所应用的材料观点出发可将传感器分成下列几类：

（1）按照其所用材料的类别分为金属、聚合物、陶瓷、混合物。

（2）按材料的物理性质分为导体、绝缘体、半导体、磁性材料。

（3）按材料的晶体结构分为单晶、多晶、非晶材料。

按照其制造工艺，可以将传感器区分为集成传感器、薄膜传感器、厚膜传感器、陶瓷传感器。

集成传感器是用标准的生产硅基半导体集成电路的工艺技术制造的。通常还将用于初步处理被测信号的部分电路集成在同一芯片上。

薄膜传感器则是通过沉积在介质衬底（基板）上的，相应敏感材料的薄膜形成的。使用混合工艺时，同样可将部分电路制造在此基板上。

厚膜传感器是利用相应材料的浆料，涂覆在陶瓷基片上制成的，基片通常是 Al_2O_3 制成的，然后进行热处理，使厚膜成形。

陶瓷传感器采用标准的陶瓷工艺或其某种变种工艺（溶胶—凝胶等）生产。

第二节 传感器的特性

传感器的特性是指传感器的输入量和输出量之间的对应关系。通常把传感器的特性分为静态特性和动态特性两种。

静态特性是指输入不随时间而变化的特性，它表示传感器在被测量各个值处于稳定状态下的输入输出的关系。

动态特性是指输入随时间而变化的特性，它表示传感器对随时间变化的输入量的响应特性。

一般来说，传感器的输入和输出关系可用微分方程来描述。理论上，将微分方程中的一阶及以上的微分项取为零时，即可得到静态特性。因此传感器的静特性是其动特性的一个特例。

传感器除了描述输入与输出量之间的关系特性外，还有与使用条件、使用环境、使用要求等有关的特性。

一、传感器的静态特性

传感器的静态特性是指对静态的输入信号，传感器的输出量与输入量之间所具有相互关系。因为这时输入量和输出量都和时间无关，所以它们之间的关系，即传感器的静态特性可用一个不含时间变量的代数方程，或以输入量作横坐标，把与其对应的输出量作纵坐标而画出的特性曲线来描述。

传感器的输入受外部的影响有冲振、电磁场、线性、滞后、重复性、灵敏度、误差因素等。

传感器的输出受外部影响有温度、供电、各种干扰稳定性、温漂、稳定性（零漂）、分辨力、误差因素等。

人们总希望传感器的输入与输出成唯一的对应关系，而且最好呈线性关系。但一般情况下，输入输出不会完全符合所要求的线性关系，因传感器本身存在着迟滞、蠕变、摩擦等各种因素，以及受外界条件的各种影响。

传感器静态特性的主要指标有线性度、灵敏度、重复性、迟滞、分辨率、漂移、稳定性等。

1. 传感器的线性度

通常情况下，传感器的实际静态特性输出是条曲线而非直线。在实际工作中，为使仪表具有均匀刻度的读数，常用一条拟合直线近似地代表实际的特性曲线、线性度（非线性误差）就是这个近似程度的一个性能指标。

拟合直线的选取有多种方法。如将零输入和满量程输出点相连的理论直线作为拟合直线；或将与特性曲线上各点偏差的平方和为最小的理论直线作为拟合直线，此拟合直线称为最小二乘法拟合直线。

2. 传感器的灵敏度

灵敏度是指传感器在稳态工作情况下输出量变化 Δy 对输入量变化 Δx 的比值。

它是输出—输入特性曲线的斜率。如果传感器的输出和输入之间显线性关系，则灵敏度 S 是一个常数。否则，它将随输入量的变化而变化。

灵敏度的量纲是输出、输入量的量纲之比。例如，某位移传感器，在位移变化 1mm 时，输出电压变化为 200mV，则其灵敏度应表示为 200mV/mm。

当传感器的输出、输入量的量纲相同时，灵敏度可理解为放大倍数。

提高灵敏度，可得到较高的测量精度。但灵敏度越高，测量范围越窄，稳定性也往往越差。

3. 传感器的分辨力

分辨力是指传感器可能感受到的被测量的最小变化的能力，也就是说，如果输入量从某一非零值缓慢地变化。当输入变化值未超过某一数值时，传感器的输出不会发生变化，即传感器对此输入量的变化是分辨不出来的。只有当输入量的变化超过分辨力时，其输出才会发生变化。

通常传感器在满量程范围内各点的分辨力并不相同，因此常用满量程中能使输出量产生阶跃变化的输入量中的最大变化值，作为衡量分辨力的指标。上述指标可用满量程的百分比表。

4. 传感器的迟滞特性

迟滞特性表征传感器在正向（输入量增大）和反向（输入量减小）行程间输出—输入特性曲线不一致的程度，通常用这两条曲线之间的最大差值 Δ_{max} 与满量程输出 $F \cdot S$ 的百分比表示。迟滞通常是由传感器内部元件存在能量的吸收造成。

二、传感器的动态特性

所谓动态特性，是指传感器在输入变化时，它的输出的特性。在实际工作中，传感器的动态特性常用它对某些标准输入信号的响应来表示。这是因为传感器对标准输入信号的响应容易用实验方法求得，并且它对标准输入信号的响应与它对任意输入信号的响应之间存在一定的关系，往往知道了前者就能推定后者。最常用的标准输入信号有阶跃信号和正弦信号两种，所以传感器的动态特性也常用阶跃响应和频率响应来表示。

很多传感器要在动态条件下检测，被测量可能以各种形式随时间变化。只要输入量是时间的函数，则其输出量也将是时间的函数，其间关系要用动特性来说明。设计传感器时要根据其动态性能要求与使用条件选择合理的方案和确定合适的参数；使用传感器时要根据其动态特性与使用条件确定合适的使用方法，同时对给定条件下的传感器动态误差作出估计。总之，动态特性是传感器性能的一个重要方面，对其进行研究与分析十分必要。总的来说，传感器的动态特性取决于传感器本身，另一方面也与被测量的形式（规律性的或是随机性的）有关。

1. 被测量规律性的变化

（1）周期性的：包括正弦周期输入和复杂周期输入。

（2）非周期性的：包括阶跃输入、线性输入、其他瞬变输入。

2. 被测量随机性的变化

（1）平稳的：多态历经过程、非多态历经过程。

（2）非平稳的随机过程。

在研究动态特性时，通常只能根据"规律性"的输入来考虑传感器的响应。复杂周期输入信号可以分解为各种谐波，所以可用正弦周期输入信号来代替。其他瞬变输入不及阶跃输入来得严峻，可用阶跃输入代表。因此，"标准"输入只有正弦周期输入、阶跃输入和线性输入三种，而经常使用的是前两种。

第三节 传感器的选用

现代传感器在原理与结构上千差万别，如何根据具体的测量目的、测量对象以及测量环境合理地选用传感器，是在进行某个量的测量时首先要解决的问题。当传感器确定之后，与之相配套的测量方法和测量设备也就可以确定了。测量结果的成败，在很大程度上取决于传感器的选用是否合理。

一、根据测量对象与测量环境确定传感器的类型

要进行一个具体的测量工作，首先要考虑采用何种原理的传感器，这需要分析多方面的因素后才能确定。因为即使是测量同一物理量，也有多种原理的传感器可供选用，哪一种原理的传感器更为合适，则需要根据被测量的特点和传感器的使用条件考虑以下一些具体问题：量程的大小；被测位置对传感器体积的要求；测量方式为接触式还是非接触式；信号的引出方法，有线或是非接触测量；传感器的来源，国产还是进口，价格能否承受，还是自行研制。在考虑上述问题之后就能确定选用何种类型的传感器，然后再考虑传感器的具体性能指标。

二、灵敏度的选择

通常，在传感器的线性范围内，希望传感器的灵敏度越高越好。因为只有灵敏度高时，与被测量变化对应的输出信号的值才比较大，有利于信号处理。但要注意的是，传感器的灵敏度高，与被测量无关的外界噪声也容易混入，也会被放大系统放大，影响测量精度。因此，要求传感器本身应具有较高的信噪比，尽量减少从外界引入的干扰信号。传感器的灵敏度是有方向性的，当被测量是单向量，而且对其方向性要求较高，则应选择其他方向灵敏度小的传感器；如果被测量是多维向量，则要求传感器的交叉灵敏度越小越好。

三、频率响应特性

传感器的频率响应特性决定了被测量的频率范围，必须在允许频率范围内保持不失真的测量条件。实际上传感器的响应总有一定延迟，希望延迟时间越短越好。传感器的频率响应高，可测的信号频率范围就宽，而由于受到结构特性的影响，机械系统的惯性较大，因而频率低的传感器可测信号的频率也较低。在动态测量中，应根据信号的特点（稳态、瞬态、随机等）响应特性，以免产生过大的误差。

四、线性范围

传感器的线性范围是指输出与输入成正比的范围。从理论上讲，在此范围内，灵敏度保持定值。传感器的线性范围越宽，则其量程越大，并且能保证一定的测量精度。在选择传感器时，当传感器的种类确定后首先要看其量程是否满足要求。但实际上，任何传感器都不能保证绝对的线性，其线性度也是相对的。当所要求测量精度比较低时，在一定的范围内，可将非线性误差较小的传感器近似看作线性的，这会给测量带来极大的方便。

五、稳定性

传感器使用一段时间后，其性能保持不变化的能力称为稳定性。影响传感器长期稳定性的因素除传感器本身结构外，主要是传感器的使用环境。因此，要使传感器具有良好的稳定性，传感器必须要有较强的环境适应能力。

在选择传感器之前，应对其使用环境进行调查，并根据具体的使用环境选择合适的传感器，或采取适当的措施，减小环境的影响。

传感器的稳定性有定量指标，在超过使用期后，在使用前应重新进行标定，以确定传感器的

性能是否发生变化。在某些要求传感器能长期使用而又不能轻易更换或标定的场合，所选用的传感器稳定性要求更严格，要能够经受住长时间的考验。

六、精度

精度是传感器的一个重要的性能指标，它是关系到整个测量系统测量精度的一个重要环节。传感器的精度越高，其价格越昂贵，因此，传感器的精度只要满足整个测量系统的精度要求就可以，不必选得过高。这样就可以在满足同一测量目的的诸多传感器中选择比较便宜和简单的传感器。如果测量目的是定性分析的，选用重复精度高的传感器即可，不宜选用绝对量值精度高的；如果是为了定量分析，必须获得精确的测量值，就需选用精度等级能满足要求的传感器。

对某些特殊使用场合，无法选到合适的传感器，则需自行设计制造传感器。自制传感器的性能应满足使用要求。

第四节　实际应用中的传感器的形式

一、电阻式传感器

电阻式传感器是将被测量，如位移、形变、力、加速度、湿度、温度等这些物理量转换成电阻值这样的一种器件。主要有电阻应变式、压阻式、热电阻、气敏、热敏、湿敏等电阻式传感器件。

1. 电阻应变式传感器

传感器中的电阻应变片具有金属的应变效应，即在外力作用下产生机械形变，从而使电阻值随之发生相应的变化。电阻应变片主要有金属和半导体两类，金属应变片有金属丝式、箔式、薄膜式之分。半导体应变片具有灵敏度高（通常是丝式、箔式的几十倍）、横向效应小等优点。

2. 压阻式传感器

压阻式传感器是根据半导体材料的压阻效应，在半导体材料的基片上经扩散电阻而制成的器件。其基片可直接作为测量传感元件，扩散电阻在基片内接成电桥形式。当基片受到外力作用而产生形变时，各电阻值将发生变化，电桥就会产生相应的不平衡输出。

用作压阻式传感器的基片（或称膜片）材料主要为硅片和锗片，硅片为敏感材料而制成的硅压阻传感器，越来越受到人们的重视，尤其是以测量压力和速度的固态压阻式传感器应用最为普遍。

3. 热电阻传感器

热电阻传感器主要是利用电阻值随温度变化而变化这一特性来测量温度及与温度有关的参数。在温度检测精度要求比较高的场合，这种传感器比较适用。目前较为广泛的热电阻材料为铂、铜、镍等，它们具有电阻温度系数大、线性好、性能稳定、使用温度范围宽、加工容易等特点。用于测量$-200 \sim +500℃$范围内的温度。

4. 气敏传感器

（1）金属氧化物半导体式传感器。金属氧化物半导体式传感器利用被测气体的吸附作用，改变半导体的电导率，通过电流变化的比较，激发报警电路。由于半导体式传感器测量时受环境影响较大，输出线形不稳定。金属氧化物半导体式传感器，因其反应十分灵敏，故目前广泛使用的领域为测量气体的微漏现象。

（2）催化燃烧式传感器。催化燃烧式传感器原理是目前最广泛使用的检测可燃气体的原理之一，具有输出信号线形好、指数可靠、价格便宜、无与其他非可燃气体的交叉干扰等特点。催化燃烧式传感器采用惠斯通电桥原理，感应电阻与环境中的可燃气体发生无焰燃烧，使温度感应电阻的阻值发生变化，打破电桥平衡，使之输出稳定的电流信号，再经过后期电路的放大、稳定和处理，最终显示可靠的数值。

二、应用计算机技术的传感器

1. 虚拟传感器

虚拟传感器是基于传感器硬件和计算机平台，并通过软件开发而成的。利用软件可完成传感器的标定及校准，以实现最佳性能指标。最近，美国 B&K 公司已开发出一种基于软件设置的 TEDS 型虚拟传感器，其主要特点是每只传感器都有唯一的产品序列号并且附带一张软盘，软盘上存储着对该传感器进行标定的有关数据。使用时，传感器通过数据采集器接至计算机，首先从计算机输入该传感器的产品序列号，再从软盘上读出有关数据，然后自动完成对传感器的检查、传感器参数的读取、传感器设置和记录工作。

2. 网络温度传感器

网络温度传感器是包含数字传感器、网络接口和处理单元的新一代智能传感器。数字传感器首先将被测温度转换成数字量，再送给微控制器作数据处理。最后将测量结果传给网络，以便实现各传感器之间、传感器与执行器之间、传感器与系统之间的数据交换及资源共享。在更换传感器时无需进行标定和校准，可做到"即插即用"，这样就极大地方便了用户。

三、智能温度传感器

1. 模拟集成温度传感器

集成传感器是采用硅半导体集成工艺而制成的，因此也称硅传感器或单片集成温度传感器。它是将温度传感器集成在一个芯片上、可完成温度测量及模拟信号输出功能的专用 IC。

2. 数字温度传感器

数字温度传感器是在 20 世纪 90 年代中期问世的。它是微电子技术、计算机技术和自动测试技术（ATE）的结晶。目前，国际上已开发出多种智能温度传感器系列产品。数字温度传感器内部都包含温度传感器、A/D 转换器、信号处理器、存储器（或寄存器）和接口电路。

第五节　变送器相关知识

一、变送器与传感器的区别和联系

传感器是能够接收规定的被测量按照一定的规律转换成可用输出信号的器件或装置的总称，通常由敏感元件和转换元件组成。当传感器的输出为规定的标准信号时，则称为变送器。变送器的概念是将非标准电信号转换为标准电信号的仪器，传感器则是将物理信号转换为电信号的器件，过去常讲物理信号，现在其他信号也有了。一次仪表指现场测量仪表或基地控制表，二次仪表指利用一次仪表信号完成其他功能（诸如控制、显示等功能）的仪表。

传感器是把非电物理量如温度、压力、液位、物料、气体特性等转换成电信号或把物理量如压力、液位等直接送到变送器。变送器则是把传感器采集到的微弱的电信号放大以便转送或启动控制元件，或将传感器输入的非电量转换成电信号同时放大，以便供远方测量和控制的信号源。根据需要还可将模拟量变换为数字量。

传感器和变送器一同构成自动控制的监测信号源。不同的物理量需要不同的传感器和相应的变送器。还有一种变送器不是将物理量变换成电信号，如一种锅炉水位计的"差压变送器"，它是将液位传感器里的下部水和上部蒸汽的冷凝水，通过仪表管送到变送器的波纹管两侧，以波纹管两侧的差压带动机械放大装置用指针，指示水位的一种远方仪表。当然还有把电气模拟量变换成数字量的也可以叫变送器。以上只是从概念上说明传感器和变送器的区别。

二、火力发电生产过程常用的典型变送器

1. 一体化温度变送器

一体化温度变送器一般由测温探头（热电偶或热电阻传感器）和两线制固体电子单元组成。采用固体模块形式将测温探头直接安装在接线盒内，从而形成一体化的变送器。一体化温度变送器一般分为热电阻型和热电偶型两种类型。

热电阻型温度变送器由基准单元、R/U 转换单元、线性电路、反接保护、限流保护、U/I 转换单元等组成。

热电偶型温度变送器一般由基准源、冷端补偿、放大单元、线性化处理、U/I 转换、断偶处理、反接保护、限流保护等电路单元组成。

一体化温度变送器具有结构简单、节省引线、输出信号大、抗干扰能力强、线性好、显示仪表简单、固体模块抗振防潮、有反接保护和限流保护、工作可靠等优点。

2. 压力变送器

压力变送器也称差变送器，主要由测压元件传感器、模块电路、显示表头、表壳和过程连接件等组成。它能将接收的气体、液体等压力信号转变成标准的电流电压信号，以供给指示报警仪、记录仪、调节器等二次仪表进行测量、指示和过程调节。

压力变送器的测量原理是：流程压力和参考压力分别作用于集成硅压力敏感元件的两端，其差压使硅片变形（位移很小，仅微米级），以使硅片上用半导体技术制成全动态惠斯登电桥在外部电流源驱动下输出正比于压力的毫伏级电压信号。

3. 液位变送器

（1）浮球式液位变送器。浮球式液位变送器由磁性浮球、测量导管、信号单元、电子单元、接线盒及安装件组成。

一般磁性浮球的比重小于 0.5，可漂于液面上并沿测量导管上下移动。导管内装有测量元件，它可以在外磁作用下将被测液位信号转换成正比于液位变化的电阻信号，并将电子单元转换成 4～20mA 或其他标准信号输出。

（2）浮筒式液位变送器。浮筒式液位变送器是将磁性浮球改为浮筒，它是根据阿基米德浮力原理设计的。浮筒式液位变送器是利用微小的金属膜应变传感技术来测量液体的液位、界位或密度的。它在工作时可以通过现场按键来进行常规的设定操作。

（3）静压或液位变送器。该变送器利用液体静压力的测量原理工作。它一般选用硅压力测压传感器将测量到的压力转换成电信号，再经放大电路放大和补偿电路补偿，最后以 4～20mA 或 0～10mA 电流方式输出。

4. 电容式物位变送器

电容式物位变送器适用于工业企业在生产过程中进行测量和控制生产过程，主要用做类导电与非导电介质的液体液位，或粉粒状固体料位的远距离连续测量和指示。

电容式液位变送器由电容式传感器与电子模块电路组成，它以两线制 4～20mA 恒定电流输出为基型，经过转换，可以用三线或四线方式输出，输出信号形成为 1～5V、0～5V、0～10mA 等标准信号。

5. 超声波变送器

超声波变送器分为一般超声波变送器（无表头）和一体化超声波变送器两类，一体化超声波变送器较为常用。

一体化超声波变更新器由表头（如 LCD 显示器）和探头两部分组成，这种直接输出 4～20mA 信号的变送器是将小型化的敏感元件（探头）和电子电路组装在一起，从而使体积更小、

质量更轻。超声波变送器可用于液位、物位的测量。

6. 电导变送器

它是通过测量溶液的电导值来间接测量离子浓度的流程仪表（一体化变送器），可在线连续检测凝结水的电导率。

由于电解质溶液与金属导体一样，是电的良导体，因此电流流过电解质溶液时必有电阻作用，且符合欧姆定律。但液体的电阻温度特性与金属导体相反，具有负向温度特性。为区别于金属导体，电解质溶液的导电能力用电导（电阻的倒数）或电导率（电阻率的倒数）来表示。当两个互相绝缘的电极组成电导池时，若在其中间放置待测溶液，并通以恒压交变电流，就形成了电流回路。如果将电压大小和电极尺寸固定，则回路电流与电导率就存在一定的函数关系。这样，测了待测溶液中流过的电流，就能测出待测溶液的电导率。

7. 智能式变送器

智能式变送器是由传感器和微处理器（微机）相结合而成的。它充分利用了微处理器的运算和存储能力，可对传感器的数据进行处理，包括对测量信号的调理（如滤波、放大、A/D 转换等）、数据显示、自动校正和自动补偿等。

微处理器是智能式变送器的核心，它不但可以对测量数据进行计算、存储和数据处理，还可以通过反馈回路对传感器进行调节，以使采集数据达到最佳。由于微处理器具有各种软件和硬件功能，因而它可以完成传统变送器难以完成的任务。所以智能式变送器降低了传感器的制造难度，并在很大程度上提高了传感器的性能。

智能式变送器具有以下特点：

（1）具有自动补偿能力。可通过软件对传感器的非线性、温漂、时漂等进行自动补偿。

（2）可自诊断。通电后可对传感器进行自检，以检查传感器各部分是否正常，并作出判断。

（3）数据处理方便准确。可根据内部程序自动处理数据，如进行统计处理、去除异常数值等。

（4）具有双向通信功能。微处理器不但可以接收和处理传感器数据，还可将信息反馈至传感器，从而对测量过程进行调节和控制。

（5）可进行信息存储和记忆。能存储传感器的特征数据、组态信息和补偿特性等。

（6）具有数字量接口输出功能。可将输出的数字信号方便地和计算机或现场总线等连接。

第八章　热工仪表检修的一般原则

第一节　系统故障分析

一、仪表系统故障的基本分析步骤

（1）首先，在分析现场仪表故障前，要比较透彻地了解相关仪表系统的生产过程、生产工艺情况及条件，了解仪表系统的设计方案、设计意图，了解仪表系统的结构、特点、性能及参数要求等。

（2）在分析检查现场仪表系统故障之前，要向现场操作工人了解生产的负荷及原料的参数变化情况，查看故障仪表的记录曲线，进行综合分析，以确定仪表故障原因所在。

（3）如果仪表记录曲线为一条死线（一点变化也没有的线称死线），或记录曲线原来为波动，现在突然变成一条直线，故障很可能在仪表系统。因为目前记录仪表大多是 DCS 计算机系统，灵敏度非常高，参数的变化能非常灵敏地反映出来。此时可人为地改变一下工艺参数，看曲线变化情况。如不变化，基本断定是仪表系统出了问题；如有正常变化，基本断定仪表系统没有大的问题。

（4）变化工艺参数时，发现记录曲线发生突变或跳到最大或最小，此时的故障也常在仪表系统。

（5）故障出现以前仪表记录曲线一直表现正常，出现波动后记录曲线变得毫无规律或使系统难以控制，甚至连手动操作也不能控制，此时故障可能是工艺操作系统造成的。

（6）当发现 DCS 显示仪表不正常时，可以到现场检查同一直观仪表的指示值，如果它们差别很大，则很可能是仪表系统出现故障。

总之，分析现场仪表故障原因时，要特别注意被测控制对象和控制阀的特性变化，这些都可能是造成现场仪表系统故障的原因。因此，要从现场仪表系统和工艺操作系统两个方面综合考虑、仔细分析，检查原因所在。

二、运行中仪表的故障分析

当一台仪表在运行中发生故障时，应该首先从以下一些方面去考虑。

（1）对气动仪表而言，大部分故障出在漏、堵、卡三个方面。

1）漏：因为气动仪表的信号源来自压缩空气，所以任何一部分泄漏都会造成仪表的偏差和失灵。易漏的部分有仪表接头、橡皮软管、密封圈、密封垫，特别是一些尼龙件、橡胶件，在使用数年后容易老化造成泄漏。通过分段憋压的方法很容易找到泄漏点。

2）堵：因为仪表用空气中仍含有一定水汽、灰尘和油性杂质，长期运行过程中，会使一些节流部件堵塞或半堵，如放大器节流孔、喷嘴、挡板等处，只要沾上一点灰尘，就会不同程度地引起输出信号改变，特别是在潮湿天气，空气中湿度大，更应注意这一点。

3）卡：因为气信号驱动力矩小，只要某一部位摩擦力增大，都会造成传动机构卡住或反应迟钝。常见部位有连杆、指针和其他机械传动部件。电动仪表因输出力矩大，这种现象相对少一些。

（2）对电动仪表而言，大部分故障出在接触不良、断路、短路、松脱四个方面。

1）接触不良：仪表插件板、接线端子的表面氧化、松动以及导线的似断非断状态，都是造成接触不良的主要原因。

2）断路：因仪表引线一般较细，在拉机芯或操作过程中稍有相碰，都会造成断路，熔丝烧毁、电气元件内部断路也是一个方面。

3）短路：导线的裸露部分相碰，晶体管、电容击穿是短路的常见现象。

4）松脱：主要是机械部分，诸如滑线盘、指针、螺钉等，气动仪表也有类似现象。

三、四大测量参数仪表控制系统故障分析步骤

1. 温度控制仪表系统故障分析步骤

分析温度控制仪表系统故障时，首先要注意两点：该系统仪表多采用电动仪表测量、指示、控制；该系统仪表的测量往往滞后较大。

（1）温度仪表系统的指示值突然变到最大或最小，一般为仪表系统故障。因为温度仪表系统测量滞后较大，不会发生突然变化。此时的故障原因多是热电偶、热电阻、补偿导线断线或变送器放大器失灵。

（2）温度控制仪表系统指示出现快速振荡现象，多为控制参数 PID 调整不当造成。

（3）温度控制仪表系统指示出现大幅缓慢的波动，很可能是由于工艺操作变化引起的，如当时工艺操作没有变化，则很可能是仪表控制系统本身的故障。

（4）温度控制系统本身的故障分析步骤：检查调节阀输入信号是否变化，输入信号不变化，调节阀动作，说明调节阀泄漏；如果调节器输入不变化，输出变化是调节器本身的故障。

2. 压力控制仪表系统故障分析步骤

（1）压力控制系统仪表指示出现快速振荡波动时，首先检查工艺操作有无变化，这种变化通常是工艺操作和调节器 PID 参数整定不好造成的。

（2）压力控制系统仪表指示出现死线，工艺操作变化了，压力指示还是不变化，一般故障出现在压力测量系统中，首先检查测量引压导管系统是否有堵的现象，不堵，检查压力变送器输出系统有无变化，有变化，故障出在控制器测量指示系统。

3. 流量控制仪表系统故障分析步骤

（1）流量控制仪表系统指示值达到最小时，首先检查现场检测仪表，如果正常，则故障在显示仪表。当现场检测仪表指示也最小，则检查调节阀开度，若调节阀开度为零，则常为调节阀到调节器之间故障。当现场检测仪表指示最小，调节阀开度正常，故障原因很可能是系统压力不够、系统管路堵塞、泵不上量、介质结晶、操作不当等。若是仪表方面的故障，原因有孔板差压流量计可能是正压引压导管堵、差压变送器正压室漏、机械式流量计是齿轮卡死或过滤网堵等。

（2）流量控制仪表系统指示值达到最大时，则检测仪表也常常会指示最大。此时可手动遥控调节阀开大或关小，如果流量能降下来则一般是工艺操作原因造成的。若流量值降不下来，则是仪表系统的原因造成的，检查流量控制仪表系统的调节阀是否动作；检查仪表测量引压系统是否正常；检查仪表信号传送系统是否正常。

（3）流量控制仪表系统指示值波动较频繁，可将控制改到手动，如果波动减小，则是仪表方面的原因或是仪表控制参数 PID 不合适，如果波动仍频繁，则是工艺操作方面原因造成的。

4. 液位控制仪表系统故障分析步骤

（1）液位控制仪表系统指示值变化到最大或最小时，可以先检查检测仪表看是否正常，如指示正常，将液位控制改为手动遥控液位，看液位变化情况。如液位可以稳定在一定的范围，则故障在液位控制系统；如稳不住液位，一般为工艺系统造成的故障，要从工艺方面查找原因。

（2）差压式液位控制仪表指示和现场直读式指示仪表指示对不上时，首先检查现场直读式指

示仪表是否正常，如指示正常，检查差压式液位仪表的负压导压管封液是否有渗漏；若有渗漏，重新灌封液，调零点；无渗漏，可能是仪表的负迁移量不对了，重新调整迁移量使仪表指示正常。

（3）液位控制仪表系统指示值变化波动频繁时，首先要分析液面控制对象的容量大小，来分析故障的原因，容量大一般是仪表故障造成的。容量小的首先要分析工艺操作情况是否有变化，如有变化很可能是工艺造成的波动频繁，如没有变化可能是仪表故障造成的。

以上只是现场四大参数单独控制仪表的现场故障分析，实际现场还有一些复杂的控制回路，如串级控制、分程控制、程序控制、连锁控制等。这些故障的分析就更加复杂，要具体分析。

第二节　仪表故障分析判断方法

仪表故障分析是一线维护人员经常遇到的工作，常见的十种工业仪表故障分析判断方法如下。

一、调查法

通过对故障现象及其产生发展过程的调查了解，分析判断故障原因的方法。一般有以下几个方面：

（1）故障发生前的使用情况和有无先兆；

（2）故障发生时有无打火、冒烟、异常气味等现象；

（3）供电电压变化情况；

（4）过热、雷电、潮湿、碰撞等外界情况；

（5）有无受到外界强电场、磁场的干扰；

（6）是否有使用不当或误操作情况；

（7）在正常作用中出现的故障，还是在修理更换元器件后出现的故障；

（8）以前发生过哪些故障及修理情况等。

采用调查法检修故障，调查了解要深入仔细，特别对现场使用人员的反映要核实，不要急于拆开检修。维修经验表明，使用人员的反映有许多是不正确或不完整的，通过核实可以发现许多不需维修的问题。

二、直观检查法

不用任何测试仪器，通过人的感官（眼、耳、鼻、手）去观察发现故障的方法。

直观检查法分外观检查和开机检查两种。

1. 外观检查

外观检查内容主要包括：

（1）仪器仪表外壳及表盘玻璃是否完好，指针有否变形或与刻度盘相碰，装配紧固件是否牢固，各开关旋钮的位置是否正确，活动部分是否转动灵活，调整部位有无明显变动；

（2）连线有无断开，各接插件是否正常连接，电路板插座上的簧片是否弹力不足、接触不良，对于采用单元组合装配的仪表，特别要注意各单元板连接螺丝是否拧紧；

（3）各继电器、接触器的接点，是否有错位、卡住、氧化、烧焦黏死等现象；

（4）电源熔断器是否熔断，电子管是否裂碎、漏气（漏气后管子内壁附着一层白色粉末）、损坏，晶体管外壳涂漆是否变色、断极，电阻有否烧焦，线圈是否断丝，电容器外壳是否膨胀、漏液、爆裂；

（5）印制电路板敷铜条是否断裂、搭锡、短路，各元件焊点是否良好，有无虚焊、漏焊、脱焊现象；

  （6）各零部件排列和布线是否歪斜、错位、脱落、相碰。

  2. 开机检查

  开机检查主要包括：

  （1）机内电源指示灯、各电子管及其他发光元件是否通电发亮；

  （2）机内有无高压打火、放电、冒烟现象；

  （3）有无振动并发出噼啪声、摩擦声、碰击声；

  （4）变压器、电动机、功放管等易发热元器件及电阻、集成块温升是否正常，有无烫手现象；

  （5）机内有无特殊气味，如变压器电阻等因绝缘层烧坏而发出的焦煳味、示波管高压漏电打火使空气电离所产生的臭氧气味；

  （6）机械传动部分是否运转正常，有无齿轮啮合不好、卡死及严重磨损、打滑变形、传动不灵等现象。

  直观检查一定要十分仔细认真，切忌粗心急躁。在检查元件和连线时只能轻轻摇拨，不能用力过猛，以防拗断元件、连线和印制电路板铜箔。开机检查接通电源时手不要离开电源开关，如发现异常应及时关闭。要特别注意人身安全，绝对避免两只手同时接触带电设备。电源电路中的大容量滤波电容在电路中带有充电电荷，要防止触电。

三、断路法

  断路器是将所怀疑的部分与整机或单元电路断开，看故障可否消失，从而断定故障所在的方法。

  仪器仪表出现故障后，先初步判断故障的几种可能性。在故障范围区域内，把可疑部分电路断开，以确定故障发生在断开前或断开后。通电检查如发现故障消失，表明故障多在被断开的电路中。如故障仍然存在，再做进一步断路分割检查，逐步排除怀疑，缩小故障范围，直到查出故障的真正原因。

  断路法对单元化、组合化、插件化的仪器仪表故障检查尤为方便，对一些电流过大的短路性故障也很有效。但对整体电路是大环路的闭合系统回路或直接耦合式电路结构不宜采用。

四、短路法

  短路片是将所怀疑发生故障的某级电路或元器件暂时短接，观察故障状态有无变化来断定故障部位的方法。

  短路法用于检查多级电路时，短路某处时，故障消失或明显减小，说明故障在短路点之前，故障无变化则在短路点之后。如某级输出端电位不正常，将该级的输入端短路，如此时输出端电位正常，则该级电路正常。短路法也常用来检查元器件是否正常，如用镊子将晶体三极管基极和发射极短路，观察集电极电压变化情况，判断管子有无放大作用。在 TTL 数字集成电路中，用短路法判断门电路、触发器是否能够正常工作。将可控硅控制极和阴极短路，判断可控硅是否失效等。另外也可将某些仪表（如电子电位差计）输入端短路，看仪表指示变化来判断仪表是否受到干扰。

五、替换法

  通过更换某些元器件或线路板以确定故障在某一部位的方法。

  用规格相同、性能良好的元器件替下所怀疑的元器件，然后通电试验，如故障消失，则可确定所怀疑的元器件是故障所在。若故障依然存在，可对另一被怀疑的元器件或线路板进行相同的替代试验，直到确定故障部位。

在进行替换前，要先用一点时间分析故障原因，而不要盲目乱换元器件。如故障是由于短路或热损伤造成的，则替换上的好元件也可能被损害。再如一只二极管烧坏，可能是由于该管的工作电流和反向峰值电压不够，若此时换上另一只同型号的二极管也仅仅是把故障暂时做了处理，而未根除。

另外，元器件的更换均应切断电源，不允许通电边焊接边试验。所替换的元器件安装焊接时，应符合原焊接安装方式和要求。如大功率晶体管和散热片之间一般加有绝缘片，切勿忘记安装。在替换时还要注意不要损坏周围其他元件，以免造成人为故障。

六、分部法

在查找故障的过程中，将电路和电气部分分成几个部分，以查明故障原因的方法。

一般检测控制仪表电路可分为三大部分，即外部回路（由仪表的接线端往外到检测元件、控制执行机构为止的全部电路）、电源回路（由交流电源到电源变压器等全部电路）、内部回路（除外部回路、电源回路以外的全部电路）。在内部电路中又可分为几小部分（根据其内部电路特点、电气部件结构划分）。分部检查即根据划分出的各个部分，采取从外到内、从大到小、由表及里的方法检查各部分，逐步缩小怀疑范围。当检查判断出故障在那一部分后，再对这一部分做全面检查，找到故障部位。

分部检查按顺序对仪器仪表各部分进行检查分析判断，虽比较有条理，但检修时间长，在检查中往往抓不住重点，浪费不少时间。此法适应于检修人员维修经验较少，对仪器仪表故障现象不太熟悉，且故障较复杂的情况。

七、人体干扰法

人身处在杂乱的电磁场中（包括交流电网产生的电磁场），会感应出微弱的低频电动势（近几十至几百微伏）。当人手接触到仪器仪表某些电路时，电路就会发生反应，利用这一原理可以简单地判断电路某些故障部位。

采用人体干扰法要注意所处的环境。如电气设备和线路比较少及地下室、部分钢筋建筑物等，干扰所产生的信号会小些，这时可用一根长导线代替手以获得较大的干扰信号。另外，采用此法在检查仪器仪表的高压部分或底板带电的仪器仪表，务必十分注意安全，以免触电。

八、电压法

电压法就是用万用表（或其他电压表）适当量程测量怀疑部分，分测交流电压和直流电压两种。测交流电压主要指交流供电电压，如交流 220V 网电压、交流稳压器输出电压、变压器线圈电压及振荡电压等；测直流电压指直流供电电压、电子管、半导体元器件各极工作电压、集成块各引出角对地电压等。

电压法是维修工作中最基本方法之一，但它所能解决的故障范围仍是有限的。有些故障，如线圈轻微短路、电容断线或轻微漏电等，往往不能在直流电压上得到反映。有些故障，如出现元器件短路、冒烟、跳火等情况时，就必须关掉电源，此时电压法就不起作用了，这时必须采用其他方法来检查。

九、电流法

电流法分直接测量和间接测量两种。直接测量是将电路断开后串入电流表，测出电流值与仪器仪表正常工作状态时的数据进行对比，从而判断故障。如发现哪部分电流不在正常范围内，就可以认为这部分电路出了问题，至少受到了影响。间接测量不用断开电路，测出电阻上的压降，根据电阻值的大小计算出近似的电流值，多用于晶体管元件电流的测量。

电流法比电压法要麻烦一些，一般需要将电路断开后串入电流表进行测试。但它在某些场合比电压法更加容易发现故障。电流法与电压法相互配合，能检查判断出电路中绝大部分故障。

十、电阻法

电阻法即在不通电的情况下，用万用表电阻挡检查仪器仪表整机电路和部分电路的输入输出电阻是否正常；各电阻元件是否开路、短路、阻值有无变化；电容器是否击穿或漏电；电感线圈、变压器有无断线、短路；半导体器件正反向电阻；各集成块引出脚对地电阻；并要粗略判断晶体管 β 值；电子管、示波管有无极间短路，灯丝是否完好等。

应用电阻法检查故障时，应注意以下几点：

（1）由于电路中有不少非线性元件，如晶体管、大容量的电解电容等，采用电阻法测量某两点间的电阻时，因这些非线性元件连接着，所以要注意万用表的红、黑极性，因为不同极性所测出的结果是不同的。

（2）要避免用 $R \times 1$ 挡（电流较大）和 $R \times 10k$ 挡（电压较高）直接测量普通小电流和耐压低的晶体管、集成电路块，以免造成仪表损坏。

（3）仪器仪表中被测元件大多在电路上要牵连（串联或并联）许多其他元件。因此，对于不是直接击穿而是漏电或电阻阻值比较大的场合，要把被测元件脱开后再进行检查测量。对于只有两根引出线的电阻、电容器等元件，只要脱开一根引出线即可，而对于具有 3 根线如晶体三极管等，则应脱开两根引出线。

第三节 仪表检修的方法及注意事项

一、仪表故障处理的一般思路

先整体后局部，在排除机械故障的可能性后，就要检查整个电、气传递放大回路。因线路部分有输入、比较、变换、放大、输出、驱动等多级组成。所以首先要综合观察整台表的现象，大致估计问题出在哪一部分。如无法估计，则可采用分段检查法，如怀疑某一段不正常，可从大段到小段步步压缩，迅速而准确地判断故障出在哪个环节。故障范围限定在很小的局部，处理起来就十分方便。

（1）先观察后动手。当仪表失灵时，不要急于动手，可先观察一下参数变化趋势，判断是感温元件还是二次仪表发生故障。另外还可参照其他相关仪表加以确定。在基本确认是仪表故障后，即可开始动手。

（2）先外部后内部。故障究竟是发生在二次仪表的内部还是外部，一般的检查方法是先外部后内部，即先排除仪表接线端子以外的故障，然后再处理仪表内部故障。另外还可从二次表背部端子处加信号检查或用备用机芯换上试一试。可根据生产现场条件用多种方法迅速区分是内部还是外部的毛病。

（3）先机械后线路。在生产中发现，一台仪表机械部分故障的可能性比线路（电、气信号传递放大回路）部分多得多，且机械性故障比较直观，也容易发现。所以在确认是仪表内部故障需检查机芯时，应先查机械部分，后查线路部分。机械部分重点查有无卡、松脱、接触不良等；线路部分重点查放大器。

二、仪表检修的一些简易方法

1. 敲击手压法

经常会遇到仪器运行时好时坏的现象，这种现象绝大多数是由于接触不良或虚焊造成的。对于这种情况可以采用敲击与手压法。

所谓的"敲击"就是对可能产生故障的部位，通过小橡皮榔头或其他敲击物轻轻敲打插件板或部件，看看是否会引起出错或停机故障。所谓"手压"就是在故障出现时，关上电源后对插的部件、插头和座重新用手压牢，再开机试试是否会消除故障。如果发现敲打一下机壳正常，再敲打又不正常时，最好先将所有接头重插牢再试，若不成功，再另想其他办法。

2. 排除法

所谓的"排除法"是通过拔插机内一些插件板、器件来判断故障原因的方法。当拔除某一插件板或器件后仪表恢复正常，就说明故障发生在那里。

3. 对比法

要求有两台同型号的仪表，并有一台是正常运行的。使用这种方法还要具备必要的设备，例如万用表、示波器等。按比较的性质分有电压比较、波形比较、静态阻抗比较、输出结果比较、电流比较等。

具体方法是：让有故障的仪表和正常仪表在相同情况下运行，而后检测一些点的信号再比较所测的两组信号，若有不同，则可以断定故障出在这里。这种方法要求维修人员具有相当的知识和技能。

4. 升降温法

有时，仪表工作较长时间，或在夏季工作环境温度较高时就会出现故障，关机检查正常，停一段时间再开机又正常，过一会儿又出现故障。这种现象是由于个别 IC 或元器件性能差，高温特性参数达不到指标要求所致。为了找出故障原因，可采用升降温法。

所谓降温，就是在故障出现时，用棉纤将无水酒精在可能出故障的部位擦抹，使其降温，观察故障是否消除。所谓升温就是人为地将环境温度升高，比如用电烙铁靠近有疑点的部位（注意切不可将温度升得太高以致损坏正常器件）试看故障是否出现。

5. 骑肩法

骑肩法也称并联法。把一块好的 IC 芯片安在要检查的芯片之上，或者把好的元器件（电阻电容、二极管、三极管等）与要检查的元器件并联，保持良好接触，如果故障出自于器件内部开路或接触不良等原因，则采用这种方法可以排除。

6. 电容旁路法

当某一电路产生比较奇怪的现象，例如显示器混乱时，可以用电容旁路法确定大概出故障的电路部分。将电容跨接在 IC 的电源和地端；对晶体管电路跨接在基极输入端或集电极输出端，观察对故障现象的影响。如果电容旁路输入端无效，而旁路它的输出端时，故障现象消失，则确定故障就出现在这一级电路中。

7. 状态调整法

一般来说，在故障未确定前，不要随便触动电路中的元器件，特别是可调整式器件更是如此，例如电位器等。但是如果事先采取措施（例如，在未触动前先做好位置记号或测出电压值或电阻值等），必要时还是允许触动的。改变之后有时故障会消除。

8. 故障隔离法

故障隔离法不需要相同型号的设备或备件作比较，而且安全可靠。根据故障检测流程图，分割包围逐步缩小故障搜索范围，再配合信号对比、部件交换等方法，一般会很快查到故障的所在。

三、仪器仪表检修事项

（1）用万用表欧姆挡时，切记不要带电测量。

（2）使用逻辑笔、示波器检测信号时，要注意不使探针同时接触两个测量引脚，因为这种情况的实质是在加电的情况下形成短路。

（3）检测电源中的滤波电容时，应先将电解电容器的正负极短路一下，而且短路时不要用表笔线来代替导线对电容器进行放电，因为这样容易烧断芯线。可以取一只带灯头引线的 220V、60～100W 的灯，接于电容器的两端，在放电瞬间灯泡会闪光。

(4) 在潮湿环境下检修仪表故障时，对印制线路用万用表测其各点是否通畅很有必要，因为这种情况下的主要故障是铜箔腐蚀。

(5) 检修仪表内部电路时，如果安装元件的接点和电路板上涂了绝缘清漆，测量各点参数时可用普通手缝针焊在万用表的表笔上，以便刺穿漆层直接测量各点，而不用大面积剥离漆层。

(6) 不要带电插拔各种控制板和插头。因为在加电情况下，插拔控制板会产生较强的感应电动势，这时瞬间反击电压很高，很容易损坏相应的控制板和插头。

(7) 检修时不要盲目乱敲乱碰，以免扩大故障，越修越坏。

(8) 拆卸、调整仪表时，应记录原来的位置，以便复原。

(9) 修理精密仪器仪表时，如不慎将小零件弹飞，应首先判断可能飞落的地方，切勿东找一下，西翻一下，可采取磁铁扫描和视线扫描方法进行寻找。

(10) 每一次的检修都必须有明确的检修项目及质量要求。

(11) 通电前，必须进行外观和绝缘性能检查，确认合格后方可通电。

(12) 通电后，应检查变压器、电动机、晶体管、集成电路等是否过热，转动部分是否有可杂音。若发现异常现象，应立即切断电源，查明原因。

(13) 检修时应熟悉本机电路原理和线路，应尽量利用仪器和图纸资料，按一定程序检查电源、整流滤波回路、晶体管等元件的工作参数及电压波形。未查明原因前，不要乱拆乱卸，更不要轻易烫下元件。要从故障现象中分析可能产生故障的原因，找出故障点。

(14) 更换晶体管时，应防止电烙铁温度过高而损坏元件，更换场效应管和集成电路元件时，电烙铁应接地，或切断电源后用余热进行焊接。

(15) 拆卸零件、元器件和导线时，应标上记号。更换元件后，焊点应光滑、整洁、线路应整齐美观，标志正确，并做好相应的记录。

(16) 应尽量避免仪表的输出回路开路和仪表在有输入信号时停电。

(17) 检修后的仪表必须进行校验，并按有关规定验收。

总之，在仪器仪表维修工作中，首先应弄懂仪器仪表的基本原理，并掌握有关电子方面的知识和技能，而且应备好所有仪器仪表的说明书、图纸等技术资料，另外应养成一种良好的工作素质，从而在仪器仪表的维修工作中提高效率，减少失误。

第九章 热 工 测 量 概 述

第一节 热工测量的概念及方法

一、概述

测量技术是研究测量原理、测量方法和测量器具的技术学科。热工测量技术是所有热工生产过程中极为重要的基础环节，它是了解生产过程中的物质变化和状态的手段，其目的在于监视、控制和调节生产过程，使之在预定的条件下，确保生产的优质、高效和安全。具体的热工测量是指在热力生产过程中对诸如温度、压力、流量、含氧量、振动、位移和物位等参数及物理量的测量。

在火力发电厂中，为了保证热力设备的安全、经济运行，必须对热力过程中的各种参数，如温度，压力、流量、物位等热工参数以及某些物质成分进行检查和测量，使运行值班人员能够及时了解主辅设备及热力系统的运行情况，以便有效地进行调整和操作。另外，只有正确的测量，才能为实现生产过程自动化提供可靠的依据。对于采用计算机控制的设备和机组，为保证控制水平，要求测量得更准确。

通常，把用来检测热工参数的仪表称为热工测量仪表，简称热工仪表。也就是应用于热力生产过程的工业自动化仪表，它是工业生产自动化的主要技术工具之一。随着工业生产的发展和自动化水平的提高，对测量技术和仪表品种、质量以及数量的诸多方面，都将不断提出更高的要求。

在火电厂热力过程中，需要检测的参数项目是根据机组及其辅助设备的形式、结构特点、汽水系统和燃烧系统的组成以及运行控制方式的要求等方面，从保证其安全、经济运行出发来确定的。一般可按用途及其重要性的不同，将热工仪表分为四类：

（1）一类是为了机组或设备的安全、经济运行或仅为安全运行而必须检测的重要参数。缺少其中任一参数的仪表，或不能保证其测量的准确性，都不允许机组（或辅助设备）投入运行。

（2）二类是为经营管理、经济分析或费用结算而进行测量的参数，一般称为次要参数。缺少这类参数的仪表，将不能准确地掌握最经济的运行工况，从而影响机组的效率和费用结算。

（3）三类是为分析上述两类参数中的问题而提供的相关参数，一般称为辅助参数。

（4）四类是仅为机组启停过程中特别需要监视的参数。

还有一系列专门为进行热效率试验而检测的参数，一般都是在进行试验时，临时选择和装设测量设备。

二、测量及测量过程

1. 测量的定义

测量是人对自然界的客观事物的一种定量认识过程。任何测量过程都必须借助于专门的测量设备或器具，通过实验方法，将被测量与同性质的标准量（测量单位）进行比较，求得以所选用的测量单位表示的被测参数的数值。这个专门的测量设备——测量仪表就是实现上述比较的工具。

2. 测量的方法

测量作为一项实验性工作，必须正确选择测量方法。根据测量结果获得的方式不同，可将测量方法分为直接测量、间接测量和组合测量三种。

直接测量是将被测量与标准量直接进行比较，用预先定度好的测量器具进行测量，从而直接求得未知量的数值。例如，用尺测量物体的长度、用测温计测量工质的温度，以及用接入电路的电压表测量供电电压等都属于直接测量。

间接测量是通过未知量与另外一个或几个变量相联系的函数关系式，先分别对各变量进行直接测量，然后将所测得的数值代入该关系式进行计算，从而求得未知量的数值。

3. 测量方法的其他分类

按被测量与测量单位的比较方式来分，测量方法可分为偏差测量法和零值测量法。按仪表是否与被测对象相接触分为接触式测量法和非接触式测量法。

第二节　测　量　误　差

在工程技术及科研领域中，测量工作作为基础性工作，应力求得到的测量结果可反映被测参数的真实数值，同时要正确地估计它的可信程度如何。

随着实践经验的积累和科学技术的发展，人们对于被测参数的认识将越来越接近其真实值，但绝不可能达到绝对精确的程度。这是因为在测量中总是存在着各种各样的影响因素。这些因素包括对被测对象本质认识的局限性、测量方法不完善、测量设备不准确和客观条件的变化等。测量操作中的疏忽或错误以及对测量结果的多种偶然因素的影响，也会使所测得的数值与被测参数的真实值之间存在一定的差距。可以肯定地说，在实际测量工作中，测量误差的存在是不可避免的。

这里所说的真实值（或真值）是指被测参数本身所具有的真实大小。在不同的时间和空间，被测参数具有不同的大小，即真实值具有时间和空间的含义。根据误差理论，对于等精度测量，即在同一条件下所进行的一系列无限多次重复测量，在排除了系统误差的前提下，测量结果的算术平均值极其接近于真实值，故可将它看作是被测参数的真实值。在工业测量中，由于系统误差不可能完全排除，通常只能把由更高一级的标准仪器所测得的值作为真实值。由于它并非真正的真实值，可以称为实际值。

一、误差的概念

仪表测量值与被测量真实值之间的差值，称为绝对误差。如果用 X 表示由测量显示装置指示出来的被测参数值，即测量仪表的示值，而用 X_0 表示被测参数的真实值，那么，绝对误差 δ 可用公式表示为

$$\delta = X - X_0 \tag{9-1}$$

绝对误差的数值和它的符号（正或负），表明了测量仪表的示值偏离真实值（实际值）的程度和方向。因此，在测量工作中，应力求使测量仪表的示值 X 尽可能地接近于被测参数的真实值 X_0，以减小测量误差，提高测量结果的可信程度。

如果用一个与绝对误差值大小相同、符号相反的量值 a 和测量仪表的示值代数相加，便可得到被测参数的真实值。通常，把 a 称为修正值（或校正值）。若将测量仪表刻度范围内各点示值的修正值连成曲线，即可得到该测量仪表的修正曲线（或校正曲线）。

绝对误差在许多场合下不能确切地反映测量的精确程度。例如，一支医用体温计的绝对误差为 $\pm 1℃$，则这支体温计应当报废。而对于测量锅炉炉膛内 $1000℃$ 以上的火焰温度时所用的温度表，却是很难达到绝对误差为 $\pm 1℃$ 这样高的精确程度。因此，为了正确地表示仪表测量的精确程度，必须引用相对的概念。

相对误差（γ）定义为绝对误差与实际值之比，可用百分数来表示。即

$$\gamma = \frac{\delta}{X_0} \times 100\% = \frac{X - X_0}{X_0} \times 100\% \tag{9-2}$$

式中　X——仪表指示值（被较仪表的读数值）；

　　　X_0——被测真实值（标准仪表的读数值）。

另一种相对的误差是折合误差。折合误差为绝对误差与所用仪表的量程之比，也用百分数表示，即

$$\gamma_0 = \frac{\delta}{X_{max} - X_{min}} \times 100\% \tag{9-3}$$

式中　X_{max}、X_{min}——测量仪表刻度的上限值和下限值。

在上述绝对误差比较的举例中，虽然两支温度表示值的绝对误差均为 $\pm1℃$，但由于它们的示值不同或仪表的刻度范围不同，其测量的精确程度差别很大。通常体温表的刻度范围为 $32\sim42℃$，测锅炉炉膛温度的温度表选用刻度范围为 $600\sim1600℃$，那么，它们的折合误差则分别为：

体温表　　　　　　　　$\gamma_0 = \frac{\pm1}{42-32} \times 100\% = \pm10\%$

炉温表　　　　　　　　$\gamma_0 = \frac{\pm1}{1600-600} \times 100\% = \pm0.1\%$

这两支温度表在示值的绝对误差相等的情况下，刻度范围大的温度表的测量精确程度要比刻度范围小的温度表高。因此，一般都采用相对误差来判断和比较测量的精确程度。具有同样相对误差的示值，其精确程度也是相同的。

二、测量误差的分类

测量误差按其产生的原因和本身最基本的性质和特点不同，可分为三类。

1. 系统误差

系统误差（也称为确定性误差）是由于仪表使用不当或测量时外界客观条件变化等原因所引起的测量误差。它的数值是固定的或按一定的规律（方向）变化的，有时可用一定的公式或曲线表示出来。系统误差的大小表明了一个测量结果偏离真实值的程度，可用"正确度"来表示。由于系统误差具有规律性，因此可以通过实验的方法或引入修正值的方法来消除。

系统误差的存在决定了测量的准确度，系统误差越小，测量结果越准确。因此，在测量工作中，发现和消除系统误差是十分重要的。

2. 疏忽误差

疏忽误差是由于测量工作中测量人员的操作错误和疏忽大意而造成的测量误差，包括读数或记录错误、操作仪器不正确、测量过程中的失误以及计算错误等。这类误差的数值很难估计，可能会远远超过同一客观条件下的其他误差而明显地歪曲了测量结果。因此要求测量工作人员在测量工作中，必须认真细心，避免发生疏忽误差，并能及时发现和剔除含有疏忽误差的测量数据。

3. 随机误差

随机误差是由于在测量过程中的一些偶然因素的影响而引起的，这些因素的出现没有一定的规律，其误差数值的大小和性质也不固定。但随机误差的出现是服从于统计规律的。即绝对值相等的正误差和负误差出现的次数相同；绝对值较小的误差比绝对值较大的误差出现的次数多，而且误差越小出现次数越多，误差越大出现次数越少。故可以从概率理论来估计偶然误差对测量结果的影响。

三、减少和消除测量误差的方法

首先要消除系统误差产生的根源。在测量时尽量使测量环境符合仪表要求的使用条件。要熟

悉仪表的各种性能，正确地安装和调试仪表，可以使系统误差尽可能地减小。

随机误差要通过统计规律来处理。通过反复多次的测量，并通过计算算术平均值作为测量结果。可以通过改进测量技术来减小随机误差。

可以对测量结果进行修正。要求在测量前即确定出修正值，可以利用修正公式、修正曲线和修正表格，可以采取补偿措施。可以采用标准测量方法和典型测量技术。

第三节　热工测量仪表主要品质指标

热工测量仪表的品质指标是用来衡量仪表质量的标准。它的项目很多，除了前面提到的绝对误差、相对误差和折合误差外，还有如下的几项指标。

一、基本误差

仪表的基本误差是指在规定条件（即正常工作条件，包括环境温度、湿度、电源电压、频率等）下，仪表示值误差的最大值。通常用引用相对误差的形式表示

$$基本误差 = \frac{\delta_{max}}{X_{max} - X_{min}} \times 100\% \tag{9-4}$$

式中，$\delta_{max} = (X - X_0)_{max}$，因为在校验仪表时，常以标准仪表的示值作为被测参数的真实值，所以 δ_{max} 就表示被校仪表与标准仪表示值之间的最大绝对误差。

例如，用标准压力表校验 0～10MPa 的弹簧管压力表时，得到的压力最大绝对误差为0.1MPa。那么，这块弹簧管压力表的基本误差为 1%。由于 δ_{max} 可能出现在仪表刻度范围内的任何一点上，因此，用这块压力表测量 1MPa 的压力时和测量 10MPa 的压力时，都可能产生0.1MPa 的最大绝对误差，而对于前者其实际相对误差为 10%，对于后者的实际相对误差仅为1%。这就说明了选用 0～10MPa 的压力表测量 1MPa 的压力是很不合适的，因为其相对误差过大。当然，用 0～10MPa 的压力表测量 10MPa 的压力也是不合适的，因为一旦被测压力超过10MPa，就可能损坏压力表，甚至酿成生产事故。

所以，从保证实际测量的精确度和生产安全考虑，一般建议在选用仪表刻度范围时，对压力表应保证其经常工作在刻度范围的 1/2～2/3 处；对其他检测仪表可在其刻度范围的 2/3～3/4处工作。

二、精度等级

仪表的精度等级是按国家统一规定的允许误差大小来划分的。仪表的允许误差大小表明了保证该仪表所能达到的精确程度，这和仪表的精度等级是统一的。或是说，仪表的精度等级决定了仪表的允许误差。一般仪表的精度等级就是用允许误差去掉百分号后的数字表示的。例如，某仪表的允许误差为 ±1.5%，则该仪表的精度等级为 1.5 级。

国家精度等级序列为：0.005、0.01、0.02、（0.035）、0.04、0.05、0.1、0.2、0.35、0.5、1.0、1.5、2.5、4.0、5.0。级数越小，精度越高。其中工业用仪表的精度等级一般为 0.5～5.0级。仪表的精度等级通常以一个圆圈（或括弧）内的数字标明在仪表刻度盘上。

仪表的精度等级是在规定条件（或正常使用条件）下，仪表本身的质量指标和计量特性。若仪表不是在这样的条件下使用，由于外界条件变动的影响而引起有额外误差（称为附加误差）时，其测量精度就不可能达到仪表的精度等级。

三、变差

仪表的变差又称为滞后误差，是指在外界条件不变的情况下，用同一仪表对某一参数进行正反行程（上下行程）测量时，在相同被测参数值上仪表示值的最大差值，如图 9-1 所示。它出现

在仪表标尺上的任一点处。仪表的变差也可用相对的形式
来表示，即

$$变差 = \frac{(X_1 - X_2)_{max}}{X_{max} - X_{min}} \times 100\% = \frac{\Delta_{max}}{X_{max} - X_{min}} \times 100\%$$

(9-5)

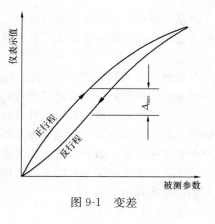

图 9-1　变差

式中　X_1——在某被测参数值上仪表正行程的示值；

　　　X_2——在同一被测参数值上仪表反行程的示值。

造成仪表变差的原因很多，例如传动机构的间隙、运
动件的摩擦、弹性元件的弹性滞后的影响以及电磁元件的
磁滞影响等。一般规定仪表的变差也不得超过仪表的允许
误差。

四、其他指标

1. 灵敏度

仪表灵敏度的定义是仪表输出端的信号变化与引起变化的被测量的变化之比。例如，被测量
变化 ΔX 引起仪表指针产生的位移（直线或转角）为 Δl，则该仪表的灵敏度为

$$灵敏度 = \frac{\Delta l}{\Delta X}$$

(9-6)

仪表的灵敏度是表示仪表对下限测量值反应能力的指标，仪表的灵敏度越高，就越能反应被
测量的微小变化。采用增大放大系统的放大倍数或是减小仪表量程的办法，可以提高仪表的灵敏
度。但仪表的性能主要决定于仪表的基本误差，如果一味地追求提高仪表的灵敏度，反而可能会
导致其精确度下降，尤其要注意小于允许误差绝对值的精确读数是毫无意义的。因此，常规定仪
表刻度标尺上的分格值不应小于仪表允许误差的绝对值。

2. 分辨力

分辨力是指仪表可能检测出被测量最小变化的能力。可用能引起仪表指针发生动作被测参数
的最小（极限）变化量来表示。分辨力也称为分辨率或灵敏限，它表示仪表的不灵敏区的大小。
分辨力和灵敏度都与仪表的测量范围有关，并与仪表的精确度相适应。一般仪表分辨力的数值应
不大于仪表允许误差绝对值的一半。

3. 重复性

重复性是指在同一工作条件下，按同一方向输入信号，并在全量程范围内多次变化信号时，
对于同一输入值，仪表输出值的一致性。以全量程上最大的不一致值相对于量程的百分数来
表示。

4. 漂移

在一定的环境和工作条件下，保持输入信号不变，经过一段时间后，输出的变化称为漂移。
一般由元件的老化、失效、磨损和污染等原因引起。可以用仪表全量程上输出的最大变化量对量
程的百分数表示。

第四节　工业自动化仪表的组成和分类

一、工业自动化仪表的组成

工业自动化仪表是对生产过程自动化或半自动化所需要收集的信息进行检测与显示或控制的
仪表。这些仪表在工作过程中，一般都是根据各种物理的或化学的原理，将被测参数变换成为易

于测量、显示、记录和传送的信号。所以，一般来说，工业测量仪表的组成，包括敏感元件、传输与变换部件，显示装置等主要环节，这些环节可以是分立的，也可以组成一个整体。

1. 敏感元件

敏感元件又称传感器，检测元件等。它的作用是感受被测参数的大小，并能输出一个与被测参数相应的信号，以便于进行测量和显示。因此，要求敏感元件的输出信号与被测参数的变化之间，具有单值的函数关系，而且这种函数关系最好是线性的，以使仪表的刻度均匀，便于读数；敏感元件的输出特性，还应具有足够的灵敏度和稳定性，以保证测量的精确性。另外，对于与被测对象直接接触的敏感元件，还要求尽量减小引起被测对象的能量消耗和对被测对象生产工艺过程的干扰。由于被测参数的测取是加工运算和处理的前提，所以敏感元件已成为实现自动检测和控制的重要环节。

2. 传输与变换部件

传输与变换部件的作用是将敏感元件输出的测量信号传输到显示装置。根据显示装置的不同要求，除信号的直接传输方式外，有时还需要将测量信号放大、变换信号的形式或者变换成统一的标准信号，以便于传输和集中显示。这种放大信号或变换信号的功能是由变换器（或称转换器）来完成的。最常见的导线、压力信号、导管等都是信号的传输部件，对它们都有一定的要求，例如，导线的材料、电阻值，导管的材料、直径、长度以及它们的安装方式等，都应符合规定条件，以免信号传输失真造成测量误差。对于信号的变换部件，则要求经放大或变换后的信号仍与被测参数的变化有确定的函数关系。

3. 显示装置

显示装置的作用是显示被测参数的测量结果。按其显示的方式不同，可分为模拟式、数字式和图像式三种。模拟式显示装置是通过指示器（如指针）在仪表刻度标尺上的位置来显示被测参数的数值，这种显示装置结构比较简单，使用和维修方便，造价低，但容易产生读数误差（视差）。数字式显示装置以数字形式显示测量结果，因此便于读数，避免视差，显示的精度较高，而且便于与程控装置或计算机相连接，但这种显示装置结构比较复杂。图像式显示装置是利用显像管来显示被测参数的测量结果，它可以用模拟式显示，也可以用数字式显式，还可以显示被测参数的分布图像，因此，图像式显示装置能快速地综合显示测量结果，并能在屏幕上显示出大量的数据。另外在模拟式仪表与数字式仪表之间，可以通过模/数转换器或数/模转换器来互相联系。

对用于自动调节和控制的仪表，其组成与上述工业测量仪表相仿，其中敏感元件在目前来说，大体上是一致的，只是对测量信号的"加工处理"的手段不同，它是根据调节和控制的要求，把测量信号变换成为调节和控制所需要的形式。

二、仪表的分类

热工测量仪表的分类方法很多，可按仪表的用途、原理及结构的不同进行分类。一般常用的主要有以下几种：

1. 按被测量的参数类型来分类

1）热工量仪表，包括温度、压力、流量；

2）物位检测仪表，包括液位检测仪表和料位检测仪表；

3）机械（物理）量仪表，包括位移、厚度、应力、振动、速度等参数的测量仪表；

4）电量仪表，如电流表、电压表、相位仪、频率计等；

5）成分分析仪表，如测定物质酸度、黏度、导电度、浓度等的仪表和分析气体成分的分析器等。

2. 按仪表的作用来分类

包括指示式仪表、记录式仪表、积算式仪表和调节式仪表等。

3. 按仪表的安装地点来分类

有就地式仪表和远距离传送式仪表。

4. 按仪表采用的信号能源来分类

有气动式仪表、液动式仪表、电动式仪表和电子式仪表。

5. 按仪表的结构情况来分类

有基地式仪表和单元组合式仪表。

6. 按仪表在自动化系统中所具有的功能来分类

有检测仪表、显示仪表、调节仪表和执行器。

7. 按仪表的基本工作原理来分类

有力平衡（或力矩平衡）式、位移平衡式和电平衡式等仪表。

8. 按仪表的用途不同分类

可分为标准用仪表、实验室用仪表和工程用仪表。

第五节 热 工 计 量

一、计量的分类

1. 科学计量

科学计量主要指的是基础性、探索性、先行性的计量科学研究，例如关于计量单位与单位制、计量基准、标准、物理常数以及误差理论与数据处理等。科学计量通常是国家计量科学研究单位的主要任务。

2. 工程计量

工程计量也称工业计量，是指各种工程、工业企业中的实用计量。例如，关于能源、原材料的消耗，工艺流程的监控以及产品品质与性能的测试等。工程计量涉及面甚广，是各行各业普遍开展的一种计量。

3. 法制计量

法制计量，是为了保证公众安全、国民经济和社会发展，根据法制、技术和行政管理的需要，由政府或官方授权进行强制管理的计量，包括对计量单位、计量器具（特别是计量基准、标准）、计量方法和计量准确度（或不确定度）以及计量人员的专业技能等，都有明确规定和具体要求。

计量的上述分类是相对的。有人把科学计量称为基础计量，而将工程计量和法制计量统称为应用计量。这看来似乎更加概括，但实际上却造成了混淆。因为法制计量的特殊性是工程计量不能比拟的；两者必须分别对待，不能相提并论。

二、计量的范围和领域

计量的范围，在相当长的历史时期内，主要是各种物理量的计量测试。随着科技的进步、经济和社会的发展，计量已突破了传统的物理量的范畴，扩展到化学量以及工程量的计量测试。近年来，计量的发展更加迅速，以至囊括了生理量和心理量等的计量测试。因此，可以说，一切可测量的计量测试，皆属于计量的范围。计量所涉及的科学领域，已从自然科学扩展到社会科学。

当前，比较成熟和普遍开展的计量科技领域有几何量（也称长度）、热工、力学、电磁、无线电、时间频率、声学、光学、化学和电离辐射，即所谓"十大计量"。

上述计量科技领域的划分是相对的，并无严格规定。如有的国家将电磁（主要是关于直流和低频电磁量的计量测试）和无线电合在一起称为"电学"，也有的国家将电磁、无线电和时间频率合在一起统称为"电学计量"。再者，各个计量领域也不是孤立的，而是彼此联系、相互影响的。许多实际的计量测试问题，往往可能涉及两个甚至更多的计量领域。

三、计量的基本内容

计量的基本内容可概括为：

（1）计量单位与单位制；

（2）计量器具，包括复现计量单位的计量基准、标准器具以及普通（工作）计量器具；

（3）量值传递、溯源与检定测试；

（4）物理常数以及材料与物质特性的测定；

（5）误差理论与数据处理以及计量人员的专业技能；

（6）计量管理。

四、计量及其特点

我国从20世纪50年代开始，便逐渐以"计量"取代了"度量衡"。可以说，"计量"是度量衡的发展；也有人称计量为"现代度量衡"。

为了认识计量，首先了解一下"量"。量是现象、物体或物质可定性区别和定量确定的一种属性。这是当前国际公认的说法。换句话说，自然界的一切事物都是由一定的"量"组成的，而且是通过"量"来体现的。因此，要认识自然、利用自然、改造自然为人类造福，就必须对各种量进行分析和确认，既要分清量的性质，又要确定其具体量值；而计量正是达到这种目的的重要手段。所以，可以说，计量是对"量"的定性分析和定量确定的过程。

计量的特点如下。

1. 准确性（精确性）

准确性是计量的基本特点。它表征的是计量结果与被测量真值的接近程度。严格地说，只有量值，而无准确程度的结果，不是计量结果。也就是说，计量不仅应明确给出被测量的量值，而且还应给出该量值的不确定度（或误差范围），即准确性。

2. 一致性

计量单位的统一是量值一致的重要前提。无论在任何时间、任何地点，采用任何方法、使用任何器具以及任何人进行计量，只要符合有关计量的要求，计量结果就应在给定的不确定度（或误差范围）内一致。

3. 溯源性

在实际工作中，由于目的和条件的不同，对计算结果的要求也各不相同。但是，为使计量结果准确一致，所有的同种量值都必须由同一个计量基准（或原始标准）传递而来。换句话说，任何一个计量结果，都能通过连续的比较链溯源到计量基准。这就是溯源性。可以说，"溯源性"是"准确性"和"一致性"的技术归宗。因为任何准确、一致都是相对的，是与当代的科技水平和人们的认识能力密切相关的。也就是说，"溯源"可以使计量科技与人们的认识相对统一，从而使计量的"准确"和"一致"得到技术保证。就一国而论，所有的量值都应溯源于国家计量基准；就国际而论，则应溯源于国际计量基准或约定的计量标准。

4. 法制性

计量本身的社会性就要求有一定的法制保障。也就是说，量值的准确一致，不仅要有一定的技术手段，而且还要有相应的法律、法规的行政管理，特别是那些对国计民生有明显影响的计量，诸如社会安全、医疗保健、环境保护以及贸易结算中的计量，更必须有法制保障。否则，量值的准确一致便不能实现，计量的作用也就无法发挥。

五、计量的基本概念

1. 精密度

计量的精密度（precision of measurement），是指在相同条件下，对被测量进行多次反复测量，测得值之间的一致（符合）程度。从测量误差的角度来说，精密度所反映的是测得值的随机误差。精密度高，不一定正确度高。也就是说，测得值的随机误差小，不一定其系统误差也小。

2. 正确度

计量的正确度（correctness of measurement），是指被测量的测得值与其"真值"的接近程度。从测量误差的角度来说，正确度所反映的是测得值的系统误差。正确度高，不一定精密度高。也就是说，测得值的系统误差小，不一定其随机误差也小。

3. 精确度

计量的精确度也称准确度（accuracy of measurement），是指被测量的测得值之间的一致程度以及与其"真值"的接近程度，即是精密度和正确度的综合概念。从测量误差的角度来说，精确度（准确度）是测得值的随机误差和系统误差的综合反映。

测温仪表检修

第十章 温度测量概述

第一节 温度及温度测量

一、温度

温度是表示物体冷热程度的物理量。一定的温度代表物质的一个确定的热状态。某部分物质或某个物体的温度在变化（升高或降低），意味着其被加热或冷却，或是有热量的传入或传出。从微观上讲，温度的高低反映了物质内部分子热运动的激烈程度。因为物体的分子是处于不断地运动状态，分子运动越是激烈，物体的温度就越高，反之亦然。

温度是一个物理参数，它表征物体的冷热程度。人们在利用各种能源时，其能量的传递或能量形式的转换往往是通过某些介质的温度变化来实现的。即一切热工过程都伴随着温度的变化。工程上大多数的构件、材料的几何尺寸、密度、黏度、强度、弹性、导电性能、导热能力、辐射强度以及抗腐蚀等物理性质和化学性质，也都与温度有关。因此，在生产和科学实验等领域所涉及的过程中，有大量的有关温度和温度测量的问题。实现精确的温度测量和远距离的温度测量，对现代化大规模的生产及自动控制具有相当重要的意义。

在火电厂热力过程中，各种工质或设备及其部件温度总是在变化的，对其进行监控尤其重要。

温度决定着蒸汽的做功能力，是蒸汽质量的重要指标之一。蒸汽是热力发电厂最重要的工质，蒸汽品质的优劣，一般是用蒸汽的温度、压力及含盐量等来表示的，在运行过程中应保持这些参数在离给定值偏差很小的范围内。

以蒸汽为工质的热力循环的热效率与其高、低温热源的温差有关。保证工质在进入和排出汽轮机时的温度差，充分有效地利用工质的热能使其转变为机械能，可有效地提高热机热效率。在火电厂中，汽轮机进汽温度的降低意味着汽轮机效率的显著下降。因此，蒸汽温度是火电厂运行监控的重要参数。

所有的传热过程都是在有温差的条件下进行的。因此，温度是影响传热过程的重要因素。只有严格监督传热介质的温度，才能保证各种热交换器的传热过程正常进行。

热力发电厂各种设备所用材料的耐热能力是有限的，因此温度是保证热力设备安全的重要参数。在火电厂中，热力设备及管道的金属温度、汽轮机主轴承和推力轴承的温度以及发电机的绕组温度等，如果超过允许值，会造成重大事故。

温度检测对于保证生产过程的安全、经济运行，提高产品的产量和质量，以及减轻工人的劳动强度，改善劳动条件具有极其重要的意义。测温领域十分广阔，要想获得对温度的精确而又方便的测量，就必须根据对所测温度的范围、精度和显示形式的不同要求以及使用条件等，选用不同的测温方法和测温仪表。

二、温度的测量

温度定义的本身并没有提供判别温度高低的数值标准。物质的温度通常是用专门的仪器——温度计进行测量的。温度的测量都是基于热平衡的诸物体，具有相同温度的规律和物体的某些物理性质，随温度不同而变化的特性来直接或间接测量的。测量物体的温度，最好是其某种物理性质与温度之间具有连续、单值的函数关系，如果这种物理性质还与其他因素有关，则要排除或忽略其他因素变化的影响；还要求其物理性质与温度的关系要稳定，具有足够的灵敏度和线性度，这样才能保证测量的复现性和精确性。目前，比较成熟的用来实现测温的物理性质有五种：液体的热膨胀性质（玻璃管酒精温度计和水银体温计）；液体、气体或某种液体的饱和蒸汽受热后体积膨胀或压力变化的性质（压力表式温度计）；物体的热电效应（热电高温计）；物体的导电率随温度变化的性质（电阻温度计）；物体的热辐射性质（光学高温计、全辐射式高温计和光电高温计）。

此外还有利用声速随传声介质的温度变化和晶体的振动频率随温度变化等物理性质，实现温度测量的。新的测温方法和技术有射流、激光、微波、核磁感应、核磁共振等。

三、温标

1. 国际实用温标

国际上建立了多种度量温度高低的分度标尺，这个"标尺"称为温标。温标是温度的数值表示法。它规定了温度的读数起点（零点）和测量温度的基本单位。温度计的刻度数值均由温标确定。

目前，在多种温标中比较普遍采用的有摄氏温标（℃）、华氏温标（℉）和开氏温标（K），其中开氏温标（又称绝对温标）就是热力学温标，是国际统一的基本温标。热力学温标是纯理论的，只能针对理想气体借助于气体温度计等仪器来实现。为了找到一种既符合热力学温标，又简便实用的温标，各国科学家经过努力，于20世纪20年代建立起一种与热力学温标相近的复现准确度高的、使用简便的实用温标，称为国际实用温标。

国际实用温标不能取代热力学温标，而是用来复现热力学温标的。它本身不存在规定参考点和测量单位等问题。其中心任务是根据上述基本原则选择合适的标准仪器，并找出测温物质的物理参数与热力学温度的对应关系。这个对应关系就是插补公式，需要给出公式的形式，并通过各固定点温度的给定值确定插补公式中的系数。因此，固定点，标准仪器和插补公式是构成国际实用温标的三个要素。

国际实用开氏温度和国际实用摄氏温度分别用符号 T 和 t 加以区别，两者的关系为

$$t = T - 273.15 \qquad (10-1)$$

2. 1990 年国际温标（ITS—90）简介

（1）温度单位。热力学温度（符号为 T）是基本物理量，它的单位为开尔文（符号为 K），定义为水三相点的热力学温度的 1/273.16。由于以前的温标定义中，使用了与 273.15K（冰点）的差值来表示温度，因此现在仍保留这个方法。根据定义，摄氏度的大小等于开尔文，温差也可以用摄氏度或开尔文来表示。国际温标 ITS—90 同时定义国际开尔文温度（符号为 T90）和国际摄氏温度（符号为 t90）。

（2）国际温标 ITS—90 的通则。ITS—90 由 0.65K 向上到普朗克辐射定律使用单色辐射实际可测量的最高温度。ITS—90 是这样制订的，即在全量程中，任何温度的 T90 值非常接近于温标采纳时 T 的最佳估计值，与直接测量热力学温度相比，T90 的测量要方便得多，而且更为精密，并具有很高的复现性。

（3）ITS—90 的定义。第一温区为 0.65～5.00K，T90 由 He 和 4He 的蒸汽压与温度的关系式来定义。

第二温区为 3.0K 到氖三相点（24.5661K）之间 T90 是用氦气体温度计来定义。

第三温区为平衡氢三相点（13.8033K）到银的凝固点（961.78℃）之间，T90 是由铂电阻温度计来定义的，它使用一组规定的定义固定点及利用规定的内插法来分度。

银凝固点（961.78℃）以上的温区，T90 是按普朗克辐射定律来定义的，复现仪器为光学高温计。

第二节　温度测量仪表的分类和比较

一、温度测量方法

根据测温物质（感温元件）是否与被测物质（被测物体）相接触来分，通常分为接触法与非接触法两种测温方法。

1. 接触法

由热平衡原理可知，两个物体接触后，经过足够长的时间达到热平衡，它们的温度必然相等。如果其中之一为温度计，就可以用它对另一个物体实现温度测量，这种测温方式称为接触法。其特点是温度计要与被测物体有良好的热接触，使两者达到热平衡。因此，测温准确度较高。用接触法测温时，感温元件要与被测物体接触，往往要破坏被测物体的热平衡状态，并受到被测介质的腐蚀作用，因此对感温元件的结构、性能要求苛刻。

2. 非接触法

感温元件不与被测物体接触，而是利用物体的热辐射能（或亮度）随温度变化的原理测定物体温度，这种测温方式称为非接触法。它的特点是：不与被测物体接触，也不改变被测物体的温度分布，热惯性小。从原理上看，用这种方法测温上限很高。通常用来测定 1000℃ 以上的移动、旋转或反应迅速的高温物体的表面温度。

二、测温仪表的分类

温度测量仪表按测温方式可分为接触式和非接触式两大类。通常来说接触式测温仪表比较简单、可靠，测量精度较高；但因测温元件与被测介质需要进行充分的热交换，需要一定的时间才能达到热平衡，所以存在测温的延迟现象。同时受耐高温材料的限制，不能应用于很高的温度测量。非接触式测温仪表是通过热辐射原理来测量温度的，测温元件不需与被测介质接触，测温范围广，不受测温上限的限制，也不会破坏被测物体的温度场，反应速度一般也比较快；但受到物体的发射率、测量距离、烟尘和水汽等外界因素的影响，其测量误差较大。

1. 常用温度表的测温原理及测温范围

常用温度表的测温原理及测温范围见表 10-1。

表 10-1　　　　　　　　　　　常用温度表的测温原理和测温范围

种　类	形　式	原　理	测温范围（℃）
接触式 温度表	玻璃管液体高温计	液体体积随温度的变化	−80～+600
	压力式温度表	定容气体或液体随温度的变化	−100～+600
	双金属温度表	固体热胀变形量随温度的变化	−80～+600
	热电偶温度表	金属导体的热电效应	−200～+1800
	热电阻温度表	金属半导体或半导体的热电阻效应	−200～+800

种 类	形 式	原 理	测温范围（℃）
非接触式温度表	光学高温计	物体单色辐射能随温度的性质	−300～+3200
	辐射高温计	物体全辐射能随温度的变化	700～+2000
	光电高温计	光电效应	700～+1500

2. 常用温度表的优缺点

常用温度表的优点和缺点见表 10-2。

表 10-2 常用温度表的优点和缺点

种类	形 式	优 点	缺 点
接触式温度表	玻璃管液体高温计	结构简单、准确度高、价格便宜	容易破损、读数不便、信号不能远传
	压力式温度表	结构简单可靠、信号能远传（60m 以内）	准确度低、受环境温度影响大
	双金属温度表	结构简单可靠	准确度低、信号不能远传
	热电偶温度表	测温范围宽、准确度高、信号能远传	测低温准确度低、需冷端补偿
	热电阻温度表	准确度高、性能稳定、信号远传	传感器结构复杂、需外接电源
非接触式温度表	光学高温计	结构简单、携带方便、不破坏对象	受环境温度影响大
	辐射高温计	结构简单、性能稳定	受环境温度影响大
	光电高温计	反应速度快、不破坏对象、可测运动物	结构复杂、价格高、读数不便、环境条件影响

三、测温仪表的选用

温度测量仪表可以按其测温范围分为低温温度计（测量 550℃ 以下，通称温度计）和高温温度计（测量 550℃ 以上，通称高温计），按其用途可分为基准温度计、标准温度计和工业用温度计等。

测温仪表的选用主要包括以下方面：

（1）根据工艺要求，正确选用温度测量仪表的量程和准确性。正常使用的测温范围一般为全量程的 30%～90%。

（2）用于现场进行接触式测温的仪表有玻璃温度计（用于指示精度较高和现场没有振动的场合）、压力式温度计（用于就地集中测量、要求指示清晰的场合）、双金属温度计（用于要求指示清晰、并且有振动的场合）、半导体温度计（用于间断测量固体表面温度的场合）。

（3）用于远传接触式测温的有热电偶、热电阻。应根据工艺条件与测温范围选用适当的规格品种、惰性时间、连接方式、补偿导线、保护套管与插入深度等。

（4）测量细小物体和运动物体的温度，或测量高温或有振动、冲击而又不能安装接触式测量仪表物质的温度，应采用光学高温计、辐射高温计、光电高温计与比色高温计等不接触式温度计。

（5）用辐射高温计测温时，必须考虑现场环境条件（如水蒸气、烟雾、一氧化碳、二氧化碳、臭氧、反射光等影响），并应采取相应措施，防止干扰。

四、现场测温仪表故障检修的基本分析步骤

分析现场测温仪表故障原因时，要特别注意被测控制对象和控制阀的特性变化，这些都可能是现场测温仪表系统故障的原因。要从现场测温仪表系统和工艺操作系统两个方面综合考虑、仔

细分析，检查原因所在。

（1）首先，在分析现场测温电阻故障前，要比较透彻地了解相关测温电阻的生产过程、生产工艺情况及条件，了解测温电阻的设计方案、设计意图，了解测温仪表系统的结构、特点、性能及参数要求等。

（2）在分析检查现场测温仪表系统故障之前，要向现场操作工人了解生产的负荷及运行的参数变化情况，查看故障测温仪表的记录曲线，进行综合分析，以确定测温仪表故障原因所在。

（3）如果测温仪表记录曲线为一条死线（一点变化也没有的线称死线），或记录曲线原来为波动，现在突然变成一条直线；故障很可能在测温仪表系统。因为目前记录测温仪表大多是 DCS 计算机系统，灵敏度非常高，参数的变化能非常灵敏地反映出来。此时可人为地改变一下工艺参数，看曲线变化情况。如不变化，基本断定是测温仪表系统出了问题；如有正常变化，基本断定测温仪表系统没有大的问题。

（4）运行参数变化时，发现记录曲线发生突变或跳到最大或最小，此时的故障也常在测温仪表系统。

（5）故障出现以前测温仪表记录曲线一直表现正常，出现波动后记录曲线变得毫无规律或使系统难以控制，甚至连手动操作也不能控制，此时故障可能是工艺操作系统造成的。

（6）当发现 DCS 显示测温仪表不正常时，可以到现场检查同一直观测温仪表的指示值，如果它们差别很大，则很可能是测温仪表系统出现故障。

五、测温仪表控制系统故障检修的分析步骤

分析温度控制测温仪表系统故障时，首先要注意采用电动测温仪表测量、指示、控制时，系统测温仪表的测量往往滞后较大。

（1）温度仪表系统的指示值突然变到最大或最小，一般为测温仪表系统故障。因为温度仪表系统测量滞后较大，不会发生突然变化。此时的故障原因通常是热电偶、热电阻、补偿导线断线或变送器放大器失灵。

（2）温度控制仪表系统指示出现快速振荡现象，多为控制参数 PID 调整不当造成的。

（3）温度控制仪表系统指示出现大幅缓慢的波动，很可能是由于工艺操作变化引起的，如当时工艺操作没有变化，则很可能是测温仪表控制系统本身的故障。

（4）温度控制系统本身的故障分析步骤：检查调节阀输入信号是否变化，若输入信号不变化，调节阀动作，则调节阀膜头膜片漏了；检查调节阀定位器输入信号是否变化，输入信号不变化，输出信号变化，定位器有故障；检查定位器输入信号有变化，再查调节器输出有无变化，如果调节器输入不变化，输出变化，此时是调节器本身的故障。

第十一章 热电偶的安装、检修及检定

热电偶是火力发电厂（热电厂）最常用的温度检测元件之一，与显示仪表配套使用，组成热电偶温度计。采用热电偶测温具有以下特点：

(1) 性能稳定、准确可靠。在正确使用的情况下，测温元件直接与被测对象接触，不受中间介质的影响，其测量精度高、准确可靠、性能稳定。

(2) 常用的热电偶测量范围广，从−50～+1600℃均可连续测量，特殊的热电偶最低可测到−269℃（如金铁-镍铬），最高可达+2800℃（如钨-铼）。

(3) 热电偶通常由两种不同的金属丝组成，价格便宜、制造容易、构造简单、使用方便。另外，不受大小的限制，外部装有保护套管，使用非常方便。

(4) 可以远距离传输信号和记录。方便集中检测和控制。

(5) 可根据各种测量对象的要求，进行快速、小尺寸、点温测量等。

第一节 热电偶的测温原理

热电偶的测温原理是特定材料的热电效应原理。热电偶是目前应用最为广泛的一种温度电测仪表。可以测量较高的温度，便于远距离传送和多点测量，性能稳定，准确可靠，结构简单，维护方便，热容量和热惯性小，可用来测量点的温度或表面温度。它的基本组成通常包括热电偶、电气测量仪表（显示仪表）和连接导线（热电偶冷端温度补偿装置）三个部分，如图11-1所示。

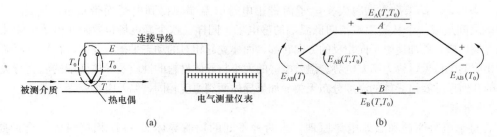

图 11-1 热电偶测温原理
(a) 原理线路；(b) 热电效应

热电偶是用两根不同的导体或半导体材料（称为热电极）将其一端焊接、铰接或黏合而成的。两个热电极的焊接端为热电偶的热端，又称为工作端或测量端；非焊接端为热电偶的冷端，又可以称为自由端或参考端。

测量温度时，将感温元件（热电偶）插入需要测量的设备或管道中，使其热端感受被测介质的温度，其冷端置于设备或管道外面，并通过连接导线与电气测量仪表相连。由于热电偶两端所处的温度不同，在热电偶回路中就会产生热电势，这个热电势的大小取决于热电偶热电极材料的性质和两端的温度，而与热电极的几何尺寸及沿热电极长度上的温度分布无关。在选定了热电极材料的情况下，保持热电偶的冷端温度 T_0 不变，那么，热电偶产生的热电势 E 就只随热端温度 T 而变化。即此时热电偶产生的热电势 E 只是被测介质温度 T 的函数，用电气测量仪表测得热电势 E 的数值后，便可求出对应的温度数值，或者直接由电气测量仪表指示温度，见图 11-1 (a)。

一、热电偶测温的基本原理

把热电偶作为温度测量的感温元件所依据的基本原理是 1821 年塞贝克发现的热电现象。随着半导体技术一百多年的发展，这个原理已经可以被用来使热能直接转换为电能和用以制冷等。

（一）热电现象及其在测温中的应用

当两种不同材料的导体（或半导体）A 和 B 接成如图 11-1 (b) 所示的闭合回路时，在两个接点温度不同（假定 $T>T_0$）的情况下，回路中就会产生电流。只要两个接点的温差（$T-T_0$）存在，回路中的电流就不会消失，电流的存在表明回路中有电动势 E，这个物理现象称为热电效应或塞贝克效应。相应的电动势称为塞贝克温差电势，简称为热电势。热电偶回路中的热电势 E_{AB} （T，T_0）实际上是由接触电势和温差电势两部分组成的。

1. 接触电势

接触电势是在两种不同的导体相接触时在接触之处产生的。根据物理学电子论的观点，任何金属内部由于电子与晶格内正电荷间的相互作用，使得电子在通常温度下，只做不规则的热运动，不会从金属中挣脱出来。若要把电子从金属中取出，须消耗一定的功，这个功称为金属的逸出功。当两种不同的金属导体 A、B 连接在一起时，在其接触处将会发生自由电子的扩散现象。当电子扩散的能力与上述电场的阻力平衡时，接触处的自由电子扩散就达到了动平衡状态。此时，A、B 之间形成的电位差，称为接触电势，其数值不仅取决于两种不同金属导体的性质，还和接触点的温度（T）有关。

2. 温差电势

在同一导体内会产生温差电势。当一根均质金属导体上存在温度梯度时，处于高温端的电子的能量比低温端电子的能量大，因而从高温端向低温端扩散的电子数比从低温端向高温端扩散的电子数要来得多，结果高温端因失去电子而带正电，低温端因得到电子而带负电。因此，在高、低温两端之间形成一个从高温端指向低温端的静电场。同样，这个静电场也要阻止电子继续从高温端向低温端扩散，并加速电子向相反的方向转移，而建立起相对的动态平衡。此时，在导体两端便产生一个相应的电位差，称为温差电势。温差电势的大小与导体材料的性质及导体两端的温度有关，而与导体的几何尺寸及沿导体的温度分布无关。如果导体两端温度相同，温差电势就等于零。

3. 热电势

综合接触电势原理和温差电势原理，当两种不同的均质导体 A 和 B 相接组成闭合回路时，如果 $N_A>N_B$（N_A、N_B 分别为两种均质导体的自由电子密度），而且 $T>T_0$，则在这个回路内，将会产生两个接触电势和两个温差电势。总的热电势为这些电势的代数和。

当热电极的材料一定时，热电偶的总电势就仅是两个接点温度 t 和 t_0 的函数。如果能保持热电偶的冷端温度 T_0 固定，对一定的热电偶材料则 f（T_0）亦为常数（可用常数 C 代替），其总电势就只与热电偶热端的温度 T 成单值函数关系，即 $E_{AB}=f_{AB}$（T）。

在实际测温中，保持热电偶冷端温度 T_0 为恒定的已知数，再用仪表测出热电势 E_{AB}（T，T_0），而间接地求得热电偶热端的温度，即为被测的温度 T。

通常，热电偶的热电势与温度的关系，都是规定热电偶冷端温度为 0℃ 时，按热电偶的不同类型，分别列成表格形式，这些表格就称为热电偶的分度表。分度表不是由理论计算，而是通过大量的科学实验摸索和总结出来的，并且这项工作现在和今后仍将继续进行下去。

（二）基本定律及其应用

利用热电偶测量温度时，必须在热电偶回路中引入连接导线和测量热电势的仪表。即在热电偶回路中加入第三、第四、……、第 N 种导体（或半导体），由此所引起的问题，由热电偶的一些基本定律来解决。

1. 均质导体定律

由一种均质导体（或半导体）组成的闭合回路，不论导体（或半导体）的截面尺寸和长度尺寸如何以及各处的温度分布如何，都不会产生热电势。

2. 中间温度定律

中间温度定律是制订热电偶的分度表的理论基础。根据这一定律，只要列出冷端温度为 $0\,°C$ 时的热电势和热端温度的关系，那么，对于冷端温度不等于 $0\,°C$ 时的热电势，都可以通过计算求得。这样，就可以对热电偶冷端温度进行修正。

中间温度定律也是在工业测温中应用补偿导线的理论依据，因为只要匹配与热电偶的热电性质相同的补偿导线，便可使热电偶的冷端远离热源，而不影响热电偶的精度。

3. 中间导体定律

在热电偶回路中接入第三、第四种均质材料的导体后，只要中间接入的导体两端具有相同的温度，就不会影响热电偶的热电势。

这条基本定律十分重要，有了这条基本定律，就可以在热电偶回路中引入各种测量仪表和连接导线，也可以采用各种焊接方法来焊制热电偶，只要保证引入的中间导体本身两端的温度相同，就不致影响热电偶的总热电势。同时，根据这一基本定律，还可以采用开路热电偶测量液态金属和金属壁面的温度。

4. 参考电极定律

当热电偶热端和冷端温度分别为 T、T_0 时，用导体 A、B 组成热电偶所产生的热电势，等于用导体 A、C 组成热电偶产生的热电势与用导体 C、B 组成热电偶产生的热电势之代数和。

二、热电偶的标准化

（一）热电极的材料

在实际应用中，对于测温用热电偶的热电极材料必须进行严格的选择。一般在选配热电极材料时应考虑以下主要要求：

（1）物理和化学性质的稳定性要高。

（2）组成的热电偶应产生较大的热电势率。

（3）热电势与温度之间呈线性关系或近似线性的单值函数关系。

（4）电导率要高，电阻温度系数和比热要小。

（5）材料的复现性要好。

（6）材料组织要均匀，要有较好的韧性，焊接性能要好，便于加工制作。

（7）资源丰富，价格低廉。

在实际生产中很难找到一种能够完全满足上述要求的材料，应根据具体情况，在不同的测温条件下，选用不同的热电极材料。目前常用的热电偶一般是用纯金属与合金相配，或者是合金与合金相配。

（二）热电偶的标准化

所谓标准化热电偶是指定型生产的通用型热电偶。同一型号的标准化热电偶互换性好，具有统一的分度表，并有与其配套的显示仪表可供选用。

标准化热电偶目前有以下几种：

1. 铂铑₁₀-铂热电偶（S 型热电偶）

铂铑₁₀-铂热电偶（S 型热电偶）的偶丝含铑为 10%，含铂为 90%，负极（SN）为纯铂，故俗称单铂铑热电偶。偶丝直径规定为 0.5mm，允许偏差－0.015mm，其正极（SP）的名义化学成分为铂铑合金，其中该热电偶长期最高使用温度为 1300℃，短期最高使用温度为 1600℃。

2. 铂铑₁₃-铂热电偶（R 型热电偶）

铂铑₁₃-铂热电偶（R 型热电偶）的偶丝含铑为 13%，含铂为 87%，其正极（RP）的名义化学成分为铂铑合金，负极（RN）为纯铂，长期最高使用温度为 1300℃，短期最高使用温度为 1600℃。偶丝直径规定为 0.5mm，允许偏差－0.015mm。

R 型热电偶在热电偶的优点和缺点基本与 S 型热电偶相同。

3. 铂铑₃₀-铂铑₆ 热电偶（B 型热电偶）

铂铑₃₀-铂铑₆ 热电偶（B 型热电偶）的偶丝含铑为 30%，含铂为 70%，其正极（BP）的名义化学成分为铂铑合金，负极（BN）也为铂铑合金，含铑为 6%，故俗称双铂铑热电偶。偶丝直径规定为 0.5mm，允许偏差－0.015mm，这种热电偶长期最高使用温度为 1600℃，短期最高使用温度为 1800℃。

4. 镍铬-镍硅热电偶（K 型热电偶）

镍铬-镍硅热电偶（K 型热电偶）的正极（KP）的名义化学成分为 Ni：Cr＝90：10，负极（KN）的名义化学成分为 Ni：Si＝97：3。其使用温度为－200～1300℃。

5. 镍铬-铜镍热电偶（E 型热电偶）

镍铬-铜镍热电偶（E 型热电偶）又称镍铬-康铜热电偶。这种热电偶的正极（EP）为镍铬 10 合金，化学成分与 KP 相同，负极（EN）为铜镍合金，名义化学成分为：55% 的铜，45% 的镍以及少量的锰、钴、铁等元素。该热电偶的使用温度为－200～900℃。

6. 铁-铜镍热电偶（J 型热电偶）

铁-铜镍热电偶（J 型热电偶）又称铁-康铜热电偶，它的正极（JP）的名义化学成分为纯铁；负极（JN）为铜镍合金，常被含糊地称为康铜，其名义化学成分为：55% 的铜和 45% 的镍以及少量却十分重要的锰、钴、铁等元素，尽管也叫康铜，但不同于镍铬-康铜和铜-康铜的康铜，故不能用 EN 和 TN 来替换。铁-康铜热电偶的覆盖测量温区为－200～1200℃，但通常使用的温度范围为 0～750℃。

7. 铜-铜镍热电偶（T 型热电偶）

铜-铜镍热电偶（T 型热电偶）又称铜-康铜热电偶，它的正极（TP）是纯铜，负极（TN）为铜镍合金，也称为康铜，它与镍铬-康铜的康铜 EN 通用，与铁-康铜的康铜 JN 不能通用，铜-铜镍热电偶的覆盖测量温区为－200～350℃。

8. 镍铬硅-镍硅热电偶（N 型热电偶）

镍铬硅-镍硅热电偶（N 型热电偶）为廉金属热电偶，正极（NP）的名义化学成分为 Ni：Cr：Si＝84.4：14.2：1.4，负极（NN）的名义化学成分为 Ni：Si：Mg＝95.5：4.4：0.1，其使用温度为－200～1300℃。

（三）非标准化热电偶

非标准化热电偶目前已有钨铼系热电偶、铱铑系热电偶、镍铬-金铁热电偶、镍钴-镍铝热电偶及非金属热电偶等，它们都是用于测量超高温（2000℃及其以上的温度）或低温、超低温（2～273K）以及特殊用途的热电偶，有的是作为高温试验和宇航技术中的测温工具，在此不作详述。

第二节 热电偶的结构及其类型

　　根据其用途和安装位置来分类，热电偶的结构形式有很多。它们的结构和外形虽然不尽相同，但其基本组成部分大致都是由热电极、绝缘材料、保护套管和接线盒等主要部分所构成。

　　一、普通型（装配型）热电偶

　　普通型（装配型）热电偶的结构如图 11-2 所示。

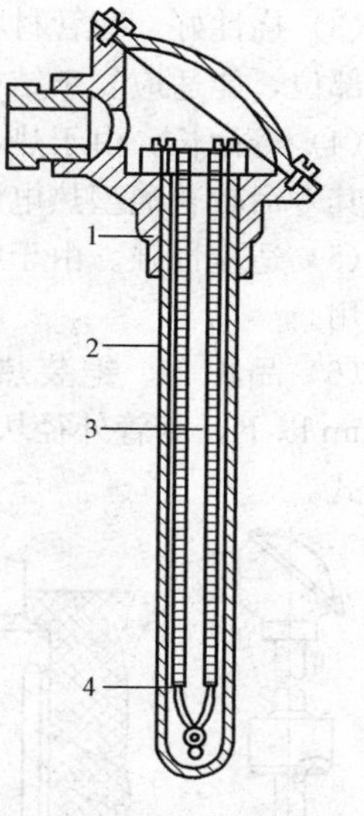

　　1. 热电极

　　热电偶热电极（见图 11-3 的 3）的直径由材料的价格、机械强度、电导率及热电偶的用途和测量范围等决定。其长度由安装条件，特别是热电偶热端在被测介质中的插入深度来决定。

　　2. 绝缘材料（绝缘管）

　　为了防止两根热电极之间发生短路，需将两热电极用绝缘材料隔开。为了使用方便，可将一些绝缘材料制成圆形或椭圆形截面的绝缘管，有单孔、双孔、四孔以及其他的特殊规格。孔的大小视热电极的直径而定。

　　3. 保护套管

　　为避免热电极受有害介质的侵蚀和意外的机械伤害，通常将热电极（包括绝缘管）装入保护套管内。这样，可以使热电极和被测介质不直接接触，也可以防止、减少火焰和气流的冲刷及辐射，而且还起着固定和支撑热电极的作用。同时，在压力管道或压力容器中测温时，保护套管使热电极与高压介质隔绝，防止介质渗漏。故保护套管可延长热电偶的使用寿命和提高测温的准确性。

图 11-2　普通型热电偶的结构
1—接线盒；2—保护套管；3—绝缘套管；4—热电偶丝

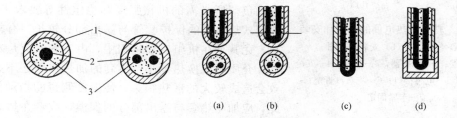

图 11-3　铠装热电偶的结构
（a）碰底型；（b）不碰底型；（c）露头形；（d）帽形
1—金属套管；2—绝缘材料；3—热电极

　　4. 接线盒

　　为了与补偿导线的连接和防水、防尘的需要，热电偶设置接线盒，可用铝合金制成，分为普通式和密封式两种。接线盒的出线孔和盖子均用垫片或垫圈加以密封。

　　二、铠装热电偶

　　热电偶由热电极、绝缘材料和金属套管三者组合加工而成的坚实组合体，称为铠装热电偶或套管热电偶。

　　铠装热电偶具有如下特点：

（1）热惯性小，反应快。以直径为1.6mm的铠装热电偶为例，其时间常数分别为：露头型为0.06s；碰底型为0.6s；不碰底型为1.2s。

（2）体积小，因此热容量小。由于铠装热电偶的外径可以做得很细，在热容量较小的被测物体上，也能测得较准确的温度。

（3）挠性好。套管材料经退火处理后，具有良好的柔性。它可以安装在狭小的、需要弯曲的测温部位，能适应复杂结构上的安装要求。

（4）寿命长。由于热电极有外套管的气密性保护和化学性能稳定的绝缘材料的牢固覆盖，因此，其寿命较普通型热电偶为长。

（5）适应性强。由于组合体结构坚实，机械性能好，耐压、耐强烈振动和冲击，适于多种工况使用。

（6）品种多。铠装热电偶的长度可根据需要来制作，最长可达100m以上，最短可作成100mm以下，套管外径从12～0.25mm，除常用的双芯铠装热电偶外，还可以制作成单芯或四芯等形式。

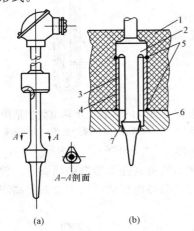

图 11-4　热套式热电偶的结构和安装
（a）结构图；（b）安装示意图
1—保温层；2—传感器；3—热套；4—安全套管；5—电感接口；6—主蒸汽管壁；7—卡紧固定

三、热套式热电偶

为了保证热电偶测温元件在高温、高压、大流量条件下的安全，达到准确测量和快速反应的目的，有一种专门在主蒸汽管道上测量蒸汽温度用的新型高强度热电偶，称为热套式热电偶。

热套式热电偶的特点是采用了锥形套管、三角锥面支撑和热套保温的焊接式安装结构。这种结构形式既保证了热电偶的测温精度和灵敏度，又提高了热电偶保护套管的机械强度和热冲击性能。其结构与安装方式如图11-4所示。

热套式热电偶的长度是根据测温精度、经受冲击与振动负荷所必需的机械强度和稳定性等要求来选择的。热套式热电偶的保护套管与露出部分较长，有较大的散热，尤其是在机组启动过程中，由于蒸汽流量小、流速低，介质对流换热量小，热套的加热作用还不显著，以致会造成较大的散热损失，使温度测量的指示偏低。为此，应加厚热套与露出部分的保温，或者在热套处增设外加热装置，以提高在机组启动过程中的测温精度。

第三节　热电偶的安装及检修

一、热电偶的安装

热电偶的安装应尽量做到使测温准确、安全可靠及维修方便。

1. 测温准确

（1）为了使热电偶测量端与被测介质能够进行充分的热交换，应合理地选择测点位置，而且热电偶应具有足够的插入深度。一般在管道上安装热电偶时，热电偶保护套管的端部应超过管道中心线约5～10mm，必要时可倾斜安装。

（2）热电偶的安装地点，应尽量避开有其他热物体和强磁场，强电场等。必要时应采取屏蔽等措施，防止外来干扰的影响。

（3）在负压管道（设备）上安装热电偶时，应保证其密封性，以免外界冷空气进入，而影响测量的准确性。

（4）热电偶的接线盒不可与被测介质的管、器壁相接触，保证接线盒内的温度不得超过 0～100℃范围。接线盒的出线孔应朝下安装，以防止因密封不良而使水汽、灰尘与脏物等沉积而引起接线端子短路，影响测温的准确性。

2. 安全可靠

（1）热电偶安装于压力管道（容器）上，或被测介质为有害介质时，必须保证其保护套管和接口的密封性。

（2）在高温下工作的热电偶，应尽可能垂直安装，以防止保护套管在高温下产生变形。若必须水平安装时，则应采用耐火黏土或耐热金属制成的支架加以支撑。

（3）在介质流速较大的管道中，热电偶必须倾斜安装，以免受到过大的冲蚀。

（4）在含有尘粒、粉物的介质中安装热电偶时，应加装保护屏（如煤粉管道）防止磨损保护套管。

（5）带瓷和氧化钼保护套管的热电偶，要选择适当的安装位置，防止损坏保护套管。在插入和从被测介质中取出热电偶时，应避免骤冷骤热，以免保护套骨爆裂。

3. 维修方便

热电偶安装的方法及部位应便于装拆维修。热电偶周围应无障碍和便于操作，对于较长的热电偶还应注意在它外面要留有足够的空间，以便于热电偶的插入和取出。

二、热电偶的检修

1. 热电偶的检查

（1）外观检查：

1）检查保护套管应无裂纹，表面光洁无脱层，工作端无磨损。接线盒完整，防止灰尘和水汽进入保护套管，接线端子应牢固。

2）保护套管不应有弯曲、压偏、扭斜、裂纹、沙眼、磨损和显著腐蚀等缺陷，套管上的固定螺栓应光洁完整，无滑牙或卷牙现象；其插入深度、插入方向和安装位置及方式均应符合相应测点的技术要求，并随被测系统做 1.25 倍工作压力的严密性试验时，5min 内应无泄漏。

3）保护套管内不应有杂质，元件应能顺利地从中取出和插入，其插入深度应符合保护套管深度的要求；感温件绝缘瓷套管的内孔应光滑，接线盒、螺栓、盖板等应完整，铭牌标志应清楚，各部分装配应牢固可靠。

4）热电偶测量端的焊接要牢固，呈球状，表面光滑，无气孔等缺陷；铂铑-铂等贵金属热电偶电极，不应有任何可见损伤，清洗后不应有色斑或发黑现象；镍铬镍硅等廉金属热电偶电极，不应有严重的腐蚀、明显的缩径和机械损伤等缺陷。

5）热电阻的骨架不得破裂，不得有显著的弯曲现象；热电阻不得短路或断路。

6）热电偶铭牌应齐全，包括厂家、型号、分度号、等级、适用温度、出厂日期等。

（2）拆开检查：检查接线端子处是否潮湿、脏污、螺丝松动，将热电偶从保护管中拉出，观察铠甲是否潮湿，表面是否有裂纹、凹痕，热端顶部封头是否有磨损、沙眼及脏污。对可疑之处要求用高倍放大镜仔细检查。

（3）用万用表检查：测量相关元件应无断线和短路。

（4）绝缘测试：使用 500V 绝缘电阻表对热电偶正、负电极，电极和保护套管之间的绝缘测试应满足表 11-1 的要求。

表 11-1　　　　　　　　　　　　　　　　　　　　绝缘电阻测量条件与阻值表

被测对象	环境温度（℃）	相对湿度（%）	绝缘电阻表输出直流电压（V）	读数前稳定时间（s）	绝缘电阻（MΩ）	
					信号—信号①	信号—接地
热电偶	15～35	≤80	500	10	≥100	≥100
铠装热电偶			500	10	≥1000	≥1000

① 信号—信号指互相隔离的输入间、输出间、测量元件间及相互间的信号，视被测对象而定。

对于绝缘型铠装热电偶，当其绝缘电阻小于 20MΩ 时，应将其放入大于 100℃ 烘烤箱内数小时，必要时，应将参考端重新密封。

对于接壳型铠装热电偶，当其输出热电势偏低或潮湿时，同样做上述烘烤处理。

（5）金相检查：对重要测点的保护套管在金相试验室进行检查。新安装于高温高压介质中的套管，应具有材质检验报告，其材质的钢号及指标应符合规定要求。

（6）铠装热电偶的检查：如元件损坏，应做报废处理，并查找烧坏的原因。

2．热电偶的故障分析及处理

（1）故障现象：热电势比实际应有的小。故障原因：①热电偶内部漏电；②热电偶内部潮湿；③热电偶接线盒内接线柱短路；④补偿导线短路；⑤测量端损坏；⑥补偿导线与热电极的极性接反；⑦安装位置或受热长度不当；⑧参比端温度过高；⑨热电偶种类与仪表刻度不一致。

处理方法：①找出短路原因，如因潮湿所致，则需进行干燥；如果绝缘子损坏所致，则需要更换绝缘子。②清扫积灰。③找出短路点，加强绝缘或更换补偿导线。④在长度允许的情况下，剪去变质段重新焊接，或更新热电偶。⑤更换相配套的补偿导线。⑥重新按规定安装。⑦调整冷端补偿器。⑧更换热电偶或显示仪表使之配套。

（2）故障现象：热电势比实际应有的大。故障原因：①热电偶种类用错；②补偿导线与热电偶种类不符；③热电偶安装方法或插入深度不当；④补解线与热电偶间接线松动。

处理方法：①更换热电偶或显示仪表使之相配套；②更换补偿导线使之相配套；③排除直流干扰。

（3）故障现象：测量仪表示值不稳定。故障原因：①接线柱和热电极接触不良；②热电偶有断续接地和短路现象；③热电极将断未断；④安装不牢固，热电偶发生摆动；⑤补偿导线有断续接地和短路现象。

处理方法：①将接线柱螺丝拧紧；②找出故障点，修复绝缘；③紧固热电偶，消除振动或采取减振措施；④修复或更换热电偶；⑤查出干扰源，采取屏蔽措施。

（4）故障现象：热电偶热电势误差大。故障原因：①热电极变质；②热电偶安装位置不当；③保护管表面积灰。

处理方法：①更换热电极；②改变安装位置；③消除积灰。

三、影响热电偶测量误差的主要因素

1．插入深度的影响

插入测温点的热电偶，沿着其长度方向将产生热传导热流。当环境温度低时就会有热损失，致使热电偶与被测对象的温度不一致而产生测温误差。由热传导而引起的误差，与插入深度有关。而插入深度又与保护管材质有关。金属保护管因其导热性能好，其插入深度应深一些（为直径的 15～20 倍），陶瓷材料绝热性能好，可插入浅一些（为直径的 10～15 倍）。其插入深度还与测量对象是静止或流动等状态有关，如流动的液体或高速气流温度的测量，将不受上述限制，插入深度可以浅一些，具体数值应由实验确定。

　　2. 响应时间的影响

　　接触法测温的基本原理是测温元件要与被测对象达到热平衡。因此，在测温时需要保持一定时间，才能使两者达到热平衡。而保持时间的长短，同测温元件的热响应时间有关。而热响应时间主要取决于传感器的结构及测量条件，差别极大。对于气体介质，尤其是静止气体，至少应保持 30min 以上才能达到平衡；对于液体而言，最快也要在 5min 以上。对于温度不断变化的被测场所，尤其是瞬间变化过程，全过程仅 1s，则要求传感器的响应时间在毫秒级。因此，普通的温度传感器不仅跟不上被测对象的温度变化速度出现滞后，而且也会因达不到热平衡而产生测量误差。最好选择响应快的传感器。对热电偶而言除保护管影响外，热电偶的测量端直径也是其主要因素，即偶丝越细，测量端直径越小，其热响应时间越短。

　　3. 热辐射的影响

　　插入炉内用于测温的热电偶，将被高温物体发出的热辐射加热。假定炉内气体是透明的，而且热电偶与炉壁的温差较大时，将因能量交换而产生测温误差。

　　因此，为了减少热辐射误差，应增大热传导，并使炉壁温度尽可能接近热电偶的温度。热电偶安装位置应尽可能避开从固体发出的热辐射，使其不能辐射到热电偶表面；热电偶最好带有热辐射遮蔽套。

　　4. 热阻抗增加的影响

　　在高温下使用的热电偶，如果被测介质为气态，那么保护管表面沉积的灰尘等将烧熔在表面上，使保护管的热阻抗增大；如果被测介质是熔体，在使用过程中将有炉渣沉积，不仅增加了热电偶的响应时间，而且还使指示温度偏低。因此，除了定期检定外，为了减少误差，经常抽检也是必要的。

　　5. 热电偶丝不均质影响

　　（1）热电偶材质本身不均质。当热电偶的长度较长时，大部分偶丝处于高温区，如果热电偶丝是均质的，那么依据均质回路定率，测量结果与长度无关。然而，热电偶丝并非均质，尤其是廉金属热电偶丝的均质性较差，又处于具有温度梯度的场合，那么其局部将产生热电势，该电势称为寄生电势。由寄生电势引起的误差称为不均质误差。在现有的贵金属、廉金属热电偶检定规程中，对热电偶的不均质尚未做出规定，只有在热电偶丝材标准中，对热电偶丝的不均匀性有一定要求。对廉金属热电偶采用首尾检定法求出不均匀热电势。

　　（2）热电偶丝经使用后产生的不均质。对于新制的热电偶，即使是不均匀热电势能满足要求，但是，反复加工、弯曲或使热电偶产生加工畸变，也将失去均质性，而且使用中热电偶长期处于高温下也会因偶丝的劣化而引起热电势变化，当劣化的部分处于具有温度梯度的场所，也将产生寄生电势叠加在总热电势中而出现测量误差。

　　6. 铠装热电偶的分流误差

　　所谓分流误差，是用铠装热电偶测量炉温时，当热电偶中间部位有超过 800℃ 的温度分布存在时，因其绝缘电阻下降，热电偶示值出现异常的现象，称为分流误差。依据均质回路定则，用热电偶测温只与测量端与参考端两端温度有关，与中间温度分布无关。可是由于铠装热电偶的绝缘物是粉末状 MgO，温度每升高 100℃，其绝缘电阻下降一个数量级。当中间部位温度较高时，必定有漏电流产生，致使在热电偶输出电势中有分流误差出现。

　　中间部位长度越长，越容易产生分流误差。中间部位位置距测量端越远，越容易产生分流误差。绝缘电阻越低，越容易产生分流误差。外径相同的铠装热电偶，热电偶丝越细，越容易产生分流误差。

K型与S型相比，K型热电偶丝电阻比S型电阻大，故更容易产生分流误差。

实验结果表明：分流误差的大小与其直径的平方根成反比（直径过细，不遵守此规律），即直径越细，分流误差越大，因此，为了减少分流误差，应尽可能选用粗直径的铠装热电偶。

高温下氧化物的电阻率将随温度的升高呈指数降低，分流误差的大小主要取决于高温部分的绝缘性能，绝缘电阻越低，越容易产生分流误差。

7."K状态"的影响

K型热电偶在250～600℃温度范围内使用时，由于其显微结构发生变化，形成短程有序结构，因此将影响热电势值而产生误差，这就是"K状态"。它是Ni-Cr合金特有的晶格变化，当Cr含量在5%～30%范围内存在着原子晶格的有序无序转变。由此而引起的误差，因Cr含量及温度的不同而变化。"K状态"与温度、时间有关，当温度分布或热电偶位置变化时，其偏差也会发生很大变化，故很难对误差大小作出准确评价。

8.绝缘电阻的影响

热电偶用绝缘物，在高温下，其绝缘电阻随温度升高而急骤降低，因此，将有漏电流产生，该电流通过绝缘电阻已经下降的绝缘物流入仪表，使仪表指示不稳或产生测量误差，也可能发生记录仪乱打点的现象。

第四节　热电偶的校准及检定

热电偶的校准项目及技术标准应按照相关规程进行。

一、热电偶的校准点

工业热电偶校准点见表11-2的规定。

表11-2　　　　　　　　　　　　工业热电偶校准点定值表

热电偶名称	分度号	测量范围（℃）	校准点①　（℃）
铂铑-铂	R及S	0～1600	600、800、1000、1200
镍铬-镍硅（铝）	K、N	-40～1100	300、400、500、600*、400、600、800、1000**
镍铬-铜镍（康铜）	E	-40～800	300、400、500、600
铁-铜镍	J	-40～700	100、200、400
铜-康铜	T	-40～350	100、200

① 标准点应包含正常使用点。

* 测量低于600℃温度的热电偶的校准点。

** 测量高于600℃温度的热电偶的校准点。

二、误差的校准

（1）用于300℃以上热电偶各点的校准，在管形电炉中与标准铂铑-铂热电偶比较进行。

（2）对于贵金属热电偶，应使用无水酒精浸过的脱脂棉理直热电极，套上氧化铝绝缘管，绝缘管的两孔对应极性不可互换。绝缘管后露出部分应套上塑料管。廉价金属热电偶可套绝缘瓷珠。

（3）为保证标准热电偶热电势的稳定，确保量值传递准确可靠，标准热电偶必须用保护管加以保护。保护管一般选用石英管或氧化铝管，其直径约为6～8mm，长度约为400mm。

（4）为使标准热电偶、被检热电偶测量端温度一致，并使被检热电偶沿标准热电偶周围均匀分布，测量端应露出绝缘管约10mm长，各测量端处于同一平面上，贵金属热电偶用直径0.2～

0.3mm 铂丝捆扎 2～3 圈；廉价金属热电偶用与热电偶相同、直径 0.2mm 的合金丝捆扎 2～3 圈。包括标准热电偶在内，捆扎成束的热电偶总数不应超过 6 支。

（5）热电偶应装在检定炉内管轴的中心线上，其测量端应处于检定炉内最高温度场内，插入深度约 300mm。检定炉内最高温度场内可装有高温合金块。

（6）热电偶校准方法一般采用双极法。标准读数时，炉温对校准点温度的偏离不得超过 ±5℃。

（7）当炉温升到校准点温度，炉温变化小于 0.2℃/min 时，从标准热电偶开始依次读取各被检热电偶的热电势，再按相反顺序进行读数，如此正反顺序读取全部热电偶的热电势。

（8）被校准的热电偶，其热电势（冷端温度为 0℃）对分度表的允许误差应符合表 11-3 的规定。

表 11-3 工业热电偶允许误差表

名　称	分度号	等级	测量温度范围（℃）	允许误差
铂铑-铂	LB-3	Ⅰ	—	—
		Ⅱ	600～1700	±0.25%t
		Ⅲ	600～1700	±4℃或 0.5%t
	R、S	Ⅰ	0～1600	±1℃或±1+0.3%（$t-1100$）
		Ⅱ	0～1600	±1.5℃或±0.75%t
		Ⅲ	—	—
镍铬-镍硅（铝）	K、N	Ⅰ	−40～1000	±1.5℃或±0.4%t
		Ⅱ	−40～1300	±2.5℃或±0.75%t
		Ⅲ	−200～167	±2.5℃或±1.5%t
镍铬-铜镍	E	Ⅰ	−40～800	±1.5℃或±0.4%t
		Ⅱ	−40～900	±2.5℃或±0.75%t
		Ⅲ	−167～167	±2.5℃或±1.5%t
铁-铜镍	J	Ⅰ	−40～750	±1.5℃或±0.4%t
		Ⅱ	−40～900	±2.5℃或±0.75%t
		Ⅲ	—	—
铜-康铜	T	Ⅰ	−40～350	±0.5℃或±0.4%t
		Ⅱ	−40～350	±1℃或±0.75%t
		Ⅲ	−200～40	±1℃或±1.5%t

注 t 表示温度。

（9）300℃以下点的校准，在油恒温槽中，与二等标准水银温度计比较进行。校准时油槽温度变化应不大于±0.1℃。

（10）热电偶的校准周期，按计量分类管理规定的周期进行校验。

三、热电偶检定

1. 检定标准器及仪器设备的选择

1）一等、二等标准铂铑-铂热电偶各一支。

2）测量范围为−30～300℃的二等标准水银温度计一组，也可选用二等标准铂电阻温度计。

3）低电势直流电位差计一套，准确度不低于 0.02 级、最小步进值不大于 1μV，或具有同等准确度的其他设备。

4）多点转换开关，寄生电势不大于 $1\mu V$。

5）恒温器内温度为 $(0\pm0.1)℃$。

6）油恒温槽在有效工作区域内温差小于 $0.2℃$。

7）要求管式炉的长度为 600mm，加热管内径约为 40mm。管式炉常用最高温度为 1200℃，最高均匀温度场中心与炉子几何中心沿轴线上的偏离不大于 10mm；在均匀温度长度不小于 60mm、半径为 14mm 范围内，任意两点间温差不大于 1℃。

8）若使用其他检定设备要求符合上述要求。

9）控温设备应满足检定要求。

2．检定方法

热电偶检定一般采用双极法。检定时的连接线路如图 11-5 所示。

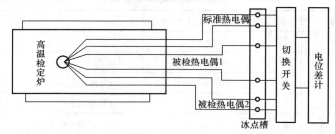

图 11-5　热电偶检定时连接线路图

标准读数时，炉温对校准点温度的偏离不得超过 $\pm5℃$。当炉温升到校准点温度，炉温变化小于 $0.2℃/min$ 时，从标准热电偶开始依次读取各被检热电偶的热电势测量顺序见图 11-6。

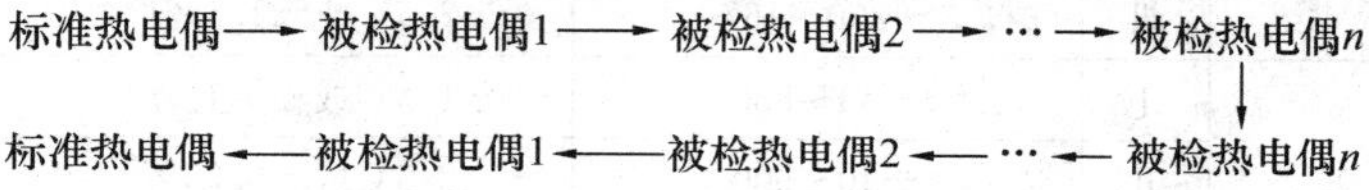

标准热电偶——→被检热电偶1——→被检热电偶2——→…——→被检热电偶n

标准热电偶←——被检热电偶1←——被检热电偶2←——…←——被检热电偶n

图 11-6　用标准热电偶测量被检热电偶的热电势测量顺序

读数应迅速准确，时间间隔应相近，测量读数不应少于 4 次。测量时管式炉温度变化不大于 $\pm0.25℃$。

3．检定时被检热电偶的热电势误差 Δe_t 计算方法

（1）300℃以下热电势误差 Δe_t 用式 $\Delta e_t = \bar{e}_a + S_a \cdot \Delta t_b - e_c$ 和 $\Delta t_b = t_b - t_d$ 计算。式中，$\bar{e}_a$ 为被检热电偶在检定点附近温度下，测得的热电势算术平均值；S_a 为被检热电偶在某检定点温度的微分热电势；e_c 为被检热电偶分度表上查得的某检定点温度的热电势值；t_b 为检定点温度；t_d 为实际温度（实际温度＝读数平均值＋修正值）；Δt_b 为检定点温度与实际温度的差值。

（2）300℃以上热电势误差 Δe 用式 $\Delta e = \bar{e}_a + \dfrac{e_m - \bar{e}_m}{S_m} \cdot S_a - e_c$ 计算。式中，$\bar{e}_a$ 为被检热电偶在某检定点附近温度下，测得的热电势算术平均值；e_m 为标准热电偶证书上某检定点温度的热电势值；$\bar{e}_m$ 为标准热电偶在某检定点附近温度下，测得的热电势算术平均值；e_c 为被检热电偶分度表上查得的某检定点温度的热电势值；S_m、S_a 为标准、被检热电偶在某检定点温度的微分热电势。

4．热电偶的检定周期

按规程规定，检定周期一般为半年，特殊情况下可根据使用条件来确定。现场应用一般按计量分类管理规定的周期进行校验。

四、热电偶配套使用的补偿导线的校验

补偿导线是使用在低温环境下的热电偶,它的作用只是将热电偶冷端移至离热源较远及环境温度较低的地方,它并不能消除冷端温度不是0℃时的影响。

1. 技术要求

(1) 对于新敷设的补偿导线或运行中有问题的补偿导线均应进行校准。

(2) 补偿导线的校准方法与热电偶相同,补偿导线的校准点应不少于3点。

(3) 补偿导线的热电特性应符合《工业用廉金属热电偶检定规程》(JJG 351—1996)要求。

(4) 符合规定的补偿导线,使用中如有其他需要,可在其他温度点上校验。

(5) 补偿导线对地绝缘电阻和极间电阻,用250V绝缘电阻表测量,应不低于2MΩ。

(6) 补偿导线的型号应与热电偶分度号相配。

2. 校验

(1) 校验设备。

1) 直流电位差计UJ33或低电势0.02级的数字电压表。

2) 水恒温槽或油恒温槽。

3) 二等标准水银温度计。

4) 冰点器。

(2) 校验方法。在水恒温槽或油恒温槽中,与二等标准水银温度计进行比较校验。

1) 先将补偿导线的两端保护层和绝缘去除10～20mm,并将两个电极表面绝缘物清除干净,使其一端铰接或焊接成一支热电偶。

2) 将热电偶工作端插入装有变压器油的玻璃试管中,并插入恒温槽内,插入深度不应小于300mm,玻璃试管口沿热电偶周围用脱脂棉堵塞好。

3) 将热电偶的参考端直接插入冰点器内盛有变压器油或酒精的玻璃试管中,用铜导线引出接测量仪器。

(3) 刻度校验。补偿导线的校验点不应少于3点。

使用水恒温槽或油恒温槽时,当温度上升到校验点时,标准温度计指示变化在3～5min内不超过0.1℃时,即可读数。

3. 质量要求

(1) 在0～100℃范围内,补偿导线热电偶的误差,应符合技术要求。

(2) 补偿导线的绝缘电阻测试合格,应大于2MΩ。

(3) 使用中的补偿导线不应有破损和绝缘材料老化现象。

(4) 对于重要的测量仪表,应尽量选择误差较小的补偿导线。

(5) 补偿导线和热电偶连接处的温度,应低于70℃,极性连接正确。

第十二章 热电阻的检修及检定

第一节 热电阻温度计

热电阻温度计是利用导体或半导体在温度变化时，其电阻值随之发生变化的特性来测量温度的。这种温度计具有测量精度高，便于远距离、多点、集中测量和控制，灵敏度高等多个优点，在测温领域中得到了十分广泛的应用。与热电偶相比，热电阻温度计的结构复杂、体积大、热惯性大，不能及时反映被测温度的瞬变，也不能测量点的温度。另外，受电阻材料耐热能力的限制，不能用于高温测量。一般金属热电阻可在-200~500℃范围内使用，半导体热敏电阻可用于测量-100~300℃范围的温度。在火力发电厂中，锅炉给水、排烟、轴承回油和循环水等温度都是由热电阻温度表测量的。

热电阻温度计由热电阻元件、显示仪表及连接导线所组成。将热电阻置于被测介质中，其电阻值随被测温度而变化，用显示仪表反映出来，从而达到测温的目的。

一、热电阻的测温原理

物质的电阻值随物质本身的温度而变化的物理现象称为热电效应。实验证明，大多数的金属当温度升高1℃时，其电阻值约增加0.4%~0.6%；而半导体的电阻值在温度升高1℃时，要减小3%~6%。电阻与温度的函数关系比较简单。根据这一特性，用金属导体或半导体制成感温元件——热电阻或热敏电阻，并配以测量电阻的显示仪表，便构成了电阻温度计。

对于金属导体，在一定的温度范围内，其电阻与温度的关系可表示为

$$R_t = R_0[1 + \alpha(t - t_0)] \tag{12-1}$$

式中　R_t——温度为 t 时的电阻值，Ω；

　　　R_0——温度为 t_0 时的电阻值，Ω；

　　　α——温度在 $t_0 \sim t$ 之间金属导体的平均电阻温度系数，$1/℃$。

绝大多数的金属材料，其电阻温度系数并不是常数，它在不同的温度下有不同的数值，但在一定的温度范围内可取其平均值。若要使仪表具有较高的灵敏度，热电阻材料就要具有较大的电阻温度系数。

二、热电阻的材料

作为热电阻的材料，一般应满足以下要求：

（1）要有较大的电阻温度系数。

（2）要有较大的电阻率。因为电阻率越大，同样电阻值的热电阻体积越小，从而可减小其热容量和热惯性，提高对温度变化的反应速度。

（3）在测温范围内，应具有稳定的物理和化学性质。

（4）电阻与温度的关系最好近于线性，或为平滑的曲线。

（5）复现性好，易于加工，价格低廉。

一般纯金属的电阻温度系数较大，也易于复制。目前应用最广泛的热电阻材料是铂和铜，并已做成标准化的热电阻。近年来用半导体材料热敏电阻已经用于感温元件。半导体热敏电阻的阻值与温度之间通常为指数关系，其电阻温度系数 α 大多为负值。半导体热敏电阻的优点有电阻温

度系数大、灵敏度高、电阻率大、热容量小，可测量点的温度。缺点是性能不稳定、测量准确度低、电阻温度关系非线性严重。测量范围为 $-100 \sim 300℃$。

（一）铂电阻

用铂热电阻材料是比较理想的。在高温及氧化性介质中，其物理化学性质都非常稳定，容易得到高纯度的铂。用作测量温度时精度很高，性能可靠。在工业上用于 $-200 \sim 500℃$ 的温度测量。铂在还原性介质中，特别是在高温下很容易被从氧化物中还原出来的蒸汽所污染，而使铂丝变质发脆，并导致其电阻与温度的关系发生变化。因此必须采用密封等保护措施。

铂电阻与温度的关系是近似线性的，在 $0 \sim 650℃$ 范围内，铂的电阻值与温度的关系为 $R_t = R_0 (1 + At + Bt^2)$。在 $-200 \sim 0℃$ 范围内，铂的电阻值与温度的关系可表示为 $R_t = R_0 [1 + At + Bt^2 + C (t - 100) t^3]$。式中，$R_t$ 是温度为 t 时的铂电阻值，Ω；R_0 是温度为 $0℃$ 时的铂电阻值，Ω，A、B、C 为分度常数，由实验求得。

当 R_0 的数值不同时，在一定的温度下，将得到不同的 R_t 值。R_0 数值的选择应从以下几方面综合考虑：为了减小引出线和连接导线的电阻值，因环境温度变化所引起的测量误差，应取较大的 R_0 值。从减小热电阻的体积以减小热容量和热惯性，提高热电阻对温度变化的反应速度来看，R_0 值越小越好；而且 R_0 值越小，在测量时电流通过热电阻使金属丝加热产生的热量越小，因此而引起的附加误差也越小。目前，按照国内的统一设计标准，一般工业上常用的铂电阻采用的 R_0 值有 100Ω 和 50Ω 两种。并将热电阻值 R_t 与温度 t 的对应关系统一列成表格形式即为热电阻的分度表，其分度号分别为 Pt100 和 Pt50。

标准铂电阻温度计分为基准、工作基准，一等标准和二等标准四种。

（二）铜电阻

铂是贵重金属，虽然是比较理想的热电阻材料，但价格昂贵。在一些测量精度要求不是很高，且温度在 $-50 \sim 150℃$ 范围内的情况下，可采用铜作为热电阻的材料。铜电阻的优点是在测量范围内有很好的稳定性，有较大的电阻温度系数，其电阻值与温度几乎呈线性关系，而且容易加工和提纯，价格便宜。其缺点是铜的电阻率小，做成与铂电阻相同电阻值的热电阻时，铜电阻丝要求细或长，降低了热电阻的机械强度，或使得制成的热电阻体积较大。另外，铜的温度超过 $100℃$ 时容易被氧化，故只能在较低温度和无浸蚀性介质中使用，且要加装保护套管。

在 $-50 \sim 150℃$ 范围内，铜电阻值与温度的关系为 $R_t = R_0 (1 + At + Bt^2 + Ct^3)$。式中，$R_t$ 是温度为 t 时的铜电阻值，Ω；R_0 是温度为 $0℃$ 时的铜电阻值，Ω；A、B、C 为分度常数。

三、热电阻测温系统的组成

热电阻测温系统一般由热电阻、连接导线和显示仪表等组成。必须注意以下两点：

（1）热电阻和显示仪表的分度号必须一致；

（2）为了消除连接导线电阻变化的影响，必须采用三线制接法。

电阻体的断路修理必然要改变电阻丝的长短而影响电阻值，因此最好更换新的电阻体，若采用焊接修理，焊后要校验合格后才能使用。

第二节　热电阻的分类及结构

一、热电阻的分类

1. 普通型热电阻

普通型热电阻是根据热电阻的测温原理制作而成的，被测温度的变化是直接通过热电阻阻值的变化来测量的，因此，热电阻体的引出线等各种导线电阻的变化会给温度测量带来影响。

2．铠装热电阻

铠装热电阻是由感温元件（电阻体）、引线、绝缘材料、不锈钢套管组合而成的坚实体，与普通型热电阻相比，它可以克服一系列缺点，还有下列优点：①体积小，内部无空气隙，热惯性小，测量滞后小；②机械性能好、耐振、抗冲击；③能弯曲，便于安装；④使用寿命长。

3．端面热电阻

端面热电阻感温元件由特殊处理的电阻丝绕制，紧贴在温度计端面。它与一般轴向热电阻相比，能更正确、快速地反映被测端面的实际温度，适用于测量轴瓦和其他机件的端面温度。

4．隔爆型热电阻

隔爆型热电阻通过特殊结构的接线盒，可以把其外壳内部爆炸性混合气体因受到火花或电弧等影响，而发生的爆炸局限在接线盒内，生产现场不会引起爆炸。隔爆型热电阻可用于具有爆炸危险场所的温度测量。

二、热电阻的构造

热电阻温度计能否有较高的精度，并做到无热应力、无感应电势、热惯性小和工作可靠，需要从其结构上加以考虑。根据使用的环境条件和具体要求的不同，热电阻温度计有多种结构形式。总体上都是由绝缘骨架、热电阻丝、引出线和保护套管四部分所组成。

1．绝缘骨架

热电阻体是由热电阻丝均匀地绕制在绝缘材料制成的骨架上做成的。作为骨架的材料应具有耐高温、体膨胀系数小、绝缘性能和机械性能好等特点。常用的绝缘材料有：塑料、胶木骨架，用于100℃以下铜电阻；云母、玻璃骨架，用于500℃以下铂电阻；石英骨架，用于500℃以上标准铂电阻。一般说来，标准铂电阻温度计和实验室用铂电阻温度计多用螺旋形骨架，工业用铂电阻温度计多用平板形骨架，圆柱形骨架用于绕制铂电阻时，因铂电阻丝较短，又是裸线，骨架上应刻有螺纹线槽。而铜电阻丝一般都很长又有绝缘层，可以直接分层密绕在圆柱形骨架上。

2．热电阻丝和引出线

热电阻丝一般均采用双线无感绕法，以避免热电阻体产生电感而造成附加误差。热电阻丝的线端需用引出线将其引至接线盒内的端子上，和连接导线相连。一般要求引出线与金属热电阻丝及连接导线（铜导线）不会产生很大的热电势，且化学稳定性好。另外，为了减少引出线电阻变化的影响，引出线的直径应比热电阻丝的直径大得多。

一般工业用铂电阻多采用直径为 $0.03\sim0.07$ mm 的纯铂丝绕在云母制成的平板形骨架上，如图 12-1 所示。云母片的边缘呈锯齿形，铂丝绕在齿缝内，以防短路。铂丝绕组两面再盖以云母片绝缘。为了改善热电阻的动态特性和增加机械强度，再在其两侧用花瓣形金属薄片制成的夹持

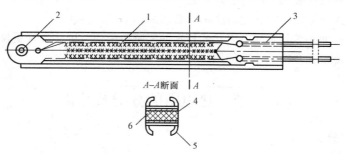

图 12-1　铂电阻元件

1—铂电阻丝；2—铆钉；3—银引出线；4—绝缘片；5—夹持件；6—骨架

件与它们铆合在一起。铂丝绕组的线端与直径为 0.5mm 或 1mm 的银丝引出线焊牢，并穿以瓷套管加以绝缘和保护。

工业用铂电阻有三线制和四线制之分。四线制的标准铂电阻常以电位差计作为测量显示仪表。

铜电阻是用直径为 0.1mm 的绝缘铜丝双绕在圆柱形塑料骨架上制成的，如图 12-2 所示。为了防止铜丝松散和被氧化以及提高其导热性和机械紧固程度，整个元件要经过酚醛树脂（或环氧树脂）的浸渍处理。铜丝绕组的线端与镀银铜丝制成的引出线焊牢，并穿以绝缘瓷管，或者直接用绝缘导线与其焊牢。

3. 保护套管

一般热电阻体外面均套有保护套管，以使其免受腐蚀性介质的侵蚀和外来的机械损伤，延长其使用寿命。保护套管的结构（见图 12-2）和要求与热电偶相同。为了减小热电阻的热惯性，改善其动态特性，常在热电阻体与保护套管之间填充导热性

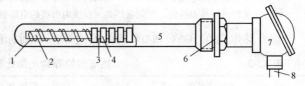

图 12-2 铜电阻体元件

1—热电阻丝；2—电阻体骨架；3—引线；4—绝缘瓷管；
5—保护套管；6—连接法兰；7—接线盒；8—引线孔

能良好的填充料，或装以紫铜、银制成的弹簧片。铜电阻可在热电阻与保护套管之间装有镀银铜片制成的内套管。保护套管上的接线盒，除了普通式和密封式两种外，还有做成便于装拆的插头座的形式。热电阻的结构形式还有薄片型铂电阻、小型铜电阻和铠装热电阻等。

第三节 热电阻的检修

一、热电阻的技术要求

（1）热电阻的装配质量和外观要求。

1）热电阻的各部分装配应正确、可靠、无缺件。

2）热电阻不得断路或短路。

3）热电阻的骨架不得破裂，不得有显著的弯曲现象（不可拆卸的热电阻不做此项检查）

4）热电阻的保护管应完整无损，不得有凹痕、划痕和显著锈蚀。

5）热电阻外表涂层应牢固。

6）热电阻应有铭牌，铭牌应具有以下标志：制造厂或厂商标；热电阻型号；分度号；允许偏差等级；适用温度范围；出厂日期及出厂编号。

（2）当环境温度为 15～35℃，相对湿度不大于 80% 时，铂热电阻的感温元件与保护管之间，以及多支感温元件之间的绝缘电阻应不小于 100MΩ，铜热电阻应不小于 20MΩ。

（3）热电阻实际电阻值对分度表标称电阻值以温度表示的允许偏差 E_t 见表 12-1。

表 12-1   热电阻的允许偏差

热电阻名称		分度号	0℃的标称电阻值 R_0（Ω）	E_t（℃）
铂热电阻	A 级	Pt10	10	$\pm(0.15+0.002\,|t|)$
		Pt100	100	
	B 级	Pt10	10	$\pm(0.30+0.005\,|t|)$
		Pt100	100	

热电阻名称	分度号	0℃的标称电阻值 R_0 （Ω）	E_t （℃）
铜热电阻	Cu50	50	$\pm$ （0.30＋0.006 $|t|$）
	Cu100	100	

注 1. 表中 $|t|$ 是以摄氏度表示温度的绝对值。

2. A 级允许偏差不适用于采用二线制的铂热电阻。

3. 对 $R_0=100.00$Ω 的铂热电阻，A 级允许偏差不适用于 $t>650$℃ 的温度范围。

4. 二线制铂热电阻偏差的检定，包括内引线的电阻值，对于有多支感温元件的二线制热电阻，如要求只对感温元件进行偏差检定，则制造厂必须提供内引线的电阻值。

（4）热电阻在 100℃ 和 0℃ 的电阻比 W_{100}，对标称电阻比 W_{100} 的允许偏差 ΔW_{100} 见表 12-2。

表 12-2   热电阻的标称电阻比和允许偏差

热电阻名称		标称电阻比 W_{100}	ΔW_{100}
铂电阻名称	A 级	1.385 0	$\pm$0.000 5
	B 级		$\pm$0.001 2
铜热电阻		1.428	$\pm$0.002

（5）新制的铂电阻应充分稳定，在上下限各经受 250h 后，其 0℃ 电阻值的变化量换算成温度值，不得超过相关的规定。

（6）新制的铂电阻应符合有关规程的全部技术要求；检修后和使用中的热电阻应符合相应规程的要求。

二、热电阻的检修

1. 质量要求

（1）保护套管不应有弯曲扭斜、压扁、堵塞、裂纹、沙眼、磨损和严重腐蚀等缺陷。

（2）用于高温高压介质中的套管，应具有材质检测报告，其材质的钢号应符合规定要求。做耐压 1.25 倍于工作压力的严密性试验 5min 内应无泄漏。套管内不应有杂质。

（3）感温件绝缘套管的内孔应光滑，接线盒、盒盖板、螺栓等应完整，铭牌标志应清楚，各部分装配应牢固可靠。

（4）热电阻的骨架不得有显著的弯曲现象，热电阻不得短路或断路。

2. 检修项目

在检修前，须对热电阻的阻值进行测量，以核对其分度号和确定测量元件的好坏情况。

（1）外观检查。检查热电阻接线盒外观是否良好，连接是否牢固，保护管是否弯曲或磨损，轻摇动热电阻，倾听管内是否有异常响声。

（2）拆开检查。将热电阻从保护管内拉出，观察热电阻是否清洁、锈蚀和损坏；对于铠装热电阻元件，铠甲顶端是否有磨损；用万用表或电桥测量热电阻，其阻值是否符合当时温度下的阻值，不符合者应于修理或更换。

（3）修理：

1）保护管和接线盒内脏污或有杂质，应于清除和清洗。

2）保护管与接线盒松动时应紧固。

3）对于骨架型热电阻元件，故障轻微的，予以检查修理，否则报废处理。

4）对于微型的铠装热电阻元件，如有故障，应报废处理。

5）对于铠装热电阻元件，铠甲顶端如有磨损，轻微的应在装配时调整插入应力；严重的应制作合适的金属保护套管将其顶端罩住，并用密封胶或绝缘漆密封防潮。如内部热电阻元件有故障，应报废处理。当铠装热电阻元件有裂纹时，应浸绝缘漆密封防潮。

（4）装配。检修或更换的热电阻元件，应能插入到保护管底部。铠装热电阻的插入深度能调节的，应重新调整固定；凡属于弹性自动调节的，弹簧的预应力应适当。

（5）经检修后的热电阻应符合其质量要求。

三、热电阻测温元件的故障处理

一般热电阻测温元件的故障有如下三种。

（一）仪表指示值比实际温度低或指示不稳定

1. 原因分析

（1）保护管内有积水。

（2）接线盒上有金属屑或灰尘。

（3）热电阻丝之间短路或接地。

2. 处理方法

（1）清理保护管内的积水并将潮湿部分加以干燥处理。

（2）清除接线盒上的金属屑或灰尘。

（3）用万用表检查热电阻短路或接地部位，并加以消除，如短路应更换。

（二）仪表指示最大值

（1）原因分析：热电阻断路。

（2）处理方法：

1）用万用表检查断路部位并予以消除。

2）如连接导线断开，应予以修复或更换。

3）如热电阻本身断路，应更换。

（三）仪表指示最小值

（1）原因分析：热电阻短路。

（2）处理方法：

1）用万用表检查短路部位，若是热电阻短路，则应修复或更换。

2）若是连接导线短路，则应处理或更换。

第四节　热电阻的检定

一、热电阻检定概述

相关检定规程要求热电阻的检定周期，应根据具体情况规定，最长不超过一年。现场应用一般按计量分类管理规定的周期进行校验。当热电阻的电阻系数 a 的偏差超过允许值，但在 0、100℃和上限温度点的电阻值均符合允许偏差的规定时，则该热电阻判断为合格，反之则为不合格。经检定符合有关规定要求的热电阻和感温元件发检定证书；不符合有关规程要求的发检定结果通知书。

1. 检定用标准器及仪器设备的选择

（1）用来检定铜热电阻的二等标准铂电阻温度计（也可采用二等标准水银温度计）。

（2）一套 0.02 级测温电桥（电桥的最小步进值应不小于 $1 \times 10^{-4} \Omega$）或同等准确度的其他电测设备。检定 A 级铂热电阻时，电测设备应使用修正值。

（3）转换开关（接触热电势小于 $0.4\mu V$）。

（4）冰点槽。

（5）水沸点槽或油恒温槽及同等精度的100℃点恒温槽。其中水沸点槽插孔之间的最大温差不大于 0.01℃。油恒温槽工作区域内的垂直温差不大于 0.02℃；水平温差不大于 0.01℃。

（6）相关表计（如100V绝缘电阻表和万用表等）。

2. 检定条件

（1）自身不具备恒温条件的电测设备的工作环境温度应在（20±2）℃范围内。

（2）可以拆卸保护管的热电阻须放置在玻璃试管中（其试管内径应与感温元件的直径或宽度相适应）。试管口用脱脂棉或软木塞塞紧后，插入介质中（插入深度不少于 300mm）。保护管不可拆卸的热电阻可直接插入介质中进行检定。

（3）检定热电阻时，通过热电阻的检测电流应不大于 1mA。可用电位差计或用电桥进行测定。

二、热电阻的检定方法

热电阻的检定。只测定 0℃ 和 100℃ 时的电阻值 R_0、R_{100}，并计算电阻比 W_{100}（其值为 R_{100}/R_0）。

1. 检定时接线的方法

（1）测量二线制热电阻或感温元件的电阻值时，应在热电阻的每个接线柱或感温元件的每根引线末端接出两根导线，然后按四线制进行接线测量。

（2）三线制热电阻。由于使用时不包括内引线电阻，因此在测定电阻时，须采用两次测量方法，以消除内引线电阻的影响（每次测量均按四线制进行）。对铠装三线制热电阻检定时，其接线原理见图 12-3 和图 12-4，按图 12-3 所示的接线测量出 R_1，按图 12-4 所示的接线测量出 R_2。

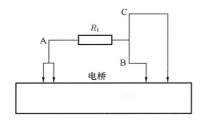 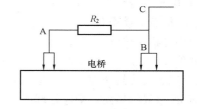

图 12-3　三线制热电阻测量 R_1 接线图　　图 12-4　三线制热电阻测量 R_2 接线图

（3）插入深度。热电阻的插入深度一般不少于 300mm。

2. 0℃电阻值检定

将二等标准热电阻温度计和被检热电阻插入盛有冰水混合物的冰点槽内（热电阻周围的冰层厚度不少于 30mm）。30min 后按图 12-5 中的顺序测出标准铂电阻温度计和被检热电阻的电阻值。循环读数三次，取其平均值。如此完成一个读数循环。A 级铂热电阻每次测量不得少于三个循环，B 级铂热电阻及铜热电阻每次测量不得少于两个循环，取其平均值进行计算。

标准铂电阻温度计 → 被检1 → 被检2 → 被检3 → … 被检n

↑向换

标准铂电阻温度计 ← 被检1 ← 被检2 ← 被检3 ← … 被检n

图 12-5　用标准铂电阻温度计测量被检热电阻的电阻值的顺序

3. 100℃电阻值检定

将标准铂热电阻温度计和被检热电阻插入沸点槽或恒温槽内，30min 后按规定次序循环读数三次，取其平均值。测量热电阻在 100℃的电阻值时，水沸点槽或油恒温槽的温度偏离 100℃之值应不大于 2℃；温度变化每 10min 应不大于 0.04℃。

4. 检定电阻值时的注意事项

（1）用二等水银温度计检定铜电阻时，读数程序中的标准铂电阻温度计改为标准水银温度计。

（2）0℃热电阻也可在蒸馏水制备的冰水混合物中直接进行测定。

（3）热电阻在 0℃时的电阻值 R_0 的误差和电阻比 W_{100} 的误差应不大于表 12-3 的规定。

表 12-3　　　　　　　　　　　　　　工业热电阻允许误差表

热电阻名称		分度号	R_0 标称电阻值（Ω）	电阻比 R_{100}/R_0	测量范围（℃）	允许误差
铂热电阻	A 级	Pt10	10.00	1.3851±0.05%	−200～500	±（0.15+0.2%｜t｜）
		Pt100	100.00	1.3851±0.05%		
	B 级	Pt10	10.00	1.385±0.05%	−200～500	±（0.30+0.5%｜t｜）
		Pt100	100.00	1.3851±0.05%		
铜热电阻		Cu50	50	1.428±0.2%	−50～150	±（0.30±0.6%｜t｜）
		Cu100	100	1.428±0.2%		

注　表中 ｜t｜ 为温度的绝对值，单位为℃。

（4）电阻温度系数 α 与标称值 $\Delta\alpha$ 的偏差符合表 12-4 的规定。

表 12-4　　　　　　　　　　　　电阻温度系数 α 与标称值偏差 $\Delta\alpha$

热电阻名称		α	$\Delta\alpha$
铂热电阻	A 级	0.003 851	±0.000 006
	B 级		±0.000 012
铜热电阻		0.004 280	±0.000 020

当热电阻的电阻温度系数 α 的偏差超过允许值，但在 0、100℃和上限温度点的电阻值均符合允许偏差的规定时，则该热电阻判合格，反之为不合格。

5. 绝缘电阻的测量

热电阻的绝缘电阻用绝缘电阻表进行测量。测量时应将热电阻各个接线端子相互短路，并接至绝缘电阻表的一个接线柱上，绝缘电阻表另一个接线柱的导线紧夹于热电阻的保护管上。具有多支感温元件的热电阻，还应测量不同感温元件输出端之间的绝缘电阻。

6. 检定结果的计算

在采用测温电桥进行鉴定时：

（1）冰点槽内的温度 t_i 按式（12-2）计算

$$t_i = \frac{\Delta R^*}{(\mathrm{d}R/\mathrm{d}t)_{t^*=0}} \tag{12-2}$$

$$R_0^* = \frac{R_{\mathrm{tp}}^*}{1.000\ 039\ 8}$$

$$\left(\frac{\mathrm{d}R}{\mathrm{d}t}\right)^*_{t=0} = 0.003\,99R^*_{\mathrm{tp}}$$

$$\Delta R^* = R^*_{\mathrm{i}} - R^*_0$$

式中　R^*_{i}、R^*_0 ——标准铂电阻温度计在温度 t 和 0℃的电阻值，Ω；

　　　　R^*_{tp} ——标准铂电阻温度计在水三相点的电阻值，Ω；

　　$(\mathrm{d}R/\mathrm{d}t)^*_{t=0}$ ——标准铂电阻温度计在 0℃时电阻随温度的变化率，Ω/℃。

（2）被检热电阻的 R_0 按式（12-3）计算

$$R_0 = R_{\mathrm{i}} - t_{\mathrm{i}}(\mathrm{d}R/\mathrm{d}t)_{t=0} \tag{12-3}$$

对铂热电阻　　　　　$(\mathrm{d}R/\mathrm{d}t)_{t=0} = 0.003\,91R'_0$

对铜热电阻　　　　　$(\mathrm{d}R/\mathrm{d}t)_{t=0} = 0.004\,28R'_0$

式中　R_{i}——被检热电阻在温度 t_{i} 时的电阻值，Ω；

$(\mathrm{d}R/\mathrm{d}t)_{t=0}$ ——被检热电阻在 0℃时电阻随温度的变化率，Ω/℃；

　　　R'_0 ——被检热电阻在 0℃的标称电阻值，Ω。

（3）被检热电阻在 0℃时的偏差 E_0 按式（12-4）计算

$$E_0 = (R_0 - R'_0)/(\mathrm{d}R/\mathrm{d}t)_{t=0} \tag{12-4}$$

（4）被检热电阻的 R_{100} 按式（12-5）计算

$$R_{100} = R_{\mathrm{b}} - \Delta t(\mathrm{d}R/\mathrm{d}t)_{t=100} \tag{12-5}$$

对铂热电阻　　　　　$(\mathrm{d}R/\mathrm{d}t)_{t=0} = 0.003\,79R'_0$

对铜热电阻　　　　　$(\mathrm{d}R/\mathrm{d}t)_{t=0} = 0.004\,28R'_0$

$$\Delta t = \frac{R^*_{\mathrm{b}} - R^*_{100}}{(\mathrm{d}R/\mathrm{d}t)^*_{t=100}}$$

$$R^*_{100} = W^*_{100}R^*_{\mathrm{tp}}$$

以上式中　R_{b}——被检热电阻在水沸点或油恒温槽温度 t_{b} 的电阻值，Ω；

　$(\mathrm{d}R/\mathrm{d}t)_{t=100}$ ——被检热电阻在 100℃时电阻随温度的变化率，Ω/℃；

　　　　R^*_{b} ——标准铂电阻温度计在温度 t_{b} 的电阻值，Ω；

　　　　R^*_{100} ——由 R^*_{tp} 值计算得到的标准铂电阻温度计在 100℃的电阻值，Ω。

（5）被检热电阻的 α 按式（12-6）计算

$$\alpha = (R_{100} - R_0)/100R_0 \tag{12-6}$$

（6）被检热电阻的 $\Delta\alpha$ 按式（12-7）和式（12-8）计算

对于铂电阻　　　　　$\Delta\alpha = \alpha - 0.003\,851$ \qquad(12-7)

对于铜电阻　　　　　$\Delta\alpha = \alpha - 0.004\,280$ \qquad(12-8)

（7）三线制热电阻在 t℃电阻值 R_i 按式（12-9）计算

$$R_i = 2R_1 - R_2 \tag{12-9}$$

式中　R_1——包括一根内引线电阻；

　　　R_2——包括两根内引线电阻。

第十三章　温度开关（温度控制器）的校验

温度开关是热工连锁保护系统中的控制元件之一。由于其原理十分简单，故而使用起来非常可靠，因而也就广泛地得到了应用。原理最简单的温度开关是根据所要控制的对象的温度来决定通断的开关。

火力发电厂常用的温度开关（以下简称为温度开关）有双金属型的和压力式的两种。

第一节　双金属温度开关的校验

一、双金属温度开关的结构

金属材料有热胀冷缩的特性，不同的金属材料随着温度变化的膨胀系数是不一样的，双金属温度开关就是根据这个原理来工作的。双金属温度开关（又称双金属温度计）是采用两种不同的膨胀系数的金属片为感温元件的一种测温仪表，既可用于温度的测量和显示，也可用于温度过程的控制。

双金属片是利用双金属片在温度或湿度改变时产生变形的元件，通常由两层膨胀系数不同的合金叠合而成。其中，膨胀系数较大的称为主动层，膨胀系数较小的称为被动层。主动层的材料主要有锰镍铜合金、镍铬铁合金、镍锰铁合金和镍等，被动层的材料主要是镍铁合金，镍含量为34%～50%。

其工作原理是由于金属膨胀系数的差异，在温度发生变化时，主动层的形变大于被动层的形变，从而双金属片的整体就会向被动层一侧弯曲，产生形变。

通常双金属片用镍铁合金和黄铜来制作，并要求具有良好的弹性，以保证控温的精度和重复使用性。

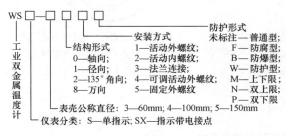

图 13-1　双金属温度计的型号编制

双金属温度计适合于中、低温的现场检测，适宜直接测量的工质有气体、液体和蒸汽的温度。用于测量和显示的双金属温度计通常配有电接点，能在工作温度超过给定值时，自动发出控制信号切断电源或报警。

1. 双金属温度计的型号编制

双金属温度计的型号编制见图 13-1。

例如型号 WSS411 代表表盘直径为 100mm，径向型双金属温度计。型号 WSSX401W 代表电接点防护型，表盘直径为 100mm，轴向双金属温度计。

2. 原理结构

如图 13-2 所示，双金属温度计采用多圈直螺旋形双金属片作为感温元件。双金属片的一端固定，另一端（自由端）连接在芯轴（指针轴）上，轴向型温度开关指针直接装在芯轴上，径向型结构指示针通过转角弹簧与芯轴连接。当温度变化时，感温元件的自由端旋转，经芯轴传动指针在刻度盘上指示出被测介质温度的变化值。指针上装有动接点，固定接点装在设定指针上，指针触头随温度变化旋转，当温度达到或超过设定值时，接点闭合发出信号，以达到自动控制和报警的目的。

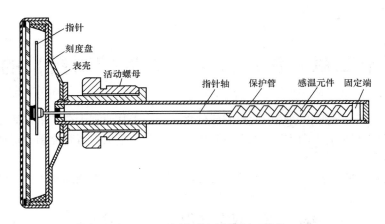

图 13-2 双金属温度计的原理结构

温度计的整体结构分为轴向型、径向型、135°角向、万向型四种形式。感温元件的固定形式有抽芯式和一体式两种，如图 13-3 所示。

温度计的工作环境温度为−100～+40℃，防腐型产品允许在有酸碱、盐气雾的工作环境中工作，指示表头使用环境湿度为5%～100%。温度计的接点（见图 13-4）可以为上、下限，双上限，双上限（全部常开）。接点功率为10VA，要求无感性负载，最高工作电压为220V，最大工作电流为1A。管径为6、8、10mm温度计的时间常数小于40s。保护管的材料为1Cr18Ni9Ti不锈钢和钼二钛，其所能承受的公称压力为6.4MPa。测量温度时应将保护管下面100mm长浸入被测量介质，保持温度准确性。温度计的精度为±1.5%。

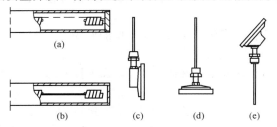

图 13-3 双金属温度计的整体结构
(a)—一体式；(b)—抽芯式；(c)—径向型；
(d)—轴向型；(e)—135°角向；(f)—万向型

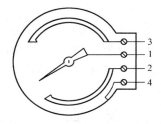

图 13-4 WSSX 温度计接线图
1—动触点；2—给定下限触点；
3—给定上限触点；4—接地

3. 温度计的测量范围

不同型号温度计的测量范围见表 13-1。

表 13-1　　　　　　　　　温度计的测量范围及相关尺寸

序号	型号	结构形式	保护套管长度 (mm)	温度范围 (℃)	表壳直径 (mm)	保护管套直径 (mm)	标准安装螺纹
1	WSS—30	轴向	150	−60～40			
2	WSS—311	径向	200	−40～60			M16×1.5
3	WSSX—301	轴向电接点	300	20～80	φ60	φ6	
4	WSSX—311	轴向电接点	400	0～50			
5	WSX—71	轴向电接点	500	0～100			
6	WSS—401	轴向	75	0～120			
7	WSS—411	径向	100	0～150	φ100	φ10	M27×2
8	WSSX—401	轴向电接点	120	0～200			

4. 双金属温度计的安装方式

双金属温度计的安装可以有垂直于管道的安装方式（见图 13-5，万向式及径向式）、弯曲管道的安装方式（见图 13-6）和法兰安装方式（见图 13-7）。

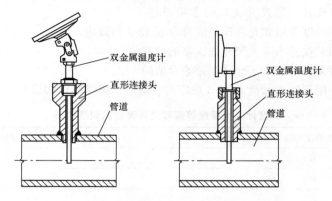

图 13-5　垂直于管道的安装方法

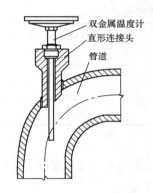

图 13-6　弯曲管道的安装方法

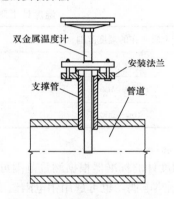

图 13-7　法兰安装方法

5. 双金属温度计的优缺点

优点：

(1) 现场显示温度，直观方便；

(2) 安全可靠，使用寿命长；

(3) 抽芯式温度计可不停机短时间维护或更换机芯；

(4) 轴向型、径向型、135°角向、万向型等品种齐全，适应于各种现场安装的需要；

(5) 反应灵敏、指示清晰、刻度线性；

(6) 多视向、多功能、耐振。

缺点：精度不高。

二、双金属温度计（温度开关）的检定

（一）双金属温度计（温度开关）的外观检查

(1) 温度计各部件不得有锈蚀，保护层应牢固、均匀和光洁。

(2) 温度计表面用的玻璃或其他透明材料应保持透明，不得有妨碍正确读数的缺陷或损伤。

(3) 温度计表盘上的刻线、数字和其他标志应完整、清晰、正确。

(4) 温度计指针应遮盖最短分度线的 1/4～3/4，指针指示端宽度不应超过最短分度线的宽度。指针与表盘间的距离不应大于5mm，但不应触及表盘。

（5）温度计表盘上应标有制造厂名（或厂标）、型号、出厂编号、国际实用温标摄氏度的符号"C"、准确度等级和制造年月。

（二）双金属温度计（温度开关）的各项指标

（1）温度计的准确度等级和允许误差应符合表13-2的规定。

（2）温度计的回程误差不应大于允许误差的绝对值。

（3）温度计的重复性不应大于允许误差绝对值的1/2。

（4）温度计的上限温度在保持表13-3规定的时间后，该温度计的误差扔不得超过允许误差。

表 13-2　　　　　　　　温度计的准确度等级和允许误差的对应关系

准确度等级	允许误差（量程的%）
1.0	±1.0
1.5	±1.5
2.5	±2.5

表 13-3　　　　　　　　　温度计上限温度的保持时间

温度计上限所在的温度范围（℃）	保持时间（h）
≤300	24
>300～400	12
>400～500	4

（三）检定条件

（1）检定温度计的标准器根据测量范围可分别选用二等标准水银温度计、二等标准汞基温度计、标准铜-康铜热电偶，也可选用铂电阻温度计。

（2）检定用的主要设备：

1）恒温槽。恒温槽的相关参数如表13-4所示。

2）0.02级低电动势电位差计及配套设备，或0.02级测温电桥及配套设备。

3）冰点槽。

4）读数放大镜（5～10倍）。

表 13-4　　　　　　　　　　恒温槽的相关参数　　　　　　　　　　　　　　　℃

恒温槽名称	使用温度范围	工作区域最大温差	工作区域水平温差
酒精低温槽	−80至室温	0.3	0.15
水恒温槽	1～95	0.1	0.05
油恒温槽	95～300	0.2	0.1
盐槽、锡槽或其他高温槽	300～500	0.4	0.2

（四）检定项目和检定方法

1. 温度计的检定项目

温度计的检定项目见表13-5。

表 13-5　　　　　　　　　　　　　　　　温度计的检定项目

项目 检定类别	1 外观	2 示值检定	3 回程误差	4 重复性	5 上限试验
新制造	√	√	√	√	√
使用中	√	√	√	×	×
修理后	√	√	√	×	×

注　1. 表中的"√"表示必须检定,"×"表示可不检定。
　　2. 新制造的温度计对 4、5 两项进行抽检。

2. 温度计的浸没长度

温度计的浸没长度也可称为置入长度,应符合产品使用说明书的要求或按全浸检定,但不应大于 500mm。

3. 外观检查

外观检查是用目力观察温度计应符合规定。使用中和修理后的温度计外观上允许有不影响使用的缺陷。

4. 示值检定

(1) 温度计的检定点不得少于四点,应均匀分布在主分度线上(必须包括测量上下限)。有零点的温度计必须包括零点,使用中的温度计也可根据用户要求进行检定。

(2) 温度计的检定顺序应在正反两个行程上分别向上限或下限方向逐点进行,测量上、下限只进行单行程检定。

(3) 温度计检定时的读数方法。在读被检温度计示值时,视线应垂直于表盘。使用放大镜读数时,视线应通过放大镜中心。读数时应估计到分度值的 1/10。

(4) 零点检定。将温度计的测量端(温度检测元件)插入盛有冰水混合物的冰点槽中,待示值稳定后即可读数。

(5) 其他各点的检定。将温度计插入恒温槽中(槽温偏离检定点温度不得超过 ±2℃,以标准温度计为准),在各个检定点待温度计示值稳定后进行读数。在读数时,记下标准温度计和被检温度计正、反行程的示值。在读数过程中,其槽温变化不应大于 0.1℃(槽温超过 300℃ 以上时,其槽温变化不应大于 0.5℃)。

(6) 被检温度计误差的计算。

1) 当用二等标准水银温度计、二等标准汞温度计做标准时:

$$恒温槽实际温度＝标准温度计示值＋该温度计的修正值$$
$$被检温度计的误差＝被检温度计示值－恒温槽实际温度$$

2) 当用标准铜—康铜热电偶做标准时:

$$被检温度计的误差＝被检温度计示值－t'$$

式中的 $t' = t \times \Delta e / (\mathrm{d}e/\mathrm{d}t)_t$;$\Delta e = e_t - e'_t$;$(\mathrm{d}e/\mathrm{d}t)_t = a + 2bt + 3ct_2$。$e_t$ 为按证书上给出的热电关系式计算的在检定点 t 时的热电势,μV;e'_t 为实测时测得的相应于温度 t' 时的热电势,μV;a、b、c 为证书中给出的热电关系式的系数。

5. 回程误差

温度计的回程误差不应大于允许误差的绝对值,回程误差的检定在示值检定中同时进行。在同一检定点上正反行程误差之差的绝对值即为回程误差。

6. 重复性

温度计的重复性不应大于允许误差绝对值的 1/2。温度计在正反行程示值检定中,在同一检定点上要重复进行多次（至少三次）示值检定，计算出各点同一行程误差的最大差值即为温度计的重复性。

7. 上限试验

经过示值检定的温度计，将其温度检测元件插入恒温槽中，在对应于上限温度（波动不大于 ±20℃)持续所规定的时间后，取出冷却到室温，再做第二次示值检定，计算各点的误差应符合规定。

（五）双金属温度计试验

1. 热稳定性试验

温度计的检测元件插入恒温装置中，在测量上限保持规定的时间。试验时，恒温装置的温度变化应在 ±2℃以内。试验后，温度计仍应符合相关规程的规定。

2. 时间常数试验

温度计的检测元件处于温度较低的介质中，待示值稳定后迅速移入处于另一温度较高的恒温槽内（前一种介质的温度与恒温槽的温度之差大于温度计量程的 50%，以形成温度阶跃)，同时启动秒表，当温度计示值的变化达到温度之差（阶跃值）的 63.2% 时，嵌停秒表。秒表所记下的时间即为时间常数，它应符合相关规程的规定。

3. 耐振性试验

将温度计安装在振动台上，温度计的标度盘应与重力加速度向平行，然后经受规定的铅垂方向振动。

4. 位置影响试验

将在室温条件下的温度计从参比工作位置前、后、左、右各倾斜 90°，然后测量由此产生的示值变化。

5. 耐压试验

温度计护套的耐压试验应在室温条件下用水进行外压试验，试验压力为公称压力的 1.5 倍，试验时间为 1min。试验过程中，护套应不损坏和渗漏。

（六）检定结果的处理

（1）经检定合格的温度计出具检定证书；不合格仪表应发给检定不合格通知书，并注明不合格项和内容。

（2）温度计的检定周期应根据具体使用情况决定，一般不超过一年。

（七）双金属温度计的使用与维护

（1）双金属温度计在使用和安装时，应避免碰撞保护管，切勿使保护管弯曲变形。

（2）使用前应检查电接点双金属温度计是否超过保证期限（18 个月）。如过期，需重新检验合格后方准使用。

（3）电接点双金属温度计保护管插入被测介质中的长度必须大于感温元件的长度（一般插入长度应大于 100mm，0~50℃量程的插入长度大于 150mm），0~50℃量程的温度计浸入长度应大于 120mm，以保证测量的准确性。

（4）为增大电接点触头功率，防止电接点烧坏，在控制电路中应使用灵敏继电器。建议使用有自锁功能的电子继电器，以增大电接点功率。

（5）电接点双金属温度计经常工作的温度值在最大量程的 1/2~3/4 处。安装时应夹持六角部分将螺纹旋紧，严禁用旋转表头的方法拧紧螺纹。

（6）当测量或控制 200℃以上介质温度时，除安装接头保证密封外，还需注意辐射对仪表的影响。仪表正常使用环境温度为 -20~60℃。

（7）各类双金属温度计不宜用于测量敞开容器内介质温度，带电接点温度计，不允许在强烈振动下工作，以免影响接点可靠性。

（8）双金属温度计在运输、保管、安装使用过程中，应避免碰撞，切勿使保护管弯曲变形。

（9）用于测量大流量或强腐蚀性介质时，需附加保护套管。

第二节　压力式温度计（温度开关）的检修及校验

一、压力式温度计（温度开关）

1. 压力式温度计的原理

压力式温度计是基于密闭测温系统内蒸发液体的饱和蒸气压力和温度之间的变化关系而进行温度测量的。压力式温度计又称隔测式温度计或远程阅读温度计。利用仪表中的填充介质膨胀性原理，推动仪表的弹性元件带动指针旋转，进而测量出被测环境的温度。如图 13-8 所示，压力式温度计主要是由感温泡、毛细管、弹簧管（或多圈螺旋管）及压力敏感元件齿轮或杠杆传动机构、指针和读数盘组成。利用封闭在固定容积内的液体、气体或低沸点液体的饱和蒸汽，其受热体积膨胀使压力变化的性质进行温度测量的。测温时，将温度计感温泡插入被测介质中，当温度变化时，感温泡内的压力发生变化并经过毛细管传递给弹簧管，使自由端产生位移（弹簧管伸张或压缩），在齿轮或杠杆传动机构的传动下，由指针指出相应的温度。其位移的大小与感温泡内的压力有关，即与被测温度数值有关。

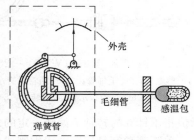

图 13-8　压力温度计的原理构造

压力式温度计按填充物质的不同，可分为充气式、充液式和充低沸点液体式（蒸汽式）三种基本类型。按功能又进一步可分为指示式、记录式、报警式（带电接点）和调节式等类型。

这种压力温度计的毛细管细而长（规格为 1～60m），它的作用主要是传递压力。长度愈长，则使温度计响应愈慢，在长度相等条件下，管愈细，则准确度愈高。

2. 压力式温度计的特点

（1）目前，我国生产的压力式温度计的测温范围是－100～600℃；

（2）压力式温度计既可就地进行测量，又可根据其毛细管的长度，在感温包所能达到的范围内进行远传测量（最大范围一般不超过 60m）；

（3）压力式温度计结构简单，价格便宜，刻度清晰；

（4）除电接点式以外，其他形式的压力式温度计不带任何电源，明渠流量计、水表使用中不会产生火花，故具有防爆性能，适用于易燃易爆环境下测温；

（5）压力式温度计的示值是由毛细管传递的，故其滞后时间较长；

（6）由于压力式温度计受安装高度、测量环境、感温包在被测介质中的浸入深度和压力表精度等的影响，其测量精度不高；

（7）压力式温度计毛细管的机械强度较差，易损坏，且损坏后一般不易修复。

压力式温度计的优点是结构简单，机械强度高，不怕振动。价格低廉，不需要外部能源。

压力式温度计的缺点是：测温范围有局限制；热损失大响应时间较慢；仪表密封系统（感温包，毛细管，弹簧管）损坏难于修理，必须更换；测量精度受环境温度、感温包安装位置影响较大，精度相对较低；毛细管传送距离有限制。

3. 压力式温度计的结构

介绍 WTZ—280 型和 WTQ—280 型压力式指示温度计的结构。

WTZ（WTQ）—280型压力式指示温度计的结构如图13-9所示。

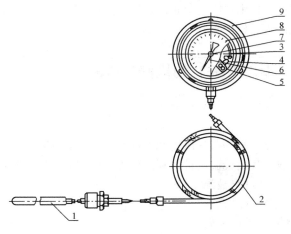

图 13-9　WTZ（WTQ）—280 型结构

1—感温包；2—毛细管；3—单圈管弹簧；4—拉杆；5—齿轮
传动机构；6—示值指示针；7—转轴；8—标度盘；9—表壳

按照图 13-9 可以详细描述温度计的作用原理，它是基于密闭的测温系统内蒸发液体的饱和蒸气压力（或气体压力）和温度之间的变化关系。

图 13-9 中感温包 1 用毛细管 2 连通至单圈管弹簧 3，它们组成一个密闭的测温系统，根据测量范围在该系统内以相应的蒸发液体（如压力气体）测量时，温包插在被测介质中，当被测介质的温度变化时，温包内的蒸发液体产生相应的饱和蒸气压力（或气体压力相应变化），此压力经毛细管传给单圈管弹簧并使其变形（变形的大小和系统内的饱和蒸气压力或气体压力，也就是被测介质的温度值有关），借助与单圈管弹簧自由端相连的拉杆 4，带动齿轮转动机构 5，使装有示值指示针 6 的转轴 7 偏转一定的角度，于标度盘 8 上指示出被测介质的温度值。

单圈管弹簧是用锡磷青铜制成的，温包和毛细管用紫铜制成，毛细管的外部包以用紫铜丝编织而成的保护层。

表壳 9 是由黑酚醛塑料粉压制而成的，并具有良好的密封性，能保护内部机构不污垢侵害和不受机械损害。

4．主要技术规范

（1）WTZ（WTQ）—280 型温度计。WTZ（WTQ）—280 型压力式指示温度计，适用于20m 之内对铜和铜合金不起腐蚀作用的液体、气体和蒸气的温度测量。

WTZ（WTQ）—280 型温度计的基本参数如表 13-6 所示。

表 13-6　　　　　　　　　　WTZ（WTQ）—280 型温度计的基本参数

型号	测量范围（℃）	精度等级	安装螺纹	耐公称压力（MPa）
WTQ—280	−80～40	2.5	M33×2	1.6
	−60～40	2.5		6.4
	0～160			
	0～200			
	0～300			
	0～400			
WTZ—280	0～50	2.5	M27×2	1.6
	−20～60	1.5		6.4
	0～100			
	0～120			
	60～160			
	100～200			

注　由于蒸发液体的饱和蒸汽压力与温度变化之间不成比例的特性，因而标度盘的前 1/3 部分的精度等级为 2.5 级。

（2）WTZ（WTQ）—288 型电接点压力式温度计。WTZ（WTQ）—288 电接点压力式温度计，适用于 20m 之内的液体、气体和蒸汽的温度测量，并能在工作温度达到和超过给定值时，发出开关量信号，也可用来作为温度调节系统的电路接触开关。根据所测介质的不同，又可分为普通型和防腐型。普通型适用于不起腐蚀作用的液体、气体和蒸汽，防腐型采用全不锈钢材料，适用于中性腐蚀液体和气体。

WTZ（WTQ）—288 型电接点压力式温度计的基本参数见表 13-7 和表 13-8。不同型号及规格温度计感温包长度见表 13-9。

表 13-7　　　　　　　　**WTZ—288 型电接点压力式温度计的基本参数**

测量范围（℃）	准确度等级	安装接头	耐公称压力（MPa）
−20～+60	2.5 级	M27×2	1.6 或 6.4
0～50			
0～100	2.5 级或 1.5 级		
20～120			
60～160			
100～200			

注　由于蒸发液体的饱和蒸汽压力与温度变化不成比例的特性，用户可使用标度盘的后 2/3 部分。

表 13-8　　　　　　　　**WTQ—288 型电接点压力式温度计的基本参数**

测量范围（℃）	准确度等级	安装接头	耐公称压力（MPa）
−80～+40	2.5 级或 1.5 级	M27×2 或 M33×2	1.6 或 6.4
−60～+40			
0～160			
0～200			
0～300			
0～400			
0～500			

表 13-9　　　　　　　　**不同规格温度计的温包长度**

规　　格	毛细管长度（m）	插入深度调节（mm）
Z 普通型	12～20	200～300
	1～12	150～250
Z 防腐型	1～10	150～250
Q 普通型	1～20	300～410
Q 防腐型	1～10	300～410

注　仪表在 −20～+60℃ 的环境温度内能正常工作。

二、压力式温度计的检定

（一）仪表检定的技术要求

（1）表头用的保护玻璃或其他透明材料应保持清洁透明，不得有妨碍正常读数的缺陷、污渍或损伤。

（2）温度计的各个零件的装配应牢固，不得有松动，不得有显著锈蚀和防腐层脱落的现象。

（3）温度计仪表盘上的刻度、数字和其他各个标志应完整、清晰、准确。指针应深入标尺最短分度线的 1/4～3/4 内。

（4）温度计的指针所在的平面应与分度表盘平面平行，间距应在 1～3mm 范围内。

（5）温度计表盘上应清晰地标有国际实用温标摄氏度的符号"℃"、制造厂名（或厂标）、型号及出厂编号、准确度等级、制造年月。电接点温度计还应在表盘或外壳上标明电接点的额定功率、接点最高工作电压、交流或直流最大工作电流、接地端子"⊥"标志。

（6）温度计应有封印装置。在不损坏封印的情况下应不能触及到内部。

（7）温度计在检定过程中，指针应平稳移动，不得有明显的跳动和停滞现象（蒸汽压力式温度计在跨越室温部分允许指针有轻微的跳动）。

（8）在环境温度为 5～35℃，相对湿度不大于 85% 时，电接点温度计的接点之间及接点与外壳之间的绝缘电阻应不小于 20MΩ。

（二）温度计误差方面的要求

（1）温度计的准确度等级和允许基本误差应符合表 13-10 的规定。

表 13-10 温度计的准确度等级和允许基本误差

准确度等级	允许基本误差（测量范围的%）
1.0	±1.0
1.5	±1.5
2.5	±2.5
(5.0)	±5.0

注　蒸汽压力式温度计其准确度等级是指标尺后 2/3 部分；标尺前 1/3 部分的准确度等级适用于括号内的 5.0 级。

（2）温度计的回程误差应不大于允许基本误差的绝对值。

（3）电接点温度计的接点动作误差应不大于允许基本误差的 1.5 倍。

（4）电接点温度计的接点切换差应不大于允许基本误差绝对值的 1.5 倍。

（三）标准器和检定设备

（1）标准器可分别选用二等标准水银温度计、标准汞基温度计或满足准确度要求的其他标准器。

（2）检定设备应有恒温槽、放大镜（5～10 倍）、500V 绝缘电阻表。恒温槽的相关参数符合表 13-11 的要求。

表 13-11 恒温槽的相关参数

恒温槽名称	使用温度范围 （℃）	工作区域最大温差 （℃）	工作区域水平温差 （℃）
酒精低温槽	−80～室温	0.3	0.15
恒温槽	室温～95	0.1	0.05
	95～300	0.2	0.1
	300～500	0.4	0.2
盐槽或锡槽	300～600	0.4	0.2

注　1. 各种恒温槽的深度必须保证标准温度计能够全浸使用。

2. 恒温槽内工作区域是指标准温度计与被检温度计的感温包所能触及的最大范围。最大温差是对任意两点而言，水平温差是对某一水平面的任意两点而言。

（四）检定项目和检定方法

首先进行外观检查。用目力观察温度计应符有不影响使用和准确读数的缺陷。温度计的表头应垂直安装，表头和温包的高度应不大于1m。检定时温度计的感温包必须全部浸没，引长管浸没不得小于1/3～2/3。

1. 检定项目

温度计的检定项目见表13-12。

表 13-12　　　　　　　　　　　压力式温度计的检定项目

检定项目	首次检定	后续检定	使用中检定
外观	√	√	√
示值误差	√	√	√
回差	√	√	√
重复性	√	×	×
设定点误差	√	√	√
切换点	√	√	√
绝缘电阻	√		

注　"√"表示必须检定；"×"标示可以不检定，也可以根据用户要求进行检定。

2. 示值检定

（1）检定点。温度计的检定点，在测量范围内应均匀分布在主分度线上（必须包括测量上、下限），首次检定不得少于四点，使用中的温度计不得少于三点。对于使用中的温度计也可根据需要增加对使用点的检定。

（2）检定顺序。分别向测量上限或测量下限方向逐点进行，有零点的须先检定零点。温度计的基本误差应在正反两个行程上进行，温度计测量上下限只进行单行程检定。

（3）读数方法。在读被检温度计示值时，视线应垂直于表盘。读数应估计到最小分度值的1/10。使用放大镜读数时，视线应通过放大镜中心。

（4）零点检定。将温度计的感温包插入盛有冰水混合物的冰点槽中，在示值稳定后方可读数。

（5）其他各点的检定。用与标准温度计作比较的方法检定，控制恒温槽温度在偏离检定点±0.5℃（以标准温度计为准）以内。将被检温度计的感温包插入恒温槽中时间不少于10min，待示值稳定后进行读数，记下标准温度计和被检温度计正（或反）行程的示值。在读数过程中，槽温在300℃以上时，其槽温变化应不大于±0.5℃。当检定电接点温度计的示值时，应将上下限设定指针分别定置在上下限值以外的位置上。温度计各点的基本误差应符合规定。

3. 指针移动平稳性

指针移动平稳性检查在示值检定过程中同时进行，温度上升或下降时指针移动应符合规程规定。

4. 回程误差

回程误差的检定在示值检定过程中同时进行，当温度计被检点依次检定到最高测量上限点（或最低测量下限点）后，再均匀降（或升）温或将感温包迅速移入另一恒温槽内，按原检定点逆程序回检。温度计被检点正反行程基本误差之差值即为回程误差，应符合规程规定。

5. 接点动作误差和接点切换差的检定

（1）检定点。首次检定的温度计在测量范围内均匀分布在主分度线上且不得少于三点，后续检定和使用中检验的电接点温度计在测量范围内（除测量上限和下限），允许只在一个设定点上进行，设定点应在长标度线上。电接点温度计的测量上下限不作为检定点。

（2）检定方法。将标准温度计和被检电接点温度计均插在恒温槽内，电接点的引出线连接在信号电路中。控制恒温槽温度缓慢上升，在信号接通瞬间迅速读取标准温度计的读数，恒温槽升降温速度不应大于1℃/min。接点闭合、断开各检定一次，并记下信号接通和断开时标准温度计的示值。被检电接点温度计设定指针指示的温度（检定点）与接点闭合或断开动作温度（标准温度计示值）的差值，即为接点动作误差，其最大差值不应超过规程的规定。

（3）对于可调动切换差类型的控制器，首先用设定值调节端钮调节下切换值，然后用切换差调节端钮调节切换，调节后的上切换值为下切换值加上切换差，逆时针转动设定值调节端钮，可使上下切换值均向上移动，逆时针转动切换差调节端钮仅使切换差增大。

在同一检定点上电接点温度计闭合、断开动作温度（标准温度计示值）之差即为接点切换差，应符合规程的规定。

6. 绝缘电阻的检定

将额定直流电压为500V绝缘电阻表的两根导线分别接在接点之间和接点与外壳之间，摇动绝缘电阻表，其绝缘电阻应符合规程的规定。

（五）检定结果的处理

（1）经检定合格的温度计应出具检定证书。检定不合格的温度计出具检定结果通知书，并注明不合格项。

（2）温度计检定周期应根据具体使用情况确定，一般不超过一年。

三、压力式温度计的使用维护注意事项

压力式温度计除应注意避免超范围使用和在使用前对温度计进行相应的检验外，还应在安装和使用时注意以下几个方面：

（1）使用前应先检查温度计的有效期限，若以过期则需重新检验。

（2）温度计应使用在周围环境温度为−30～+55℃，相对湿度不大于5％～95％的环境中。

（3）温度计应垂直安装在没有振动的安装板上，并尽可能与感温包安装处保持同一水平位置，以减少由于静液柱作用所引起的附加误差。

（4）感温包必须全部浸入在被测介质中（使感温包插入最大深度，以减少由于感温包安装螺栓散热而引起的误差），被测介质需经常流动。

（5）温度计经常的工作温度应在测量范围的1/2～3/4处。

（6）在任何情况下（无论搬运、安装或使用等），温度计应避免振动碰撞和冲击等。

（7）如测量对铜和铜合金有腐蚀作用的或压力大于感温包所能耐的公称压力介质时，感温包必须加保护管。

（8）测量时，须将感温包全部浸入被测介质中。但应注意，不能将毛细管也插入介质中，否则会增加测量误差。

（9）充液体式和充低沸点液体式压力温度计，当温度计的感温包与弹簧管不处于同一高度时，由于两者的高度不同而产生的液柱差，将给仪表的示值带来误差。当感温包所处位置高于表头时，仪表示值要比实际值偏高；反之，仪表示值将偏低。因此，在使用这两类压力温度计测温时，应注意感温包与表头位置的安装，一般是将感温包和指示部分安装在同一水平位置上。这项误差对充气式压力温度计的影响可忽略不计。

（10）由于毛细管和压力表弹簧管中所充的也是感温物质，当其所处的环境温度与温度计分度时的规定环境温度不符时，则会对示值产生影响。关于这种影响，充气式的最明显，充液式的次之，充低沸点液体式的甚微。为了减小环境温度变化对温度计示值的影响，有些产品带有相应的补值装置。

（11）由于压力式温度计的滞后时间较长，测温时，应待温度示值较稳定后再进行读数。

（12）由于压力式温度计的毛细管机械强度较差，在安装时，毛细管应引直，每相隔不大于300mm 的距离用扎头固定起来，毛细管的弯曲半径不应小于 50mm。使用压力式温度计时，必须注意保护毛细管，不得剧烈多次弯曲冲击，同时，也要注意不要将毛细管和弹簧管置于易受腐蚀的环境中。

第十四章　温度变送器及检定

第一节　温度变送器概述

温度变送器是一种将温度变量转换为可传送的标准化输出信号的仪表，主要用于工业过程温度参数的测量和控制。

带传感器的变送器通常由传感器和信号转换器两部分组成。温度传感器主要是热电偶或热电阻；信号转换器主要由测量单元、信号处理和转换单元组成（由于工业用热电阻和热电偶分度表是标准化的，因此信号转换器作为独立产品时也称为变送器），有些变送器增加了显示单元，有些还具有现场总线功能，如图 14-1 所示。

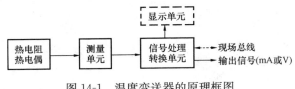

图 14-1　温度变送器的原理框图

变送器如果由两个用来测量温差的传感器组成，输出信号与温差之间有一给定的连续函数关系，故称为温度变送器。

变送器输出信号与温度变量之间有一给定的连续函数关系（通常为线性函数），早期生产的变送器其输出信号与温度传感器的电阻值（或电压值）之间呈线性函数关系。

标准化输出信号主要为 0～10mA 和 4～20mA（或 1～5V）的直流电信号。不排除具有特殊规定的其他标准化输出信号。

温度变送器按供电接线方式可分为两线制和四线制。

变送器有电动单元组合仪表系列的（DDZ—Ⅱ型、DDZ—Ⅲ型和 DDZ—S 型）和小型化模块式的，多功能智能型的。前者均不带传感器，后两类变送器可以方便地与热电偶或热电阻组成带传感器的变送器。

由于温度变送器在制造工艺上较为复杂，且安装现场环境较差，目前应用较少，一般是输出 4～20mA DC 信号，直接进入 DCS 进行显示。

根据所配用的传感器的不同，温度变送器分为热电偶温度变送器和热电阻温度变送器。另外还有一种一体化温度变送器，其传感器也是分别由热电偶和热电阻组成。

一、热电偶温度变送器

1. 热电偶温度变送器的概念

如图 14-2 所示，以热电偶为传感器的温度变送器称为热电偶温度变送器，可以与各种测温热电偶配合使用，工作时将温度信号变换为成比例的 1～5V 直流信号，同时也可以输出 4～20mA 辅助信号。

2. 热电偶温度变送器输出信号的线性化

采用变送器的目的是使输出信号线性化。对于热电偶温度变送器也不例外，也要求变送器的输出电压信号与相应的变送器输入的温度信号呈线性关系。但常用的热电偶输出的毫伏值与所表示的温度之间并非是线性的，如图 14-3 所示。不同种类热电偶的非线性程度也是不一样的；同一种热电偶在不同的测量范围，其非线性程度也是不同的。如铂铑-铂热电偶的特性曲线是凹向

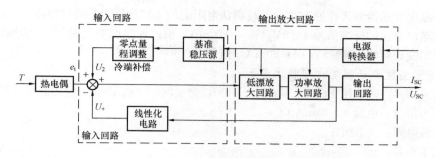

图 14-2 热电偶温度变送器的结构框图

上的,而镍铬-镍铝热电偶特性曲线开始是凹向上的,温度升高时又变为凹向下,呈 S 形。

变送电路的主要部分是放大回路。热电偶是非线性的,而温度变送器放大回路是线性的,如果将热电偶的热电动势直接接到变送器的放大回路,则温度 T 与变送器的输出电压 U_{SC} 之间的关系必然是非线性的。因此,为了使温度变送器的输入温度 T 与输出电压 U_{SC} 也能保持线性关系,变送器的放大回路特性就不能是线性的,且必须与热电偶的特性是互补的。

如图 14-4 所示,热电偶温度变送器是由热电偶输入回路和放大回路两部分组成的。因此,为了得到线性关系,必须使放大回路具有非线性特性。放大器非线性特性一般是通过使反馈回路非线性来实现的。$W_1(S)$ 为热电偶的传递函数,$W_f(S)$ 为放大回路反馈电路的传递函数。则温度变送器的传递函数为 $W(S) = W_1(S) \times W_2(S)$。式中的 $W_2(S)$ 为放大回路的传递函数。

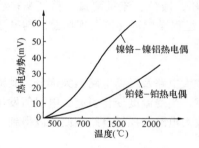

图 14-3 热电偶非线性特性

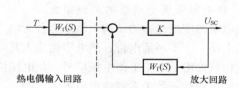

图 14-4 热电偶温度变送器框图

变送器放大回路放大器的放大系数 K 很大,故放大回路的传递函数 $W_2(S)$ 可以认为等于反馈电路的传递函数的倒数,即 $W_2(S) \approx 1/W_f(S)$。则热电偶输入温度变送器的传递函数 $W(S) \approx W_1(S)/W_f(S)$。由此可知,若要使热电偶输入的温度变送器保持线性,就需要使反馈电路的特性曲线与热电偶的特性曲线相同,即变送器放大回路的反馈电路输入与输出特性要模拟成热电偶的非线性特性关系,如图 14-3 所示。按图 14-3 所示原理实现的温度变送器即可使变送器输出电压 U_{SC} 与输入温度信号 T 呈线性关系。

热电偶温度变送器的关键技术是如何使放大回路的反馈电路具有热电偶的非线性特性。

二、热电阻温度变送器

热电阻温度变送器由基准单元、R/U 转换单元、线性电路、反接保护、限流保护、U/I 转换单元等组成。测温热电阻信号转换放大后,再由线性电路对温度与电阻的非线性关系进行补偿,经 U/I 转换电路后输出一个与被测温度成线性关系的 4~20mA 的恒流信号。

热电阻温度变送器与各种测温热电阻配合使用,可以将热电阻温度变化信号变换成比例的 1~5V 信号,同时也可以输出 4~20mA 的辅助信号。

热电阻温度变送器的工作原理就是通过确认电阻值的不同计算出当前的温度，再根据热电阻的量程变送输出对应的标准信号 1～5V（或 4～20mA）值。即温度变化引起热电阻的电阻变化，从而导致温度变送器输出 1～5V（4～20mA）信号。

1. 热电阻温度变送器的主要技术参数

（1）输入信号：热电阻 Pt100、Cu50、Cu100，测量间距 10℃，以上任何温度范围；

（2）输出信号：电流 4～20mA DC；

（3）负载电阻：≤500Ω；

（4）基本误差：±0.5%；

（5）温度漂移：±0.1%/10℃；

（6）传输方式：两线制传输；

（7）工作环境温度：温度为 -10～75℃，湿度≤90%；

（8）电源：24V DC±2V（或配电器、安全栅供电）；

（9）功耗：≤0.5W。

2. 热电阻温度变送器的主要特点

（1）模拟型特点：精度高；量程、零点外部连续可调；稳定性能好；正迁移可达 500%，负迁移可达 600%；二线制；阻尼可调，耐过压；固体传感器设计；无机械可动部件，维修量少；重量轻；全系列统一结构，互换性强；小型化；接触介质的膜片材料可选；单边抗过压强；低压浇铸铝合金壳体。

（2）智能型特点：超级的测量性能，用于压力、差压、液位、流量测量；精度高；稳定性好；标准 4～20mA，带有基于 HART 协议的数字信号，远程操控；支持向现场总线与基于现场控制的技术的升级。

3. 热电阻温度变送器的系统组成

热电阻温度变送器的结构大体上可分为输入电桥、放大电路及反馈电路三大部分。其输入电桥实质上是一个不平衡电桥，热电阻被接入其中一个桥臂，当受温度变化引起热电阻值发生改变后，电桥就输出一个不平衡电压信号。此电压信号通过放大电路和反馈电路，便可以得到一个与输入信号呈线性函数关系的输出电流。

4. 热电阻温度变送器对热电阻的要求

（1）热电阻测温系统一般由热电阻、连接导线和显示仪表等组成，必须注意以下两点：

1）热电阻和显示仪表的分度号必须一致；

2）为了消除连接导线电阻变化的影响，必须采用三线制接法。

（2）铠装热电阻。铠装热电阻是由感温元件（电阻体）、引线、绝缘材料、不锈钢套管组合而成的坚实体，它的外径一般为 $\phi1～\phi8$。与普通型热电阻相比，它有下列优点：

1）体积小，内部无空气隙，热惯性上测量滞后小；

2）机械性能好、耐振，抗冲击；

3）能弯曲，便于安装；

4）使用寿命长。

（3）端面热电阻。端面热电阻感温元件由特殊处理的电阻丝材绕制，紧贴在温度计端面。它与一般轴向热电阻相比，能更正确和快速地反映被测端面的实际温度，适用于测量轴瓦和其他机件的端面温度。

（4）隔爆型热电阻。隔爆型热电阻通过特殊结构的接线盒，把其外壳内部爆炸性混合气体因受到火花或电弧等影响。电阻体的断路修理必然要改变电阻丝的长短而影响电阻值，为此更换新的电阻体为好。若采用焊接修理，焊后要校验合格后才能使用。

5. 热电阻温度变送器的结构特点

(1) 精通型热电阻：从热电阻的测温原理可知，被测温度的变化是直接通过热电阻阻值的变化来测量的，因此，热电阻体的引出线等各种导线电阻的变化会给温度测量带来影响。为消除引线电阻的影响一般采用三线制或四线制。

(2) 隔爆型热电阻：隔爆型热电阻通过特殊结构的接线盒，把其外壳内部爆炸性混合气体因受到火花或电弧等影响而发生的爆炸局限在接线盒内，生产现场不会引超爆炸。隔爆型热电阻可用于 Bla～B3c 级区内具有爆炸危险场所的温度测量。

第二节　温度变送器的校验

本节只介绍分离式温度变送器的校验，而一体化温度变送器的校验将在第三节中介绍。

一、温度变送器的检查

1. 外观检查

(1) 被检温度变送器（或装置）外壳、外露部件（端钮、面板、开关等）表面应光洁完好，铭牌标志应清楚。

(2) 仪表刻度线、数字和其他标志应完整、清晰、准确；表盘上的玻璃应保持透明，无影响使用和计量性能的缺陷；用于测量温度的仪表还应注明（热电偶或热电阻）分度号。

(3) 温度变送器各个部件应清洁无尘、完整无损，不得有锈蚀、变形。

(4) 各个紧固件应牢固可靠，不得有松动、脱落等现象，可动部分应转动灵活、平衡，无卡涩。

(5) 各调节器部件应操作灵敏、响应正确，在规定的状态时，具有相应的功能和一定的调节范围；接线端子板的接线标志应清晰；引线孔、表门及玻璃的密封应良好。

(6) 电源一次侧及二次侧熔断器容量符合要求。

(7) 绝缘检查应符合要求。

2. 断偶和断线保护检查

温度变送器的热电偶或输入端任一接线断开，变送器输出电流应大于满量程。

二、调校前的校验

(1) 按仪表制造厂的产品样本上规定的时间进行预热；制造厂未作规定时，可预热 15min（具有参考端温度自动补偿的仪表预热 30min），之后进行仪表的调校前校验。

(2) 校验点数除有特殊规定外，应包括上限、下限和常用点在内不少于 5 点。校验点应在主刻度线或整数点上。

(3) 进行校验时，从下限值开始，逐渐增大输入信号，使指针或显示的数字依次缓慢地停在各被检表主刻度值上（避免产生任何过冲和回程现象），直至量程上限值（上行程），然后再逐渐减小输入信号进行下行程的检定，直至量程下限值。校验过程中须依次分别读取并记录标准器示值。其中上限值只检上行程，下限值只检下行程。

(4) 非故障被检仪表，在调校前校验未完成前，不得进行任何形式的调整。

(5) 调校前校验的结果，其示值基本误差不大于示值允许误差的仪表，可不再进行零点和满量程校准以及基本误差和回程误差校准。

(6) DDZ 单元系列温度变送器的校验还需增加下列检查项：

1) 接在电阻输入端子上的毫安表测量桥臂电流，其值应为 0.05mA；

2）直流放大器在开环状态下，调整零点迁移电位器，使变送器输出电流为 0.5～1.5mA；

3）输入信号为 50μV 时，调整放大器的开环增益电位器，使变送器的输出为 9.5～10mA；

4）输入信号为电动势的变送器，校准时用的补偿电阻 R_{cu} 应换用锰铜电阻，阻值应符合说明书要求；

5）变送器的"工作—检查"开关置于"检查"位置时，输出电流应在 4～6mA 的范围内。

三、零点和满量程校准

对于零位和满量程可调的仪表，当调校前校验结果，其示值基本误差值大于 2/3 示值允许误差限值时，按说明书要求进行零点和量程的反复调整，直至两者均小于示值的允许误差，并使各校验点误差减至最少。

四、基本误差和回程误差校准

（1）热电偶变送器采用补偿导线进行校准时，加上补偿导线的修正值。

（2）基本误差应不大于仪表的允许误差。

（3）允许误差和允许回程误差值应不大于表 14-1 的规定。

表 14-1　　　　　　　　　温度变送器允许误差表

准确度等级	0.2	0.5	1.0	1.5	2.5
允许误差（输出量程的%）	±0.2	±0.5	±1.0	±1.5	±2.5
允许回程误差（输出量程的%）	0.1	0.25	0.4	0.6	1.0

五、检修后变送器的试验

1. 负载变化影响试验

当负载电阻在允许的范围内（可只试验下、上限点）变化时，变送器输出下限值及量程的变化，应不大于允许误差的绝对值。

2. 变送器电源电压波动影响试验

当电源电压在规定的电源电压变化值范围（见表 14-2）内变化时，变送器输出下限值及量程的变化，应不大于允许误差的绝对值。

表 14-2　　　　　　　　　变送器电源电压允许变化范围　　　　　　　　　　V

电源电压	电源电压变化值
220（交流）	187～242（交流）
24（直流）	22.8～25.2（直流）
24（直流）	21.6～26.4（直流）

3. 输出交流分量的试验

（1）对于负载电阻为 0～1.5kΩ 的变送器，将负载电阻置于 200Ω，输入信号使输出分别为量程的 10%、50%、90% 时，测量负载电阻两端的交流电压有效值不大于 20mV。

（2）对于负载电阻为 0～50Ω 的四线制变送器，调节输入信号使输出电压在 1～5V 之间缓慢变化，测量负载电阻两端的交流电压有效值应不大于输出量程的 1%。

（3）对于负载电阻为 250～350Ω 的二线制变送器，将负载电阻置于 250Ω，输入信号使输出量程分别为 10%、50%、90% 时，测量负载电阻两端的交流电压有效值应不大于 150mV。

六、热电阻温度变送器的故障分析

1. 温度变送器的故障分析

大致包括以下几个方面：

（1）断偶。

（2）冷端补偿电阻坏。

（3）补偿导线正负接反。

（4）电源丧失。

（5）温度变送器坏。

2. 温度变送器（或 DCS 中用于温度输入的模拟量输入卡）常见故障的检修

一般有以下三项：

（1）电源丧失。

（2）冷端补偿电阻坏。

（3）热电偶坏。

3. 影响温度变送器稳定性和准确度的因素

影响温度变送器稳定性和准确度的因素，除测量元件、热电偶冷端温度变化及线路电阻变化引起的测量误差外，还有输入回路桥路工作电流的恒流性、自激调制式直流放大器的放大倍数和负反馈回路反馈系数稳定性。

第三节　一体化温度变送器及校验

一、概述

1. 一体化温度变送器的结构

如图 14-5 所示，一体化温度变送器主要由温度传感器（热电偶或热电阻）以及温度变送器模块组成，直接装在热电偶或热电阻接线盒内，与热电偶或热电阻组成一体化结构，变送器的电路做成小型化模块。有普通型和防爆型两类。

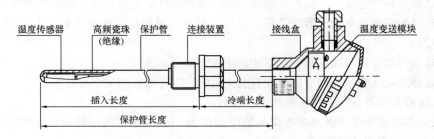

图 14-5　一体化温度变送器的整体结构

2. 一体化温度变送器的主要特点

一体化温度变送器的主要特点是将传感器与变送器融为一体。变送器的作用是对传感器输出的表征被测变量变化的信号进行处理，将其转换成相应的标准统一信号输出，送到显示、运算、调节等单元，以实现生产过程的自动检测和控制。

3. 一体化热电偶温度变送器的工作原理

一体化热电偶温度变送器的模块，将热电偶输出的热电势经输入网络、滤波放大、运算放大、非线性校正、U/I 转换等电路处理后，转换成与温度呈线性关系的 4～20mA 标准直流电流信号输出。一体化温度变送器的工作原理如图 14-6 所示。

4. 一体化温度变送器和分离式温度变送器的区别

一体化温度变送器和分离式温度变送器的区别如图 14-7 所示。一体化温度变送器的变送单

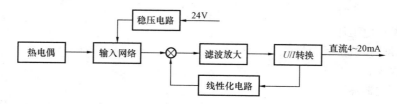

图 14-6   一体化温度变送器工作原理框图

元置于热电偶或热电阻的接线盒中,取代接线座。安装后的一体化温度变送器,其外观结构基本同普通型热电偶或热电阻。特别要注意感温元件与大地间应保持良好的绝缘,不然将直接影响测量结果的准确性,严重时甚至会影响仪表的正常运行。

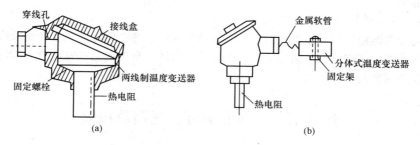

图 14-7   温度变送器的不同结构
(a) 一体化结构;(b) 分离式结构

二、一体化温度变送器检定技术要求

(1) 外观:

1) 变送器外观应完整,不应有锈蚀和损伤,活动部件应灵活可靠,紧固件不得有松动。

2) 变送器的铭牌应有变送器制造厂、名称、型号、量程,准确度等级、出厂编号、防爆等级及出厂日期。

3) 变送器内部零件及线路部分应整洁,接线牢固可靠。

4) 变送器的接线端子、调节旋钮应有意义明确、字迹清晰的文字或符号。

(2) 变送器必须具备零点和满量程调整装置。

(3) 变送器的准确度等级及基本误差值应符合表 14-3 规定。其他特殊的准确度等级及基本误差应符合出厂技术文件规定。

表 14-3   变送器的准确度等级及基本误差

准确度等级	0.1	0.2	0.3	0.5	1.0
基本误差（相对于满量程输出,%）	±0.1	±0.2	±0.3	±0.5	±1.0

(4) 变送器在规定的检定温度下,1h 零点时间漂移 Z_d 不得超过变送器的准确度等级及基本误差值规定中允许基本误差绝对值的 1/2。

(5) 变送器在环境温度变化 1℃时,温度漂移不得超过变送器的准确度等级及基本误差值规定中规定的基本误差绝对值的 1/10。

(6) 变送器的输出稳定性不得超过变送器的准确度等级及基本误差值规定中规定的基本误差绝对值。

三、检定条件

(1) 环境条件：

1）环境温度：0.1～0.3 级，20±3℃；其他级别，20±5℃。环境温度在 1h 内的温度波动不得超过 1℃。

2）相对湿度：<80%。

3）大气压力：86～106kPa。

(2) 放置时间：变送器检定前应在检定环境温度下放置 2h 以上方可送检定。

(3) 检定变送器用各种恒温场的要求应符合表 14-4 的规定。

表 14-4　　　　　　　　　　检定变送器用各种恒温场的要求

名　称	使用范围 （℃）	水平方向的温度差 （℃）	有效工作区 内任何两点间温度差 （℃）	使用介质
低温槽	−100～30	0.015	0.03	酒精，液氨
水槽	室温～95	0.01	0.02	水
油槽	90～300	0.01	0.02	变压器油

(4) 检定设备及要求：

1）检定用标准器的允许基本误差绝对值，应不大于被检变送器允许误差的 1/3。

2）检定用测量仪表允许基本误差绝对值应不大于被检变送器允许误差绝对值的 1/10。

3）检定 −30～300℃ 变送器时所用标准器、测量仪器及配套设备参见表 14-5，其他测量范围按要求另行选择。

表 14-5　　　　　　　　　　检定所用的标准器、测量仪器及配套设备

序号	仪器、设备名称	规格	数量（台）
1	一等水银温度计	−30～+300℃，分度值 0.05℃	1 套（13 支）
2	二等水银温度计	−30～+300℃，分度值 0.1℃	1 套（9 支）
3	标准低温槽	−100～+30℃	1
4	标准水槽	室温～+95℃	1
5	标准油槽	90～200℃，200～300℃	各 1
6	冰点器		1
7	刨冰机		1
8	读数望远镜		1
9	直流数字电压（流）表	5 位半以上，准确度 0.005%	2
10	精密电阻箱	0～9999Ω，准确度（0.005～0.01）%	2
11	直流标准电流电压源	0～10V，准确度 0.02%	1
12	直流稳压电源	0～30V DC，纹纹小于 0.5%	1
13	交流稳压电源	220V AC，3kVA，稳定度 1%	1
14	高低温箱	−40～150℃，温度波动小于 1℃	1

四、检定项目和检定方法

(1) 变送器检定项目按表 14-6 的规定。

表 14-6 　　　　　　　　　　　　　　　　变送器检定项目

检定类别 ＼ 检定项目	外观	示值	零点漂移	温度漂移	稳定性
新制造的	+	+	+	+	+
使用中的	+	+	-	-	-
修理后的	+	+	+	+	+

注 "+"表示应检定,"-"表示可以不检定。

(2) 外观检查:目测检查变送器应符合相关规程条款的要求。

(3) 示值检定:

1) 检定前接通测量仪器及变送器电源,预热 15～30min 后方可进行检定。温度变送器示值检定系统见图 14-8。

2) 标准信号输入的变送器,按要求对变送器进行示值检定后,再进行一体化示值检定,如有特殊要求,可对零点和上限进行微调。

3) 非标准信号输入的变送器,直接在下限温度场和上限温度场对零点和测量上限进行调整。

4) 将一体化变送器测温元件和标准温度计一起插入标准温度场中,用标准温度计测量温度场实际温度值。

5) 检定点数根据变送器测量范围及准确度等级要求确定,在检定范围内,最少检定点数不应少于 5 点。

6) 检定时,应从下限温度点逐点检定至上限温度点。检定每个温度点时,应在恒温场的温度稳定后,再读取被检变送器在该温度检定点的输出值及标准温度计的示值。

7) 变送器下限温度低于 0℃时,检定工作应在低温槽中进行。检定时,应从室温开始逐点检定至下限温度值。

8) 温度变送器示值检定通常只进行一次。

(4) 零点时间漂移检定。变送器按图 14-8 或图 14-9 检定系统连接。变送器按规定时间预热后,在室温不变的条件下,每隔 15min 记录一次零点输出值,从开始记录连续进行 1h。

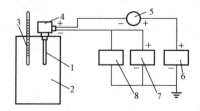

图 14-8　温度变送器示值检定系统
1—测温元件;2—标准油槽;3—标准温度计;4—变送电路;5—直流数字电压表;6—直流稳压电源;7—直流数组电压表;8—精密电阻箱

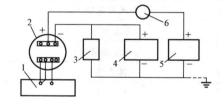

图 14-9　温度变送器示值漂移特性检定系统
1—标准信号源;2—温度变送电路;3—精密电阻箱;4—直流数字电压表;5—直流数字电流表;6—直流稳压电源

(5) 温度漂移特性检定:

1) 变送电路温度漂移特性检定时按图 14-9 电路连接,变送电路在检定环境温度下,用标准信号源给出变送电路零点输出和满量程输出对应值,并记录变送电路零点及满量程输出值,连续进行 3 次。

2) 将变送电路置于控温箱内,按变送电路出厂技术条件所规定的温度保持 1h 后,分别读取规定温度（高温或低温）下零点输出值和满量程输出值，连续进行 3 次。

（6）稳定性检定。新制造的和修理后的变送器应进行连续运行 48h 稳定性检定。检定期间变送器按规定时间（15～30min）预热后，每隔 8h 记录一次变送器某一检定点（满量程的 20%～90%间任意一点）的输出值。

五、检定结果计算

（1）按上述检定所得数据进行变送器各项性能指标的计算。用计算公式均按采用直流数字电压表测量方式，若采用直流数字电流表时，所有计算公式及记录表中的电压符号应换成电流符号。

（2）变送器准确度计算方法：

1）按示值检定所得数据计算变送器的基本误差（准确度）。变送器单次检定时采用逐点计算各检定点示值误差方法，取测量误差中最大值为变送器的基本误差。

2）温度场实际温度 t_s 计算方法：

a. 采用一等标准水银温度计测量温度的计算公式为

$$t_{si} = t_{1i} + x_{1i} - a_{1i} \qquad (14\text{-}1)$$

式中　t_{si}——温度场第 i 个检定点实际温度；

　　　t_{1i}——一等标准水银温度计第 i 点读数平均值；

　　　x_{1i}——一等标准水银温度计第 i 点检定证书上给出的修正值；

　　　a_{1i}——一等标准水银温度计第 i 点的零点位置。

b. 采用二等标准水银温度计测量温度的计算公式为

$$t_{si} = t_{2i} + x_{2i} \qquad (14\text{-}2)$$

式中　t_{si}——温度场第 i 个检定点实际温度；

　　　t_{2i}——二等标准水银温度计第 i 点读数平均值；

　　　x_{2i}——二等标准水银温度计第 i 点检定证书上给出的修正值。

3）变送器检定时，对应每个温度检定点，变送器测量的温度值 t_{ji} 计算公式为

$$t_{ji} = a + bU_i \qquad (14\text{-}3)$$

$$a = t_H - \frac{t_H - t_L}{U_H - U_L} U_H$$

$$b = \frac{t_H - t_L}{U_H - U_L}$$

式中　t_{ji}——变送器第 i 个检定点测量温度计算值；

　　　a——变送器工作直线方程的截距；

　　　b——变送器工作直线方程的斜率；

　t_H、t_L——分别为变送器测量上限、下限温度值；

U_H、U_L——分别为变送器测量上限、下限电压输出值；

　　　U_i——变送器在第 i 个检定点输出电压值。

4）变送器测量的示值误差 Δt_i 按下式计算

$$\Delta t_i = \frac{t_{ji} - t_{si}}{t_H - t_L} \times 100\% \qquad (14\text{-}4)$$

变送器各检定点测量的示值相对误差不允许超过规定值。

（3）按零点时间漂移检定所得数据，计算变送器零点漂移特性。

变送器在 1h 内零点时间漂移按式（14-5）计算，其结果应符合相应的规定。

$$Z_{\mathrm{d}} = \frac{U_{0\mathrm{max}} - U_{0\mathrm{min}}}{U_{\mathrm{F \cdot S}}} \times 100\%$$ (14-5)

式中 $U_{0\mathrm{max}}$——测量时间内输出电压最大值；

$\quad\quad U_{0\mathrm{min}}$——测量时间内输出电压最小值；

$\quad\quad U_{\mathrm{F \cdot S}}$——变送器满量程输出电压值。

（4）按温度漂移特性检定所得数据计算变送器温度漂移特性。

1）零点温度漂移 α（%/℃）按式（14-6）计算，其结果应符合温度漂移允许值的规定。

$$\alpha = \frac{\overline{U}_{\mathrm{L}(t_2)} - \overline{U}_{\mathrm{L}(t_1)}}{\overline{U}_{\mathrm{F \cdot S}(t_1)}(t_2 - t_1)} \times 100\%$$ (14-6)

式中 $\overline{U}_{\mathrm{L}(t_1)}$——在检定环境温度为 t_1 时，变送电路零点输出电压平均值；

$\quad\quad \overline{U}_{\mathrm{L}(t_2)}$——在变送电路出厂技术所规定温度 t_2（高温或低温）时，保温 1h 后零点示值电压平均值；

$\quad\quad \overline{U}_{\mathrm{F \cdot S}(t_1)}$——在温度 t_1 时，变送电路满量程输出电压值。

2）灵敏度温度漂移 β（%/℃）按式（14-7）计算，其结果应符合温度漂移允许值的规定。

$$\beta = \frac{\overline{U}_{\mathrm{F \cdot S}(t_2)} - \overline{U}_{\mathrm{F \cdot S}(t_1)}}{\overline{U}_{\mathrm{F \cdot S}(t_1)}(t_2 - t_1)} \times 100\%$$ (14-7)

式中 $\overline{U}_{\mathrm{F \cdot S}(t_1)}$——在检定环境温度 t_1 时变送电路满量程输出电压平均值；

$\quad\quad \overline{U}_{\mathrm{F \cdot S}(t_2)}$——在变送电路出厂技术条件所规定的 t_2 时（高温或低温），保温 1h 后变送电路满量程输出电压平均值。

（5）按稳定性检定所得数据计算变送器稳定性。变送器稳定性 S 按式（14-8）计算，其结果应符合输出稳定性的要求。

$$S = \frac{|\Delta U_t|_{\mathrm{max}}}{U_{\mathrm{F \cdot S}}} \times 100\%$$ (14-8)

式中 $|\Delta U_t|_{\mathrm{max}}$——稳定性检定期间，检定点温度为 t（℃）时，变送器示值差值。

六、检定结果处理和检定周期

（1）检定符合有关规定要求的变送器，必须加封印，发给检定证书；检定不符合有关规程要求的变送器，发给检定结果通知书。变送器及其变送电路有关检定记录和检定证书格式要符合相关要求。

（2）变送器的检定周期一般不超过一年。

七、一体化变送器的使用与维护

（1）传感器能够插入到待测量的温场中心位置。

（2）高温测量一般垂直安装，如侧装会使保护管变形损坏，设备需加装保护支架。

（3）有搅拌扰动场合的测量，一般要有加强管，传感器从加强管内插入到测量部位；如要求响应时间快一些，传感器部位（即传感器保护管端部）可以露出少许。

（4）流速场合的测量（如管道），不但要考虑流体的冲击力，还要考虑流体产生的涡流振动破坏。要求保护管不但要有一定的结构强度，安装方法也很重要，如顺着流向斜式安装，或在管道拐弯直角处迎流向插入安装。

（5）布线：安全火花回路的接线（输入信号线），必须带有绝缘套或屏蔽的导线，并且和非安全火花回路的接线彼此隔离，以免互相混触。

（6）不同型号温度变送器按说明书接线，对于具有安全火花回路的防爆仪表接线时一定不能接错，并要仔细检查是否有短接或接错。

（7）使用温度变送器时，要特别注意普通型与本安型之分，普通型不能安装在危险区，本安型可以安装在危险区。

（8）热电阻变送器输入为三线制，各连接导线的线路电阻应相等并处于同一环境温度内。

（9）对于防爆仪表原则上不允许拆卸安全火花回路的元件和调换仪表接线，如需要更换，则应按防爆要求进行。

（10）定期检查时，为了精确地读出数据，要在输出端子之间，连接数字电压表进行测量，而不要拿掉安全火花回路线。

（11）仪表出现故障后，应停电进行检查，未查出故障不得送电。

（12）温度变送器在运行中应保持清洁。

第十五章　辐射式温度计及检定

在某些工业生产过程中，受到测温现场条件的限制，如高温、腐蚀等恶劣环境、运动物体、微小目标、热容量小的对象，以及不允许因测温而破坏被测对象温度场等情况下的温度测量，须用非接触式测温仪表才能实现。

常用的非接触式温度检测仪表也称辐射式温度计，是利用物体的辐射能随温度而变化的原理制成。

第一节　辐射式温度计概述

一、辐射式测温原理

利用物体的热辐射来测量其温度的原理可以构成一大类测温仪表，这就是辐射式测温仪表，称为辐射式温度计，它属于非接触式测温仪表。它是依据物体辐射的能量来测量温度的。在测温时由于它不直接与被测介质接触，因此原则上测温元件不会破坏被测对象的温度场，也不受被测介质的腐蚀和毒化等影响。感温元件不必与被测介质达到热平衡，感温元件的温度可以大大地低于被测介质的温度，因此，从理论上讲，这种测温方法的测温上限不受限制，动态特性较好。所以它具有测量温度高、反应迅速、热惯性小等优点。在火力发电厂常用它来测量炉膛火焰的温度。

图 15-1　辐射式测温原理图

辐射式测温的原理如图 15-1 所示。

由于辐射式温度计在测温时，它的感温元件不与被测介质直接接触，因此它的测量精度不如热电式温度计（热电偶、热电阻）高，测量误差较大。

辐射式温度计的测量范围一般在 400～3200℃。

二、辐射式温度计的种类

辐射式温度计有全辐射温度计（如 WFT—202 型）、单辐射温度计（如 WGG2—201 型光学高温计）和比色温度计三种。

最早的辐射式温度计是以光学高温计为代表的亮度法测温仪表。光学高温计的出现和不断完善，对高温温标的传递和生产中不能用接触法测温的问题，得到了一定程度的解决。由于光学高温计不能自动测量，在生产现场使用不方便，以及用人眼进行亮度平衡会引入主观误差。人们利用光电测量元件代替人眼，发展了光电高温计、红外测温仪、全辐射高温计等仪表。这些仪表虽然克服了光学高温计上述缺点，但与光学高温计一样都是测得物体的亮度温度或辐射温度。为了测得真实温度，都需要知道被测物体的发射率，然而发射率的准确确定相当复杂。比色法在一定程度上解决了发射率的影响，只要两个波长选择适当，许多物体的比色温度就接近真实温度。

为了进一步减少发射率影响，以后又发展了三色甚至更多波段的测温仪。当物体的发射率与波长成线性关系时，三色法可测得物体的真实温度。

三、辐射式温度计的特点

（1）利用辐射感温器与显示仪表组成的全辐射高温计测温，可以实现连续测量、自动记录和自动控制。

（2）辐射式温度计的结构简单、价格便宜、测温范围宽。从理论上讲，它的测温上限是没有限制的，因而可以测量极高的温度。

（3）由于辐射测温升是属于非接触测量，它不直接接触被测物体，因此，不干扰和不破坏被测物体的温场和热平衡，仪表的测量上限不受感温元件材料熔点的限制。

（4）仪表的感温元件不必与被测介质达到热平衡，因此仪表的滞后小，动态响应好。

（5）辐射式温度计测出的温度是被测物体的表面温度，当被测物体内部温度分布不均匀时，它不能测出物体内部的温度。

（6）由于受物体发射率的影响，辐射式温度计测得物体的温度是辐射温度而不是真实温度，因此需要修正。

（7）辐射式温度计测温受客观环境的影响较大。如烟雾、灰尘、水蒸气、二氧化碳等中间介质的影响。

四、各种辐射式温度计的技术性能

以黑体辐射测温理论为依据的辐射式测温仪表的种类很多，就其测温方法可分为亮温法、色温法和全辐射温度法；亮温法和色温法统称为部分辐射法。

以亮温法测量温度的温度计有光学高温计、光电高温计和红外温度计。

以色温法测量温度的温度计有比色高温计。

以全辐射法测量温度的温度计主要有不同型号的全辐射温度传感器，如 WFT—201、WFT—202 型辐射感温器，当它们与显示仪表配合就构成了全辐射温度计。

各类测温方法及其温度计的种类和技术性能如表 15-1 所示。

表 15-1   **各类测温方法及其温度计的种类和技术性能**

测温方法	种类	工作光谱范围（μm）	感温元件	测温范围（℃）	响应时间（s）
亮温法	光学高温计	0.4～0.7	肉眼	800～3200	5～10
	光电高温计	0.3～1.2 0.85～1.1 1.8～2.7	光电管 硅光电池（Si） 硫化铅元件（PbS）	≥600 ≥600～1000 ≤400～800	<0.5 <1 <1
	红外温度计	0.85～1.1 1.8～2.7	硅光电池（Si） 硫化铅（PbS）	≥600～800 ≤400～800 可测－50	
色温法	比色高温计	0.6～1.1	硅光电池（Si）	600～1200 1200～2000	<0.5
全辐射温度法	全辐射温度计	0～∞	热电堆	400～1200 700～2000	0.5～2.5

第二节　全辐射式温度计及检定

一、全辐射温度计的构成

全辐射温度计是由辐射感温器（物镜、光阑、玻璃泡、热电堆、灰滤光片、目镜、铂箔、云母片）和显示仪表两部分组成，如图 15-2 所示。

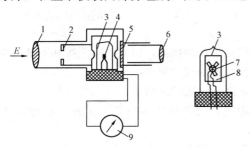

图 15-2　全辐射温度计的原理结构

1—物镜；2—光阑；3—玻璃泡；4—热电堆；
5—灰滤光片；6—目镜；7—铂箔；
8—云母片；9—显示仪表

全辐射式温度传感器是全辐射式温度计的重要组成部分。当它与显示仪表连接时就构成了一台能测量物体温度的仪表。它在温度测量仪表中作感温元件使用，所以它又叫全辐射感温器。

全辐射式温度传感器是依据物体辐射的能量来测量温度的，它是通过热电堆把辐射能转变成电信号，由电测仪表进行测量。所以它也是一种转换器，它能把辐射能转换成电能。

全辐射式温度传感器属于非接触式测温，具有测温高、反应迅速、热惰性小等优点，适合测量有腐蚀性的高纯度的物体以及运动状态物化的温度，其测温范围一般在 400～3200℃。

目前在我国生产中使用的辐射式温度传感器按型号分 WFT—201 型和 WFT—202 型。按精度及用途分有以下两种。

（1）标准辐射感温器。它是用比较检定装置检定工业用辐射感温器时作标准器的仪表。

（2）工业用辐射感温器。它是与显示仪表配套在工业上测定现场温度用的辐射式温度传感器。

辐射式温度传感器按透镜的不同可分为 F1 型和 F2 型。F1 型的透镜为石英玻璃，测量范围为 400～1200℃；F2 型的透镜为 K9 玻璃，测量范围为 700～2000℃。

辐射式温度传感器接收元件有：①热电堆（由 46、8、16 对，或更多的热电偶串联组成）；②热敏电阻；③双金属片。

按热电堆结构形式有：①星形（如 WFT—202 型）；②梳形（如 WFT—201 型）。

辐射式温度传感器聚焦辐射能的方式有：①透镜式（如 WFT—201 型和 WFT—202 型）；②反射镜式（如 WFT—101 型）；③透镜反射镜组合式；④双反射镜式。

我国生产中广泛使用的是透镜式和反射镜式两种。

二、全辐射温度计的原理

全辐射温度计在测温时，首先通过目镜对准被测物体，该物体的辐射能经过物镜聚焦后，通过补偿光阑照射到热电堆上。热电堆把辐射能转变成电信号，再经过导线和适当的外接电阻配合接到显示仪表（动圈式仪表或电子电位差计）上。

WFT—202 型辐射感温器的内部结构如图 15-3 所示，外壳采用铝合金材料，其内外表面经涂黑处理，物镜的直径为 37mm，厚为 8mm，材料为石英玻璃或 K9 中性光学玻璃制成。壳体内装有一开孔的圆筒铝合金座架，座架上装有热电堆和补偿光阑，靠热电堆的视场光阑前有一可调的长方形校正片 10（宽约 1mm），校正片安装在与小齿轮啮合的偏心齿圈上。齿圈套在偏心的金属架上，打开后盖 8，即可看到标牌盖板，取下标牌，从标志着"校正器"位置下部的孔中，用螺丝刀伸入旋动小齿轮 11（顺时针方向旋动则挡面减少，辐射感温器输出电动势增加，反之输出电动势减少），由于校正片在视场光阑位置的改变，调

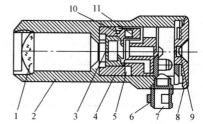

图 15-3　WFT—202 型辐射感温器内部结构

1—物镜；2—外壳；3—补偿光阑；4—座架；5—热电堆；6—接线柱；7—穿珠套；8—后盖；9—目镜；10—校正片；11—小齿轮

节照射到热电堆上的热辐射能量，可使输出电动势符合统一分度表。在可拆卸的后盖 8 上装有瞄准用的目镜 9，它由 K9 光学玻璃制成凸透镜，起放大作用，通过它透过热电堆的缝隙，可观察被测物体的像。

热电堆由 8 对直径为 0.07mm 的镍铬-康铜热电偶串联组成，它们的热端整齐围成一圈，用点焊把热端焊接在呈花瓣形的 8 片涂黑的铂片上，铂片与热电偶参考端（冷端）又固定在云母片上。为了补偿热电动势随环境温度变化而带来的测量误差，采用了一种双金属片控制的补偿光栅，借以调节照射在热电堆上的辐射能大小，达到补偿的目的。

三、全辐射温度计的主要技术性能

全辐射温度计的核心部件是透镜式辐射感温器。在国家检定规程和部颁标准中对以热电堆作为敏感元件、距离系数为 20、温度测量范围为 400～2000℃ 的透镜式辐射感温器都做了规定。对于不同于这个规定的辐射感温器（如反射镜式辐射感温器），应按制造厂的企业标准执行。

透镜式辐射感温器的主要技术条件如下：

（1）允许基本误差见表 15-2。

表 15-2　　　　　　　　　　　　辐射感温器的测量范围和允许误差

分度号	测量范围（℃）	透镜材料	允许基本误差（℃）
F1	400～1200	石英玻璃	400～1000 之内　±16
F2	700～2000	K9 玻璃	＞1000～2000　±20

（2）名义距离系数 $L/D=20$。式中，L 为辐射感温器物镜到被测物体的距离；D 为辐射体的有效直径。

（3）距离变化影响和距离系数余量。

1）当被测辐射体直径为 50mm 时，将测量距离由 1m 减小 30%，辐射感温器的输出值的变化应不大于允许基本误差绝对值的 1/2；

2）当被测辐射体直径为 50mm 时，将测量距离由 1m 增大 10%，辐射感温器的输出值的变化应不大于允许基本误差绝对值的 1/2。

（4）环境温度变化影响。辐射感温器热电堆温度虽采用了不同的补偿措施，但还是不能完全补偿，因此部颁标准中规定，辐射感温器应能在 10～80℃ 的环境温度中工作。在此范围内任一恒定温度，每变化 10℃，辐射感温器输出值的变化应不大于 2℃。

（5）稳定时间。辐射感温器的稳定时间，是指感温器从开始接受热辐射至感温器的输出值为终值的 99% 这段时间。部颁标准规定分下列三种：

1）WFT—202 型辐射感温器稳定时间约为 4s；

2）WFT—201 型辐射感温器稳定时间约为 6s；

3）PJT 型辐射感温器稳定时间约为 12s。

（6）绝缘强度。当环境温度为 5～35℃、相对湿度不大于 85% 时，感温器的输出端与外壳之间应接受频率为 50Hz 和电压为 500V 的正弦交流电压，历时 1min 的绝缘强度试验。

（7）绝缘电阻。当环境温度为 5～35℃、相对湿度不大于 85% 时，感温器的输出端与外壳之间的绝缘电阻不应低于 20MΩ。

四、全辐射温度计与温度显示仪表的连接

全辐射温度计和热电偶一样属于一次元件，它必须与动圈式仪表或自动平衡显示仪表（电子电位差计）配套。各厂生产的辐射感温器型号不同，温度与热电动势的关系也不一样。为了在显示仪表上获得正确的示值，达到互换性好的目的，全辐射温度计规定了外接电路的总电阻与全辐

射温度计的内阻相匹配，配套线路如图 15-4 所示。

显示仪表采用动圈式仪表时，按图 15-5（a）连接电路；采用自动平衡显示仪表时，则按图 15-5（b）连接电路。这时等值电阻 R_D 接入电路中代替动圈式仪表内阻。

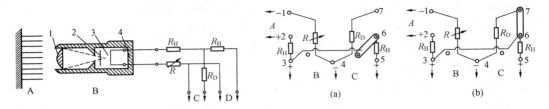

图 15-4　WFT—202 型辐射高温计构造示意图　图 15-5　全辐射温度计配不同形式显示仪表的连接方式
1—物镜；2—光阑；3—热电堆；4—目镜　　　　　　　　（a）配动圈式仪表；（b）配自动平衡显示仪表

五、全辐射温度计的使用、维护和保养

全辐射温度计在使用、维护和保养中应注意以下几点：

（1）全辐射温度计应安装于环境清洁、振动小、便于日常维护的地方。

（2）全辐射温度计的工作距离一般在 0.5～2m 之间，被测物体的有效直径可按 $L/D=20$ 计算，但距离在 0.8m 以下时，D 不应小于 40mm。另外，需要能保证被测物体的影像完全充满瞄准视场，使其能充分接受到热辐射的能量，同时应能保持感温器的视场清洁，没有水汽、烟雾等严重影响热辐射的介质，否则应采取措施排除。

（3）从全辐射温度计目镜中所看到的被测对象影像必须将热电堆完全盖上，以保证热电堆充分接受被测对象辐射的能量。若被测对象的影像没有对准时，可调整辐射感温器与被测对象之间的距离或角度。

（4）使用全辐射温度计时，允许的环境温度应低于 50℃，相对湿度不超过 85%。

（5）全辐射温度计的壳体温度要求不超过 100℃，否则应采用水冷装置。

由于采用水冷装置，还应注意由于水冷造成壳体温度过低，在透镜的表面上凝集水汽结露而影响示值，如果遇这种情况，应适当减少冷却水的流量。

（6）电气线路敷设，应用连接电缆从全辐射温度计和防护闸中引出。再用普通铜线连接至配线盒，导线应敷设在金属套管中，以保证有良好的电气屏蔽和可靠的机械强度。

（7）配线盒和防护信号器一般应与显示仪表安装在一起，环境温度要求不超过 50℃，相对湿度不超过 85%。

（8）水、气管路的敷设，一般应用金属管，并且要求能承受 0.3MPa 的工作压力；压缩空气应经过过滤后再送入通风管道，防止水汽、灰尘污染透镜。

六、影响全辐射温度计准确测温的主要因素

（1）辐射黑度系数的影响。由于被测物体都不是绝对黑体，而是灰体，因而必然引起误差而使测温不准确。全辐射温度计测温的准确性与确定黑度系数 ε_T 的准确程度有很大关系。若测得黑体的黑度系数，便可计算出标准源在传递中引起的误差。

对于各种不同的发射率 ε_T，全辐射温度计所测得的辐射温度与真实温度对照可查表确定。

（2）安装距离的影响及消除办法。全辐射温度计的工作距离一般要求控制在 0.5～2m 之间。被测物体和全辐射温度计的距离与辐射体直径之比应为 20，即 $L/D=20$，否则将引起测量误差。所以在安装辐射感温器时，应尽量满足这一条件，以便消除安装距离不当所引起的测量误差。

（3）中间介质的影响及消除方法。由于中间介质吸收辐射能量，使得全辐射温度计接受到的辐射能量减弱，引起测量误差。

为了消除此项误差，在现场使用时可安装压缩空气设备，以便吹除烟灰等中间介质。

（4）环境温度的影响。若使用时环境温度较高，物镜受热将引起热电堆参考端温度的升高，输出将会降低。参考端温度补偿器虽能起补偿作用，但由于不能完全补偿，也会给测量带来误差。试验表明当环境温度为 80℃、指示温度为 1000℃时，补偿不完全能产生±10℃的测量误差。

为了减少此项误差，在检定时应注意室温。现场使用时，环境温度不能高于 50℃。如果超过，应将它的外壳置于水冷却装置中，以降低工作环境温度，提高测量准确度。

（5）热惰性的影响。由于全辐射温度计中热电堆具有一定的热惰性，一般要求稳定 4～12s。所以为了消除辐射感温器的热惰性影响，在检定辐射感温器或用辐射感温器测量温度时，观察时间应超过 10s 后再读数。

七、全辐射温度计应的检定

工作用全辐射温度计的检定是按国家计量检定规程进行的，主要包括首次检定和后续检定。

1. 检定条件

检定工作用全辐射温度计的参考标准，可根据温度测量范围采用标准玻璃水银温度计、标准电阻温度计、标准热电偶和标准光电（学）高温计作为测量辐射源温度的参考标准。若采用标准光电（学）高温计作为带石英玻璃窗口的辐射源的参考标准，在检定时应将石英玻璃与其一同检定（分度）。参考标准的扩展不确定度应不超过表 15-3 的规定，参考标准温度转换装置或输出量（电压、电流、电阻等）测量装置（数字电压表、电桥、标准电阻、电位差计等）也应满足要求。

表 15-3　　　　　　　　　　　　　**参考标准的扩展不确定度**

参考标准温度测量范围（℃）	扩展不确定度（℃）
低于 200	0.1
200～300	0.2
300～600	1.0
600～1100	3.0
1100～2000	7.0
2000～2800	16.0

检定温度计用的辐射源的工作温度范围应满足检定全辐射温度计的要求，并且辐射源靶面直径不得小于全辐射温度计所要求的目标直径，黑体辐射源有效全波发射率不小于 0.99，不大于 1.01。

检定全辐射温度计的配套设备及要求：

1）测量全辐射温度计敏感器的电测装置，要求其准确度（转换成温度）应优于全辐射温度计最大允许误差的 1/10。

2）额定直流电压为 500V 的绝缘电阻表、检定工作台及米尺。

3）检定全辐射温度计的环境条件：环境温度为 18～25℃，相对湿度不大于 85%。

2. 检定项目

全辐射温度计的首次检定和后续检定的项目如表 15-4 所示。

表 15-4 全辐射温度计的检定项目

检定项目	首次检定	后续检定
外观及标志	+	+
光学系统	+	+
绝缘电阻	+	−
固有误差	+	+
重复性	+	*

注 "＋"表示应检定的项目；"－"表示不检定的项目；"＊"表示根据需要检定的项目。

3. 检定方法

(1) 外观及标志的检查。首次检定应对全辐射温度计进行全面检查应确认 ⓂⒸ 标志，信息是否相符，新产品出厂合格证、印章是否齐全。用目视方法对全辐射温度计按规程中的通用技术要求进行全面检查。

(2) 光学系统检查。目视检查光学系统外观，光学系统应清洁无腐蚀、破损和松动等现象；检查目标面积与目标距离的光学示意图等相关内容的标记和说明；目视瞄准系统或辅助瞄准装置是否能准确引导测温视场。

(3) 绝缘电阻测定。不接电源，但接通电源开关，将各电路本身端钮短路，用绝缘电阻表测量各电路端钮间绝缘电阻应不低于 20MΩ，使用中的敏感器绝缘电阻不低于 5MΩ。采用直流电池供电的全辐射温度计不进行绝缘电阻检查。测量时，应稳定 5s 后，再读取绝缘电阻值。

4. 检定前的准备

检定前，全辐射温度计的发射率值应设置在 1.00 的位置，并将全辐射温度计固定在检定工作台上，通常按目标距离 $L = (1 + 0.02)$m 放置在辐射源前方，其光辐与辐射源轴线重合。假如技术文件中特别指明了目标距离，全辐射温度计应放在规定的距离处；也可以根据辐射源靶面直径选择目标距离，应满足目标孔径的要求，此外，检定仪器应按要求进行预热。

5. 固有误差的检定

首次检定按全辐射温度计的测量范围，选择在表 15-5 所给定的黑体温度点确定固有误差，黑体温度的控制应符合表 15-5 的规定。

对于后续检定，固有误差通常在测量范围的低点值、中间值和高点值 3 个温度点确定。温度点允许偏差应符合表 15-5 要求。假如在全辐射温度计测量范围内表 15-5 规定的温度少于 3 个，固有误差在全辐射温度计下限值、中间值和上限值 3 个黑体温度点确定。

表 15-5 全辐射温度计的检定点及允许偏差

测量范围 (℃)	黑体温度 (℃)	检定温度点 允许偏差（℃）	辐射源温度允许变化量 （℃/10min）
20～150	50，100，150	±5	0.4
150～600	200，300，400，500，600	±5	0.6
600～1600	800，1000，1200，1400，1600	±5	1.0
1600 以上	1800，2000，2200	±10	2.0

辐射源温度 t_0 先后由参考标准测量两次，先后读取两次全辐射温度计的示值 t_0。

读数顺序为：

标准→被检 1→被检 2→···→被检 n

标准←被检 1←被检 2←···←被检 n

注意：采用标准光学高温计测量辐射源温度时，应按照标准光学高温计的相关要求进行测量。

6. 重复性的检定

重复性分别在全辐射温度计温度测量范围的低点值、中间值和高点值 3 个温度点确定，温度点符合表 15-5 要求。

交替读取 11 个辐射源温度 t_0 和 10 个全辐射温度计示值 t_i。

7. 检定结果数据处理

（1）参考标准的数据处理。温度显示的参考标准，取两次读数的平均值作为辐射源温度约定真值 $\overline{t_0}$。

（2）全辐射温度计的数据处理。温度显示的全辐射温度计，取两次读数的平均值作为测量结果 $\overline{t}$。

电量输出的全辐射温度计，取两次读数的平均值，并根据电量与温度特性关系或表格得出温度测量结果 $\overline{t}$。

（3）采用带石英玻璃窗口的辐射源检定全辐射温度计，应按窗口的温度吸收率或修正值对测量结果予以修正，修正方法可参见相关检定规程。

（4）由电量值换算成温度时，温度值的最后结果应按数据修约规则修约到末位数与仪表的分辨力相一致。

（5）固有误差的计算。根据计算的参考温度约定真值和全辐射温度计测量值，按 $\Delta t = \overline{t} - \overline{t_0}$ 计算固有误差。

（6）重复性计算。首先将测量的数据，根据式 $\delta_i = t_i - \frac{1}{2}(t_{0,i} + t_{0,i+1})(i = 1, 2, \cdots, 10)$ 计算出每个全辐射温度计读数 t_i 与辐射源温度 t_0 的差值。式中的 $t_{0,i}$ 和 $t_{0,i+1}$ 是读数全辐射温度计示值 t_i 之前和之后的辐射源温度的读数。

重复性用实验标准偏差 $s(t_0)$ 表示按式 $s(t_0) = \frac{1}{3}\sqrt{\sum_{i=1}^{10}(\delta_i - \overline{\delta})^2}$ 进行计算。式中的 $\overline{\delta}$ 是 δ_i 的平均值。

工作用全辐射温度计的检定周期一般不超过一年。

第三节　光学高温计及检定

一、光学高温计概述

物体温度变化时，某些单色辐射力的变化比全辐射力的变化更为显著，因此利用单色辐射力与温度的关系实现测温时，仪表灵敏度较高。

光学高温计是利用 $\lambda = 0.65\mu m$ 单色辐射力与温度的关系实现测温的，但由于单色辐射力测量很困难，实际上在光学高温计中，是采用了单色亮度的比较法。

根据物理学理论，绝对黑体的单色亮度与单色辐射力成正比，即 $B_{0\lambda} = KE_{0\lambda}$。式中，$B_{0\lambda}$ 为黑体单色亮度；K 为比例常数；$E_{0\lambda}$ 为单色辐射力。

1. 光学高温计的原理

光学高温计的原理结构如图 15-6 所示。测温时，用眼通过目镜 4 和物镜 1 瞄准被测对象。调节目镜使眼睛清晰地看到仪表中的钨丝灯灯丝后，再调节物镜，使对象成像于灯丝平面上，以便与灯丝亮度进行比较。由于红色滤光玻璃的吸收作用，眼睛只能看到对象与灯丝的红色光（λ ＝0.65μm）。

光学高温计的特点是结构简单，使用方便，量程比较宽，可以做到较高的精度，广泛用来测量 700～3200℃温度范围内生产过程的温度。但这种温度计只能测量亮度温度而不能直接测量真实温度；此外，它是通过人眼的瞄准和对亮度进行比较实现测温的，测量结果带有人为的主观误差，且不能自动记录和控制温度。

聚焦图像清晰后，由目镜可以看到如图 15-7 所示的某一种图像，图 15-7（a）背景（即被测对象）亮度大于灯丝亮度，灯丝发暗；图 15-7（b）灯丝亮度高于背景亮度；图 15-7（c）两者亮度相等，看上去好像灯丝中断一样。当出现图 15-7（a）、（b）情况时，可以用手调节图 15-6 中的滑线电阻 6，改变灯丝电流，使灯丝亮度与被测对象亮度相等后，即可由指示仪表 7 上的温度刻度读出被测温度值。

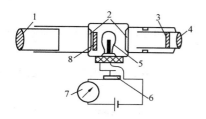

图 15-6　光学高温计的原理结构

1—物镜；2—光阑；3—滤光玻璃；4—目镜；5—钨丝灯；6—滑线电阻；7—指示仪表；8—吸收玻璃

图 15-7　光学高温计亮度比较的三种情况
（a）钨丝亮度低；（b）钨丝亮度高；
（c）钨丝与对象亮度相同

仪表中灰色吸收玻璃可减弱对象亮度，从而扩展仪表量程。当不使用灰色吸收玻璃时，仪表量程为 700～400℃；当使用灰色吸收玻璃时，仪表量程可扩展为 1200～2000℃。

2. WGG 型光学高温计简介

WGG 型电子式光学高温计是国内新型的工业用光学高温计，由于它采用平衡电桥测量电路和集成电路放大器，故称为电子式光学高温计。它具有体积小、重量轻、结构紧凑（整体形）、标尺长（不小于 170mm）、误差小、使用方便的特点。这种高温计有 WGG—21 型和 WGG—22 型两种规格，它们的区别见表 15-6。

表 15-6　　　　　　　　　　　　WGG 系列电子式光学高温计型号和规格

序号	型号	测量范围（℃）	量程	允许基本误差（℃）
1	WGG—21	800～200	Ⅰ	800～1400　±14
			Ⅱ	1200～2000　±20
2	WGG—22	1200～3200	Ⅰ	1200～2000　±20
			Ⅱ	1800～3200　±20

WGG 系列电子式光学高温计的光学系统与其他工业用光学高温计基本相同，属于隐丝式。

WGG 系列电子光学高温计的测量电路由平衡电桥、放大器、调整管以及供电电源等组成。

电桥的不平衡电压经过放大器放大后输送到调整管。调整管 BG 相当于一个可变电阻，它的作用是控制电桥的工作电压，使桥路趋向平衡。若改变电位器的触点位置，也就改变了桥臂两边的阻抗比，产生不平衡电压，电桥工作电压的改变，使得流过灯丝的电流发生变化，从而使灯泡的亮度温度及其内阻抗也相应发生变化，而使电桥迅速达到新的平衡。

测温时，观察者从望远镜中瞄准目标，当亮度不平衡时，需调整灯泡电流，使其达到与被测物体亮度平衡。具体操作是：旋转手轮，调节滑线电阻的滑动触点，改变电桥的比例臂，电桥失去平衡后出现一个不平衡电压输送给放大器。经放大后的信号用来控制调整管的基极电位。由于调整管基极电位的变化，调整管的内阻也随着变化，并且控制着电桥的工作电压，因而流过灯丝的电流也随着改变。这样灯泡的亮度根据观察者的调整，趋向于接近被测物体的亮度。与此同时灯丝电阻也随着变化，使电桥趋向新的平衡。只要观察者变动滑线电阻的触点位置，就能改变灯泡的亮度，而电桥恢复平衡可在瞬间内完成。滑线电阻的触点位置，对应着灯泡的相应的亮度温度。与滑线电阻（电位器）同轴作机械连接的刻度盘，直接分度成亮度温度值。

3. 用光学高温计测温时的影响因素及问题的处理

用光学高温计测温，影响测量准确度的因素很多，以下就现场使用中经常遇到的问题和处理方法介绍如下：

（1）测量距离的影响及修正。从理论上讲，测量距离对读数没有影响，但在实际测量中，很难做到在没有吸收介质的情况下进行测量。正因为这样，距离远了，吸收介质的厚度增加，将会产生较大的误差。所以在测量时，光学高温计与被测物体的距离不超过 2m 为宜。

（2）反射光线的影响及消除。当测量反光性较强的物体温度时（如测量铜水等的温度），很容易产生误差。由克希荷夫定律知，善于反射辐射能的物体一定不善于辐射，即在相同的温度下，反射性能较强的物体，其辐射性能远低于辐射性较强的物体。因此，用光学高温计所测得的温度亦远远低于真实温度。

如有日光或强烈的灯光直接照射被测物体时，也会给测量带来较大的误差，故在使用中应尽量避免日光或强烈灯光直射被测物体。

（3）火焰的影响及消除。在使用光学高温计时，当观察的通道中有火焰时，其结果将使测量值偏高带来测量误差。所以在使用中应尽量避免观察通道中的火焰，在不可避免的场合，应采用带封底的耐火材料管造成的近似黑体，进行瞄准测量。

（4）环境温度的影响及修正。光学高温计内的灯泡受环境温度变化的影响较大，由于仪表内部的可动线圈是用铜线绕制的，因此当环境温度变化时，动圈电阻也要发生变化，因而产生温度附加误差。工业用光学高温计在使用时要求环境温度在 $10\sim50℃$。因此在使用时，一定要在这一规定的温度范围内使用，否则就会带来温度附加误差。

（5）非黑体的影响。光学高温计都是按绝对黑体进行刻度的，其辐射系数等于1，但在实际使用中，被测物体是非黑体，而且物体的有效发射率不是常数，它与波长、物体的表面情况以及温度等均有关系，但大多数工程材料（固体、液体）均是灰体，它们的单色有效发射率大于零而小于1，有效发射率的变化较大，所以对准确测量就会带来较大的影响。为了减小此项影响，必须对测量温度进行修正。修正的方法有计算法、作图法和查表法三种，此三种方法将在下文中专门介绍。

（6）中间介质的影响。由于光学高温计在使用中它与被测物体之间存在着吸收介质，如烟雾、灰尘、二氧化碳、水蒸气和玻璃质物体等，这会影响测量结果。由于中间介质的存在，对热辐射有吸收作用，致使读数偏低。在实际测温时，很难做到没有灰尘、烟雾，而且这些灰尘和烟雾的浓度还是变化的，也没有规律，这样很难进行修正。因此，只有在没有灰尘和烟雾的情况下使用光学高温计、所测得的温度才能可靠和准确。二氧化碳和水蒸气在很稀薄时，对温度读数的影响较小，但在浓厚时就会带来一定程度的影响，所以必须尽量避免。

如果中间介质不可避免时，可以采用封底的管子插入被测温场中，插入的深度和管子内径的比值不得小于 10。在充分受热后，这个管子的底部的有效发射率可以认为达到 0.95 以上，测出的温度可以认为近似于真实温度。

如果通过玻璃窗口观察温度时（如真空炉温度的测量），应将窗口玻璃的吸收系数求出，加以适当修正，温度读数才能准确。

窗口玻璃（石英玻璃或光学玻璃）的透过系数由式 $A = \dfrac{C_2}{\lambda}\left(\dfrac{1}{T_1} - \dfrac{1}{T_2}\right)$ 计算。式中，A 为透过系数；C_2 为常数 1.4388，cm·K；λ 为波长（0.66μm）；T_1 为未加入窗口玻璃时测得的温度；T_2 为通过窗口玻璃时测得的温度。

二、光学高温计的使用程序

（1）首先应检查光学高温计的各部件是否完整，能否正常工作，例如镜头是否清洁，指针是否有卡住等现象。

（2）检查指示仪表的机械零点，如果指针不指在刻度零点位置，应调节零点调整器使仪表指针指示在零点（或起点）。

（3）所用的电池电压及容量应符合仪表说明书的要求，可用调节滑线电阻观察仪表指针能否达到满刻度。安装时要注意电池的极性。

（4）对于非整体型的光学高温计，应按照说明书正确的接插连线，连接好电源和指示仪表使之处于正常工作状态。

（5）调节目镜，把红色滤光片引出视场，调节滑线电阻盘，使灯丝发亮。通过目镜观察灯丝并前后调节目镜筒，使能清晰地看到灯丝为止。最后将目镜固定（指带有目镜锁母的）。

（6）调节物镜，在被测物体前选择好适当的观察位置，通过光学系统瞄准被测物体，调节物镜筒（移入或移出），直到能清晰地看到被测物体的影像为止。在这同时应检查被测物体的影像是否与灯丝的影像在同一个平面上。检查的方法是用肉眼在目镜处上、下移动，如果这时对灯丝来说被测物体的影像有相对的移动，则说明它们不在一个平面上，可再调节目镜筒进行纠正。

（7）当被测温度高于 900℃时，必须引入滤光片。当被测物体温度低于 900℃时，为了增加灯丝和被测物体的可见度，可以将红色滤光片引出视场，红色滤光片的引入或引出可通过旋钮来调节。

（8）在量程选择时，可对被测物体的温度事先作一估计，如低于 1400℃时，可选用第Ⅰ量程，如高于 1400℃时，可选用第Ⅱ量程，如高于 2000℃时，则应选用相应的量程（有的光学高温计有第Ⅲ量程），但大部分是作为第Ⅱ量程出现的。根据所选的量程，将吸收玻璃旋钮拨至所需量程的位置上。

（9）在上述准备工作完毕后，便可进行测温，测温时首先瞄准好被测物体，接通电源开关，调节滑线电阻盘，使灯丝逐步发亮，直到灯丝顶部圆弧部分隐灭在被测物体的影像之中，说明亮度已经相等，即可在指示仪表上读出示值。

（10）测量结束后将滑线电阻旋回原位，使指针回到零位，并关掉电源开关。

（11）测量完毕后，可进行数据处理。光学高温计测得的温度是亮度温度，而不是实际温度，它应低于被测物体的实际温度。如果要求得真实温度，应按相关规定对测量结果进行修正。

三、光学高温计的维护和保养

（1）为了保证仪表在使用中的准确性，使用前应进行检定或校准，在以后的使用中也应按国家检定规程规定的周期定期检定和校准。

（2）应经常保持光学高温计的清洁，严防灰尘或脏物进入仪表内而污染透镜、滑线电阻和指示仪表的可动部分。如果透镜被污染，就会影响透明度，应及时进行清洁处理，其方法是先用镜头刷刷掉灰尘，然后用脱脂棉蘸酒精或乙醚擦拭，再用透镜纸擦干，擦时一般由中心逐渐向外。一般的轻微灰尘及脏物，用柔软的麂皮或镜头纸擦就可以了。严禁用工作服、纸张等物擦镜头，以免划伤镜片，影响测温。

（3）当转动滑线电阻时，若仪表指针有跳动或转动不灵等现象，可用软刷蘸些汽油清洗滑线电阻，然后再用干净的布或丝绸擦干净，涂上少许凡士林油按原样装好。

（4）光学高温计在使用存放时，环境温度不应超过50℃，相对湿度不应大于80%，使用停歇过程中仪表不应乱放，严禁将仪表放在灼热物体附近和有强磁场的地方，以免损坏仪表。

（5）光学高温计长时间不用时，应将电池取出，将仪表放入盒内或箱内，以免灰尘浸入及机械损伤。

四、光学高温计的校准

工业用光学高温计在经过一段时间使用后，由于内部零件的变形，毫伏表头中永久磁铁磁性的变化，轴尖磨损、游丝的永久变形和疲劳，温度灯丝特性的改变以及光学零件位置的改变等原因都将不同程度地影响着光学高温计的测量精度，为了确保测温的准确，必须定期对光学高温计进行检定或校准。

（1）用中、高温黑体炉校准。这种方法是用人造黑体腔，中间置一靶作为过渡光源，一端放置铂铑10-铂标准热电偶作为温度标准，另一端放置被校光学高温计，如图15-8所示。当炉温升到校准点温度时，用直流电位差计测出标准热电偶的热电动势，其所对应的温度与光学高温计示值之差，即为被校光学高温计在该温度点的修正值。

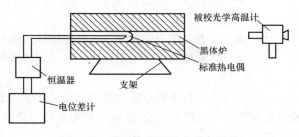

图15-8 用黑体炉校准光学高温计

（2）用标准温度灯校准。这是普遍采用的校准工业用光学高温计的方法。这种方法是用一个标准温度灯作为亮度标准，而被校的光学高温计在专用的检定装置上与它进行比较，从而确定被检光学高温计的误差。检定要求及操作步骤可参见光学高温计的检定和校准规程。光学高温计的允许基本误差及回程差见表15-11。

五、隐丝式光学高温计的检定

被检光学高温计的型号、准确度等级、制造厂名、产品编号等标志应清晰、齐全。

经检定合格的光学高温计，发给检定证书，不合格者发给检定结果通知书。光学高温计的检定周期，一般定为半年。

（一）技术要求

1. 允许基本误差及变差

在环境温度为（20±5）℃，相对湿度不大于85%的条件下，应符合表15-7的要求。

2. 光路系统

（1）红色滤光片及吸收玻璃，应能自由地引入和退出现场，并能固定在相应的工作位置上，吸收玻璃的引入和退出机构，应有量程标记。

（2）物镜与目镜应能平滑地沿着光学高温计的光轴移动。

（3）光学高温计的灯丝隐灭部位，应在视场的中心区域。该区域的直径，应小于视场直径的1/3。

（4）目镜、物镜、红色滤光片和吸收玻璃，不应有擦伤、霉斑、划痕等缺陷。对使用中的光学高温计的物镜，允许有不影响测量的缺陷。

表 15-7   允许基本误差及变差

准确度等级	示值范围（℃）	量程	测量范围（℃）	允许基本误差（℃）	允许变差（℃）
1.5	800～2000	1	800～1500	±22	11
		2	1200～2000	±30	15
	1200～3200	1	1200～2000	±30	15
		2	1800～3200	±80	60
1.0	800～2000	1	800～1400	±14	9
		2	1200～2000	±20	12
	1200～3200	1	1200～2000	±20	12
		2	1800～3200	±50	30

注 准确度等级按 800～2000℃ 的量程确定。

3．电测系统

（1）光学高温计的电测系统，应有良好的电接触和断路装置，电源的接线端应有明显的（＋）、（一）极性标记。

（2）指示仪表的零位调整期，应能使指针从标尺零位向两侧均匀移动 3mm。

（3）光学高温计的可变电阻，应能均匀地调节灯丝电流，并有电流增加和减少的标记。

4．倾斜影响

（1）光路系统与电测系统组装成一体的光学高温计，由正常工作位置向任何方向倾斜 45°时，指针在刻度标尺长度的 50％ 和 90％ 处附近的主刻度线上，其示值变化不得大于规定的允许基本误差的 1/2。

（2）光路系统与电测系统分开组装的光学高温计，其电测系统由正常工作位置向任何方向倾斜 20°时，指针在刻度标尺长度的 50％ 和 90％ 处附近的主刻度线上，其示值变化不应大于规定的允许基本误差的 1/2。

（二）检定条件和设备

（1）检定应在环境温度为（20±5）℃、相对湿度不大于 85％ 的暗室中进行。

（2）连同透镜成套分度的标准温度灯一套，见表 15-8。

表 15-8   检定设备中的标准温度灯

型号规格	温度（℃）	数量（套）
真空灯	800～1400	1
充气灯	1400～2000	1

（3）电测仪器一套，技术要求见表 15-9。

表 15-9   检定设备中的电测仪器技术要求

仪 器 名 称	准确度等级（％）	分辨力（μV）
直流低阻电位差计或同等准确度数字电压表	不低于 0.05	1

（4）标准电阻一只，技术要求见表 15-10。

表 15-10 　　　　　　　　　　　　　　　　检定设备中的标准电阻技术要求

准确度等级（%）	电阻值（Ω）	额定功率不小于（W）	备　注
0.05	0.01	4	根据电测仪器测量范围，
0.06	0.001	0.4	任选其中一只

（5）直流稳流电源一台，技术要求见表 15-11。

表 15-11 　　　　　　　　　　　　　　检定设备中的直流稳压电源技术要求

内　容	指　标
输入电压	(220±22)V、50Hz
输出电流	0～30A 连续可调
最大输出电压	8～12V
电流稳定度	20min 时　<0.02%
波纹系数	<0.1%
电流最小调节量	<1×10⁻³A

（6）满足能安装标准温度灯、透镜和被检光学高温计要求的支架一套。

（三）检定方法

（1）外观检查。应符合规程规定的相关技术要求。

（2）倾斜影响的检查。倾斜影响用目测法进行检查。其方法是：手握光学高温计于正常工作位置，接通电源，调节滑线电阻，使指针在刻度尺的 50% 和 90% 处附近的主刻度线上，然后改变光学高温计的位置，观察其前、后、左、右倾斜 45°时（分开组装的仪表为 20°）的指示变化值，应符合要求。

（3）示值检定。

1）示值检定接线图见图 15-9。

2）检定点的安排：

a. 800～1400℃范围，每隔 100℃检定一点。

b. 1200～2000℃范围，每隔 200℃检定一点。

c. 1800～3200℃范围，每隔 200℃检定一点。

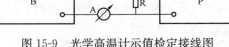

图 15-9　光学高温计示值检定接线图
L—标准温度灯；R—标准电阻；A—电流表；
B—直流稳流电源；P—电测仪器

也可以按照使用单位的要求选择检定点，但最少不得少于三点。

3）检定步骤：

a. 将标准温度灯和被检光学高温计安装在专用支架上。

b. 接通稳流电源，按电源说明书规定的预热时间预热。

c. 缓慢供给标准温度灯电流，使其亮度温度在 1100℃左右。

d. 按下列两个步骤调整灯带平面于被检光学高温计的光轴。

步骤 1：首先调整被检光学高温计机械零位，然后接通光学高温计电源，调节可变电阻，使灯丝灼热的工作部分与标准温度灯灯带的标记处重合，使其成像清晰，见图 15-10。

要求：温度灯的前、后指针（或白点箭头）应处在同一水平线上；后指针尖端应与灯带的边缘相切；灯丝的工作部位应调整在指针的水平线上。

步骤 2：在达到步骤 1 的安装要求后，再将放大透镜安装在标准温度灯和光学高温计之间的支架上，透镜凸面应朝向光学高温计（见图 15-11）。调节透镜位置，达到步骤 1 的三条要求，然后重新调整光学高温计物镜，使灯带成像清晰。

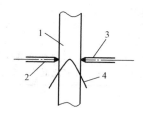
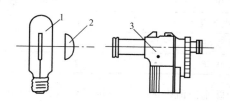

图 15-10　正确瞄准示意图
1—温度灯灯带；2—温度灯的前指针；3—温度灯的后指针；4—光学高温计灯丝

图 15-11　透镜安装朝向示意图
1—标准温度灯；2—透镜；3—被检光学高温计

温度灯前的透镜如果是安装在木箱门上的，其调整方法时先将门打开，按步骤对好焦点，然后关上门再检查标准温度灯及透镜与光学高温计的光路系统是否同轴，调整以后应达到成像清晰。

温度灯分度时，如果没有后指针（或白点），而是偏转一定角度，则应以同样的角度对准被检光学高温计。

e. 根据标准温度灯的检定证书，调节稳流电源输出的电流至第一个检定点，恒流 10min（其他各点恒定时间为 2～3min），测出温度灯的电流值 i_1 并记录。

f. 调节光学高温计的可变电阻，使灯丝亮度与灯带亮度平衡、独处光学高温计示值，并记录。

读数方法：正、反向各读两次，正向读数时逐渐增加灯丝亮度与灯带亮度平衡，反向读数时逐渐降低灯丝亮度与灯带亮度平衡，反复进行四次读数后，再测量一次温度灯的电流值 i_2，并记录。温度灯的电流前后两次读数变化值不得超过 0.01A。

g. 重复检定其他各点。

（4）入光学高温计的测温上限，高于温度灯上限，则高出部分再用计算法检定。

用计算方法检定，则应进行吸收玻璃高温减弱值 A 的测定，具体测定方法是：

1）从低于温度灯上限 200℃ 开始，引入高量程吸收玻璃，在高量程读数的同时，读出相应与低量程的示值，记录。

2）每隔 100℃ 顺序测定三个温度点。

例：温度灯分度上限为 2000℃，被检光学高温计上限为 3200℃，则以 1800，1900，2000℃ 三个点来决定高温减弱值 A。

A 值的具体计算方法，见检定结果处理实例。

（5）检定完毕后，将温度灯和光学高温计的电流缓慢下降至零，标准温度灯的缓慢升、降时间不少于 5min。

（四）检定结果处理

检定后利用所得数据按规程的要求进行相关的计算并记录。

1. 检定 800～2000℃ 的数据处理方法

（1）计算温度灯电流平均值的相应温度 t_n。

（2）计算被检光学高温计的读数平均值 $\bar{t}_x$

（3）计算光学高温计读数示值的修正量 Δt。

2. 用计算方法确定 2000～3200℃ 的数据处理方法

（1）计算加入吸收玻璃后的低量程读数（t_1）的平均值，并记录。

（2）描绘出低量程的修正曲线。算出的温度 t_1'，并记录。

（3）根据计算出的 t_1 和 t_1'，求出加入吸收玻璃的高温减弱值 A。

（4）计算出 A 值，并记录，三个 A 值之间相差不得大于 $3 \times 10^{-6} \mathrm{K}^{-1}$，否则应重新计算，如仍大于 $3 \times 10^{-6} \mathrm{K}^{-1}$，则认为不合格。

（5）求出三个 A 的平均值，并记录。

（6）根据算出的三个 A 的平均值，计算与高量程温度 θ 对应的低量程温度 θ_1。由数值 θ_1 按低量程的修正曲线加以修正，求出 θ_2，并记录。

（7）求出高量程检定点的修正量 $\Delta\theta$，并记录。

第十六章　温度显示仪表的检修及校准

第一节　动圈式温度指示仪表的检修及校准

一、动圈式指示仪表

为了便于仪表的制造、使用和维修，仪表产品应向通用化、系列化和标准化的方向发展，我国统一设计和生产了新型的动圈式指示仪表，并已在工业上得到极为广泛的应用。动圈式指示仪表无论在结构设计、制造工艺和技术性能方面，或是在品种类型方面都比原有的同类产品有很大提高。尤其是现代磁性材料和半导体技术的应用，使这种仪表正朝着高性能、小型化的方向发展。目前有 XC、XF、XJ 等几个系列，每个系列中又分为指示型（Z）和指示调节型（T）。与热电偶配套的动圈式指示仪表型号有 $X_F^C Z$—101 或 $X_F^C T$—101 等；与热电阻配套的动圈式指示仪表型号有 $X_F^C Z$—102 或 $X_F^C T$—102 等。

（一）动圈式指示仪表的特点

动圈式指示仪表是一种测量电流的仪表，因为它与热电偶、热电阻或其他变送器相配合使用时，被测参数通过上述感受元件被转换成相应的电动势或电阻信号，而后又都经过仪表的测量电路转换成为流过动圈的微安级电流。动圈的偏转角度，即仪表的指示就是由这个电流的大小所决定的。

动圈式指示仪表的特点可归纳如下：

（1）磁电式动圈测量机构容易将微小的直流信号转换成较大仪表指针的角位移，而且不受外界电磁场的影响。

（2）结构比较简单、体积小、价格低、易于维护。

（3）这类仪表能同时看出被测参数的大小及其与给定值偏差的大小和方向，从而掌握被测参数变化的动向。

（4）在同一测量机构上，配以不同的测量电路就可配接不同的感受元件，实现不同参数的测量。

（5）在同一测量机构上，配置不同的调节电路或控制机构，即可构成不同调节方式的简易式调节器，实现自动调节的作用。

（6）由于采用张丝或轴尖支承，仪表不耐振，同时，由于仪表指针在测量过程中要稳定下来，需要一定的时间，对于要求快速调节的工业调节对象，其调节质量不够理想，所以这种仪表的应用范围受到一定的限制。

（二）动圈式指示仪表的工作原理

动圈式指示仪表测量机构的核心部分是一个磁电式毫伏表。表内的动线圈是用绝缘细铜线绕成的矩形框，它处于永久磁铁形成的磁场中。当有电流流过动圈时，由于该电流与永久磁场的相互作用，在动圈与磁场方向垂直的两个有效边上就会产生大小相等、方向相反的力 F，其方向可用左手定则来确定。这两个力所形成的力矩，迫使动圈在磁场中绕其纵轴旋转。

动圈的旋转力矩 M 不仅与电流 I 有关，还与磁力线与动圈平面的夹角 φ 有关，随着动圈在磁场中的不同位置，夹角 φ 也不同；因此仪表的刻度将是非线性的。为了保证仪表有均匀的刻度，应消除夹角 φ 的影响。为此，都把仪表永久磁铁的极瓦做成同心径向形状。使动圈在不同位置时，夹角 φ 均为 $0°$，因为 $\cos 0°=1$，则动圈的旋转力矩 M 与流过动圈的电流成正比。为了使动圈偏转的每一位置（偏转角度）对应于一定的电流强度，必须在动圈上加上一个大小与其偏转角度成正比的反作用力矩 M_n，以此与动圈的旋转力矩 M 相平衡。这个反作用力矩是由动圈的支承系统产生的，在轴尖轴承的支承系统中，其反作用力矩靠螺旋弹簧形游丝的卷曲而产生，在张丝支承系统中，其反作用力矩是靠张丝的扭曲而产生。显然，这个反作用力矩的大小不仅决定于动圈的偏转角度，还与游丝或张丝的材料性质（弹性模数）、几何尺寸（长、宽、厚）以及张丝的工作张力有关。

当动圈测量机构的运动系统达到平衡时，仪表的指针即停留在一定的位置上。此时两个力矩相等，即 $M=M_n$。

当磁感应强度、动圈的结构、游丝或张丝的材料及几何尺寸和张丝的工作张力都一定时，动圈和与之连在一起的指针偏转的角度 α、流过动圈的电流 I 成正比。所以，可直接由指针偏转的位置反映出输入信号电流的大小。

（三）动圈式指示仪表配接热电偶的测量线路（XCZ—101 型）

动圈式指示仪表要求的输入量是直流毫伏信号，因此，与热电偶配接时不需要附加转换装置，而是将热电偶通过补偿导线等直接与动圈测量机构相连接，其测量线路如图 16-1 所示。

根据前面分析热电偶测温中对热电偶冷端的处理原则，必须使用补偿导线将热电偶接至冷端温度补偿器（或恒温器）。冷端温度补偿器与仪表之间可用普通导线连接，这样才能使热电偶冷端温度 t_0 符合仪表刻度的技术条件。

（四）动圈式指示仪表配接热电阻的测量线路（XCZ—102 型）

动圈式指示仪表与热电阻配接时，必须将随被测温度变化的热电阻值转换成直流毫伏信号，然后与动圈测量机构相连接，以指示被测对象的温度。为此，采用了不平衡电桥测量线路，如图 16-2 所示。

当被测温度为仪表刻度起始点温度 t_0 时，电桥处于平衡状态，无电压输出，流过动圈的电流为零，仪表指针指"零"（刻度起始点）。当被测温度升高（$t>t_0$）时，热电阻的阻值随之增大，电桥失去平衡，此时桥路有不平衡电压输出，于是动圈中就有电流流过，使指针偏

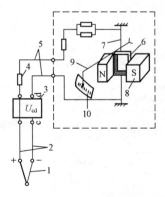

图 16-1　XCZ—101 型动圈式指示仪表配接热
电偶的测量线路

1—热电偶；2—补偿导线；3—冷端补偿装置；4—外接
电阻；5—连接导线；6—动圈；7—张丝；8—磁钢；
9—指针；10—刻度面板

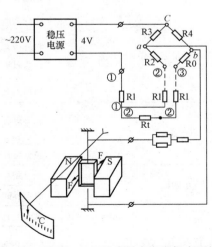

图 16-2　XCZ—102 型动圈式指示仪表配接
热电阻的测量线路

转。根据不平衡电桥的原理可知，电桥不平衡电流的大小和方向，由电桥电源电压及各桥臂的电阻值所决定，在电桥电源电压恒定和桥臂中其他电阻的阻值不变的情况下，电桥的不平衡电流只随热电阻温度 t_T 而变化，因此，指针将停留在对应于 t_T 的位置上，指示出被测温度的数值。被测温度越高，电桥输出的不平衡电压越大，流过动圈的电流就越大，仪表指针的偏转角度也将越大。

电桥电源电压为稳定的 4V 直流电压，电桥电源电压基本上不受环境温度的影响。这种稳压电源的稳压效果，一般当电源电压波动±10％时，稳压 4V 的变化为±0.005％。

测量桥路的参数是根据仪表量程确定的，用锰铜丝电阻电气零点校正电阻，保证当 $R_t = R_{t0}$ 时，电桥应处于平衡状态，如果指针位置稍低于刻度起始点或稍高于刻度起始点，须通过调整，最终应将仪表指针调整到刻度起始点位置为止。

二、动圈式指示仪表的常见故障与处理

动圈式指示仪表在运行中发生故障时，首先必须检查测温元件和连接的测量线路，以及接线端子等是否存在故障。经过分段检查后，确定故障存在于动圈仪表本身，则可按故障现象分析原因，并进行处理。

1. 动圈式指示仪表测量机构常见故障处理

动圈式指示仪表测量机构常见故障的原因及处理方法见表 16-1。

表 16-1 　　　　　　　动圈仪式指示表测量机构常见故障处理的原因及处理方法

故障现象	故障原因	处理方法
仪表有信号输入时，指针不动或不稳定	量程电阻、张丝或动圈引头脱落或虚焊	重新焊好
	量程电阻或动圈断路	重新绕制
	张丝断脱	更换新张丝
	动圈短路	处理短路点
指针移动缓慢	动圈部分短路	更换新动圈
	张丝过松	重新焊好
	动圈和铁心或极靴之间有毛刺或其他杂物	清擦干净
指针呆滞或有卡针现象	张丝断脱	更换新张丝
	指针位置过低碰刻度盘上沿、过高碰屏风板；指针头过短碰盘面，过长碰玻璃	调整好指针
	盘面上有毛丝，可动部分活动区间有杂物	清擦干净
指示偏高	张丝受到腐蚀，弹性下降；焊接时张丝退火	调磁分路片或改变量程电阻或更换新张丝
	磁分路片位置变动	调磁分路片
指示偏低	磁分路片位置变动	调磁分路片
	磁钢拆卸后，磁感应强度减弱	改变量程电阻或重新充磁
仪表回差大或回零不好	盘面上有毛丝，可动部分活动区间有杂物	清擦干净
	张丝内端销子不光洁，张丝不平直，有伤痕等	更换新的

2. 动圈式指示仪表测量桥路的常见故障与处理方法

动圈式指示仪表测量桥路的常见故障的原因与处理方法见表 16-2。

表 16-2　　　　　　　　　动圈式指示仪表测量桥路的常见故障与处理方法

故障现象	故障原因	处理方法
通电后指针指向终端极限位置	R_0 或 R_1 虚焊或断路	重新焊好或接上
	热电阻线路断路	找出断路点，接上
通电后指针指向始端极限位置	R_3 或 R_2 虚焊或断路	重新焊好或接上
	热电阻 R_t 线路短路	找出短路点，并处理好
通电后，加入信号，指计不动	稳压电源整流部分无输出	如用万用表测知变压器二次侧无 33V AC，则系变压器有故障，可重绕变压器；如变压器二次侧有 33V AC，而电容两端无 38~42V DC，则系整流元件有损坏，需更换新元件
	稳压电源限流电阻虚焊或断路	用万用表依次测量两个限流电阻两端电压，在哪一个电阻上出现开路电压，则系该电阻后侧虚焊或断路，需要重新焊好或更换元件
	稳压电源铜电阻或锰铜电阻虚焊或断路	用万用表测量铜电阻和锰铜电阻两端电压，哪个电阻上出现开路电压，则系该电阻后侧虚焊或断路，需重新焊好或更换元件
	R_3、R_4 或 R_2、R_0 同时虚焊	重新焊好
指示不稳定	电源变压器输出电压过低，造成稳压电源输出电压不稳	往往是由于变压器二次侧绕组部分短路造成，需重新绕制变压器
	稳压电源电容虚焊或接反	重新焊好或接正确
	铜电阻或锰铜电阻焊接不良	仔细打去氧化层，焊好

三、动圈式温度指示表的检修与校准

（一）检修项目与质量要求

（1）检修前，应进行检查性校准，并做好记录。

（2）仪表不应有能引起较大测量误差和使内部零件易受损害的缺陷，否则应进行检修。

（3）检修可动部分时，拆卸要小心。组装时游丝应平整，各圈应同心；上下轴尖（或上下张丝）应在同一垂直线上；动圈与铁心间的距离各处应相等；动圈转动应灵活平稳。

（4）调零器应能使指针自起始点分度线向左偏移不小于标尺全长的 2%。对于配热电阻的仪表，向右偏移不小于 10%；对于配热电偶的仪表向右偏移不小于 50℃分度线。

（5）在环境温度为 5~35℃、相对湿度不大于 85% 的条件下，用 500V 绝缘电阻表测量仪表绝缘电阻，其阻值不应小于下列数值：

1）测量电路对外壳为 20MΩ；

2）电源电路对测量电路和外壳为 10MΩ；

3）输出接点对外壳、测量电路和电源电路为 10MΩ。

（6）表壳密封良好。

（二）调校项目与技术要求

1. 机械零位校准

（1）对轴尖轴承支撑指针的仪表，机械零位偏移应不超过标尺弧长的 0.5%；对张丝支撑指针的仪表，应不超过标尺弧长的 0.3%。

（2）指针在移动过程中应平稳，无卡针、摇晃、迟滞等现象。

2. 仪表基本误差和回程误差标准

（1）校准点一般不少于5点，其中包括常用点。

（2）仪表的基本误差不应超过仪表的允许误差。

（3）仪表的回程误差，对轴尖轴承支撑指针的仪表，不应超过允许误差的绝对值；对张丝支撑指针的仪表，不应超过允许误差绝对值的一半。

3. 仪表倾斜影响校准

仪表自正常工作位置向任何方向倾斜下列角度时，其示值的改变不应超过仪表允许误差的绝对值：

（1）轴尖轴承支撑指针的仪表为10°。

（2）张丝支撑指针的仪表为5°。

4. 接点动作误差、不灵敏区的校准

（1）仪表接点动作误差，不应超过仪表电量程的±1.0％。

（2）仪表接点动作的不灵敏区，对轴尖轴承支撑指针的仪表，应不超过仪表电量程的1.0％；对张丝支撑指针的仪表，则应不超过电量程的0.5％。

5. 越限检查

在不产生二次振荡的条件下，指针超越给定指针的距离（以弧长表示）不应小于5.5mm。

6. 断偶保护检查

具有断偶保护装置的仪表，当仪表输入端开路时，接通交流电源，指针应超越标尺终点分度线，允许有轻微抖动。

7. 用校准电阻校准

对配热电阻的轴尖轴承支撑指针的仪表，接入校准电阻时，指针应对准标尺几何中心处的红线或规定的分度线，其偏差不应超过允许误差的1/2。

8. 阻尼时间检查

仪表的阻尼时间应不超过下列数值：

（1）轴尖轴承支撑指针的仪表为7s。

（2）张丝支撑指针的仪表为5s。

（三）运行维护

1. 仪表投入前的检查

（1）仪表安装应牢固、平正，接线应正确。

（2）仪表锁针器应打开，短路线应拆除。

（3）仪表的指针应指在机械零位。对配热电偶的仪表，其机械零位应为冷端温度补偿器平衡点温度或冷端恒温器的恒定温度。

（4）多点测量仪表的切换开关应置于"0"位置。

2. 仪表的投入与停用

（1）接通仪表（包括测量系统中的补偿器等）电源，仪表即投入运行。

（2）切断仪表电源，仪表即停止运行。

（3）需拆卸的仪表，应将仪表指针锁住或将输入端接上短路线。

3. 维护

（1）经常检查仪表运行情况。

（2）定期现场校准仪表的指示值。

（3）定期做清洁工作。

第二节　电子自动平衡式仪表的检修与调校

一、电子自动平衡式显示仪表概述

动圈式指示仪表具有结构简单、价格便宜、易于维护等优点。但它的精度和灵敏度的提高均受到限制，在很大程度上还会受环境温度变化的影响。另外，它的测量机构转动力矩小，不便于实现自动记录，阻尼时间较长，结构脆弱，抗振性能也较差。因此，在自动化程度较高的火力发电生产过程中，要求对微弱信号进行准确地或快速地测量，实现自动记录或控制时，广泛采用了电子自动平衡式仪表。

（一）电子自动平衡式仪表的原理结构

电子自动平衡式仪表都是应用电平衡法（也称补偿法或零值法）的原理进行工作的。这种显示仪表能够自动地进行平衡调整，连续地自动指示和记录被测参数的变化，而且附加一定的装置后，还可实现积算，报警、调节等功能。

电子自动平衡式仪表的原理结构方框图如图 16-3 所示。它主要由测量电路、放大器、可逆电动机、同步电动机、机械传动机构、指示机构、记录机构和调节机构等部分所组成。

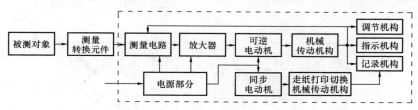

图 16-3　电子自动平衡式仪表的原理结构方框图

（二）电子自动平衡式仪表的特点

（1）电子自动平衡式仪表是应用电压平衡法进行测量的，可以具有较高的精度、灵敏度和快速性。

（2）电子自动平衡式显示仪表测量电路可以接受电压、电阻等电量信号，可以与各种电量或非电量的变送器配套使用，显示直流电压（电势）、电流以及压力、流量、物位、成分、浓度等参数的变化。

（3）电子自动平衡式仪表的系列型谱已统一制定，使仪表的规格统一，互换性好，便于制造生产和使用维修。

（4）电子自动平衡式显示仪表的结构比较复杂，价格较高，而且对于外界电、磁的干扰比较敏感，必须采取相应的抗干扰措施，才能保证仪表的正常工作。

（三）电子自动电位差计

电子自动电位差计是电子自动平衡式仪表的一种主要类型，可以和各种热电偶、辐射感温器或者直流毫伏变送器配合使用，可作为温度、直流电压或电势等参数的显示仪表。其测量原理和实验室常用的电位差计相仿，所以先介绍一下手动电位差计的基本原理，然后再来分析电子自动电位差计的各个组成部分。

1. 手动电位差计

电位差计的工作原理和用天平称量物体重量的原理相类似，都是根据平衡法（或称补偿法、

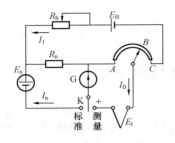

图 16-4　手动电位差计
原理线路

零值法）的原理，用已知的标准量（砝码或电势）与被测量（物体重量或电势）相比较，当两者的差值等于零即达到平衡时，指针指零，此时的已知标准量就等于被测量的数值。它的原理线路如图 16-4 所示。

为确保电位差计的测量准确性，必须保持工作电流 I 恒定。在上述原理线路中用电流表测量和检查工作电流，其结果显然是不够准确的，因为电流表（磁电式仪表）本身的精度就有限，不可能测得十分精确的电流值。因此，在实用的电位差计线路中引入了校准工作电流的回路，来使"工作电流标准化"。

2. 电子自动电位差计的测量电路

电子自动电位差计是利用电子放大器和由它所控制的平衡机构等组成的一套自动装置，代替了手动电位差计在测量过程中的判断、调整、指示和记录的人工操作，从而实现了连续自动的指示和记录，见图 16-5。

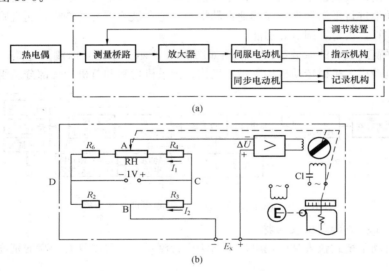

图 16-5　电子自动电位差计原理和组成方框图
（a）方框图；（b）原理示意图

电子自动电位差计和手动电位差计具有相同的测量原理，但由于电子自动电位差计不仅能用来测量直流电势，而且也能与热电偶配用直接显示温度的数值。

（四）电子自动平衡电桥

电子自动平衡电桥也是电子自动平衡式仪表的一种主要类型。它与热电阻配套使用时，可作为温度测量的自动显示仪表。当它与其他电阻型变送器相配套时，也可以测量显示其他一些参数。"电桥"又称为"桥式线路"，在热工检测中应用很广泛，它既可以作为测量电阻的仪表，在许多情况下又可以作为某些仪表中的一部分线路来使用的。因此，掌握电桥的基本工作原理是十分重要的。

1. 手动平衡电桥的基本原理

在实验室进行电阻值的精密测量时，常用手动平衡电桥，它的基本原理如图 16-6 所示。

2. 电子自动平衡电桥

电子自动平衡电桥也是一种自动平衡式仪表，它的测量电路也是利用平衡电桥的基本原理进行工作的。由检零放大器、可逆电动机、机械传动机构、指示记录机构、同步电动机和测量桥路构成。与电子电位差计不同的是，电子自动平衡电桥是测量电阻的仪表，其测量桥路是一个平衡电桥。凡是能变换成电阻的量都可以用电子自动平衡电桥来测量。电子自动电位差计是测量直流电压的仪表，它的测量桥路是一个不平衡电桥。

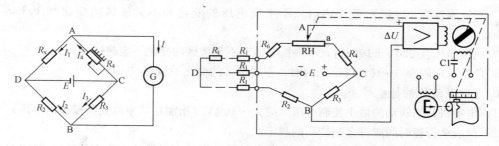

图 16-6　手动平衡电桥　　　　图 16-7　电子自动平衡电桥的测量原理图

图 16-7 是电子自动平衡电桥的测量原理图。为了减小热电阻连接导线的电阻值随环境温度变化而引起的测量误差，一般热电阻与电子自动平衡电桥的连接方式均采用三线制接法。图中 R_t 为热电阻，R_1 是连接导线的等值电阻。为了便于调整电桥的平衡，提高其灵敏度，并能在整个滑线电阻的有效长度上线性地反映被测电阻 R_t 的变化，应将滑线电阻 RH 置于两个桥臂之间，改变滑动触点 A 的位置，即可同时改变滑动触点 A 两侧相邻的两个桥臂的阻值。

二、检修项目与质量要求

1. 外观检查

（1）仪表表盘上的分度线、文字、数字与符号应完整、清晰。

（2）仪表零部件应整洁，接线整齐正确。

（3）所有引线孔、表门及玻璃的密封圈应良好严密。

（4）指针、记录笔架、打印机构应无松动脱落及偏斜现象。

（5）仪表指针在分度标尺的始端、终端应有调节裕量。

2. 机械部分检修

（1）拆卸、清洗仪表的主要机械部分。

（2）仪表经修理、组装、调整后，应向各转动部件加注适量润滑油。

（3）表内各转动部分的齿轮啮合良好，转动应灵活无杂音。

3. 变流器性能检查

（1）变流器输出特性的不对称度应不超过 5％。

（2）在正常工作条件下，输出波形不应有间断现象，波形边缘的毛刺长度不应大于方波半周宽度的 5％。

（3）在环境温度 5～35℃、相对湿度不大于 85％的条件下，触点组对外壳、励磁绕组对外壳的绝缘电阻，用 250V 绝缘电阻表测量，应不低于 100MΩ。

4. 输入变压器性能检查

（1）变压器一次和二次绕组不应有匝间短路现象。

（2）变压器的一次、二次绕组与外壳、隔离层之间，一次与二次之间的绝缘电阻，用 250V 绝缘电阻表测量，均不应小于 100MΩ。

5. 放大器性能检查

（1）放大器输入端的不平衡电压不应超过 15μV。

（2）放大器的不灵敏区及其调节范围应符合制造厂产品技术规范要求。

（3）在平衡状态下，放大器输出端的总干扰电压不应超过1.5V。

（4）放大器经过预热后，零点漂移不应超过$5\mu V$，其不平衡电压仍不应超过$15\mu V$。

（5）以下的测试必要时选做：

1）测试温度在$0\sim55℃$范围内时，不平衡电压的变化和不灵敏区的变化每$10℃$不应超过$3\mu V$。

2）电源电压在$220V\pm10\%$时，不平衡电压和不灵敏区的变化不应超过$3\mu V$。

3）信号源内阻在$0\sim1000\Omega$范围内时，不灵敏区的变化不应超过$4\mu V$。

6. 可逆电动机的性能检查

（1）电动机开始转动的最小控制电压不应大于0.4V（指加在功率放大级栅极的电压）。

（2）仪表全行程时间应符合制造厂的规定。

（3）电动机应运转平稳，无抖动及卡住现象，转动时除有轻微的电磁声及转动齿轮均匀的嘶嘶声外，不允许有尖叫声及杂音。

（4）电动机各部分的绝缘性能应符合制造厂规定。

7. 同步电动机的性能检查

（1）电动机在额定电压、额定频率下空载运行而不带散热板时，绕组温升不应超过$45℃$。

（2）绕组之间、绕组与外壳之间的绝缘电阻用500V绝缘电阻表测量，应不低于$100M\Omega$。

8. 稳压电源性能检查

（1）环境温度变化$10℃$时，稳压电源输出电流变化不应大于0.03%。

（2）供电电压变化量为额定值的$\pm10\%$时，输出电流变化不大于0.05%。

三、调校项目与技术标准

1. 仪表示值基本误差和回程误差校准

（1）仪表校准应在整分度线上进行，校准点不少于5点。

（2）仪表指示值的基本误差，以电量程的百分数表示，应不超过下列规定：

1）0.5级：表允许误差$\pm0.5\%$；

2）1.0级：表允许误差$\pm1.0\%$。

（3）仪表指示值的回程误差，以电量程的百分数表示，对于电子自动电位差计，应不超过表16-3规定；对于电子自动平衡电桥，应不超过表16-4的规定。

表 16-3　　　　　　　　　　　电子自动电位差计的允许回程误差

类　型		允许回程误差（%）
晶体管式	大型及条形仪表	0.25
	小型仪表	0.5
电子管式	各种类型仪表	0.5

表 16-4　　　　　　　　电子自动平衡电桥的允许回程误差及允许画线回程误差

系　列	准确度等级	允许回程误差（%）	允许画线回程误差（%）	
			长图记录仪表	圆图记录仪表
大型仪表	0.5	0.25	0.25	0.5
	1.0	0.5		1.0
小型仪表	0.5	0.5		1.0
	1.0	1.0		1.5

2. 记录值基本误差和回程误差校准

(1) 仪表记录值的基本误差，以电量程的百分数表示，应不超过下列规定值：

1) 0.5 级表：记录值允许误差±1.0％；

2) 1.0 级表：记录值允许误差±1.5％。

(2) 对于画线记录表，其画线回程误差，应不超过规定值。

(3) 画线记录仪表的记录值基本误差校准，应在任意走纸速度下进行。

(4) 打点记录仪表的记录值基本误差校准，应在最慢和最快两种走纸速度下进行。

3. 信号动作误差校准

对带有信号装置的仪表，信号动作误差不应超过电量程的±1.5％。

4. 阻尼特性检查

对指示及多点打印的记录仪表，指针不应超过 3 个"半周期"摆动。对画线的记录仪表，指针不应超过 2 个"半周期"摆动。

5. 绝缘电阻测定

当环境温度为 5～35℃、相对湿度不大于 85％时，仪表测量电路与外壳、电源电路与外壳、测量电路与电源电路之间的绝缘电阻，用 500V 绝缘电阻表测量，不应小于 20MΩ。

6. 行程时间测定

仪表指针走过正反全行程的时间，不应超过制造厂规定的额定行程时间。

7. 运行试验

检修、校准后的仪表，应进行 24h 的运行试验，并复验指示、记录值的基本误差和回程误差，仍应符合技术标准。

四、运行维护

1. 仪表投入前的检查

(1) 检查仪表测量系统接线是否正确。

(2) 检查电源电压是否符合规定，仪表电源相线、中性线是否接对。

2. 仪表的投入与停用

(1) 投入信号电源，校准高低信号值。

(2) 待被测温度达到仪表测量下限时，合上仪表电源开关和记录部分电源开关。

(3) 对好记录纸和记录笔。

(4) 运行 0.5h 后，将仪表灵敏度调整合适，仪表即投入运行。

(5) 切断仪表内电源开关，并将仪表指针停在刻度标尺始端。

3. 维护

(1) 日常维护：保持仪表清洁，记录应清晰、连续，电动机和变压器温升不超过规定值，减速系统工作正常。

(2) 定期维护：检查仪表的灵敏度、零位和输入高低信号时动作的正确性；检查滑动接点，如表面出现不平或沟槽时，应予更换；对各传动部件加钟表油；清洗表内多点切换开关。

第三节 力矩电机式温度指示仪表及校验

一、力矩电机式温度指示仪表概述

力矩电机指示仪表是一种自动平衡式显示仪表，指针由力矩电机带动，没有动圈机构，抗振性能更好。其原理图如图 16-8 所示。

被测信号 EX（或 RX）输入测量电路与已知的标准量相比较，其不平衡电压送至放大器，将其放大，以驱动力矩电机正转或反转，带动平衡机构使仪表达到新的平衡，并由指针显示被测值。

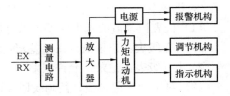

图 16-8　力矩电机指示仪表原理图

二、力矩电机式温度指示调节仪表的检修与校准

1. 检修项目与质量要求

（1）检修前，应进行检查性校准，并做好记录。

（2）仪表不应有能引起较大测量误差和使内部零件易受损害的缺陷，否则应进行检修。

（3）拆卸力矩电机后回装时，应使指针滑臂中心孔位置、力矩电机转子轴心位置同拆卸前保持一致，指针与力矩电机转子轴心线必须垂直（轴顶端有记号）。

（4）信号装置应动作灵活，接点完好。

（5）在环境温度为 5～35℃、相对湿度不大于 85％ 的条件下，用 250V 或 500V 绝缘电阻表测量仪表的绝缘电阻，其阻值不应小于下列数值：

1）测量电路对外壳为 20MΩ。

2）电源电路对测量电路和外壳为 10MΩ。

3）输出接点对外壳、测量电路和电源电路为 10MΩ。

（6）表壳应密封良好。

2. 调校项目与技术要求

（1）阻尼特性检查。在测量范围的 10％、50％、90％ 相应的电势值（或电阻值）下进行阻尼特性检查。仪表指针指示到校准点的摆动，不应超过 3 个"半周期"。

（2）电气零点检查。接通电源，对配热电偶的仪表，指针应指示室温；对配热电阻的仪表，应指示在刻度始点。

（3）仪表基本误差和回程误差校准。

1）校准点一般不得少于 5 点，其中应包括常用点。

2）仪表的基本误差以毫伏值或电阻值表示，其最大误差不应超过仪表的允许误差。

3）仪表的回程误差，不应超过仪表的允许误差的绝对值。

4）接点动作误差校准。信号装置的接点动作误差，不应超过仪表电量程的 ±1.5％。

5）断偶保护检查。当仪表输入端开路时，指针应超越标尺终点分度线，允许指针有轻微抖动。

3. 运行维护

（1）仪表投入前的检查：

1）仪表安装应牢固、平正，接线应正确。

2）仪表的指针应指在机械零位。

（2）仪表的投入与停用：

1）接通仪表电源，预热 15min，调整仪表灵敏度后即投入运行。

2）切断电源即停止运行。

（3）维护：

1）经常检查仪表运行情况，检查力矩电机是否漏油。

2）定期做清洁工作。

3）定期现场校准仪表的指示值。

4）定期用干纱布擦净电阻丝。

第四节　数字式温度显示仪表的检修与校准

一、数字式温度显示仪表概述

（一）数字式温度显示仪表的工作原理

工业生产过程中常用的数字式仪表有数字式温度计、数字式压力计、数字流量计、数字电子秤等。

数字式仪表的出现适应了科学技术及自动化生产过程中高速、高准确度测量的需要，它具有模拟仪表无法比拟的优点。数字式仪表的主要特点有准确度高、分辨力高、无主观读数误差、测量速度快、能以数码形式输出结果。

同时用数字量来传输信息，可使传输距离不受限制。

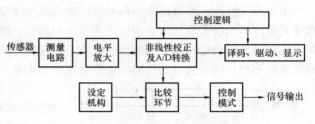

图 16-9　数字显示仪表原理框图

数字式显示仪表按工作原理分为：不带微处理器和带微处理器的，其原理框图如图 16-9 所示。

（二）数字式温度显示仪表的结构

不带微处理器的仪表，通常用运算放大器和中、大规模集成电路来实现；带微处理器的仪表，是借助软件的方式来实现原理框图中的有关功能。

不带微处理器的数字式显示仪表一般应具备模/数转换，非线性补偿及标度变换三大部分，这三部分又各有很多种类，三者间相互巧妙的组合，可以组成适应于各种不同要求场合的数字式显示仪表。尽管数字式仪表的品种繁多，原理各不相同，但其基本构成形式可由图 16-10 所示的主要环节组成。模/数转换器是数字仪表的核心，以它为中心，将仪表分为模拟和数字两大部分。

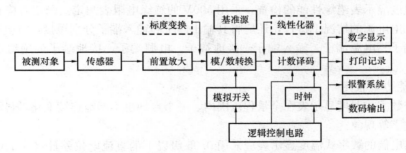

图 16-10　数字显示仪表的基本构成

仪表的数字部分一般设有滤波、前置放大器和模拟开关等环节。来自传感器或变送器的统一电量信号一般都比较微弱，并且包含着在传输过程中产生的各种干扰成分，因此在其转换成数字量前，首先要进行滤波与放大。前置放大器就是用来提高仪表的灵敏度、输入阻抗及信号的信噪比。

仪表的数字部分一般由计数器、译码器、时钟脉冲发生器、驱动显示电路以及逻辑控制电路组成。在数字仪表中，逻辑控制电路起着指挥整个仪表各部分协调工作的作用。另外，高稳定的基准电源和工作电源也是数字仪表的重要组成部分。

被放大的模拟信号有模/数转换成相应的数字量后，经译码、驱动，送到显示器件中进行数字显示，也可以送到报警系统和打印系统中去，进行报警和记录打印。

（三）数字式温度显示仪表的线性化

常规数字仪表进行非线性补偿，主要有两方面的工作：

（1）根据已知的传感器非线特性求得所需要的线性化器的非线性特性。非线性特性的求取可用数字解析表达式，也可用图解法求得。

（2）根据所求得线性化器的非线性特性，采用非线性补偿电路来实现非线性补偿，而对非线性曲线的处理一般都采用折线逼近法。

（四）信号的标准化及标度变换

由检测元件或传感器送来的信号的标准化或标度变换是数字信号处理的一项重要任务，也是数字式温度显示仪表设计中必须解决的基本问题。一般情况下，由于被测量和显示的过程参数多种多样，因而仪表输入信号的类型、性质千差万别。即使是同一种参数或物理量，由于检测元件和装置的不同，输入信号的性质、电平的高低等也不相同。

图 16-11　数字仪表的标度变换

对于过程参数测量用的数字显示仪表的输出，往往要求用被测变量的形式显示，图 16-11 为一般数字仪表组成的原理框图。

以 S 代表数字式温度显示仪表的总灵敏度或称标度变换系数，S_1、S_2、S_3 分别为模拟部分、模/数转换部分、数字部分的灵敏度或标度变换系数。

（五）数字式温度显示仪表的检定

数字式温度显示仪表的检定项目主要包括外观、绝缘电阻、显示能力、测量基本误差、稳定误差等。

1．外观的检查

采用目测进行。要求其外壳及有关元件不得有锈蚀、霉斑、脱漆，不得有明显的机械损伤。应有制造厂名或（厂标）、编号、制造年月、规格型号、准确度等级分度号及实际实用温标的符号"℃"等。

2．绝缘电阻的测定

数字式温度显示表绝缘性能的检查，采用 500V 的绝缘电阻表测定。测定时应在断掉数字式温度显示表供电电源的情况下进行，还应将其输出端子和输入端子分别短接，将电源开关打开分别检查输入端子—电源端子、输入端子—接地端子、电源端子—接地端子的绝缘电阻值，应大于 20MΩ。

3．显示能力的检定

主要检查数字式温度显示表在全量程范围内，一个点划也不漏地连续变化，显示的字码不得有缺笔划或叠字等现象。

检定配热电偶的数字式温度显示表应采用 0.05 级以下的直流电位差计（或毫伏发生器及相应精度的数字电压表）作信号源。对配热电阻的可采用 0.01 级的直流电阻箱进行。

4．基本误差的检定

检定所用标准器及其连线应按规程要求进行。检定应在通电预热 39min 后进行检定点的选择，应包括上、下限值在内的至少 5 个点或在用户要求的测试点上进行。检定方法是，增加（上行程）或减小（下行程）标准器的输出信号（电势值或电阻值），使数字式温度显示表刚好显示被检点的温度值，记下标准器的示值。再用上述方法检定第二点、第三点、……，全部点检定完后（上行程和下行程），将各检定点标准器的记录值与分度表上的对应数值（安装热电偶的要减去室温对应的毫伏值）进行比较，即为该点的误差。其中任何一点的误差大于该表的最大允许误差，该表即为不合格。其允许最大误差一般按下式计算

仪表的电量程（终点电量值－始点电量值）×准确度等级＝允许最大误差

数字式温度显示表因其没有机械转换机构，故一般可不检查其来回变差。

5. 稳定误差的检定

漂移是数字式温度显示表的重要技术指标，漂移和波动共称为稳定误差。漂移又分为零漂和显示值长时间漂移。零漂的检定方法是给数字式温度显示表输入示值为下限值的信号并保持不变，每隔 5min 测一次，持续 30min，取变化最大一次的绝对值为零点短时漂移量，漂移量的值应符合规程的要求。

示值长时间漂移与零漂的检定方法相同，只是输入信号为满量程值的 80％ 左右，每 30min 测一次，持续 8h（有条件者可持续 24h），同样取其变化最大一次的绝对值为该表的长时间漂移值。其值不应超过该表的基本误差。

数字式温度显示表波动指标的检定同样应在下限和电量程的 80％ 附近进行。观察其波动情况，10min 内以其波动范围的正负值为波动量，其值不得超过说明书中的规定波动值。

6. 附加功能的检定

制造厂家为了满足不同用户的需要，一般在基型表的基础上，增加了各种附加功能，如自动断偶保护等，其检定方法可参照同类功能的动圈式温度仪表进行检定。

数字式温度显示表检定周期最长不超过 1 年。

二、温度巡测仪

现代火力发电厂需要监测的温度点多达几百个甚至上千个。如果每个点都安装一台温度计，会大大增加显示仪表的数量，表盘的面积也会很大。这样既增加了控制室的面积，也会使运行人员的操作和监视工作量大大增加，对机组的安全经济运行不利。为此，需要采用数字温度巡测仪。数字温度巡测仪是一种数字显示仪表，能快速、自动地巡回测量和显示生产设备的测点温度。有的还具有报警功能。在巡回检测过程中，当发现有温度越限，就自动发出声、光报警，提示运行人员的注意并及时处理。

图 16-12 所示的是 XSW—10 型数字温度巡测仪原理简图。它的测温敏感元件是 Cu100 型铜电阻元件，其测量温度的范围是 －50～150℃；温度每变化

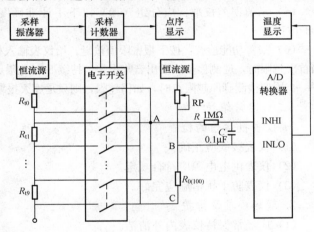

图 16-12　数字温度巡测仪原理简图

1℃，热电阻的阻值变化 0.428Ω。热电阻的阻值与温度之间的关系为线性关系。用一个恒定在 2.34mA 的恒流源给 R_t 提供电流，温度每变化 1℃，R_t 上的电压变化 1mV。

三、数字式温度显示仪表的检修与校准

（一）检修项目与质量要求

1. 外观检查

（1）仪表外部应完整无缺，各种铭牌标志齐全。

（2）表面清洁，各种零部件齐全，装配牢固。

（3）引线无折痕、伤痕和绝缘损坏等情形。

2. 仪表性能检查

（1）每一位数码管应能按照该仪表所设定的编码顺序做连续地变化，无叠字、不亮等现象。

（2）仪表零点和满量程刻度处，在 1h 内的指示值变化不应超过±1 个字。

（3）电源电压变化 10% 时，指示值的变化不应超过仪表的允许误差。

（4）仪表的报警系统工作正常。

（二）校准和技术标准

1. 单点数字温度表

（1）仪表示值误差校准：最大示值误差应不超过仪表允许误差。

（2）报警动作误差校准：当仪表有报警装置时，整定好报警值，并反复改变仪表输入信号的大小，每次报警动作值的误差不应超过示值允许误差的绝对值。

2. 巡测仪

以 SXB—40 型为例：

（1）准确度自检校准：当把 38、39 点定为 A 组时，38 点应显示 72℃，39 点应显示 77℃；当把 38、39 点定为 B 组时，38 点应显示 129℃（或 130℃），39 点应显示 136℃。

（2）返零检查：按下"返零"按键后，仪表应从"00"开始巡测。

（3）手动选点检查：按下手动选点按键后，应显示出相应的测点序号及该点温度值，并应与巡测时的示值相同。

（4）试验挡检查：当工作选择开关置于"试验"位置时，报警灯应以 1/3s 速度逐点发光，第二周期时，报警灯先灭再亮，温度应显示"000"。

（5）示值误差校准：应分组（10℃ 以下不计准确度）逐点进行校准，其示值误差不应超过±1 个字。

（6）报警功能检查：按下报警限值按键，给仪表输入相应信号，报警误差不应超过±1 个字。每当首次越限时，巡测停步，发出音响报警，持续 8s，越限点报警记忆灯亮，直至越限点恢复正常。在下一个周期检测到原越限点时，如仍越限，则只是熄灭报警灯后再点亮，不再停步，也无音响。

（三）运行维护

1. 仪表投运前的检查

（1）仪表接线应正确。

（2）仪表供电电源应符合规定。

（3）仪表防干扰措施应完好。

2. 现场校准及维护

（1）应经常保持仪表内外清洁。

（2）定期自检仪表准确度。

（3）检查分组和报警限值按键位置是否合适，报警记忆和巡测速度是否正常。

（4）进行仪表现场校准时，应采用标准信号校准。

（5）对工作选择波段开关和选点按键，应缓慢操作，禁止猛力转动或乱按。

四、使用温度巡检仪的注意事项

（1）请勿自行维修和拆卸仪器。

（2）先将引线与接线端子连接，再与仪表插接。

（3）在进行下列工作时，务必断开电源后操作：

1）当连接大地线时；

2）当对仪器端子接线及插拔端子时。

（4）仪表上电前应仔细检查接线是否正确无误。

（5）在下列场合应采取适当的屏蔽措施：

1）靠近电源动力线的场合；

2）处在强电场或强磁场的场合；

3）在产生静电或交流接触器干扰等类似的场合。

（6）不要将仪表安装在下列场合：

1）暴露于阳光直射的场合；

2）温度和湿度超过使用条件的场合；

3）有腐蚀性气体或可燃性气体的场合；

4）有大量粉尘、盐及金属性粉末的场合；

5）水、油及化学液体易溅射到的场合；

6）有直接振动或冲击的场合。

第五节 测温系统的检查与校准

一、测温系统的检查与质量要求

1. 感温件

（1）在一般管道中安装感温件时，保护套管端部，应能达到管道中心处。对于高温高压大容量机组的主蒸汽管道，感温件的插入深度应在 70～100mm 之间，或采用热套式感温件。

（2）在其他容器中安装感温件时，其插入深度，应能较准确反映被测介质的实际温度。

（3）感温件保护套管的垫圈介质温度应按表 16-5 选用。

（4）为保护煤粉管道上的感温件保护套管，应在套管附近来煤方向上安装保护罩。

（5）在直径小于 76mm 的管道上安装感温件时，应加装扩大管或选用小型感温件。

（6）感温件插座材质应与主管道相同，对于高温高压管道上的插座，应具有材质检定报告。

（7）保温管道及设备上感温件的外露部分应保温良好。

表 16-5   感温件保护套管的垫圈介质最高温度

垫片材料		工作介质	介质最高温度（℃）
绝缘纸		水、油	40
橡皮		水、空气	60
橡胶板石棉	XB200	水、汽	200
	XB350		350
	XB450		450
金属	10 号钢	水、汽	450
	1Cr13 合金钢	水、汽	550
	1Cr18Ni9Ti 合金钢	汽	600
	紫铜	水	250
		汽	425

（8）感温件应具有正确、明显的标志牌；接线盒完整、接线牢固。

（9）测量金属表面温度的热电偶，应与被测表面接触良好，靠热端的热电极应沿被测表面敷设至少 50 倍热电极直径的长度，并应很好地保温，两热电极之间也应很好地绝缘。

（10）测量过热器管壁温度的感温件，应装在高温水泥保温层与联箱之间的中部附近，即安装在顶棚管以上 50mm 的保温层内。

2. 补偿导线

（1）补偿导线的截面积采用 0.5、1、1.5mm² 。

（2）对于新敷设的补偿导线，或在使用中有问题的补偿导线，均应进行校准。

（3）补偿导线的校准方法与热电偶相同，补偿导线的校准点应不少于 3 点。

（4）在 0~100℃ 范围内补偿导线热电势的误差，不应超过表 16-6 中的规定。

（5）补偿导线型号应与热电偶分度号相配。

（6）补偿导线敷设时，应穿在金属管或金属软管中，导线中间不允许有接头，其敷设走向应避开较高温度的地方。当环境温度超过 60℃ 时，应采用耐高温补偿导线。

（7）补偿导线端头应有＋、－号标志。

（8）补偿导线对地绝缘电阻和极间绝缘电阻，用 250V 绝缘电阻表测量，应不低于 2MΩ。

（9）补偿导线和热电偶连接点处的温度应低于 70℃，极性连接应正确。

表 16-6 补偿导线的参数及允许误差

热电偶名称	补偿导线				热电势⑤（mV）	允许误差（mV）
	正极		负极			
	材料	颜色①	材料	颜色		
铂铑-铂	铜	红	铜镍合金②	绿	0.643	±0.03
镍铬-镍硅	铜	红	康铜	棕	4.10	±0.15
铜-康铜	铜	红	康铜③	棕	4.10	±0.15
镍铬-考铜	镍铬	紫	考铜④	黄	6.9	±0.30

① 补偿导线正负极绝缘表皮的颜色。

② 99.4%Cu，0.6%Ni。

③ 60%Cu，40%Ni。

④ 56%Cu，44%Ni。

⑤ 测量端为 100℃，自由端为 0℃时的热电势。

3. 补偿盒

（1）补偿盒外壳应标有热电偶分度号、平衡点温度、供电电压等。补偿盒内的电阻和接线应完整无缺。

（2）补偿盒的校准随主设备大修在实验室进行。校准点在常用温度范围内选取，应不少于 3 点（一般在平衡点温度上下选取）。校准误差不应超过表 16-7 中规定的允许误差。

表 16-7 补偿盒的允许误差

型号	WBC—01	WBC—02	WBC—03	WBC—57—LB	WBC—57—EU	WBC—57—WA
热电偶	铂铑 10-铂	镍铬-镍硅	镍铬-考铜	铂铑 10-铂	镍铬-镍硅①	镍铬-考铜
温度	20℃（电桥平衡时的温度）			20℃（电桥平衡时的温度）		
补偿范围	0~50℃			0~40℃		
电源	220V AC⑤			4V DC		
内阻	1Ω			1Ω		
消耗	<8W			4~60mA		
允许误差	±0.045	0.16	0.18	$A_1$②	$A_2$③	$A_3$④

① 含镍铬-镍铝热电偶。

② $A_1 = (0.015-0.0015t)$，t 为偏离 20℃的温度绝对值。

③ $A_2 = (0.04-0.004t)$，t 为偏离 20℃的温度绝对值。

④ $A_3 = (0.065-0.0065t)$，t 为偏离 20℃的温度绝对值。

⑤ 自带 220V AC 转 4V DC 的直流稳压装置。

（3）补偿盒在运行中应定期做电源电压和补偿误差检查。对于主要温度表中的补偿盒，应每季度检查一次，误差应不超过±2℃。

（4）补偿盒应装在端子箱内。

4. 端子箱

（1）端子箱周围环境温度应不高于50℃。

（2）端子箱的位置到各测点的距离应适中，端子箱至最远测点的敷线长度不应大于25m。

（3）端子箱应密封，所有进出线应有标志头。端子箱表面应有编号、名称和用途标志。

5. 切换开关

（1）解体清洗各零部件。

（2）固定接点和铜刷整磨后应清洗干净，开关盖的轴套间隙应适中。

（3）铜刷应接触良好，弹性合适。开关在切换时，铜刷应在固定接点的中间。开关盖应用胶垫密封，点序数字清晰。

（4）干簧管切换开关的永久磁铁与干簧管之间的距离应为2～3mm。

（5）开关的焊线应牢固。用接插件连接的开关，其插头、插座应清洗干净并接触良好。

（6）检修完毕后的切换开关，其接触电阻应小于0.05Ω。

6. 线路电阻

（1）显示仪表的外接线路电阻的误差要求：对于热电偶测温系统不超过±0.1Ω，对于热电阻不超过±0.05Ω。

（2）对于热电偶测温系统，线路电阻包括热电偶电阻、补偿导线电阻、冷端温度补偿电桥等效电阻、连接导线电阻以及外接线路调整电阻。

（3）对于测量推力瓦或支持瓦温度的电阻温度计测温系统，线路电阻应包括瓦本体内、外的引线电阻。

（4）外接线路调整电阻用锰铜电阻丝双绕制作。

二、测温系统的校准与技术标准

（1）温度测量系统在大小修后应做系统校准，校准点不少于5点，其中应包括常用点。

（2）测温系统的综合误差要求如下：

1）对于一般仪表应不大于该测量系统的允许综合误差。

2）对于主蒸汽温度表和再热蒸汽温度表，其常用点的综合误差应不大于允许综合误差的1/2。

（3）测温系统允许综合误差：

1）热电偶配指示仪表的测温系统，其允许综合误差为补偿导线、补偿盒、线路电阻和指示仪表的允许误差的方和根。

2）热电偶配记录仪表的测温系统，其允许综合误差为补偿导线和记录仪表的允许误差的方和根。

3）热电阻配指示仪表（记录仪表）的测温系统，其允许综合误差为线路电阻和指示仪表（记录仪表）的允许误差的方和根。

三、测温系统的综合误差校准

1. 热电偶测温系统综合误差测试方法

热电偶测温系统进行综合误差测试时，可采用下列方法中的一种：

（1）卸下与热电偶元件连接的补偿导线，用螺栓将两芯线拧紧后放入玻璃试管中，然后放入盛有碎冰和水混合物，并插有二等标准玻璃棒温度计的保温瓶中，保温瓶内温度要求保持在

—0.5～0.5℃内。在回路适当处串接信号发生器，输入校准点温度或对应的电量值，记录显示装置的显示值。

（2）直接抽出热电偶芯，待冷却后放入玻璃试管中，接下来的做法与（1）相同。

（3）在现场将补偿导线直接与带温度补偿的温度校正仪连接，输入各校准点温度，记录显示装置的显示值。

（4）直接抽出热电偶芯，待冷却后放入校准炉中，开启校准炉电源，升、降温度至各校准点，记录显示装置的显示值。

2. 热电阻测温系统综合误差测试方法

热电阻测温系统进行综合误差测试时，可采用下列方法中的一种：

（1）现场卸下与热电阻连接的导线，直接与温度校准仪（或标准电阻箱）连接，输入各校准点温度（或温度对应的电阻值），记录显示装置的显示值。

（2）直接抽出热电阻芯，待冷却后放入校准炉中，开启校准炉电源，升、降温度至各校准点，记录显示装置的显示值。

3. 测温系统的综合误差要求

（1）测量系统的示值综合误差应不大于该测量系统的允许综合误差。

（2）测量系统的回程误差应不大于该测量系统允许综合误差的1/2。

4. 测温系统允许综合误差计算

（1）热电偶配指示仪表的测温系统，其允许综合误差为热电偶、补偿导线、补偿盒、线路电阻和指示仪表允许误差的方和根。

（2）热电偶配记录仪表的测温系统，其允许综合误差为补偿导线和记录仪表允许误差的方和根。

（3）热电阻配指示仪表（记录仪表）的测温系统，其允许综合误差为热电阻、线路电阻和指示仪表（记录仪表）允许误差的方和根。

（4）数据采集系统（DAS）的热电偶测温系统，其允许综合误差为补偿导线和模件允许误差的方和根。

（5）DAS的热电阻测温系统，其允许综合误差为线路电阻和模件允许误差的方和根。

第三篇

压 力 仪 表 检 修

第十七章　压力测量概述

第一节　压 力 概 念

　　压力是热力生产过程中的一个重要参数。压力是输送工质过程中所必须始终监视的参数。火力发电厂机炉运行人员必须严密监视工质压力的变化，随时采取措施，以保证机炉的安全经济运行。一台 125MW 的火力发电机组，需要指示压力的就有 100 多处，而直接影响主设备安全、经济运行的压力参数测量就有十几处，包括主蒸汽压力、汽包压力、给水压力、汽轮机监视段压力、汽轮机调速汽门压力、凝汽器真空等。

一、压力的定义

1. 压力的流体力学意义

　　按照流体静力学的描述，静止流体中，作用于单位面积上的力称为静压力，简称"压力"，符号为"p"。

　　如图 17-1 所示，在流体内部取微小面积 ΔA 上的总压力为 Δp，则平均静压力为 $\overline{p} = \dfrac{\Delta p}{\Delta A}$，当逐渐缩小并趋近于零时，则得到点的静压

力 $p = \lim\limits_{\Delta A \to 0} \dfrac{\Delta p}{\Delta A}$。

2. 压力的工程热力学意义

　　从工程热力学的意义上说，压力是表征工质状态的基本参数之一。

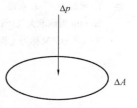

图 17-1　静压力的定义

　　工质在能量传递与转换的过程中，它的压力、温度、体积等物理量会发生变化，或者说工质本身的状况会发生变化。把工质在某一瞬间所呈现的宏观物理状况，称为工质的热力状态，简称状态。用来描述和说明工质状态特性的各种宏观物理量称为工质的状态参数，如压力（p）、温度（t）、比体积（v）等。

　　工质的状态是要通过状态参数来表征的，而状态参数又单值取决于状态。换句话说，状态一定，工质的状态参数也就一定；若状态发生变化，至少有一种参数随之改变。状态参数的变化只取决于给定的初、终状态，而与变化过程中所经历的一切中间状态或路径无关。数学上状态参数表现为是点的函数，其微量是全微分，它沿闭合路径的积分为零。

　　工程热力学中常用的状态参数有压力（p）、温度（t）、比体积（v）、比热力学能（内能，u）、比焓（h）、比熵（s）等；其中压力（p）、温度（t）、比体积（v）可以直接用仪器测量，称为基本状态参数。其余状态参数可根据基本状态参数间接导出。

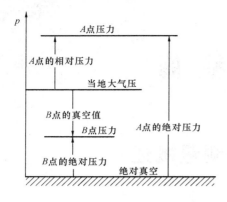

图 17-2　绝对压力、相对压力和真空

二、压力的表示方法

压力用不同的仪表测量，会有不同的测量结果，这是因为压力有不同的表示方法。具体的有相对压力、绝对压力、真空值等，详见图 17-2。

三、压力的单位

按照国家法定计量单位有关压力单位的规定，我国现在执行国际单位制，压力单位为 N/m^2，即帕斯卡（Pa）。有时感觉这个单位太小，经常会使用兆帕（MPa），一个兆帕等于 10^6 个帕斯卡，或 $1MPa = 10^6 Pa$。现存的一些老旧压力表可能还在使用一些其他的压力单位，换算关系见表 17-1。

表 17-1　　　　　　　　　　　压力单位换算表

单　位	Pa（帕）	bar（巴）	kgf/cm² (at)	atm	mm H₂O	mmHg
1Pa（帕）	1	0.000 01	0.000 01	0.000 01	0.101 97	0.007 5
1bar（巴）	100 000	1	1.019 72	0.986 9	10.197 2	750.062
1kgf/cm²（at，工程大气压）	98 066.5	0.980 67	1	0.967 8	10.000	735.6
1 atm（标准大气压）	101 325	1.013 25	1.033	1	10.332	760
1mmH₂O（毫米水柱）	9.806 7	0.000 098	0.0001	0.000 096 8	1	0.073 56
1 mmHg（毫米汞柱）	133.322	0.001 33	0.001 36	0.001 32	13.595 1	1

注　1. 水温为 4℃；水银（汞）温度为 0℃。

2. atm 为标准大气压；N/m^2 又称为帕斯卡（Pa），简称为"帕"。

3. kgf/cm² 又称为工程大气压（at）。

第二节　压 力 测 量 仪 表

一、压力测量仪表的基本介绍和分类

压力测量仪表是工业控制和测量过程中常用的设备，压力测量仪表可以分为机械式压力仪表和电子式压力仪表，其中机械式压力仪表因为拥有良好的弹性元件和很高的机械强度而备受使用者的青睐，在工业生产环节使用较为广泛。

机械式压力仪表的工作原理是通过内部的弹性敏感元件在压力下发生弹性变形来指示压力数值，机械压力表一般都使用弹簧管、膜片、膜盒及波纹管作为弹性元件，这些弹性元件在发生形变后会通过齿轮传动机构将变形放大，从而显示出相应的压力值。

压力仪表所测量出的压力一般都是相对压力，也就是以大气压力作为相对点来进行测量，压力仪表最后所显示的结果也是被测量对象在大气压力条件下所呈现出的压力。压力仪表在测量范围内都是由指针来指示压力值，指针所对应的刻度盘一般都是 270°。

压力测量仪表可以分为多个种类，其中按照测量的精确度进行划分可以分为精密压力仪表和一般压力仪表。精密压力仪表的测量精度更高，级别分为 0.1、0.16、0.25、0.4 级；一般压力仪表的测量精度相对较低，级别分为 1.0、1.6、2.5、4.0 级。

压力测量仪表按照指示压力的基准不同，又分为一般压力仪表、绝对压力仪表和差压表。一般压力测量仪表也就是以前提到的以大气气压作为相对点的压力表，而绝对压力表则是以零压力作为基准的压力表，差压表则是测量两个被测对象之间压力差的压力测量表。

压力测量仪表除了以上两种分类方式之外，还可以按照测量范围的不同，分为真空表、压力真空表、微压表、低压表、中压表及高压表等，这些压力表分别可以适应不同压力下的测量工作，可根据测量需要进行选择。

压力测量仪表的分类见表 17-2。

表 17-2   **压力表（包括压力传感器、变送器及压力开关）的分类**

类 别			工 作 原 理	用 途
液柱式压力计	U 形管压力计		流体静力学原理	低微压测量，高精度者可用作压力基准器。常用于静态压力测量
	单管压力计			
	斜管微压计			
	补偿微压计			
	自动液柱式压力计			
弹性压力表	弹簧管压力表		胡克定律（弹性元件受力变形）	测量范围宽、精度差别大、品种多、是最常见的工业用压力仪表
	膜片压力表			
	膜盒压力表			
	波纹管压力表			
负荷式压力计	活塞式压力计	单活塞式	静力平衡原理（压力转换成砝码重量）	用于静压测量，是精密压力测量基准器
		双活塞式		
	浮球式压力计			
	钟罩式微压计			
压力传感器	电阻应变片压力传感器	应变式	应变效应	用于将压力转换成电号实现距离监测、控制
		压阻式	压阻效应	
	压电式压力传感器		压电效应	
	电感式压力传感器		压力引起磁路磁阻变化造成铁芯线圈等效电感变化	
	电容式压力传感器	极距变化式	压力引起电容变化	
		面积变化式		
		介质变化式		
	电位器式压力传感器		压力推动电位器滑头位移	
	霍尔压力传感器		霍尔较应	
	光纤压力传感器		用光纤测量由压力引起的位移变化	
	谐振式压力传感器	振弦式	压力改变振体的固有频率	
		振筒式		
		振膜式		
压力开关	位移式压力开关		压力改变弹性元件位移，引起开动作	位式报警、控制
	力平衡式压力开关			

压力测量仪表发展迅速，特别是压力传感器（包括压力变送器）。随着集成电路技术和半导体应用技术的进步，出现了各类新生型压力仪表，不仅能满足高温、高黏度、强腐蚀性等特殊介质的压力测量，抗环境干扰能力也在不断提高。尤其是微电子技术、微机械加工技术、纳米技术的发展，压力测量仪表朝着高灵敏度、精确度、高可靠性、响应速度快，宽温度范围发展，越来越小型化、多功能数字化、智能化。

二、常用的压力表简介

压力测量仪表经过多年的研究发展，已经积累了多个种类的产品，不同压力测量仪表能够适应不同的工作环境和测量要求，为压力测量、压力监控提供了有力的保证，下面介绍几种常见的压力测量仪表类型。

1. 普通压力测量仪表

普通压力仪表也被称作一般压力测量仪表，是压力测量仪表中最基础的类型，也是其他压力测量仪表研究和制造的根本。普通压力测量仪表的产品丰富、系列完整，具有结构简单、可靠性高、结果易读、价格便宜等特点，是目前被普遍使用的一种压力测量仪表。

2. 精密压力测量仪表

精密压力测量仪表也被称为标准压力测量仪表，是压力测量仪表中的高端产品，具有更高、更好的测量精度。精密压力测量仪表的划分主要是依靠测量精度等级，凡是在0.4级以上的压力测量仪表都属于精密压力测量仪表。精密压力测量仪表由于良好的测量能力也在工业生产中被广泛应用。

3. 电接点压力表

电接点压力表又可以细分为多个种类，例如单电接点、双电接点、多接点电接点和微压电接点等，电接点压力表中常见的一种是磁助式电接点压力表。电接点压力表的关键部件是电接点的信号机构，它直接关系到压力表测量的精度和可靠性。

电接点压力表的测量范围很广，但其测量精度一般都在0.4级以下，这是因为电接点压力表的弹性敏感元件需要同时担任指示机构和信号机构，精度也就受到指示精度和信号精度两方面影响，所以电接点压力的精度难以达到极高水平。

4. 远传压力表

远传压力表是在测量获得压力值的同时，将所获得的测量结果远传给其他机构，以实现本地测量指示的一种压力仪表。远传压力表有两种信号传递方式，分别是电阻传递方式和电流传递方式。

5. 不锈钢压力表

不锈钢压力表顾名思义是采用不锈钢材料制作的压力表，分为常规不锈钢压力表和全不锈钢压力表两个小类。不锈钢压力表的特点是有较好的耐腐蚀性，适用于带有腐蚀性的测量环境。

6. 隔膜压力表

隔膜压力表是通过将隔离装置和压力表结合而制造成的一种压力表，隔膜压力表的特点是压力表不会与测量介质直接接触，因此获得了极好的耐腐蚀、耐高温能力，并能适应高黏度、含固体颗粒等介质的测量工作。

三、压力表的精度等级

压力表的精度等级，是以允许误差占压力表量程的百分率来表示的，一般分为0.5、1、1.5、2、2.5、3、4七个等级，数值越小，其精度越高。例如，表盘量程0～2.5MPa精度2.5级的压力表，它的指针所示压力值与被测介质的实际压力值之间的允许误差，不得超过±2.5MPa$\times2.5\%=\pm0.0625$MPa；当压力表指示压力为0.8MPa时，实际气压在0.7375～0.8625MPa

之间。

由此可见，压力表实际误差的大小，不但与精度有关，而且还与压力表的量程大小有关。

量程相同时，精度越高（即数字越小），压力表的允许误差越小。

精度相同时，量程越大，压力表的误差越大。

四、压力测量仪表的选用

在火力发电行业，压力测量仪表是基础仪表，有不可替代的地位，因此压力测量仪表的选用至关重要。

1. 压力测量仪表的正确选用

正确选用压力测量仪表主要包括确定仪表的形式、量程、范围、准确度和灵敏度、外形尺寸以及是否需要远传和具有其他功能，如指示、记录、调节、报警等。

2. 压力测量仪表选用的主要依据

（1）工艺生产过程对测量的要求，包括量程和准确度。在静态测试（或变化缓慢）的情况下，规定被测压力的最大值选用压力表满刻度值的 2/3；在脉动（波动）压力的情况下，被测压力的最大值选用压力表满刻度值的 1/2。

常用压力检测仪表的准确度有 7 个等级，应从生产工艺准确度要求和最经济角度选用。仪表的最大允许误差是压力表的量程与准确度等级百分比的乘积，如果误差值超过工艺要求准确度，则需更换准确度高一级的压力仪表。

（2）被测介质的性质，如状态（气体、液体）、温度、黏度、腐蚀性、脏污程度、易燃和易爆程度等。如氧气表、乙炔表，带有"禁油"标志，专用于特殊介质的耐腐蚀压力表、耐高温压力表、隔膜压力表等。

（3）现场的环境条件，如环境温度、腐蚀情况、振动、潮湿程度等。如用于振动环境条件的防振压力表。

（4）适于工作人员的观测。根据检测仪表所处位置和照明情况选用表径（外形尺寸）不等的仪表。

五、压力（差压）检测仪表的正确安装及有关事项

进行压力检测，实际上需要一个测量系统来实现。要做到准确测量，除对仪表进行正确选择和检定（校准）外，还必须注意整个系统的正确安装。如果只是仪表本身准确，其示值并不能完全代表被测介质的实际参数，因为测量系统的误差并不等于仪表的误差。

系统的正确安装包括取压口的开口位置、连接导管的合理铺设和仪表安装位置的正确等。

1. 取压口的位置选择

（1）避免处于管路弯曲、分叉及流束形成涡流的区域。

（2）当管路中有凸出物体（如测温元件）时，取压口应取在其前面。

（3）当必须在调节阀门附近取压时，若取压口在其前，则与阀门距离应不小于 2 倍管径；若取压口在其后，则与阀门距离应不小于 3 倍管径。

（4）对于宽广容器，取压口应处于流体流动平稳和无涡流的区域。

总之，在工艺流程上确定的取压口位置应能保证测得所要选取的工艺参数。

2. 连接导管的铺设

连接导管的水平段应有一定的斜度，以利于排除冷凝液体或气体。当被测介质为气体时，导管应向取压口方向低倾；当被测介质为液体时，导管则应向测压仪表方向倾斜；当被测参数为较小的差压值时，倾斜度可再稍大一点。此外，如导管在上下拐弯处，则应根据导管中的介质情况，在最低点安置排泄冷凝液体装置或在最高处安置排气装置，以保证在相当长的时间内，不致

因在导管中积存冷凝液体或气体而影响测量的准确度。冷凝液体或气体要定期排放。

3. 测压仪表的安装及使用注意事项

（1）仪表应垂直于水平面安装；

（2）仪表测定点与仪表安装处在同一水平位置，否则考虑附加高度误差的修正；

（3）仪表安装处与测定点之间的距离应尽量短，以免指示迟缓；

（4）保证密封性，不应有泄漏现象出现，尤其是易燃易爆气体介质和有毒有害介质。

4. 仪表附加误差的修正

仪表在下列情况使用时应加附加装置，但不应产生附加误差，否则应考虑修正。

（1）为了保证仪表不受被测介质侵蚀或黏度太大、结晶的影响，应加装隔离装置。

（2）为了保证仪表不受被测介质的急剧变化或脉动压力的影响，加装缓冲器。尤其是在压力剧增和压力陡降时，最容易使压力仪表损坏报废，甚至弹簧管崩裂，发生泄漏现象。

（3）为了保证仪表不受振动的影响，压力仪表应加装减振装置及固定装置。

（4）为了保证仪表不受被测介质高温的影响，应加装充满液体的弯管装置。

（5）专用的特殊仪表，严禁他用，也严禁在没有特殊可靠的装置上进行测量，更严禁用一般的压力表作特殊介质的压力测量。

（6）对于新购置的压力检测仪表，在安装使用之前，一定要进行计量检定，以防压力仪表运输途中振动、损坏或其他因素破坏准确度。

六、压力表出现测量误差的原因

压力表是用来实现压力测量的设备，压力表使用中最重视的就是压力指示的精度。压力表指示是否准确、是否存在误差，除了压力表本身的一些因素之外，外界的因素也会对指示结果产生影响。

1. 压力表受振动的影响

压力表在振动的环境下也会出现指示不准的情况，剧烈的振动会直接引起压力表弹性元件的变形，影响压力表的灵敏度、准确度及使用者对压力表指示值的读取。压力表防振动的措施主要是安装缓冲装置和减振装置。

2. 压力表受超负荷的影响

压力表的超负荷运行并不是仅仅指压力表指示值达到刻度盘最大，实际上超过满刻度 2/3 的位置时，压力表的弹性元件已经是处于近极限状态。压力表在超负荷的状态下长期工作，其内部的弹性元件如弹簧管、膜片就会因为长期处于极限或近极限的变形状态而弹性减弱乃至弹性丧失，最终发生永久的变形。

3. 压力表受温度的影响

压力表对压力的测量主要是依靠其内部的弹簧管等弹性元件，在温度较高或较低的环境中，压力表的弹性元件会在温度的作用下发生变形，特别是长期工作在高温介质中的压力表，弹性元件可能会发生永久变形，也就会造成压力表的显示出现误差。

压力表的使用中，必然要尽量减少温度对压力仪表指示值的影响，最直接和有效的方法是避免压力表在异常温度环境下工作，如果无法避免则应对压力表做防高温或防寒处理，例如为压力表安装冷凝装置或保温装置等。

七、压力表的三大隐患

在实际生产中，压力表常常存在被忽视或违法使用问题，给安全带来隐患。主要表现是：

（1）安装配置不规范。现行规程规范中对压力表的配置、安装、使用、维护、检验等均有明确规定要求。而实际装配时，减少次要部位或双（多）表监控处的设置只数，盘径与量程不适合工作要求，易燃、易爆、有毒、腐蚀等特殊条件环境下采用特殊仪表等，随意改变规范规定的情况突出。

（2）日常使用维护不重视。使用时不定期进行检查、清洗，无使用情况记录，以及存在表针不归零位或波动严重、防爆孔保护膜脱落、表盘腐蚀或玻璃破碎、表盘不清扫等现象。

（3）检测检定工作不落实。压力表一般检定周期为半年。强制检定是保障压力表技术性能可靠、量值传递准确、有效保证安全生产的法律措施。由于一些使用单位对压力表的安全作用认识不到位，不提前申请检定，超检定周期使用现象很严重，特别是新购压力表必须经检定合格后方可安装使用，但新表首用检定率仍很低。

第十八章 弹性式压力表的检修检定

第一节 弹性压力测量装置

弹性压力测量装置是根据弹性敏感元件的变形量与所受压力的大小成比例的关系而制成的仪表。这种仪表结构简单、造价低廉、精度较高、便于携带和安装，又有较宽的测量范围（低到 0.1mmHg，高到上百个兆帕，且可以测量真空），能远距离传送信号和自动记录，还可以制成准确度较高的标准仪表。因此，它在目前工业测量上应用最为广泛。

弹性压力计的敏感元件种类很多，目前比较成熟的弹性元件有薄膜式（包括膜盒式）、波纹管式、弹簧管式三种类型。分别可以制成弹簧管压力计、波纹管差压计和膜盒差压计。薄膜式和波纹管式弹性元件一般用于微压和低压的测量，弹簧管式的弹性元件一般用来测量高压或中压，有的也用它来测量真空。单圈弹簧管压力计和膜盒式风压表在电厂中应用最广。

一、单圈弹簧管压力计

单圈弹簧管压力计的结构主要由弹簧管和放大机构两部分组成。

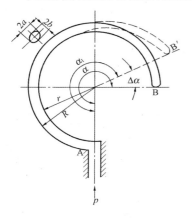

图 18-1 弹簧管工作原理

单圈弹簧管如图 18-1 所示，它是一根弯成 270°圆弧的具有扁圆环形或椭圆环形截面的空心金属管。管子的自由端 B 封闭，另一端 A 固定不动并与传压管相连。当弹簧管内通入压力以后，弹簧管内部受压，其截面有变圆的趋势，即长轴 a 变短，短轴 b 变长。反之，当内部通入负压时，管子外部受压，管子截面有变扁的趋势，即长轴 a 变长，短轴 b 变短。

设弹簧管未受压变形前的尺寸分别为：R_1（圆弧的外半径）；r_1（圆弧的内半径）；b_1（椭圆环形截面弹簧管的短轴）；α_1（圆弧形管的中心角）。变形后相应的尺寸分别以 R、r、α 和 b 表示。可以认为受压前后管子的弧长不变，即 $R\alpha = R_1\alpha_1$；$r\alpha = r_1\alpha_1$。两式相减可得 $(R-r)\alpha = (R_1-r_1)\alpha_1$。因为 $R-r=b$，$R_1-r_1=b_1$ 所以 $b\alpha = b_1\alpha_1$。由于椭圆环形截面弹簧管内部受压时有截面变圆的趋势，即 $b>b_1$。引起 $\alpha>\alpha_1$，即弹簧管的自由端产生角位移 $\Delta\alpha$，$\Delta\alpha = \alpha_1 - \alpha$。从以上分析得出结论：当弹簧管通入压力时，在压力的作用下，椭圆环形截面的短轴增长，弹簧管的中心角变小，自由端产生位移，位移的大小与被测压力成正比，因此测出位移量的大小，可得知压力的大小。

弹簧管的原始中心角 α 越大，椭圆环形截面积的短轴越短，即管子越扁，在同样压力作用下产生的角位移 $\Delta\alpha$ 越大，压力计越灵敏。

刚度意味着变形的难易程度。刚度大的弹簧管受压后变形小，可用于测量较高的压力。刚度小的弹簧管受压后容易变形，可用来测量较低的压力。刚度与管子材料和壁厚有关，管壁厚刚度大，管壁薄刚度小。磷青铜、不锈钢做的弹簧管刚度大，可用来测高压，黄铜做的弹簧管刚度小，可用来测量低压。工业上定型的各种弹簧管，具有不同的材料和不同的几何形状，因此有不同的测量范围。

弹簧管压力计在测量压力时，弹簧管自由端位移很小，一般只有 2~3mm，必须用一套机械传动机构将此位移放大才能实现压力显示。常用的传动机构有齿轮机构和拉杆机构两种，今以齿轮机构为例来加以说明。

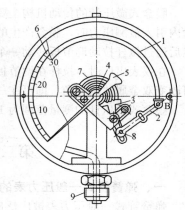

图 18-2　弹簧管压力计
1—弹簧管；2—拉杆；3—扇形齿轮；
4—中心齿轮；5—指针；6—面板；
7—游丝；8—调整螺丝；9—接头

以齿轮为传动机构的压力计的结构如图 18-2 所示。弹簧管 1 的一端焊在支座上，支座固定在压力计外壳之中。用接头 9 进行表计安装和引入被测压力。弹簧管自由端用带有铰轴的销子封焊并由拉杆 2 与扇形齿轮 3 相连。扇形齿轮与小齿轮互相啮合，在小齿轮的轴上装有指针 5。为了减小扇形齿轮与小齿轮之间的间隙所引起的变差，在小齿轮的轴上装有游丝 7。当被测压力变化时，弹簧管自由端产生位移，通过扇形齿轮传动并放大，带动小齿轮转动，和小齿轮同轴的指针，便在刻度盘 6（面板）上指示出被测压力的数值。改变拉杆在扇形齿轮上的相对位置，可以改变放大机构的放大倍数，调整仪表的测量范围。

单圈弹簧管压力表应用最为广泛。一般的准确度等级为 1.0~2.5 级，精密的为 0.35~0.5 级。

弹性压力计的选用是根据生产过程所提出的技术要求，本着节约的原则，合理地选择压力计的种类、型号、量程和精度等级等。

选用压力计的依据主要有：

（1）生产过程对压力测量的要求，如压力测量的精度，被测压力的高低；

（2）被测介质的性质，如被测介质温度高低、黏度大小、腐蚀性及脏污程度、易燃易爆等；

（3）现场环境条件，如高温、腐蚀、潮湿、振动等。

除此以外，为了保证弹性元件能在弹性变形的安全范围内可靠地工作，在选择压力计量程时，必须考虑应留有足够的裕地。一般在被测压力较稳定的情况下，最高压力值不应超过仪表量程的 3/4。在被测压力波动较大的情况下，最高压力值不应超过仪表量程的 2/3。为保证测量精度，被测压力最小值应不低于仪表量程的 1/3。

二、膜盒式微压计

常用膜盒式微压计来测量不太大的正压和负压。在火力发电厂中，经常被用来测量送风和制粉系统的空气压力、炉膛负压、空气预热器进出口风压等。

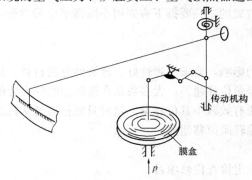

图 18-3　膜盒式微压计原理结构

膜盒式微压计的构造如图 18-3 所示。它主要由膜盒和传动机构两部分组成。当被测压力（或负压）通过接头和导管进入膜盒时，在被测压力（或负压）的作用下，膜盒产生弹性变形，推动连杆并通过铰链块带动微调支板绕轴逆时针方向转动，同时通过拉杆带动固定在指针轴上的调节板使指针偏转一个角度，指针便在刻度盘上指示出被测压力（或负压）的数值。

膜盒式微压计的敏感元件是一个金属膜盒，

它由两片金属膜片焊接而成。根据所测压力大小不同，膜片的厚度、大小、形状和材料也不一样。一般风压表属于低压仪表，其膜盒是用坡青铜或磷青铜膜片焊接成形。膜盒焊接质量的好坏对仪表的性能影响很大，因此，焊接时要注意温度不可过高和避免虚焊。虚焊膜盒容易漏气，温度过高将使膜片变形，弹性变坏，影响仪表测量的准确性。

膜盒式微压计的传动机构主要由拉杆、双金属片和调节板组成。双金属片可绕轴转动。当膜盒内引入被测压力时，膜盒产生的弹性变形使拉杆向上移动，使双金属片绕轴转动了一个角度，然后通过拉杆拉动调节板转动一个角度。

在仪表出厂时，拉杆在调节板上的位置已经调好，校验仪表时一般不要再动。调节微调螺钉可改变双金属片的夹角，即可在一定范围内改变仪表的量程。

膜盒式微压计的测量范围为150～40000Pa，精度等级一般为2.5级，较高的可达到1.5级。

第二节　弹簧管式压力表的检修

一、弹簧管式一般压力表的调整

弹簧管式一般压力表被广泛应用于锅炉、压力容器、压力管道等特种设备上，来监视受压容器内部所充介质的工作情况，也是基层计量检定人员最常接触到的受检仪表之一。日常使用中由于振动、腐蚀、磨损、灰尘、油污等原因，造成其计量性能的变化，损伤精度、产生超差。在检修检定工作中，可进行适当调整，既可延长仪表使用寿命，也可降低受检压力表的报废率。

1. 齿轮干涉情况的调整

齿轮传动机构作为弹簧管式一般压力表的中心部件，其传动精度不高就容易造成指针工作不平稳，引起卡滞跳动等现象。检定规程中要求指针轻敲示值变动量最大值不得超过允许误差绝对值的1/2。由于齿轮材质各异，不同的耐磨性、耐腐蚀性、摩擦系数以及装配间隙都会造成齿轮干涉，无法保证压力表工作的平稳一致。对在检修中常见的齿轮磨损现象，其处理方法应视情况而定。如果是单齿轮磨损，特别是中心齿轮磨损而扇形齿轮良好的情况，可把扇形齿轮上下调换位置，即短轴向上，长轴向下，使中心齿轮和扇形齿轮的啮合面发生改变，原磨损部分不再处于啮合范围内，从而保证压力表正常运转。

2. 指针擦表蒙玻璃面现象的调整

压力表的指针在运行过程中不允许有卡跳滞等现象。检定中常会遇到指针运转前半部分良好，后半部分逐渐出现指针擦表蒙玻璃面、中心轴走偏擦表盘的情况，且无论怎样调整机芯内部零件都无法将误差控制在允差范围内。经验表明，这是由于在压力表的安装和拆卸过程中，工作人员直接用手拧动压力表而引起机座与表壳变形造成的，只要拆下表壳用小锤锤平变形部分，调整中心轴后再通过适当调修即可使压力表正常工作。

3. 游丝引起的轻敲位移超差的调整

游丝产生的反作用力用于消除传动机构空程的影响，要求用弹性好、延展性好的材料。压力表检修过程中，在排除其他因素影响的前提下，轻敲位移超差，大多数是在游丝逆时针安装的情况下发生的，而且无论如何调整游丝松紧度都无法有效减小其位移量。这时只要把游丝从机芯上拆下，再顺时针安装并调整至松紧适度，即可消除轻敲位移超差。

二、压力表机械部分的检修

（1）压力表在检修前，应做检查性校验，以确定检查检修项目。

（2）压力表机械部分主要的检修内容是：消除轴与轴孔的间隙，使其配合紧密；消除传动部件间的摩擦，使其传动灵活。

1) 用汽油清洗仪表整个机芯、表壳内壁及弹簧管外表，消除其表面锈斑及污迹。检查弹簧管有无变形迹象，变形的弹簧管应予更换或将仪表报废。

2) 齿轮的检修。压力表用的齿轮只有两个，一个扇形齿轮，一个中心齿轮，长时间使用后，常出现齿轮磨损现象，磨损严重的予以更换；磨损不严重的或只有一两个齿有缺陷，可以改变扇形齿轮与中心齿轮接触的位置，使齿轮在运动过程中让开损坏的部分。当其上、下夹板和拉杆轴承磨损时，应予以缩孔，否则予以更换。

（3）游丝的整理。游丝与中心轴不同心或与扇形齿轮不平行，只需要拨动游丝的根部，就可以拨正过来。当游丝散乱严重时，应予以更换或将游丝拉直，平放在工作台上，用两把镊子来重新盘绕。

（4）弹簧管的焊接。如果发生弹簧管泄漏，其部位是在两个端头部，经清洗后的管子，可用大功率的电烙铁熔化焊锡焊补上。若部位不在两端头，则不能补焊，作报废处理。高压压力表两端采用螺纹口连接，不存在补焊问题，如发现两端连接处泄漏，可拧下密封头，更换上新的密封垫圈重新拧紧密封。如果在中间部位，同样作报废处理。

三、弹簧管压力表的常见故障现象及排除方法

弹簧管压力表的常见故障现象及排除方法见表 18-1。

表 18-1　　　　　　弹簧管压力表的常见故障现象、故障原因及排除方法

故障现象	故障原因	排除方法
指针偏离零点，且示值的误差远超过允许误差值	弹簧管产生永久变形。这与负荷冲击过大有关	取下指针重新安装，并调校；必要时更换弹簧管
	固定传动机构或传动件的紧固螺钉松动	拧紧螺钉
	扇形齿轮与齿轮轴的初始啮合过少，在振动或颠振的影响下引起脱牙，从而改变了游丝原来的力矩大小	适当改变初始啮合位置，即可使啮合轮齿适当地增多
	扇形齿轮与齿轮轴的初始啮合过多，且因受瞬时的冲击压力而超过测量上限引起脱牙所致	适当改变初始啮合位置，即可使啮合轮齿适当的增少
	在急剧脉动负荷的影响下，使指针在减压时与零位限止钉碰撞过剧，以致引起其指示端弯曲变形（无零位限止钉者，则所因剧烈的振动或颠振所致）	整修或更新指针
	机座上的孔道不畅通，有阻塞现象	加以清洗或疏通
指针的指示端处于零位限止钉之后	指针指示端与其表盘之间的距离过大，或因指针本身的刚性较差以致在振动或颠振的影响下从原来的位置上跳出	可将指针指示端适当地提起再安于限止钉之前，将其向下按撅，以适当地减少间距
在增减负荷过程中，当轻敲外壳后，指针摆动不止	游丝的起始力矩过小	适当地将游丝放松或盘紧，以增加起始力矩
	长期使用于不良的环境中，或因游丝本身的耐蚀性不佳，以致由腐蚀的影响而引起弹性逐渐消退，力矩减少	更换游丝
	进油管的阀门开得太大或控制阀接头孔太大	适当控制阀门或将其接头孔孔径缩小
	周围有高频振源	装置减振器

故障现象	故 障 原 因	排 除 方 法
指针在回转时很滞钝，且有突跳现象	传动件间在活动配合处有积污存在，或因其被锈蚀，以致引起传动不灵活	若有积污用汽油清洗之；若被锈蚀，则应除锈后再予清洗。必要时，应酌情更换
	机座上的孔道略有阻塞	加以清洗或疏通
	传动件间的配合间隙过小，以致引起传动的不灵活	适当增大配合间隙并在该处添加少许仪表油或钟表油
	上、下夹板上两组支承孔不同心或不平行，引起传动不灵活，常因各支柱长度不一或是在铆接时产生偏斜所致	可用加衬垫的方法来调整支柱的长度，重新进行铆接来校正支柱的偏斜
	拉杆两端上的小孔与相连接的零件配合不良，有卡住现象	可适当予以校正，直至保持灵活时为止
	轮轴与轮径不同心	做轮轴矫正
在增减负荷过程中，当轻敲表外壳后，指针示值的变动量或跳动量远超过允差值（位移超差）	齿轮上的轮齿被局部磨损	适当地改变齿轮的啮合位置，必要时，更换齿轮
	传动机构中的轴或支承孔被磨损，造成径向或轴向的配合间隙过大	调整轴或支承孔，磨损严重者应予更换
	游丝的内圈或外圈固定端失控——游丝座脱落或销钉脱出，以致无法克服机构中的摩擦力和空程的影响	可将游丝座或销钉重新压入到齿轮轴的轴颈上，或原来的连接位置上
	指针与轴套的铆接不牢固，出现松动现象	在铆接处重新予以铆接，直到无松动现象为止
	游丝乱圈——显著变形	做必要整理或更换
	游丝的弹性差或弹性消退，以致作用力矩难以克服机构中的摩擦力和空程的影响	更换游丝
	表盘固定螺钉松动	紧固表盘螺钉
	指针与齿轮轴安装不牢	在齿轮轴上安牢指针
	游丝的外圈及机构中的其他零件使其活动范围受到一定的限制，或其圈与圈之间接触过紧，使作用力矩得不到应有的改变	加以必要的调整或整理
指针运动不平稳，有抖动	扇形齿轮与小齿轮上的齿面积污	去掉积污，用汽油或酒精清洗
	指针轴弯曲，使指针靠紧于表盘或表蒙玻璃	把轴校直，使指针平行于表盘平面且间距合适
	扇形齿轮倾斜	矫正扇形齿轮平面
	被测介质压力波动大	关小阀门开关
	压力表安装位置有振源	消除振源或加装减振器
指针的指示失灵，即在负荷作用下，指针不产生相应的回转	长期振动或颠振的影响使弹簧管的自由端上与拉杆相铰接的销钉或螺钉脱落	销钉或螺钉重新安在原来的连接位置上
	机座上的孔道被脏物严重堵塞	加以清洗或疏通，必要时拆卸弹簧管进行清洗
	中心齿轮与扇形齿轮之间传动阻力大	增加齿轮夹板上下间隙，在支柱上加垫片

故障现象	故障原因	排除方法
指针在负荷作用下，停留在相当于测量上限的 $1/3 \sim 3/4$ 范围内的任一位置上	传动件间产生严重锈蚀现象	更换锈蚀的传动件
	相啮合齿轮的齿产生严重磨损，致使其齿形显著变形——处于"咬死"状态。在通常情况下，其他传动也必定产生严重磨损	更换齿轮以及其他磨损了的传动件
在负荷的作用下，指针产生相应的回转，但常在临近测量上限时指针却不再回转	多见于外壳公称直径较小的或原来的机构设置位置就过于紧凑的压力表。在长期的负荷作用下，往往使弹簧管产生一定程度的永久变形，以致其管端的最大位移受到壳体内壁的约束	可适当修除管端于壳体内壁相接触的部分，或者将弹簧管拆卸后重新焊接，以改变其原来的空间位置。必要应更换弹簧管
	齿轮夹板结合位置不对	松开结合螺钉，将夹板旋转到适当位置
	弹簧管自由端与扇形齿轮连接拉杆太短	调整或更换拉杆
指针不能恢复零位	指针本身不平衡	做平衡校准致平衡
	游丝盘得不紧	增大游丝转矩
	中心轮轴上没有装游丝	装上游丝
	在未加压时指针就不在零位	调整零位超差
	指针靠在表盘上或靠玻璃表蒙上	重装指针在适当位置，即不靠玻璃也不靠表盘
指针指示读数误差不同	弹簧管自由端位移与压力不成比例	做管子弯曲度校正，能校正最好，否则更换
	弹簧管自由端端位移与连接杆传动比调整不当	调整传动比
	表盘刻度不均匀（指一般表）	更换均匀刻度表盘
	刻度表盘与中心齿轮不同心	进行同心度调整（必要时做特殊调整，可以偏心）
当负荷稳定时，示值不能保持稳定，即指针的指示值呈现出逐渐下降的趋向	在长期的脉动负荷作用下，弹簧管产生疲劳破裂或其两端密封处有渗漏而引起泄压	若属破裂需更换同规格的弹簧管，若两端密封处渗漏，则补焊或重焊，或将连接零件重新拧紧
	长期受到被测介质的腐蚀作用，使弹簧管受到腐蚀破坏引起泄压	更换相同规格的弹簧管，或选用耐腐蚀介质作用的压力表
	机座本身存在砂眼、夹杂物等缺陷，以致在长期的负荷作用下产生渗漏	应更换相同规格的机座，对测量低负荷者可补焊
	机座上的螺纹与引压管道上的连接螺母间连接不良，有泄压现象	加以拧紧，拧紧后仍无效的则应更换密封垫圈
在使用过程中，即在被测介质的负荷作用下，突然产生急剧的降压现象	弹簧管有明显裂缝甚至破裂，这种情况常与管子本身质量不佳直接有关	应更换相同规格的优质弹簧管，并采取相应的保护措施
	规格选用不当，如被测介质的最大负荷接近于压力表的测量上限，以致在长期的负荷作用下引起疲劳而破裂（以上两种情况多见于钢制管子）	应选用测量上限较高的压力表。弹簧管破裂按相同规格更换，并采取相应的保护措施

故障现象	故障原因	排除方法
机座上的螺纹与引压管道相连接时，无法拧紧	引压管道或连接设备上的螺母尺寸于机座的不一致，例如两者的螺距不等，螺距虽等但有其中之一左右的牙廓半角显著不等或有少量的英制螺纹同公制螺纹	用扳牙返修，返修无效更换
表盘上的线条和数字脱色或褪色，引起读数困难	长期受到辐射光的作用或热源的影响所致	情况不严重者可以修复，即补正线条和填写数字。必要时，应采取避光、绝热等措施。线条数字脱落者应予更换
	长期受到周围环境中有害气体的侵蚀影响所致	维修或更换，必要时选密封型外壳压力表
压力表无指示	弹簧管裂开	更换弹簧管或报废
	中心齿轮和扇形齿轮牙齿磨损过多，以致无法啮合	更换两齿轮（无法更换的旧表则予报废）

四、弹簧管式压力表的快速检修

为提高弹簧管式压力表的检修速度，在外观检查合格的前提下，检修人员可将被检表安装在压力表标准检定装置上，缓慢升压至各检定点，观察指针行走现状。

（1）如每一检定点超差值相同，可以在升压以后，在除零点以外的第一个检定点重新安装指针，校准示值。

（2）差值呈线性误差。误差逐渐增加时，将示值调节螺钉向外移以增加臂长；反之，则向内移以减少臂长。

（3）示值超差先快（正误差）后慢（负误差）。反时针方向转动机芯，扩大拉杆与扇形齿轮的夹角；反之，则顺时针方向转动机芯，缩小夹角。经过调整后，误差呈线性误差，再移动示值调节螺钉即可。

（4）如指针跳针，局部堵塞须清洗，或齿轮磨损缺齿须更换，扇形齿轮尾部示值调节螺钉锈蚀或过于紧固，须调整或更换；如指针不动，可判断为有堵塞或卡死，清洗弹簧管和表座直至畅通。

（5）当手拨指针任意停靠，一般是弹簧管与机芯连接片卡死。游丝变形卡入中心齿轮，中心轴变形，轴擦靠表面。中心齿轮和扇形齿轮严重锈死，指针与表面间隙太小，达不到 1～3mm 的要求，针擦表面。解决方法主要是校准和更换元件。

（6）手拨指针任意转动。一般是指针固定孔与指针脱落，外表看正常，而手拿针孔突出部分用手拨针尖就能发现其原因所在。当然，指针安装不牢也可能造成任意转动。

（7）如指针达到测量上限后耐压 3min，指针自然下落很快或者根本不耐压而指针就往回跑。此种现象在检定装置开关、节头等没有泄漏的前提下，产生的原因是弹簧管破裂，须更换，或弹簧管首尾焊接处有泄漏，须重新焊牢。

（8）在回检时指针不复位、来回差、轻敲位移量超差，一般情况下是游丝张力不够，用缩紧放开的办法排除，若仍然无法排除，须更换游丝。如果是示值调节螺钉拧得太紧，此时指针行走迟缓，位移量大，适量拧松示值调节螺钉，以示值调节螺钉不能自由滑动为宜。在调节螺钉时用力不能太猛太大，稍有不慎，该调节螺钉就会报废。紧固调节螺钉的标准是用起子轻轻前后一拨，无自然滑动现象，用手上下拨动连接片，灵活自如，无卡死迹象。如连接片在调节螺钉上下无间隙，说明调节螺钉过紧或已报废，拧松或更换调节螺钉即可。对一块压力表多次调整，但来回差依然超差，且指针不回零位，则可能是弹簧管变形，需重新更换。

调整结束后，装配好仪表各部件，按照检定规程重新进行检定。

第三节　弹簧管压力表的检定

一、检定

1. 检定所用的仪器

弹簧管标准压力表精度和上限的确定：

$$标准压力表精度 \leqslant \frac{1}{3}被检表精度 \times \frac{被检表测量上限}{被检表测量下限}$$

$$标准表测量上限 = \frac{1}{3}被检表测量上限 \times \left(1 + \frac{1}{3}\right)$$

压力校验台：根据被检表确定使用合适的压力量程。

（1）对测量上限值不大于 0.25MPa 的压力表，工作介质须用压缩空气或其他无毒、无害、化学性能稳定的气体。

（2）对测量上限值大于 0.25MPa 的压力表，工作介质应为液体，如：压力≤25MPa 用透平油＋变压器油；压力≥25MPa 用蓖麻油。

2. 调校项目与技术标准

（1）零点检查：

1）有零点限止钉的仪表，其指针应紧靠在限止钉。

2）无零点限止钉的仪表，其指针应在零点分度线宽度范围内。

（2）仪表校准：

1）校验点一般不少于 5 点，其中包括常用点，准确度等级低于 2.5 级的仪表，其校验点可以取 3 点，但必须包括常用点。

2）仪表的基本误差，不应超过仪表的允许误差。

3）仪表的回程误差，不应超过仪表的允许误差的绝对值。

4）仪表的轻敲位移，不应超过仪表的允许误差的绝对值的 1/2。

5）电接点压力表的电接点动作误差应符合厂家的规定值，对厂家未规定的电接点动作误差的，其动作误差不应超过仪表的允许误差绝对值的 1.5 倍。

3. 校验方法与步骤

（1）仪表指针的安装。将标准表和被检表垂直装在符合要求的压力校验台上。

1）对于有零点限止钉的仪表，将标准表的压力加至被检表所对应的第一个标有数字分度的压力值上，将表针固定在此压力的分度线上，然后去除压力，其指针应紧靠在限止钉上。

2）对于无零点限止钉的仪表，可将表针在无压力的情况下，直接固定在零分度线宽度范围内即可。

3）对于有零点限止钉的仪表，也可借助于仪表指针的安装，来调整减小误差，但校验回零后，其指针应紧靠在限止钉上。

4）仪表指针安装时，注意用力方向应与中心齿轮垂直，切勿偏斜，以免中心齿轮轴弯曲，仪表指针的安装应牢固，并与表盘有一定的距离，以保证整个刻度范围内无摩擦。

（2）校验方法：

1）与标准表比较法：当压力为零时，观察仪表指示位置，然后均匀地依次将标准表升压（或疏空）至被校表标有数字分度的压力值上，并依次读取被检表的示值。当升压到校验量程上限后，须再略微升压，然后再缓慢降压，并按照升压时的各校验点做下降时校验。校验完毕后，缓慢减压回零。

2）用活塞式压力校验台校验压力表（即与标准砝码比较法）校验方法同标准表比较法。

3）校验压力真空表时，压力部分按标有数字的分度线进行示值校验，真空部分，测量上限值为 0.06MPa 时，校验 3 点，测量上限值为 0.16MPa 时，校验 2 点，测量上限值在 0.3～2.5MPa 的压力真空表，疏空时，指针应指向真空部分。

4）真空表按该地区气压的 90% 以上的疏空度进行耐压校验。

二、调整方法

1. 零点调整

取下指针和表盘，使游丝松紧适度后，将表盘重新安装。

（1）对于无零点限止钉的仪表，可将表针在无压力的情况下，直接固定在零分度线宽度范围内即可。

（2）对于有零点限止钉的仪表，将标准表的压力加至被检表所对应的第一个标有数字分度的压力值上，将表针固定在此压力的分度线上，然后去除压力，其指针应紧靠在限止钉上。

2. 测量上限正、负示值超差的调整

改变拉杆在扇形齿轮调整臂上的位置，当被检表与标准表比对，被检表示值正误差时，增加扇形齿轮调整臂的臂长，即向外调整；反之，减少扇形齿轮调整臂长，即向里调整；调整的多少视误差的大小而定。

3. 示值前大后小超差的调整

松开下夹板上的固定螺钉，将齿轮传动机构按顺时针方向旋转，转角的大小，视误差的多少而定，然后固紧螺钉。当升压到测量上限的一半时，其拉杆与扇形齿轮调整臂的夹角，约等于 90°。

4. 示值前小后大超差的调整

调整方法同示值前大后小超差的调整。逆时针旋转齿轮传动机构，转角视误差的大小而定。

5. 比例失调（非线性）超差的调整

改变中心小齿轮和扇形齿轮间的啮合位置，将中心小齿轮向前或向后转动数齿，必要时，也可改变拉杆的长度配合调整，若仍不能消除其超差，则应更换有关零件。

6. 变动量超差的调整

调整游丝力矩适中，各连接轴及轴套间隙过大，则应于检修或更换。

三、检定结果处理和检定周期

经过检修调校后的仪表，应按照仪表检定规程的要求进行检定。

（1）经检定合格的压力表，应于封印或发给合格证，必要时，封印的同时也发给合格证。

（2）经检定不合格的压力表，允许降级使用，但必须更改准确度等级标志。

（3）压力表的检定周期，根据机组大修而定。

四、弹簧管压力表仪表误差的调整方法

1. 指针调整法

仪表线性度较好，误差方向与大小基本一致，具有挡针钉的仪表，一般可以用重新定指针的方法消除线性误差。

2. 扇形齿轮与连杆连接点调整法

改变扇形齿轮与连杆连接的相对位置是弹簧管压力表误差调整的主要手段之一。一般正常仪表，当显示值为全量程的 1/2 时，扇形齿轮中心线与连杆应垂直，这时连杆螺丝应刚好在扇形齿轮滑槽的中间位置上。被校表显示值大于标准读数时，连接点调整螺丝应向外调整；显示值小于标准读数时，调整螺丝应向内调整。

3. 旋转底板调整法

旋转底板实际上是改变扇形齿轮中心线与连杆的初始夹角，它是调整非线性误差的有效方法之一。如果显示误差前大后小，应解松底固定螺丝，将底板反时针旋转一定角度；反之，应将底板顺时针旋转一定角度。

4. 游丝力矩调整法

游丝是仪表中的反力矩元件，游丝的松紧对于仪表的零点、上限与误差均匀性都有影响，对于低压表的影响更为显著。一般对于零位与上限的小误差，可以分离中心齿轮与扇形齿轮的啮合。正与反时针旋转中心齿轮轴，使游丝放松或加紧进行误差调整。

5. 连杆长度调整法

对于可以改变连杆连接长度的仪表，可以调整连接点使连杆增长或缩短，以改变扇形齿轮中心线与连杆的初始夹角，从而调整仪表的非线性误差。

第十九章 数字压力表及检定

第一节 数字压力表

数字压力表是在线测量仪表。它采用电池长期供电方式，无需外接电源，安装使用方便。该产品通过了计量认证及防爆认证，已在石油、化工、电力等领域得到广泛应用。

数字压力表具有高精度、高稳定性、误差不大于1%、内电源、微功耗、不锈钢外壳、数字压力表防护坚固、美观精致的特点。

一、数字压力表的工作原理

数字压力表是采用数字显示被测压力量值的压力表，可用于测量表压、差压和绝压。其工作

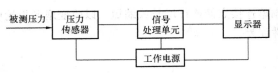

图 19-1　数字压力表工作原理框图

原理框图如图 19-1 所示，被测压力经传压介质作用于压力传感器上，压力传感器输出相应的电信号或数字信号，由信号处理单元处理后在显示器上直接显示出被测压力的量值。

数字压力表的结构原理如图 19-2 所示。当被测介质通过接口部件进入弹性敏感元件（弹簧管）内腔时，弹性敏感元件在被测介质压力的作用下，其自由端会产生相应的位移，相应的位移则通过齿轮传动放大机构和杆机构转换为对应的转角位移，经放大、U/I 转换，送 CPU 进行处理、设置显示数字、控制开关量输出，并提供模拟量或数字量输出从而实现压力显示、控制和变送的过程。

电源部分：交流 220V 经过开关电路，变换为所需的直流电压，再经稳压电路供给所需电路，或（24V）直流电压直接经稳压电路供给所需电路。

当精密数显压力表与压力校验仪器成组后，则可构成精密压力表标准装置或压力校验装置，操作人员通过将被测对象与精密数显压力表示值逐一进行比对的方式，实现压力量值的传递或对被测对象的压力校验。

主要技术指标：

测量范围：$-100\sim0\sim100$kPa，$0\sim0.1\sim60$MPa。

准确度：±1、0.5%FS。

采样时间：$1\sim5$s。

显示：4 位 LCD。

供电电池：3.6V/2Ah 工业锂电池 1 节，连续使用 $\geqslant5$ 年。

环境条件：温度范围在 $-20\sim50$℃；湿度为 90%。

过载能力：200%FS。

结构：

壳体材质：1C18Ni9Ti。

面板：玻璃＋内 PVC 面膜。

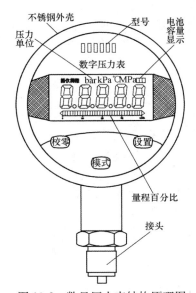

图 19-2　数显压力表结构原理图

引压管材质：1C18Ni9Ti。

二、数字压力表的特点

（1）微功耗、准确度高、高清晰度数字液晶显示。

（2）体积小、易操作、便于现场校验及精密压力测量时使用。

（3）智能校准、线性修复、2s磁笔感应调零。

（4）液晶显示具有动态压力值显示功能，直观显示压力百分比。

（5）压力单位有 mmH_2O、mmHg、psi、kPa、MPa、Pa、mbar、bar，多达十种压力单位可选。

（6）可显示在线压力测量动态变化曲线，峰值记录功能（可选）。

（7）各种附加功能。如 RS—486 接口输出、4～20mA 输出、0～5V 输出、数据即时通信输出、USB 接口、存储功能（可选）。

（8）供电电源：内置一节五号锂电池可使用5～7年，或可充电锂电池（含充电器），或交流220V供电。

三、数字压力表的分类

（1）按数字压力表精度分类：

1）精密数字压力表：0.05、0.1、0.25级。

2）一般数字压力表：0.5级。

（2）按是否远传分类：

1）就地显示数字压力表。

2）带远传数字压力表。

（3）按性能分类：

1）智能数字电接点压力表。

2）智能数字压力记录表。

（4）按安装方式分类：

1）径向数字压力表。

2）轴向带边数字压力表。

（5）按控制形式分类：

1）就地数字压力表。

2）远传数显电接点压力表。

（6）按结构分类，可分为整体型和分离型。

（7）按功能分类，可分为单功能型和多功能型。单功能型压力表只具有测量压力的功能；多功能型压力表除具有测量压力的功能外，还具有测量非压力参数的附加功能。

四、数字压力表选用及使用注意事项

压力类仪表是常见的计量器具，广泛应用于各个领域。它能直观地显示出各个工序环节的压力变化，洞察产品或介质流程中的条件形成，监视生产运行过程中的安全动向，并通过自动连锁或传感装置，构筑了一道迅速可靠的安全保障，为防范事故、保障人身和财产安全发挥了重要作用，被称为安全的"眼睛"。

（1）量程。装在锅炉、压力容器上的数字压力表，其最大量程（表盘上刻度极限值）应与设备的工作压力相适应。数字压力表的量程一般为设备工作压力的1.5～3倍，最好取2倍。若选用的数字压力表量程过大，由于同样精度的数字压力表量程越大，允许误差的绝对值和肉眼观察的偏差就越大，则会影响压力读数的准确性；反之，若选用的数字压力表量程过小，设备的工作压力等于或接近数字压力表的刻度极限，则会使数字压力表中的弹性元件长期处于最大的变形状态，易产生永久变形，引起数字压力表的误差增大和使用寿命降低。另外，数字压力表的量程过小，万一超压运行，指针越过最大量程接近零位，而使操作人员产生错觉，造成更大的事故。因此，数字压力表的使用压力范围，应不超过刻度极限的60%～70%。

（2）精度。工作用数字压力表的精度是以允许误差占表盘刻度极限值的百分数来表示的。精度等级一般都标在表盘上，选用数字压力表时，应根据设备的压力等级和实际工作需要来确定精度。

（3）表盘直径。为了使操作人员能准确地看清压力值，数字压力表的表盘直径不应过小，如果数字压力表装得较高或离岗位较远，表盘直径应增大。

（4）弹性元件的材料。数字压力表用于测量的介质如果有腐蚀性，那么一定要根据腐蚀性介质的具体温度、浓度等参数来选用不同的弹性元件材料，否则达不到预期的目的。

（5）平常应重视使用维护，定期进行检查、清洗并做好使用情况记录。

（6）数字压力表一般检定周期为半年。强制检定是保障数字压力表技术性能可靠、量值传递准确、有效保证安全生产的法律措施。

五、指针式精密压力表与数字式压力表的比较

指针式精密压力表与数字式压力表的比较如表19-1所列。

表 19-1　　　　　　　　　　　指针式精密压力表与数字式压力表的比较

序号	指针式精密压力表	数字式压力表
1	不耐振动，振动易导致损坏	耐振动
2	检定过程中必须保持垂直	垂直与否无影响
3	测量液体的指针表存在变化的高度差（弹簧自身存在的缺陷），只能以表的中心定基准	无变化的液柱高度差
4	只能平视，有视差，读数只能估读，误差大	数字显示，无视差
5	零点变差大	零点变差小
6	温度系数大	有温度补偿，温度系数小
7	线性、迟滞大	线性、迟滞小
8	内部清洗困难	内部清洗容易
9	不能过载，否则会导致永久损坏	过载范围大
10	不耐疲劳。指针式精密压力表的选择，一定要比被检表大一个规格，而且不能用同一块标准压力表，长时间检定同一量限的被检表	无影响
11	可靠性极差，需经常维护，且维护困难，需专业水准	可靠性高，几乎免维护
12	灵敏性差，读数时需敲动表壳	灵敏性高

第二节　数字压力表的检定

数字压力表的检定包括首次检定、后续检定和使用中检验。

一、计量性能要求

1. 最大允许误差

压力表的准确度等级与最大允许误差见表19-2。

表 19-2 压力表的准确度等级与最大允许误差

准确度等级	0.01	0.02	0.05	0.1	0.2	0.5	1.0	1.6
最大允许误差（%）	±0.01	±0.02	±0.05	±0.1	±0.2	±0.5	±1.0	±1.6

注 最大允许误差以量程的百分数来表示。

2. 回程误差

压力表的回程误差不得大于最大允许误差的绝对值。

3. 零位漂移

压力表（不含绝压压力表）的零位漂移在 1h 内不得大于最大允许误差绝对值的 1/2。

4. 稳定性

准确度等级为 0.05 级及以上的压力表，相邻两个检定周期之间的示值变化量不得大于最大允许误差的绝对值。

5. 静压零位误差

差压表的静压零位误差取最大允许误差的绝对值。

6. 附加功能

压力表非压力参数附加功能的计量性能，以制造厂提供的技术文件为准。

二、通用技术要求

1. 外观

（1）新制造的压力表的结构应坚固，外露件的镀层、涂层应光洁，不应有剥脱、划痕。开关、旋（按）钮等功能键及接（插）件应完好牢固。使用中和修理后的压力表不应有影响其计量性能的缺损。

（2）压力表的铭牌上或适当位置上应标明产品名称、型号、规格、测量范围、准确度等级、制造单位（商标）、出厂编号、制造年月、制造计量器具许可证的标记（编号）等信息，并清晰可辨。

（3）用于差压测量的压力表压力输入端口处应有高压（H）、低压（L）的标志。

（4）用于绝压测量的压力表应有绝压的标志或符号。

（5）数字显示应笔画齐全，不应出现缺笔画的现象。

2. 绝缘电阻

在检定环境条件下，压力表电源端子对机壳之间的绝缘电阻应不低于 $20M\Omega$。

三、计量器具控制

计量器具控制包括首次检定、后续检定和使用中检验。

（一）检定条件

1. 标准器

（1）压力表检定用标准器可在下列仪器中选择：

1）活塞式压力表（含单、双活塞式压力真空计）；

2）浮球式压力表；

3）带平衡液柱活塞式压力真空计；

4）液体压力表；

5）数字式压力表。

（2）选用的压力标准器的测量范围应大于或等于压力表的测量范围。对 0.05 级以上（含 0.05 级）的数字压力表，选用的压力标准器的最大允许误差绝对值应不大于数字压力计最大允许误差绝对值的 1/2；对 0.05 级以下的数字压力表，选用的压力标准器的最大允许误差绝对值不大于数字压力表最大允许误差绝对值的 1/3。

2. 辅助设备

(1) 绝缘电阻表（兆欧表）：直流 100V、直流 500V，等级 10 级。

(2) 压力源：气瓶、手动压力（真空）泵、空气压缩机、真空泵等。

3. 检定环境条件

(1) 环境温度：0.1 级及以上的压力计（20±2）℃；0.2 级及以下的压力表（20±5）℃。

(2) 相对湿度：不大于 85%。

(3) 标准器和被检压力表所处的附近应无明显的机械振动和外磁场（地磁场除外）。

（二）检定项目

压力表的检定检验项目见表 19-3。附加功能的检定项目根据需要决定。

表 19-3   压力表的检定检验项目

检定项目	首次检定	后续检定	使用中检验
外观	＋	＋	＋
绝缘电阻	＋	－	－
零位漂移	＋	＋	
稳定性	－	＋	－
静压零位	＋	＋	
示值误差	＋	＋	＋
回程误差	＋	＋	＋

注 表中"＋"表示应检项目，"－"表示可不检的项目。

（三）检定方法

1. 检定前的准备工作及要求

(1) 压力表应在检定环境条件下放置 2h 后方可进行检定。

(2) 压力示值误差检定按图 19-3 所示的方式连接，并通电预热。

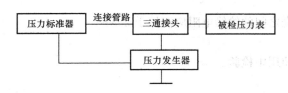

图 19-3 压力表的示值误差检定连接示意

(3) 根据压力表实际使用工作介质选取检定用工作介质。当工作介质为气体时，检定时传压介质应为洁净、无腐蚀性的气体；当压力表的工作介质为液体时，检定时传压介质可以是液体也可以是洁净、无腐蚀性的气体；当压力表明确要求禁油时，应采取禁油措施。

(4) 检定前应调整检定装置或压力表，尽量使两者的受压点在同一水平面上。当两者的受压点不在同一水平面上时，因工作介质高度差引起的检定附加误差应不大于压力表最大允许误差的 1/10，否则应按规程要求进行附加误差修正。

(5) 检定点的选取及检定循环次数。准确度等级为 0.05 级及以上，压力表检定点不少于 10 点（含零点）；准确度等级为 0.1 级及以下的压力表检定点不少于 5 点（含零点），所选取的检定点应较均匀地分布在全量程范围内；准确度等级为 0.05 级及以上的压力表，升压、降压（或疏空、增压）检定循环次数为 2 次；0.1 级及以下的压力表检定循环次数 1 次。

(6) 示值检定前应做 1～2 次升压（或疏空）试验。检定中升压（或疏空）和降压（或增压）

应平稳，避免有冲击和过压现象。在各检定点上应待压力值稳定后方可读数，并做好记录。

2. 外观检查

（1）用目力观察的方法检查：

1）新制造的压力表的结构应坚固，外露件的镀层、涂层应光洁，不应有剥脱、划痕。开关、旋（按）钮等功能键及接（插）件应完好牢固。使用中和修理后的压力表不应有影响其计量性能的缺损。

2）压力表的铭牌上或适当位置上应标明产品名称、型号、规格、测量范围、准确度等级、制造单位（商标）、出厂编号、制造年月、制造计量器具许可证的标记（编号）等信息，并清晰可辨。

3）用于差压测量的压力表压力输入端口处应有高压（H）、低压（L）的标志。

4）用于绝压测量的压力表应有绝压的标志或符号。

（2）用通电的方法检查：数字显示应笔画齐全，不应出现缺笔画的现象。

3. 绝缘电阻检定

断开电源，使压力表的电源开关置于接通状态，用绝缘电阻表测量电源端子与机壳之间的绝缘电阻。

注：对交流电源供电的压力表，采用输出直流 500V 的绝缘电阻表；对直流电源供电的压力表，采用输出直流 100V 的绝缘电阻表。

4. 零位漂移

通电预热后，在大气压力下，压力计有调零装置的可将初始值调到零，每隔 15min 记录一次显示值，直到 1h。各显示值与初始显示值的差值中，绝对值最大的数值为零位漂移误差。

5. 稳定性

通电预热后，应在不做任何调整的情况下（有调零装置的可将初始值调到零），对压力计进行正、反行程一个循环的示值检定，并做记录，按式（19-1）计算各检定点正、反行程示值误差 Δp_w。该示值误差 Δp_w 与上周期检定证书上相应各检定点正、反行程示值误差 Δp 之差的绝对值为相邻两个检定周期之间的示值稳定性，按式（19-2）计算

$$\Delta p_w = p_D - p_S \qquad (19\text{-}1)$$
$$\Delta W = |\ \Delta p_w - \Delta p\ | \qquad (19\text{-}2)$$

式中　Δp_w——压力计各检定点示值与标准值之差，Pa，kPa 或 MPa；

p_D——压力计各检定点正、反行程示值，Pa，kPa 或 MPa；

p_S——标准器各检定点的标准示值，Pa，kPa 或 MPa；

ΔW——压力计相邻两个检定周期之间的示值稳定性，Pa，kPa 或 MPa；

Δp——上周期检定证书上各检定点正、反行程示值与标准值之差，Pa，kPa 或 MPa。

6. 示值误差

（1）示值误差检定：

1）周期示值稳定性检定后，如发现压力计示值超差，升压（或疏空）到压力计满量程处并比照标准压力值，通过压力手动或自动调整机构将压力计示值调整到最佳值，再进行示值误差检定；如压力计示值在合格范围内，也应将压力计示值调整到最佳值，再进行示值误差检定（0.1级及以下的压力计可在预压时将压力计示值调整到最佳值）。

2）示值误差计算。

压力表示值误差按式（19-3）计算

$$\Delta p = p_R - p_S \qquad (19\text{-}3)$$

式中 Δp——压力表各检定点示值误差，Pa，kPa 或 MPa；

p_R——压力表各检定点正、反行程示值，Pa，kPa 或 MPa；

p_S——标准器各检定点的标准示值，Pa，kPa 或 MPa。

（2）差压压力表示值误差检定：

1）静压零位误差检定。将单向差压压力或双向差压压力表的高压端（H）和低压端（L）相连通，施加额定静压的 100% 压力，待压力稳定后，读取静压零位示值，连续进行三次检定。

2）单向差压压力表示值误差检定。低压端（L）通大气，高压端（H）与检定装置相连接，进行示值误差检定及示值误差计算。

3）双向差压压力表示值误差检定。先使低压端（L）通大气，高压端（H）与检定装置相连接；然后使高压端（H）通大气，低压端（L）与检定装置相连接，进行示值误差检定及示值误差计算。

7. 回程误差检定

回程误差可利用示值误差检定的数据进行计算。取同一检定点上正、反行程示值之差的绝对值作为压力表的回程误差。

8. 附加功能检定

压力表的附加功能检定，按相应的计量检定规程执行。

（四）检定结果的处理

经检定的压力表，其计量性能和通用技术要求符合相关规程的规定为合格，并出具检定证书；如某一项不符合相关规程的规定为不合格，出具检定结果通知书，并注明不合格项目和内容，当两个检定周期之间的示值变化量大于最大允许误差的绝对值，经调试后示值检定合格的压力表，出具检定证书，并注明"该压力表不能作为标准器进行量传"；首次检定的压力表应有"首次送检、未经示值稳定性检定"的注明。

（五）检定周期

检定周期可根据压力表使用环境条件、频繁程度和工作要求确定，一般不超过 1 年。对示值稳定性不合格的压力表，检定周期一般不超过半年。

第二十章 电触点压力表及压力（差压）开关检修与校验

第一节 弹簧管式电触点压力表的检定与校验

一、弹簧管式电触点压力表的结构原理

弹簧管式电触点压力表（简称电触点压力表）具有测量控制功能，可任意设定上、下控制压力值，动作稳定可靠，在石油、化工、电站、冶金等工业企业及机电设备上广泛配套使用。

将普通弹簧管式压力表稍加变化，便可成为电触点信号压力表，它能在压力偏离给定范围时，及时发出信号，以提醒操作人员注意或通过中间继电器实现压力的自动控制。

如图 20-1 所示，压力表指针上有动触点，表盘上另有两根可调节指针，上面分别有静触点。当压力超过上限给定数值时，动触点与位于上限的静触点接触，红色信号灯的电路被接通，红灯发亮。若压力低到下限给定数值时，动触点与位于下限的静触点接触，接通了绿色信号灯的电路。动触点的上、下限位置可根据需要灵活调节。

电触点压力表由测量系统、指示装置、磁助电触点装置、外壳、调节装置及接线盒等组成。当被测压力作用于弹簧管时，其末端产生相应的弹性变形—位移，经传动机构放大后，由指示装置在度盘上指示出来。同时指针带动电触点装置的活动触点与设定指针上的触头（上限或下限）相接触的瞬时，致使控制系统接通或断开电路，以达到自动控制和发信报警的目的。

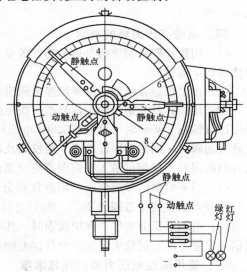

图 20-1 电触点压力表

在电触点装置的电接触信号针上，装有可调节的永久磁钢，可以增加触点吸力，加快接触动作，从而使触点接触可靠，消除电弧，能有效地避免仪表由于工作环境振动或介质压力脉动造成触点的频繁关断。所以该仪表具有动作可靠、使用寿命长、触点开关功率较大等优点。

弹簧管式电触点压力表触点装置电气参数及控制形式见表 20-1。

表 20-1 触点装置电气参数及控制形式

触头功率	最高工作电压	最大工作电流	控制形式
30VA（阻性负载）	220V DC 或 380V AC	1A	上下限、双上限、双下限

二、电触点压力表的应用

电触点压力表适用于测量对铜合金无腐蚀、无爆炸危险、非结晶的各种液体、气体等介质的压力。仪表经与相应的电气器件配套使用，可达到对被测压力系统实现预先设定的最大或最小压

力值的双位自动控制和发信（报警）的目的。

三、电触点压力表的检定

（1）电触点压力表实际上是压力表操纵的电路开关，仅是普通压力表上多了一个电触点信号装置，因此，对压力部分的检定与检定普通压力表相同，只是压力部分检定合格后，尚需增加对电触点信号装置的检定而已。

（2）电触点压力表检定的步骤：将压力表装在校验器上，用拨针器分别将两信号接触指针拨到上限及下限以外，然后进行示值检定。示值检定合格后，将上限和下限的信号接触指针分别定于三个以上不同的检定点上，缓慢地增加或降低压力，一直到发出信号的瞬时为止，这时标准压力表的读数与信号指针示值间的偏差，不得超过允许基本误差的绝对值。

（3）电触点过早或过晚发生信号，是触点位置不正或触点金属杆松动。触点位置不正，将触点校正垂直到恰当发生信号为止。触点金属杆松动，应设法固牢，较轻微者，采用适当放大游丝，增加游丝的反力矩，也有效果。

（4）电触点装置不发生信号，原因有：触点太脏接触不良；信号装置绝缘层受潮；电路不通等；触点太脏，用砂纸打磨除去污物；绝缘层受潮，用热风吹干；电路不通，应查找断路并予以修理。

四、电触点压力表的校验

（1）用拨针器分别将两个信号指针拨至刻度盘的上限及下限处，然后参照普通压力表的校验方法进行示值校验。

（2）示值校验合格后，测量绝缘电阻应不小于 20MΩ。

（3）用拨针器分别将两个信号指针拨至刻度盘上设定的上限及下限值上，接好信号线。一般采用试灯检查（必要时可接交流 220V 电压检查），均匀缓慢地升压或降压，直到发出高低信号，在此接通瞬间，同时读取标准表、被校表及被校表的高低信号值三个读数。标准表的读数和信号指针间的误差不得超过最大允许误差绝对值的 1.5 倍。

（4）当未给出信号定值时，用拨针器分别将两个信号指针拨至刻度盘上三个不同的校验点上，校验点应在测量范围的 20%～80% 之间选定，进行电触点信号误差的校验。

（5）电触点压力表作为保护仪表时，其电触点信号定值应在检定时，以标准表为准，其电触点信号误差不应超过仪表最大的允许误差的绝对值的 1/2。

五、使用电触点压力表的注意事项

（1）电触点压力表应垂直安装，并力求与测定点保持同一水平位置。

（2）电触点压力表的电气线路接妥后，应旋紧压紧螺母，认真检查并应进行试动作。

（3）电触点压力表在测量稳定压力时，可使用至上限的 3/4；在测量交变压力时则用至上限值 2/3；测量负压时不受此限。

（4）在打开出线盒或调节上、下限设定值范围时，必须首先切断电源。

（5）电触点压力表在正常使用的情况下，应定期检验，每半年至少进行一次。电触点压力表如突然发生问题（弹簧管因渗漏而导致泄压；触头熔焊或因严重氧化影响触点通、断的可靠性；指针松动或指示失灵等现象）时，则应立即予以检修或更换。

（6）电触点压力表在使用过程中，应经常保持其干燥和洁净。

（7）电触点压力表的防爆性能可靠与否，主要取决于隔爆外壳的承压强度及隔爆面对质量情况。因此在进行安装、使用及检修过程中，务必注意隔爆面，切勿磕碰划伤，特别是在拆装电触点压力表的接线盒或在对其进行全面检修时应特别注意。在隔爆面上不允许涂漆。

（8）检修时，如用户对隔爆电气设备的基础知识概念不清，对隔爆型电触点压力表的结构特点与要求等不甚了解，切勿随意拼凑或改装，否则会有损于电触点压力表的隔爆性能。

第二节　压力开关（压力控制器）及其检修检定

一、压力开关（压力控制器）概述

压力控制器也称压力开关，用来将被测压力转换为开关量信息，由弹性元件、杠杆、复位弹簧、微动开关等组成。

1. 压力开关（压力控制器）的原理

压力开关（压力控制器）是工业过程测量与控制系统中控制压力的一种专用仪表，其作用原理是输入压力达到设定值，即可进行控制或报警。

被测介质送入测量元件作用在杠杆上，复位弹簧的力也作用在杠杆上，当压力超过一定值时主杠杆离开初始位置使微动开关动作；当压力开始降低，压力值稍低于压力开关的动作值，才能使微动开关复位。微动开关动作和复位时所对应的压力值就是压力开关的动作值和复位值，这两个值之差形成压力开关的死区，称为差值或差动值，整定复位弹簧的螺丝改变弹簧的拉力就可以改变压力开关的复位值，而开关的动作值则等于复位值加最小差值（有些压控有差值弹簧，则整定差值弹簧的拉力就可改变差值的大小）。应先用复位弹簧的整定螺丝整定好开关的复位值，然后用差值弹簧的整定螺丝去整定开关的动作值。

2. 压力开关（压力控制器）的种类

压力控制器按感压元件的种类可分为膜片式、膜盒式、波纹管式、弹簧管（波登管）式和活塞式等，按切换差可调与否，可分为切换差可调型和切换差不可调型，按设定点可调与否，可分为设定点可调型和设定点不可调型。

3. 压力开关主要敏感元件

（1）波登管压力开关（压力控制器）。以波登管作为敏感元件压力开关（压力控制器），如图20-2所示。

特点：普通型压力开关均采用此类敏感元件，主要材质由不锈钢、磷青铜等，测量压力范围可达10Pa～100MPa。

（2）波纹管压力开关（压力控制器）。以波纹管作为敏感元件压力开关（压力控制器），如图20-3所示。

特点：耐久性及耐振性较波登管好，接断差可调范围大，主要材质有不锈钢、磷青铜等，价格相对较高，但可测压力范围较小，最大为15MPa。

（3）膜片压力开关（压力控制器）。以膜片作为敏感元件压力开关（压力控制器），如图20-4所示。

特点：具有出色的耐腐蚀性，主要材质有NBR、氟橡胶等。

4. 压力开关的相关术语

（1）精度：表示设备精准程度的值，包括线性度、公差、迟滞、重复性等。

（2）最大压力（max.p）：压力范围的最大值。

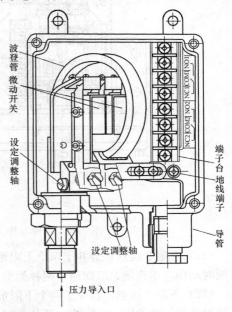

图20-2　以波登管为敏感元件压力开关
（压力控制器）

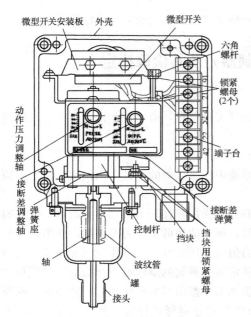

图 20-3　以波纹管作为敏感元件压力开关
（压力控制器）

（3）满量程：压力范围最大值和最小值的差值。

（4）接断差（死区）：开关设定动作值和复位值的差值，例如当设定值为 1MPa，实际复位值为 0.9MPa 时，接断差为 0.1MPa。

（5）工作温度：仪器的内部机构、敏感元件等工作时不会发生持续变形的温度范围。一般压力开关推荐工作温度范围为 $-5 \sim 400℃$，若介质温度过高时，可考虑加附件虹吸管（灌状），达到降温的目的。

（6）S.P.D.T（单刀双掷）：由一个常开、一个常闭触点和一个公共端构成。

（7）D.P.D.T（双刀双掷）：由一个对称的左、右公共端，两组常开、常闭端子构成。

（8）上限触点（常开）：压力上升到设定值时，接点动作，回路导通。

（9）下限触点（常闭）：压力下降到设定值时，接点动作，回路导通。

（10）上下限两接点 HL：上限式和下限式的组合，分为两接点独立动作（双设定、双回路）和两接点同时动作（单设定、双回路）两种类型。

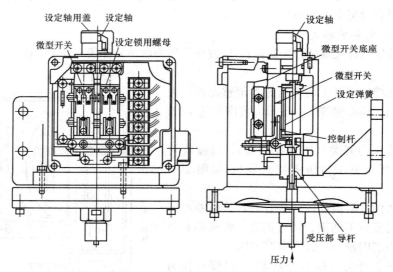

图 20-4　以膜片作为敏感元件压力开关（压力控制器）

（11）上限 2 接点：合并了两个上限形式，分为两接点独立动作（双设定、双回路）和两接点同时动作（单设定、双回路）两种类型。

（12）下限 2 接点：合并了两个下限形式，分为两接点独立动作（双设定、双回路）和两接点同时动作（单设定，双回路）两种类型。

（13）耐压：压力开关保持其正常性能所能承受的最大压力。但是当压力开关用于过压场合时，敏感元件将会产生持续形变，这时压力设定值将变化，压力开关将不能发挥其正常性能甚至可能损坏。

（14）IP（防护等级）：由国际电工协会（IEC）所起草，关于灯具防尘防潮特性的标准。具体含义参考综合样本。

二、压力开关（压力控制器）的检定

1. 技术要求

（1）外观。

1）控制器的铭牌应完整清晰，其上应标注产品名称、型号、级别、规格、控压范围、制造厂名或商标、出厂编号、制造年月等。

2）控制器应完整无损，紧固件不得有松动现象，可动部分应灵活可靠。

3）新制造的控制器的外壳、零件表面涂层、镀层应光洁、完好，无锈蚀和霉斑，内部不得有切削，残渣等杂物。

使用中和修理后的控制器不允许有影响计量性能的缺陷。

（2）控压范围。对设定点可调型的控制器，其控压范围以量程百分比计算，应不小于表 20-2 的规定。

表 20-2 控制器控压范围

控压范围（%）	
压力控制器	真空控制器
15～95	95～15

（3）被检压力开关的最大承载压力应大于实际系统最大工作极限压力，即压力开关承载压力≥3/2 系统最大工作极限压力。

（4）压力（差压）开关接点动作灵活，动作值准确，一般动作回程误差值不大于动作值的 5%。

（5）绝缘电阻。在环境温度为 15～35℃、相对湿度为 45%～75% 时，控制器下列端子之间的绝缘电阻应不小于 20MΩ：

1）各接线端子与外壳之间。

2）互为相连的接线端子之间。

3）触头断开时，连接触头的两接线端子之间。

（6）绝缘强度。在环境温度为 15～35℃、相对湿度为 45%～75% 时，控制器各接线端子与外壳及互不相连的接线端子之间，施加频率为 45～65Hz 的 1500V 交流电压，历时 1min 应无击穿和飞弧现象。

2. 检定条件

（1）检定设备。

1）标准器：标准器一般选用精密压力表或数字压力表等，所选标准器的允许误差绝对值，应小于控制器重复误差限以绝对误差表示时的 1/3。

2）辅助设备：辅助设备有造压器、真空泵、校验器、发信装置、绝缘电阻表、耐电压试验仪等。

（2）检定环境条件：

1）环境温度为（20±5）℃；

2）相对湿度为 45% ～ 75%；

3）在检定环境内应避免影响检定的机械振动；

4）控压范围上限值不大于 0.25MPa 的控制器传压介质为空气或其他无毒、无害、化学性能稳定的气体；

5）控压范围上限值大于 0.25MPa 的控制器传压介质一般为液体；

6）控制器在检定温度中静置不少于 4h 方可检定。

3．检定项目和检定方法

（1）用目力观察：

1）控制器的铭牌应完整清晰，其上应标注产品名称、型号、级别、规格、控压范围、制造厂名或商标、出厂编号、制造年月等。

2）控制器应完整无损，紧固件不得有松动现象，可动部分应灵活可靠。

3）新制造的控制器的外壳、零件表面涂层、镀层应光洁、完好，无锈蚀和霉斑，内部不得有切削，残渣等杂物。

4）使用中和修理后的控制器不允许有影响计量性能的缺陷。

图 20-5　控压范围检定装置示意图

（2）控压范围检查。将控制器控压信号触点输出端与发信装置相接，将控制器压力输入端与标准器、造压器相连接，如图 20-5 所示。

对切换差可调型的控制器，应先将切换差调到最小，然后设定点调至最大，用造压器缓慢地造压直至触点动作。此时，标准器上读出的压力值为最大值的上切换值，再将设定点调至最小，用造压器缓慢地降压直至触点动作，此时标准器上读出的压力值为最小值的下切换值。设定点最大值的上切换值与最小值的下切换值之差即为控制器的控压范围，其结果应符合表 20-2 的规定。

（3）设定动作压力：

1）选定压力开关上升值时，用造压器缓慢加压至设定压力时，触点动作提前或滞后时，通过对压力开关定值调节装置的调整，使触点在压力升高到设定压力时动作。

2）选定压力开关下降值时，首先加压使压力开关触点动作，再缓慢降压至下降值设定压力点。通过调整定值调整装置使压力降至设定压力时触点动作。

3）压力（差压）开关的上升值与下降值触点动作差应小于动作值的 5%。

4）反复校验动作值，确保触点动作灵活可靠。

5）检定后，用轻敲外壳的方法，检查压力（差压）开关的抗振性，轻敲后应小于动作值的 2.5%。

（4）密封性试验。将被检压力开关加压至极限压力的 3/2 倍时，保持 15min，同时用标准压力表观察密封性。前 1min 内允许标准压力表指针稍有变化，后 5min 内标准压力表下降值不超过额定工作压力的 2%。

（5）绝缘电阻的检定。将压力控制器电源断开，在各接线端子与外壳之间、互为相连的接线端子之间、触头断开时连接触头的两接线端子之间，用额定直流电压为 500V 的绝缘电阻表测量，稳定 10s 后读数，绝缘电阻应不小于 20MΩ。

（6）绝缘强度的检定。将压力控制器电源断开，在控制器各接线端子与外壳及互不相连的接线端子之间，施加频率为 45～65Hz 的 1500V 交流电压，历时 1min 应无击穿和飞弧现象。用耐电压试验仪试验时，试验电压由零平稳上升到规定值，保持 1min，应无击穿和飞弧现象。最后将电压平稳地降至零，并切断设备电源。

4．检定结果处理和检定周期

（1）经检定合格的控制器应出具检定证书，不合格的出具检定结果通知书，并标明不合格的项目。

（2）检定周期。压力控制器的检定周期可根据使用的条件、重要程度以及压力控制器自身的稳定性确定，但一般不超过1年。

三、压力开关（压力控制器）的检修

1．检修前的准备

（1）确定压力开关的安装地点、编号、型号、工作范围、整定值大小、用途。

（2）压力控制器正常时所应处的状态（以确保机组的安全运行）。

（3）办理工作票，做好安全技术措施。

2．仪器的检查修理

（1）现场检查或检修时对带保护的压力开关应解除保护。

（2）微动开关动作是否正常。

（3）接点转换是否正常。

（4）弹性元件有无损伤及永久变形。

（5）螺纹是否被损伤。

3．试验与调整

（1）定值整定。

1）将压力开关固定在校验台上，其垂直程度应尽量与安装使用状态一致。

2）选择合适的标准表。

3）按动作要求进行校验（注用在哪些保护，上行程动作还是下行程动作；用常开接点还是常闭接点）。

4）以上校验结束后做好检验记录，重要表计逐级验收，存档。

（2）动态试验。压力开关的动态试验块应包括其进油门、回油门。正常情况下进油门开启，回油门关闭。下面以润滑油压低信号为例讲述试验过程。

1）开启油泵，建立油压。

2）关闭压力开关进油门，缓慢开启泄回油门，使压力逐渐低至动作值，可通过观察操作面板上的灯指示或继电器柜内的继电器灯指示来确定实际压力开关的动作值。

检修合格的表计应贴上检修合格证及开关动作值、作用和名称标签。

4．检修结果的处理

（1）检修数据应进行详细的记录，填写相应的单次检修校验报告单及系统校验报告单等；所有技术资料完善，规范存档。

（2）定期对压力开关进行常规检查和校验。

四、运行与维护

1．一般要求

（1）投入运行的压力控制器的标志牌，铭牌应正确齐全。

（2）压力控制器安装到现场后，应确保开关外壳的密封性。

（3）现场检修作业时，必须持有热控工作票。工作票应有相应的安全措施。带保护压力控制器的检修，应填写热控保护切投单，由有关人员签字后，才允许工作。

（4）压力控制器要定期进行巡检，定期清扫卫生。对发现问题的压力控制，要及时进行处理。

2．运行维护

（1）启动前的检查。

1）压力开关投入保护前，导压管路及一、二次阀门，应随主系统进行压力试验，确保管路畅通无泄漏。

2）压力开关启动前，应检查取压点至装置间的静压差是否被修正，由于静压差所造成的发信误差，应不大于给定的越限发信报警绝对值的 0.5％倍。

（2）启动和日常维护。

1）处于运行状态的压力开关，除应有明显的运行标志外，应确保其一、二次阀门处于完全开启状态。

2）定期检查压力保护装置，其安装地点不应有剧烈振动。

第三节 差压开关的检修及校验

差压开关是利用空气压差在预定动作点使电子开关产生动作，广泛应用于压力容器及过程压力、差压控制，燃烧炉气体压力及烟道负压控制，炉体排气量及各种过程的泵控制等。作为信号的差压可能是两个正压之差、两个负压之差、正负压之差、正压与大气压之差或负压与大气压之差。

一、差压开关概述

下面主要以 Dwyer1900 系列差压开关为例予以介绍。

1．工作原理

被测介质由正压侧和负压侧进入压力测量室，产生的差压由弹性敏感元件（弹簧管或波纹管）转换成位移，这个位移改变微动开关状态，通过外路送出开关量信号，实现所需功能。

图 20-6 中所示的是典型的 Dwyer 差压开关的剖面图，也有利用其他方法将膜片的运动传送到电子开关键上。当膜片两边的差压发生改变时，定位在膜片上的弹簧将一作用力传送到瞬动开关上，这一开关可以设计成差压上升，或者下降时动作。膜片运动受一校准弹簧限制，该弹簧确定要使膜片运动并使电子开关动作在一定的差压范围，开关的动点是利用调节弹簧的压缩或拉伸来改变。

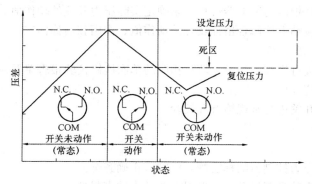

图 20-6 Dwyer 差压开关的剖面图

2．死区

当空气压（或差压）发生变化时，就会使膜片移动并使开关动作。在另一动作周期开关复位前部分压力必须卸压，死区就是这样一种压力，即达到设定点开关动作后，开关另一周期复位之前，必须除去的压力。在一种瞬动开关中，死区是固有的，它是由两个因素引起的，就是在所选定的设定点处量程弹簧的弹性率和开关杠杆退动的行程（有一段时间），因此每个设定点的死区是不同的。当设定点在压力开关量程最低端时，死区最小，反之当设定点在压力开关量程最高端时，死区最大。

如某一差压开关设定在 $89mmH_2O$ 差压，当系统中的差压上升到 $89mmH_2O$ 进行监控，开关就要在这一设定点上准确动作。而后差压就开始降下来，然而在差压降到 $61mmH_2O$ 之前，开关保持原来的动作。两者之差 $28mmH_2O$ 就是死区。当压力上升使开关动作的设定点和当压力下降而使开关复位的这一点之间是重叠的或压力差。

Dwyer 差压开关以其特有的低量程和很低量程（350Pa、25kPa）而著称。在这一量程内，有很多精密压力开关型号可供选用，设定点从 17.5～5000Pa，重复精度 3% 以内优良性能，并具有坚实的外壳。铝制外壳由三部分组成，移去开关盖板，可很方便地找到用于电气连接的 SPDT 开关，调整开关的设定点时，无需拆开开关的外壳，所有压力、电气连接和设定点调整都在一侧完成。由于灭弧器的限制，在实际压力接近检定点时，其响应时间可达到 10～15s。

3. 技术指标

(1) 适用介质：仅用于空气或相容气体；

(2) 工作温度：0～82.2℃（干空气为－34.4～82.2℃）；

(3) 最大爆破压力：70kPa；

(4) 额定压力：11.25kPa；

(5) 压力接口：1/8inNPT（美国标准管螺纹）；

(6) 接点容量：15A，120～480V，60Hz；

(7) 线路连接：3 个螺栓端子（公共、常开、常闭）；

(8) 外壳材质：压膜铸铝，外部防腐化学涂层，冲压镀锌钢板；

(9) 膜片材质：膜铸硅橡胶，加铝衬；

(10) 调整簧片：不锈钢；

(11) 安装方式：膜片垂直。

二、差压开关的选用

(1) 量程选择。建议选择的量程有一个设定点（动作点），应尽可能靠近总调节范围的中点。

(2) 死区。对于 OEM 应用，有特殊的开关可用，这种开关死区特别宽。Photohelic 型是 Dwyer 开关死区最窄的开关，但可以连锁，以提供可调死区控制。

(3) 最大压力额定值。Dwyer1900 系列开关都标称在 68.94kPa（表压）或更大冲击压力，这两种有密封膜的额定压力为 13.78kPa（表压），不可用于高静压。

(4) 温度额定值。Dwyer 开关是在 21℃ 温度下进行装配、校准和测试的。建议使用温度在 0℃（干空气－35°F）～54℃，若降低电气额定值，上限温度可扩展到 82℃。温度比较高的地方，通常加上盘绕铜管或铝管来散热。

(5) 安装。开关必须选择在无油或水喷溅、气温尽可能接近 21℃，以及没有过分振动的地方安装。一般规则是差压开关膜片必须按垂直设置安装，本质上说是用安装位置中的膜片来调节设定点。

三、校验

根据差压开关选择合适及合格的标准表和校验台，校验的过程和压力开关基本相同，在接近设定值时要慢，如动作值不准，则要重新调整差压开关的设定值。

调校指标应在以下范围内：

(1) 切换差：±（测量范围上限）×5％；

(2) 示值重复性：±（测量范围上限×1.5％）/2；

(3) 定值误差：±（测量范围上限×1.5％）/2；

(4) 耐压变化值：±（测量范围上限×1.5％）/2。

根据被校开关的量程范围选择标准表及校验台。标定差压开关应使用三个带橡皮管专用线组成的"T"形装置圈，整个装置对电流限制越小越好。一条线连接差压开关正压侧，另一条线连接一个精度和范围适合的标准表，压力源作用在第二条管子上，接近设定点时动作要慢。

四、检修与调校

1. 检修

(1) 一般性检查：开关拆卸，首先打开差压开关接线盒，解开信号电缆将开关卸下，管路需要封堵。

(2) 外观检查：接线完整，标识准确齐全，外壳完好。

(3) 卫生清扫：开关内外无积灰，取样管路清洁。

2. 调校

原始值真实准确，定值误差不应超出开关的精度等级，步骤为：当信号要求大于某一定值时，压力源加压，注视精度压力表，使其上升至开关所要求的定值，看开关是否动作。如开关不动作或提前动作，顺时针或逆时针反复调整设定值调整螺母，使开关在此定值动作，此时标准器读数为定值动作的上切换值。定值误差不应超出开关的精度等级。然后缓慢减压至触点释放，此时标准器的读数为此定值的下切换值。当信号要求小于某一定值时，压力源加压超过此定值，再把压力降至设定值，看触点是否动作。如触点不动作或提前动作，顺时针或逆时针反复调整设定值调整螺母，直至压力降至所要求的设定值，此时标准器的读数为此定值的下切换值。然后缓慢升压至触点失效，此时标准器的读数为此定值的上切换值。

另外，切换差应在允许范围内，生产厂对切换差有特殊要求的除外。重复性误差绝对值不应超出开关的精度值。接头电阻不大于 0.1Ω，接头对地（外壳）绝缘电阻不小于 $100M\Omega$。

五、差压开关的安装与维护

安装开关后，接头连接应严密，并更换生料带。恢复接线后，号头清晰、正确，压线紧固。二次门应畅通无泄漏。端子及标志应清晰、准确。开关点信息准确无误。

在正常使用过程中，差压开关要注意清洁，并注意取压口是否有渗漏现象。

第二十一章 压力（差压）变送器及检修、检定

第一节 压力（差压）变送器概述

一、压力变送器的分类及原理

（一）压力（差压）变送器的分类

压力变送器分电阻应变片式压力变送器、陶瓷压力变送器、扩散硅压力变送器。

1. 电阻应变片式压力变送器

电阻应变片式压力变送器是一种将被测件上的应变变化转换成为一种电信号的敏感器件。它是压阻式应变变送器的主要组成部分之一。电阻应变片式压力变送器应用最多的是金属电阻应变片式压力变送器和半导体应变片式压力变送器两种。金属电阻应变片又有丝状应变片和金属箔状应变片两种。

2. 陶瓷压力变送器

能够抗腐蚀的压力变送器没有液体的传递，压力直接作用在陶瓷膜片的前表面，使膜片产生微小的形变，厚膜电阻印刷在陶瓷膜片的背面，连接成一个惠斯通电桥（闭桥）。由于压敏电阻的压阻效应，使电桥产生一个与压力成正比的高度线性、与激励电压也成正比的电压信号，标准的信号根据压力量程的不同标定为 2.0/3.0/3.3mV/V 等，可以和应变式传感器相兼容。

3. 扩散硅压力变送器

被测介质的压力直接作用于传感器的膜片上（不锈钢或陶瓷），使膜片产生与介质压力成正比的微位移，通过隔离硅油的传递使传感器的电阻值发生变化，用电子线路检测这一变化，并转换输出一个对应于这一压力的标准测量信号。

（二）差压变送器工作原理

来自双侧导压管的差压直接作用于变送器传感器双侧隔离膜片上，通过膜片内的密封液传导至测量元件上，测量元件将测得的差压信号转换为与之对应的电信号传递给转换器，经过放大等处理变为标准电信号输出。差压变送器的几种应用测量方式如下：

（1）与节流元件相结合，利用节流元件的前后产生的差压值测量液体流量。

（2）利用液体自身重力产生的压力差，测量液体的高度。

（3）直接测量不同管道、罐体液体的压力差值。

差压变送器的安装包括导压管的敷设、电气信号电缆的敷设、差压变送器的安装。

二、各种压力变送器的结构

1. T20 系列压力变送器

T20 系列压力变送器采用具有国际先进水平的扩散硅传感器或压阻陶瓷传感器，配合高精度电子元件，具有抗过载和抗冲击能力强，稳定性高，并具有很高的测量精度。

图 21-1 T20 系列压力变送器原理框图

工作原理框图如图 21-1 所示，被测介质的压力直接作用于传感器的陶瓷膜片上，使膜片产生与介质压力成正比的微小位移。正常工作状态下，膜片最大位移不大于 0.025mm，电子线路检测这一位移量后，即把这一位移量转换成对应于这一压力的标准工业测量信号。超压时膜片直接贴到坚固的陶瓷基体上，由于膜片与基体的间隙只有 0.1mm，因此过压时膜片的最大位移只能是 0.1mm，所以从结构上保证了膜片不会产生过大变形。由于膜片采用高性能的工业陶瓷，因此使传感器具有很强的抗过载能力。

T20 系列压力变送器的结构如图 21-2 所示。

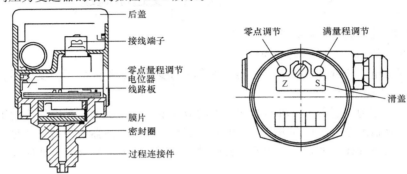

图 21-2　T20 系列压力变送器的结构

2. DSIII 系列压力变送器

DSIII 系列压力变送器采用西门子专利技术，适用于各种压力、差压、绝压和液位测量。传感器单元包括差压传感器、绝压传感器和温度传感器。通过绝压传感器和温度传感器，对差压传感器全量程范围内的静压特性和温度特性进行充分的计算补偿，使 DSIII 系列差压变送器具有非常优异的静压特性和温度特性。

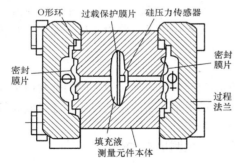

图 21-3　DSIII 系列压力变送器差压测量元件结构示意图

DSIII 系列智能差压变送器，如图 21-3 所示。测量元件两端压力通过密封膜片和填充液传递给硅压力传感器。当压力超过测量极限时，过载保护膜片产生变形，直至其贴到测量元件的内壁上，以保护硅压力传感器避免过压损坏。西门子硅传感器采用压阻式结构设计。测量膜片由于受到所施加的差压而变形，安装在它上面的 4 只电阻应变计的阻值随之变化，并使得电阻桥路的输出电压与压差成比例的变化。

在进行绝压测量时，DSIII 系列变送器需要使用绝压测量元件，见图 21-4。被测压力通过隔离膜片和填充液传递到绝压传感器，使测量膜片发生形变。绝压传感器采用压阻式结构设计，测量原理与差压传感器相同。

3. M20×1.5 压力变送器

M20×1.5 压力变送器是采用隔离式传感器芯片，采用扩散硅、激光修正、温度补偿、模拟信号处理等先进技术和工艺，具有精度高、可靠性好、响应速度快、性能稳定等特性。结构简单，安装、使用、维修方便，是新一代的压力检测、控制仪表，抗干扰能力强，适合于远距离的信号传输，广泛用于对液体、气体、蒸汽压力/绝压/真空的测量和控制。

M20×1.5 压力变送器结构如图 21-5 所示。这种压力变送器应尽量安装在温度梯度和温度波动小的地方，同时还要避免振动和冲击。为确保变送器接头密封，应先在接头处卷上密封胶带，然后拧紧变送器。

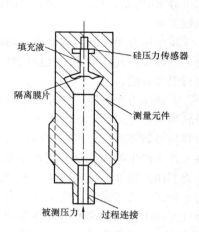

图 21-4　DSIII 系列压力变送器
绝压测量元件功能示意图

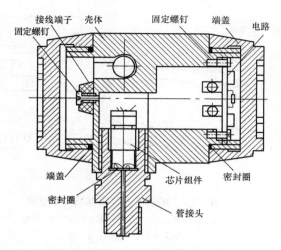

图 21-5　M20×1.5压力变送器的结构示意图

4. 霍尔压力变送器工作原理及结构特点

　　霍尔压力变送器是利用霍尔效应将弹性元件的位移信号转换为直流电势信号的变送器。霍尔效应是一种电磁现象，即将通电的导体或半导体（载流导体）置于与电流方向垂直的磁场中时，由于磁场对运动载流子（如电子）有作用力（洛仑兹力 P_Y），载流子（电子）将产生偏转运动，使电子聚集在导体或半导体一侧，而另一侧则聚集正电荷，形成了电场。同时该电场又对运动载流子（电子）产生电场力 F_e，阻止电子的聚集。当电子聚集达到动态平衡时，在薄片（霍尔片）上垂直于电流和磁场方向的两个侧面之间会出现电位差，称为霍尔电势。该现象称为霍尔效应，如图 21-6 所示。

　　霍尔电势 E_H 的大小可用式（21-1）表示

$$E_H = R_H \frac{IB}{d} \qquad (21\text{-}1)$$

式中　R_H——霍尔系数，由半导体材料的物
　　　　　　理性质所决定；
　　　I——流经霍尔元件的电流；
　　　B——磁感应强度；
　　　d——霍尔元件的厚度。

　　霍尔压力变送器的结构如图 21-7 所示，其中磁场部分由两对磁极组成，磁力线分布如图 21-7（b）所示，由图可知霍尔片所处位置

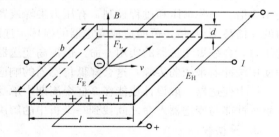

图 21-6　霍尔效应原理图
B—磁感应强度；F_L—洛仑兹力；F_E—电场力；
E_H—霍尔电势

的磁力线呈线性不均匀分布。霍尔片用锗、锑化铟等半导体材料制造，并置于绝缘基片上。绝缘基片固定在弹性元件的自由端。霍尔片通过的电流由稳压直流电源供给，霍尔电势由引线接至显示仪表。

　　当被测压力为零时，弹性元件自由端不产生位移，霍尔片正好处于磁场气隙中部。由于左右两侧磁场方向相反、数值相等，因此左右两侧霍尔电势相互抵消，E_H 输出为零。当有被测压力加入弹性元件时，弹性元件自由端将带动霍尔片位移，使霍尔片偏离气隙中部，因此左右两侧产

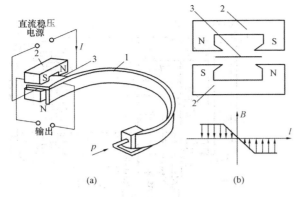

图 21-7 霍尔压力传感器结构示意图
(a) 结构图；(b) 磁极气隙中的磁力线分布
1—弹簧管；2—磁钢；3—霍尔片

生的霍尔电势绝对值不相等，霍尔片有霍尔电势 E_H 输出，E_H 与弹性元件的位移呈线性关系。

霍尔压力变送器结构简单，动态特性好，寿命长；其缺点是温度稳定性差，需进行温度补偿。

上述压力变送器一般都是先将压力信号转换为弹性元件的位移信号，然后再将位移信号转变为电信号。被测压力是由弹性元件所产生的弹性反力实现平衡。另有一类利用其他外力与被测压力平衡的所谓力平衡式压力变送器，这类压力变送器的弹性元件主要起隔离密封介质作用，因此可以避免弹性元件本身弹性滞后、温度特性等问题造成的误差，以得到较高的测量精度。

第二节　压力变送器的选型、检修及安装

一、压力变送器的正确选型

1. 根据要测量压力的类型

压力类型主要有表压、绝压、差压等。表压是指以大气为基准，小于或大于大气压的压力；绝压是指以绝对压力零位为基准，高于绝对压力；差压是指两个压力之间的差值。

2. 根据被测压力量程

一般情况下，按实际测量压力为测量范围的 80％ 选取。

要考虑系统的最大压力。一般来说，压力变送器器压力范围最大值应该达到系统最大压力值的 1.5 倍。一些水压和过程控制，有压力尖峰或者连续的脉冲。这些尖峰可能会达到"最大"压力的 5 倍甚至 10 倍，可能造成变送器的损坏。连续的高压脉冲，接近或者超过变送器的最大额定压力，会缩短变送器的实用寿命。但提高变送器额定压力会牺牲变送器的分辨率。可以在系统中使用缓冲器来减弱尖峰，这会降低传感器的响应速度。

压力变送器一般设计成能在 2 亿个周期中承受最大压力而不会降低性能。在选择变送器时可在系统性能与变送器寿命之间找到一个折中的解决方案。

3. 根据被测介质

按测量介质的不同，可分为干燥气体、气体液体、强腐蚀性液体、黏稠液体、高温气体液体等，根据不同的介质正确选型，有利于延长变送器的使用寿命。

4. 根据系统的最大过载

系统的最大过载应小于变送器的过载保护极限，否则会影响变送器的使用寿命甚至损坏变送器。通常压力变送器的安全过载压力为满量程的 2 倍。

5. 根据需要的准确度等级

变送器的测量误差按准确度等级进行划分，不同的准确度对应不同的基本误差限（以满量程输出的百分数表示）。实际应用中，根据测量误差的控制要求并本着使用经济的原则进行选择。

6. 根据系统工作温度范围

测量介质温度应处于变送器工作温度范围内，如超温使用，将会产生较大的测量误差并影响

变送器的使用寿命；在压力变送器的生产过程中，会对温度影响进行测量和补偿，以确保其受温度影响产生的测量误差处于准确度等级要求的范围内。在温度较高的场合，可以考虑选择高温型压力变送器或采取安装冷凝管、散热器等辅助降温措施。

补偿范围一般是在工作范围之内的一段更狭窄的范围。在这个范围内，变送器确保可以达到标称的规格。温度的改变通过两种方法影响变送器，其一是造成零点漂移，其二是影响整个量程的输出。变送器规格说明应将这些误差以下列形式列出：$\pm x\%$满量程/℃，$\pm x\%$读数/℃，$\pm x\%$整个温度补偿范围内满量程，或者$\pm x\%$整个温度补偿范围内读数。如果没有这些参数会在使用中造成不确定。

7. 根据测量介质与接触材质的兼容性

在某些测量场合，测量介质具有腐蚀性，此时需选用与测量介质兼容的材料或进行特殊的工艺处理，确保变送器不被损坏。

8. 根据压力接口形式

通常以螺纹连接（M20×1.5）为标准接口形式。

9. 根据供电电源和输出信号

通常压力变送器采用直流电源供电，提供多种输出信号选择，包括 4～20mA. DC、0～5V. DC、1～5V. DC、0～10mA. DC 等，可以有 232 或 485 数字输出。

10. 根据现场工作环境情况及其他

是否存在振动及电磁干扰等，选型时应提供相关信息，以便采取相应处理。在选型时，其他如电气连接方式等也可以根据具体情况予以考虑。

二、压力式变送器的故障原因及处理方法

1. 变送器无输出信号

（1）检查变送器是否有 24V 直流电源。如有，检查正负极是否接反，接得不对则应改正过来。

（2）检查变送器，假如没有 24V 直流电源，则检查熔断器是否烧断，若是，更换熔断器；假如没有烧断熔断器，停电检查回路是否断开。

（3）检查变送器一、二次门是否打开，按要求打开。

（4）检查管路是否堵塞，疏通管路。

（5）变送器坏，更换。

2. 变送器输出最大

变送器的测量范围是否太小，按要求更换合适的变送器。

3. 变送器输出摆动大

（1）检查变送器管路是否有空气，若有，排净空气，做好密封。

（2）变送器坏，更换。

三、压力变送器的拆装与安装

1. 压力变送器拆卸

在机组大、小修期间或临时检修需对变送器拆卸时，必须确认下列事项：

（1）必须办理检修工作票，经运行值班人员签字后才可工作。

（2）根据运行要求，对变送器对应的参数采取安全处理措施。

（3）必须确认被拆变送器相应取样测量一次门已由运行值班人员关闭严密。

（4）被拆变送器二次门由检修工作人员正确进行下列操作：

1）确认变送器标牌与工作票上设备编号符合；

2）将压力变送器二次门关闭严密；

3）将此压力变送器二次门排门口打开，将取样管泄压；

4）用毫安表测量变送器输出信号应为4mA左右；

5）在上述工作正常情况下，工作人员方可将变送器信号线解下，线头用绝缘胶带包好，防止短路，损坏DPU卡件；

6）变送器拆除后，二次门与变送器之间的接口用胶带封好，防止异物进入；

7）带压的压力变送器禁止拆卸，以防发生危险。

2. 压力变送器安装

（1）现场安装压力变送器应确认的事项：

1）被安装的变送器具有校验合格证，铭牌完好，整体清洁。

2）必须办理检修工作票，并确认工作票上设备编号同变送器铭牌相符合，变送器安装位置正确。

3）相应取样一次门应关闭严密。

4）压力变送器二次门应确认已关闭严密，排污门已关闭，且排污口没有对着工作人员。

5）上述情况正常情况下，可进行变送器的安装，完成变送器与二次门之间连接，确认连接牢固。

6）根据工作票将相应测量电缆接入变送器，注意信号线正、负极性。

7）测量信号电压应为24V左右，信号电流应为4mA左右。

8）要求运行值班人员将相应变送器一次门开启，检查取样管及接头是否不泄漏。

9）对压力变送器二次门应逐渐开启，检查二次门与变送器间是否有渗漏，信号电流是否正常。

10）压力变送器安装投入过程中，发现有任何问题需重新拆卸变送器时，必须严格按照变送器拆卸有关规程进行。

（2）压力变送器安装注意事项：

1）防止变送器与腐蚀性或过热的介质接触；

2）防止渣滓在导管内沉积；

3）测量液体压力时，取压口应开在流程管道的侧面，以避免沉积积渣；

4）测量气体压力时，取压口应开在流程管道顶端，并且变送器也应安装在流程管道上部，以便积累的液体容易注入流程管道中；

5）导压管应安装在温度波动小的地方；

6）测量蒸汽或其他高温介质时，需接加缓冲管（盘管）等冷凝器，不应使变送器的工作温度超过极限；

7）冬季发生冰冻时，安装在室外的变送器必须采取防冻措施，避免引压口内的液体因结冰体积膨胀，导致传感器损失；

8）测量液体压力时，变送器的安装位置应避免液体的冲击（水锤现象），以免传感器过压损坏；

9）接线时，将电缆穿过防水接头或绕性管并拧紧密封螺帽，以防雨水等通过电缆渗漏进变送器壳体内。

四、压力变送器在安装调试过程中可能出现的问题及解决办法

压力变送器在安装调试过程中可能出现的问题及解决办法见表21-1。

表 21-1　　　　　　　　　　压力变送器在安装调试过程中可能出现的问题及解决办法

问题现象	检查与测试	解决办法
无输出	查看变送器电源是否接反	把电源极性接正确
	测量变送器的供电电源,是否有 24V 直流电压	必须保证供给变送器的电源电压≥12V(即变送器电源输入端电压≥12V)。如果没有电源电压,则应检查回路是否断线,检测仪表是否选取错误(输入阻抗应≤250Ω)等
	如果是带表头的,检查表头是否损坏(可以先将表头的两根线短路,如果短路后正常,则说明是表头损坏)	表头损坏的则需另换表头
	将电流表串入 24V 电源回路中,检查电流是否正常	如果正常则说明变送器正常,此时应检查回路中其他仪表是否正常
输出≥20mA	电源是否接在变送器电源输入端	把电源线接在电源接线端子上
	变送器电源是否正常	如果小于 12V DC,则应检查回路中是否有大的负载,变送器负载的输入阻抗应符合 R_L≤(变送器供电电压－12V)/(0.02A)Ω
	实际压力是否超过压力变送器的所选量程	重新选用适当量程的压力变送器
	压力传感器是否损坏,严重过载有时会损坏隔离膜片	需发回生产厂进行修理
	接线是否松动	接好线并拧紧
输出≤4mA	电源线接线是否正确	电源线应接在相应的接线柱上
	变送器电源是否正常	如果小于 12V DC,则应检查回路中是否有大的负载,变送器负载的输入阻抗应符合 R_L≤(变送器供电电压－12V/0.02A)Ω
	实际压力是否超过压力变送器的所选量程	重新选用适当量程的压力变送器
	压力传感器是否损坏,严重的过载有时会损坏隔离膜片	需发回生产厂进行修理
压力指示不正确	变送器电源是否正常	如果小于 12V DC,则应检查回路中是否有大的负载,变送器负载的输入阻抗应符合 R_L≤(变送器供电电压－12V/0.02A)Ω
	参照的压力值是否一定正确	如果参照压力表的精度低,则需另换精度较高的压力表
	压力指示仪表的量程是否与压力变送器的量程一致	压力指示仪表的量程必须与压力变送器的量程一致
	压力指示仪表的输入与相应的接线是否正确	压力指示仪表的输入是 4~20mA 的,则变送器输出信号可直接接入;如果压力指示仪表的输入是 1~5V 的,则必须在压力指示仪表的输入端并接一个精度在 1‰及以上、阻值为 250Ω 的电阻,然后再接入变送器的输入
	变送器负载的输入阻抗应符合 R_L≤(变送器供电电压－12V/0.02A)Ω	如不符合则根据其不同可采取相应措施:如升高供电电压(但必须低于 36V DC),减小负载等

问题现象	检查与测试	解决办法
压力指示 不正确	多点纸记录仪没有记录时输入端是否开路	如果开路，则： （1）不能再带其他负载； （2）改用其他没有记录时输入阻抗≤250Ω 的记录仪
	相应的设备外壳是否接地	设备外壳接地
	是否与交流电源及其他电源分开走线	与交流电源及其他电源分开走线
	压力传感器是否损坏，严重的过载有时会损坏隔离膜片	需发回生产厂进行修理
	管路内是否有沙子、杂质等堵塞管道，有杂质时会使测量精度受到影响	需清理杂质，并在压力接口前加过滤网
	管路的温度是否过高，压力传感器的使用温度是－25～85℃，但实际使用时最好在－20～70℃以内	加缓冲管以散热，使用前最好在缓冲管内先加些冷水，以防让热蒸汽直接冲击传感器，从而损坏传感器或降低使用寿命

第三节　压力变送器的调校

压力变送器是一种将压力变送器转换为可传送的统一输出信号的仪表，而且输出信号与压力变量之间有一给定的连续函数关系，通常为线性函数。

压力变量包括正、负压力，差压和绝对压力。

压力变送器有电动和气动两大类。电动的统一输出信号为 0～10mA，4～20mA（或 1～5V）的直流电信号，气动的统一输出信号为 20～100kPa 的气体压力。

一、技术要求

1. 外观

（1）变送器的铭牌应完整、清晰，应注明产品名称、型号、规格、测量范围等主要技术指标，高、低压容室应有明显的标记，还应标明制造厂的名称或商标、出厂编号、制造年月。

（2）变送器零部件应完整无损，紧固件不得有松动和损伤现象，可动部分应灵活可靠。

（3）新制造的变送器的外壳、零件表面涂覆应光洁、完好，无锈蚀和霉斑，内部不得有切、残渣等杂物。使用中和修理后的变送器不允许有影响使用和计量性能的缺陷。

2. 密封性

变送器的测量部分在承受测量上限压力（差压变送器为额定工作压力）时，不得有泄漏和损坏现象。

3. 基本误差

变送器的基本误差不超过表 21-2 的规定。

表 21-2　　　　　　　　　　变送器的基本误差及回程误差

准确度等级		基本误差（%）		回程误差（%）	
电动	气动	电动	气动	电动	气动
0.2、0.25		±0.2、0.25		0.16、0.2	
0.5	0.5	±0.5	±0.5	0.4	0.25
1.0	1.0	±1.0	±1.0	0.8	0.50

准确度等级		基本误差（%）		回程误差（%）	
电动	气动	电动	气动	电动	气动
1.5	1.5	±1.5	±1.5	1.2	0.75
2.5	2.5	±2.5	±2.5	2.0	1.25

4. 回程误差

新制造的变送器回程误差应不超过表 21-2 的规定。使用中和修理后的变送器，回程误差应不大于表 21-2 中基本误差的绝对值。

5. 静压影响

（1）压力平衡式差压变送器、气动差压变送器，静压影响不超过压力变送器检定规程规定。

（2）其他类型差压变送器静压影响应不超过制造厂企业标准的规定值。

6. 电动变送器的电性能

（1）输出开路影响。力平衡式变送器开路试验后，恢复正常接线，变送器的输出量程不得超过表 21-3 的规定，并仍符合基本误差和回程误差的要求。

表 21-3   **变送器的输出量程**

准确度等级	输出量程变化（%）	准确度等级	输出量程变化（%）
0.2（0.25）	0.1	1.5	0.6
0.5	0.25	2.5	1.0
1.0	0.4		

（2）输出交流分量。输出为 0～10mA 的变送器，在 200Ω 取样电阻两端的交流电压有效值应不大于 20mV。

输出为 4～20mA 的变送器，在 250Ω 取样电阻两端的交流电压有效值应不大于 50mV（力平衡式差压变送器应不大于 150mV）。

（3）绝缘电阻。在环境温度为 15～30℃、相对湿度为 45%～75% 时，变送器各端子间的绝缘电阻值应符合以下要求：

1）输出端子与接地端子（机壳）之间应不小于 20MΩ；

2）电源端子与接地端子（机壳）之间应不小于 50MΩ；

3）电源端子与输出端子之间应不小于 50MΩ。

（4）绝缘强度。在环境温度为 15～35℃、相对湿度为 45%～75% 时，变送器各端子间施加频率为 50Hz 的正弦交流电压，历时 1min，应无击穿和飞弧现象。

1）输出端子与接地端子（机壳）之间为 500V；

2）电源端子与接地端子（机壳）之间为 1000V；

3）电源端子与输出端子之间为 1000V；

4）二线制的变送器，电压为 500V。

电容式变送器及制造厂有特殊规定的变送器可不进行该项检定。

7. 气动变送器的气源压力变化影响

变送器的气源压力由 140kPa 变化到 154kPa 及 140kPa 变化到 126kPa 时，其输出的变化不大于表 21-4 的规定。

表 21-4 **气动变送器的气源压力变化对输出的影响**

准确度等级	气源压力变化影响 输出变化（%）	过范围影响 输出下限值和量程变化（%）
0.5	0.5	0.25
1.0	0.5	0.50
1.5	0.75	0.75
2.5	1.25	1.25

8. 气动变送器的过范围影响

变送器在经受过范围值为输入量程的 25% 过范围试验后，其输出下限值和量程变化应不大于表 21-4 的规定。

二、检定条件

1. 检定设备

选用的标准器及配套设备所组成的检定装置，其测量总不确定度应不大于被检变送器允许误差的 1/4。检定时所需的标准器及设备可参见表 21-5。

表 21-5 **检定时所需的标准器及设备**

序号	仪器设备名称	技术要求	用途
1	活塞式压力计	准确度等级和测量范围由检定装置测量总不确定的评定标准计算后选定	变送器输入的压力标准器，序号 2 和 4 又是气动变送器的输出信号测量标准，精密压力表还用来检定密封性和静压影响
2	液体压力计（及配套气源）		
3	数字式压力发生器		
4	数字压力计及配套的压力发生器		
5	精密压力表等		
6	直流电流表	测量范围 0~20mA 准确度等级，由检定装置测量总不确定度的评定标准计算定	电动变送器输出电流测量标准
7	直流电压表	输入电阻为 5MΩ，准确度等级由检定装置测量总不确定度的评定标准计算定	两者配合作为电动变送器输出电流的测量标准
8	精密电阻	100Ω、250Ω、0.05 级以上	
9	绝缘电阻表	输出直流电压为 500V，测量范围为 0~500MΩ，10 级（电容式变送器用与输出直流电压 100V 的表）	测量绝缘电阻
10	耐电压试验仪	输出交流电压大于 150V 功率不低于 0.5kW	绝缘强度试验
11	直流电阻箱	0.1 级以上，测量范围不小于 0~1.5kΩ，允许通过的电流大于 20mA	测量负载电阻
12	交流毫伏表	2.5 级以上，输入阻抗大于 100kΩ	测量交流分量
13	真空机组	机械泵（和扩散泵）的要求，根据被检变送器的测量范围和准确度等级按规程要求选择	作为绝对压力变送器及负压力变送器的压力源

序号	仪器设备名称	技术要求	用　　途
14	交流稳压器	220V、50Hz、稳定度 1%，功率不低于 1kW	作为变送器的交流供电电源
15	直流稳压器	24V 允许误差±1%纹波小于 0.1%，功率不低于 30W	作为变送器的直流供电电源
16	气源装置及定值器	稳定输出压力：120~154kPa，允许误差±1%，无油无灰尘，露点低于变送器壳体 10℃	作为气动变送器的气源

2. 环境条件

(1) 温度为（20±5）℃，每 10min 变化不大于 1℃；相对湿度为 45%～75%。

(2) 变送器所处环境应无影响输出稳定的机械振动。

(3) 电动变送器周围除地磁场外，应无影响变送器正常工作的外磁场。

(4) 测量上限值不大于 0.25MPa 的变送器，传压介质为空气或其他无毒、无害、化学性能稳定的气体。测量上限值大于 0.25MPa 的变送器，传压介质一般为液体。

三、检定项目和检定方法

1. 检定项目

检定项目见表 21-6，表中"＋"表示检定，"－"表示可不检定，"/"表示无此项目。

表 21-6　　　　　　　　　压力（差压）变送器的检定项目

检定项目	检 定 类 别					
	电 动			气 动		
	新制造	修理后	使用中	新制造	修理后	使用中
外观	＋	＋	＋	＋	＋	＋
密封性	＋	＋	＋	＋	＋	＋
基本误差	＋	＋	＋	＋	＋	＋
回程误差	＋	＋	＋	＋	＋	＋
静压影响	＋	＋	－	＋	＋	－
输出开路影响	＋	＋	－	/	/	/
输出交流分量	＋	＋	－	/	/	/
绝缘电阻	＋	＋	＋	/	/	/
绝缘强度	＋	＋	－	/	/	/
气源压力变化影响	/	/	/	＋	＋	－
过范围影响	/	/	/	＋	＋	－

2. 外观检查

用手感和目力观察的方法进行。

3. 密封性检查

平衡地升压（或疏空），使变送器测量室压力达到测量上限值（或当地大气压力 90%的疏空度）后，切断压力源，密封 15min，在最后 5min 内通过压力表观察，其压力值下降（或上升）

不得超过测量上限值的 2%。

差压变送器在进行密封性检查时，高低压力容室连通，并同时引入额定工作压力进行观察。

4. 基本误差的检定

(1) 按图 21-8 和图 21-9 的连接原则，将变送器按规定工作位置安放，并与压力标准器、输出负载及检测装置连接起来（具体连接方式见使用说明书），使导压管中充满传压介质。

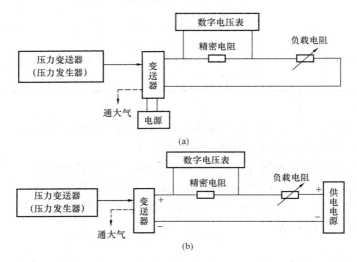

图 21-8　电动变送器检定接线示意图

(a) 四线制电动变送器；(b) 二线制电动变送器

注：虚线部分为差压变送器的低压室通大气。

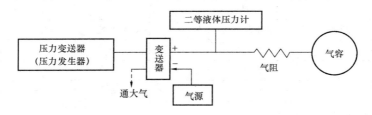

图 21-9　气动变送器检定接线示意图

当传压介质为液体时，应使变送器取压口的几何中心与活塞式压力计的活塞下端面（或标准取压口的几何中心线）在同一水平面上。高度差应不大于式（21-2）的计算结果

$$h = \frac{|ap_m|}{20\rho g} \tag{21-2}$$

式中　h——允许的高度差，m；

　　　a——变送器准确度等级指数，%；

　　　p_m——变送器输入量程，Pa；

　　　ρ——传压介质的密度，kg/m^3；

　　　g——当地的重力加速度，m/s^2。

输出负载按制造厂规定选取，如规定值为两个以上的电阻值，则对直流电流输出的变送器应取最大值，对直流电压输出的变送器应取最小值。气动变送器的负载为内径 4mm、长 8m 导管做成的气阻，后接 $20cm^3$ 的气容。

（2）电动变送器除制造厂另有规定外，一般需通电预热 15min。

（3）检定点包括上、下限值（或其附近 10％输入量程以内）在内不小于 5 个点。检定点应基本均匀地分布在整个测量范围上。

对于输入量程可调的变送器，使用和修理后的，可只进行常用量程或送检者指定的检定，而新制造的则必须将输入量程调到规定的最小、最大处分别进行检定，检定前允许进行必要的调整。

（4）检定前，用改变输入压力信号的办法，在整个测量范围内做 3 个循环的操作。在此过程中可对输出下限值和上限值进行调整，使其与理论下限和上限值相吻合。绝对压力变送器的零点压力必须抽至允许误差的 1/10～1/20。

（5）检定时，从下限值开始，平稳地输入压力信号到各检定点，读取并记录输出值至上限；然后反方向平稳地改变压力信号到各检定点，读取并记录输出值直至下限。以这样上、下行程的检定作为 1 次循环。有疑义及仲裁时，需进行 3 次循环的检定。在检定过程中不允许调零点和量程，不允许轻敲或振动变送器。在接近检定点时，输入压力信号应足够慢，须避免过冲现象。

上限值只在上行程进行检定，下限值只在下行程时检定。

（6）变送器的基本误差按式（21-3）计算

$$\Delta A = A_a - A_s \tag{21-3}$$

式中　ΔA——变送器各检定点的基本误差值，以绝对误差方式表示，mA 或 kPa；

A_a——变送器上行程或下行程各检定点的实际输出值，mA 或 kPa；

A_s——变送器各检定点的理论输出值，mA 或 kPa。

5. 回程误差的检定

检定变送器的回程误差与检定变送器的基本误差同时进行。回程误差可按式（21-4）计算

$$\Delta h = | A_{d1} - A_{d2} | \tag{21-4}$$

式中　Δh——回程误差（用绝对误差方式表示），mA 或 kPa；

A_{d1}，A_{d2}——各检定点上、下行程的实际输出值，3 次循环时分别取算术平均值，mA 或 kPa。

6. 静压影响的检定

（1）将差压变送器高、低压力容室连通后通大气，并测量输出下限值。

（2）引入静压力，从大气压力缓慢改变到额定工作压力。稳定 3min 后，测量输出下限值，并计算其对大气压力的输出下限的差值。

（3）具有输入量程可调的变送器，除有特殊规定外，应在最小量程上进行静压影响的检定，检定后应恢复到原来的量程。

7. 电动变送器的电性能检定

（1）输出开路影响的检定。

1）输入量程 50％的压力信号，依次将各输出端子断开 5min。

2）恢复接线，进行一次循环的基本误差检定（检定前仅允许做零点调整），计算基本误差和回程误差，视结果是否仍符合要求，同时需按式（21-5）计算输出的量程变化量。

$$\Delta A_r = | (A'd_{max} - A'd_{min}) - (Ad_{max} - Ad_{min}) | \tag{21-5}$$

式中　　　ΔA_r——输出开路影响引起的量程变化量，mA；

$A'd_{max}$，$A'd_{min}$——输出开路恢复后测得的上限输出值和下限输出值，mA；

Ad_{max}，Ad_{min}——基本误差检定得到的上、下限输出值，3 次循环时分别取算术平均值，mA。

（2）输出交流分量的检定。

1）输出回路的负载电阻中串接一个规定的取样电阻。

2）分别输入量程 10％，50％及 90％的压力信号，并使负载电阻为最大和最小，在取样电阻上测交流电压的有效值。

（3）绝缘电阻的检定。将变送器电源断开，短接各电路自动端钮，按规定的部位（输出端子与接地端子之间、电源端子与接地端子之间、电源端子与输出端子之间），用绝缘电阻表测量，稳定 10s 后读数。

（4）绝缘强度的检定。将变送器电源断开，短接各电路自身端钮，按规定的部位（输出端子与接地端子之间、电源端子与接地端子之间、电源端子与输出端子之间），用耐压试验仪测量，测量时，试验电压由零平稳地上升到规定值，保持 1min，观察是否出现击穿和飞弧，最后将电压平稳地降至零，并切断设备电源。

8．气动变送器气源压力变化影响的检定

将变送器输出稳定在上限值，在气源压力分别由 140kPa 变化到 154kPa 及由 140kPa 变化到 126kPa 时，读取输出信号，并计算其变化量。

9．气动变送器过范围影响的检定

平稳地升压（或疏空），使变送器测量室压力达到规定的压力值，保持 10min，然后将输入压力降至下限值，5min 后，测量输出下降值和上限值，计算输出下限值和量程的变化量。

四、检定结果的处理和检定周期

1．检定结果的处理

（1）基本误差（3 个测量循环时应取最大允许误差值）、回程误差以及影响量引起的输出下限值，量程变化均应符合规程中各自允许误差的要求。允许误差用绝对误差方式表示，可按式（21-6）计算

$$\Delta = \pm A_m C \tag{21-6}$$

式中　Δ——用绝对误差方式表示的允许误差，mA 或 kPa；

A_m——变送器规定的输出量程，mA 或 kPa；

C——技术要求中规定的允许误差指数，％。

（2）检定所得数据，经公式计算后，需进行修约。修约所引起的含入误差应小于变送器允许误差的 1/20。修约的进舍规则是：拟舍弃数字最左一位小于 5 时舍去，大于 5 时（包括等于 5 而其后的有非零的数）进 1，即保留的末位数加 1；拟舍数字最左一位为 5，且其后无数字或皆为 0 时，所保留的末位为奇数，则进一，为偶数，则舍弃。检定结果的判定以修约后的数据为准。

（3）经检定合格的变送器出具检定证书，不合格的出具检定结果通知书，并标明不合格项目。

2．检定周期

属强制检定的变送器，检定周期为半年，其他使用场合的变送器可根据使用条件和重要程度以及变送器自身的稳定性灵活性确定，但一般为 1 年。

五、压力变送器就地校准

就地校准也就是安装现场校准。大量的仪表安装在生产现场，对这些仪表进行现场校准是经常进行的。

对仪表进行现场校准是仪表日常维修工作的范畴，一般说现场校准仪表只是对示值误差的确认。按校准定义，校准工作虽然可以包括对仪表其他计量性能的确认，但多数情况下只是对示值误差的确认。

1．接线

仪表校准接线一般是仪表从运行状态取线。现场也可根据实际情况连接仪表校准与压力变送

器，如气动表可不另接气源，电动表可不另接电源等。对于高差压的差压变送器，输入信号可由活塞压力计提供。现场校表时直接用现场的电源。

2. 校准

（1）基本误差及变差的校准：

1）将差压测量值分别置于规定测量值的0%、20%、40%、60%、80%、100%各点。

2）记录下实际输出压力在各个点的对应值。

3）计算基本误差。实际输出压力与计算值之间的差对输出压力的范围（80kPa）的百分率即是基本误差。

（2）变差的校准：

1）使测量值略超过测量范围（如105%），然后使测量值分别置于100%、80%、60%、40%、20%、0%。

2）记录下实际输出压力在各个点的对应值。

3）计算变差。变送器各点正、反行程输出压力的差对输出压力范围（80kPa）的百分率即为变差。

（3）静压试验。现场校表一般不校静压误差。

流 量 仪 表 检 修

第二十二章　流量测量概述

火力发电厂电和热的生产过程中，为了及时了解设备的生产能力，控制运行工况以及取得进行热效率计算与成本核算的数据，必须经常检测生产过程中的给水流量、主蒸汽流量、供热蒸汽流量和燃油流量等。因此，流量也是保证火电厂安全、经济运行的重要参数。

第一节　流量计量意义

计量是工业生产的眼睛。流量计量是计量科学技术的组成部分之一，它与国民经济、国防建设、科学研究有密切的关系。做好这一工作，除了保证产品质量、提高生产效率、促进科学技术的发展都具有重要的作用。特别是在能源危机、工业生产自动化程度越来越高的当今时代，流量计在国民经济中的地位与作用更加明显。

一、流量计量在火力发电厂的应用

流量计量广泛应用于国民经济的各个领域之中。在电力工业生产中，对液体、气体、蒸汽等介质流量的测量和调节占有重要地位。流量计量的准确与否不仅对保证火力发电厂在最佳参数下运行具有很大的经济意义，而且随着火力发电机组的发展和控制水平的提高，流量测量已成为保证发电厂安全运行的重要环节。如锅炉瞬时给水流量中断或减少，都可能造成严重的干锅或爆管事故。这就要求流量测量装置不但应做到准确计量，而且要及时地发出报警信号。

流量与温度、压力、物位一样，是火力发电生产过程的重要参数。人们依靠这些参数对生产流程进行监督和控制，并实现生产流程的自动化。这对提高发电量和保证电能质量，保证设备安全和生产运行人员的人身安全，改进操作工艺和生产条件等方面有着极其重要意义。同时，流量计量是发电企业进行经济核算的重要依据，流量计量准确可靠是保证企业生产高效率进行，保证最佳经济效益的重要手段之一。

流量的计量测试工作是发电企业进行节能技术监督和管理的一项重要技术基础工作。这一工作如果做得不好，节能的效果就难以确定。在生产中的水、油、气及其他流体介质，均属流量测量范畴。做好这一工作对于节能工作具有重要意义。我国电力行业能源利用率也很低，比发达国家低 20% 左右，所以节能的潜力很大。如果能源利用率提高 1%，其经济效益将是非常可观的。在节能工作中，计量仪表是基础，流量计量将起到极为重要的作用。

二、流量计量的内容

火力发电厂生产过程中，流量是一个动态量，流量测量是一项复杂的技术。从被测流体来说，包括气体、液体和混合流体这三种具有不同物理特性的流体；从测量流体流量时的条件来说，又是多种多样的，如测量时的温度可以从高温到极低温，测量时的压力可以从高压到低压；

被测流量的大小可以从微小流量到大流量；被测流体的流动状态可以是层流、紊流等。此外就液体而言，还存在黏度大小不同等情况。因此为准确测量流量，就必须研究不同流体在不同条件下的流量测量方法，并采用相应的测量仪表。这是流量计量的主要工作之一。由于被测流体的特性较复杂，测量条件又各不相同，从而产生了各种不同的测量方法和测量仪表。流量测量的另一主要内容就是：研究流量单位的发现方法和检定系统，建立流量计量的基、标准装置，以保证量值传递和流量测量的准确度。

三、流量测量的发展与前景展望

为满足不同种类流体特性，不同流动状态下的流量测量问题，近 30 年来，先后研制出并投入使用的流量计有差压式流量计、容积流量计、动量式流量计，电磁流量计、超声波流量计等几十种新型流量计。随着科学技术的发展，超声波、激光、电磁、核技术及微计算机等新技术引入流量计量领域，使得无接触无活动部件间接技术大大发展，流量传感器趋向电子化和数字化，为流量测量开拓了新的领域。

第二节　流量计量基本概念

一、流量的概念

流量就是在单位时间内流体通过一定截面积的量。这个量用流体的体积来表示称为瞬时体积流量（Q_V），简称体积流量；用流体的质量来表示称为瞬时质量流量（Q_m），简称质量流量。它的表达式是

$$Q_V = \frac{dV}{dt} = \lim_{\Delta t \to 0} \frac{\Delta V}{\Delta t} \tag{22-1}$$

$$Q_m = \frac{dm}{dt} = \lim_{\Delta t \to 0} \frac{\Delta m}{\Delta t} = \rho Q_V \tag{22-2}$$

式中　Q_V、Q_m——分别为在时间间隔 Δt 内通过的流体质量或体积；

　　　　ρ——流体密度。

从 $t_1 \sim t_2$ 这一段时间内流体体积流量或质量流量的累积值，称为累积流量，它们的表达式为

$$V = \int_{t_1}^{t_2} Q_V dt \quad \text{和} \quad m = \int_{t_1}^{t_2} Q_m dt \tag{22-3}$$

对在一定通道内流动流体的流量进行测量，统称为流量计量。流量测量的流体是多样化的，如测量对象有气体、液体、混合流体；流体的温度、压力、流量均有较大的差异，要求的测量准确度也各不相同。因此，流量测量的任务就是根据测量目的，被测流体的种类、流动状态、测量场所等测量条件，研究各种相应的测量方法，并保证流量量值的正确传递。

二、流量计量中常用的物性参数

在流量测量和计算中，要使用到一些流体的物理性质（流体物性），它们对流量测量的准确度及流量计的选用都有很大影响。限于本书篇幅，我们对这些物性参数只作基本概念及一些简单计算式的介绍，详细数据资料需到有关手册去查询。

1. 流体的密度

流体的密度由式定义为 $\rho = m/V$；单位是 kg/m³。式中的 m 为流体的质量，kg；V 为流体的体积，m³。

通常压力的变化对液体密度的影响很小，在 5MPa 以下可以忽略不计，但是特殊条件下，即使在较低压力下，也应进行压力修正。而气体的密度在其压力变化不大且流速也不大的情况下也可以认为是常数。或者是按理想气体状态方程式来确定。

2. 流体的黏度

流体本身阻滞其质点相对滑动的性质称为流体的黏性。流体黏性的大小用黏度来度量。同一流体的黏度随流体的温度和压力而变化。通常温度上升，液体的黏度下降，而气体黏度上升。液体黏度只在很高压力下才需进行压力修正，而气体的黏度与压力、温度的关系十分密切。表征流体黏度常用如下两种：

(1) 动力黏度 η，单位是 Pa·s；

(2) 运动黏度 ν，与动力黏度的关系为 $\eta = \nu\rho$，单位是 m^2/s。

3. 膨胀系数

通常用体积膨胀系数 β 表示。$\beta = \dfrac{1}{V}\dfrac{\Delta V}{\Delta T}$，单位是 1/℃。式中，$V$ 为流体原有体积，m^3；ΔV 为流体因温度变化膨胀的体积，m^3；ΔT 为流体温度变化值，℃。

4. 压缩系数

压缩系数是指当流体温度不变、所受压力变化时，其体积的变化率，即 $K = \dfrac{-1}{V}\dfrac{\Delta V}{\Delta T}$。式中，$K$ 为流体的压缩系数，单位是 1/Pa；V 为压力为 p 时的流体体积，m^3；ΔV 为压力增加 Δp 时流体体积的变化量，m^3。

5. 雷诺数

雷诺数是一个表征流体惯性力与黏性力之比的无量纲量，其定义为 $Re = \nu l/\nu$。式中，ν 为流体的平均速度，m/s；l 为流速的特征长度，如在圆管中取管内径值，m；ν 为流体的运动黏度，m^2/s。

根据流体力学理论，如雷诺数小，黏性力占主要地位，黏性对整个流场的影响都是重要的。如雷诺数很大，则惯性力是主要的，黏性对流动的影响只有在附面层内或速度梯度较大的区域才是重要的。

第三节　流量计种类及其特点

测量流体流量的仪表统称为流量计或流量表，流量计是工业测量中重要的仪表之一。随着工业生产的发展，对流量测量的准确度和范围的要求越来越高，流量测量技术日新月异。为了适应各种用途，各种类型的流量计相继问世。目前已投入使用的流量计已超过 100 种。从不同的角度出发，流量计有不同的分类方法。常用的分类方法有两种，一是按流量计采用的测量原理进行归纳分类；二是按流量计的结构原理进行分类。

一、按测量原理分类

(1) 力学原理：属于此类原理的仪表有利用伯努利定理的差压式、转子式；利用动量定理的冲量式、可动管式；利用牛顿第二定律的直接重量式；利用流体动量原理的靶式；利用角动量定理的涡轮式；利用流体振荡原理的旋涡式、涡街式；利用总静压力差的皮托管式等。

(2) 电学原理：用于此类原理的仪表有电磁式、差动电容式、电感式、应变电阻式等。

(3) 声学原理：利用声学原理进行流量测量的有超声波式、声学式（冲击波式）等。

(4) 热学原理：利用热学原理测量流量的有热量式、直接量热式、间接量热式等。

(5) 光学原理：激光式、光电式等是属于此类原理的仪表。

(6) 属于物理原理：核磁共振式、核辐射式等是属于此类原理的仪表。

(7) 其他原理：有标记原理（示踪原理、核磁共振原理）、相关原理等。

二、按流量计结构原理分类

按当前流量计产品的实际情况，根据流量计的结构原理，大致上可归纳为以下几种类型：

1. 容积式流量计

容积式流量计相当于一个标准容积的容器，它接连不断地对流动介质进行度量。流量越大，度量的次数越多，输出的频率越高。容积式流量计的原理比较简单，适于测量高黏度、低雷诺数的流体。根据回转体形状不同，目前生产的产品分：适于测量液体流量的椭圆齿轮流量计、腰轮流量计（罗茨流量计）、旋转活塞和刮板式流量计；适于测量气体流量的伺服式容积流量计、皮膜式和转筒流量计等。

2. 叶轮式流量计

叶轮式流量计的工作原理是将叶轮置于被测流体中，受流体流动的冲击而旋转，以叶轮旋转的快慢来反映流量的大小。典型的叶轮式流量计是水表和涡轮流量计，其结构可以是机械传动输出式或电脉冲输出式。一般机械式传动输出的水表准确度较低，误差约±2%，但结构简单，造价低，国内已批量生产，并标准化、通用化和系列化。电脉冲信号输出的涡轮流量计的准确度较高，一般误差为±0.2%～±0.5%。

3. 差压式流量计（变压降式流量计）

差压式流量计由一次装置和二次装置组成。一次装置称流量测量元件，它安装在被测流体的管道中，产生与流量（流速）成比例的压力差，供二次装置进行流量显示。二次装置称显示仪表，它接收测量元件产生的差压信号，并将其转换为相应的流量进行显示。差压流量计的一次装置常为节流装置或动压测定装置（皮托管、均速管等）。二次装置为各种机械式、电子式、组合式差压计配以流量显示仪表。差压计的差压敏感元件多为弹性元件。由于差压与流量呈平方根关系，故流量显示仪表都配有开平方装置，以使流量刻度线性化。多数仪表还设有流量积算装置，以显示累积流量，以便经济核算。这种利用差压测量流量的方法历史悠久，比较成熟，世界各国一般都用在比较重要的场合，约占各种流量测量方式的70%。发电厂主蒸汽、给水、凝结水等的流量测量都采用这种表计。

4. 变面积式流量计（等压降式流量计）

放在上大下小的锥形流道中的浮子受到自下而上流动的流体的作用力而移动。当此作用力与浮子的"显示重量"（浮子本身的重量减去它所受流体的浮力）相平衡时，俘子即静止。浮子静止的高度可作为流量大小的量度。由于流量计的通流截面积随浮子高度不同而异，而浮子稳定不动时上下部分的压力差相等，因此该型流量计称变面积式流量计或等压降式流量计。该流量计的典型仪表是转子（浮子）流量计。

5. 动量式流量计

利用测量流体的动量来反映流量大小的流量计称动量式流量计。由于流动流体的动量与流体的密度及流速的平方成正比，当通流截面确定时，流速与容积流量成正比。因此，测得动量，即可反映流量。该型式的流量计，大多利用检测元件把动量转换为压力、位移或力等，然后测量流量。这种流量计的典型仪表是靶式和转动翼板式流量计。

6. 电磁流量计

电磁流量计是应用导电体在磁场中运动产生感应电动势，而感应电动势又和流量大小成正比，是通过测电动势来反映管道流量的原理而制成的。其测量精度和灵敏度都较高，多用以测量水、灰浆等介质的流量。可测最大管径达2m，而且压损极小。但电导率低的介质，如气体、蒸汽等则不能应用。

电磁流量计造价较高，且信号易受外磁场干扰，影响了在管流测量中的广泛应用。

7. 超声波流量计

超声波流量计是基于超声波在流动介质中传播的速度，等于被测介质的平均流速和声波本身速度的几何和的原理而设计的。它也是由测流速来反映流量大小的。超声波流量计虽然在20世纪70年代才出现，但由于它可以制成非接触形式，并可与超声波水位计联动进行开口流量测量，对流体又不产生扰动和阻力，所以很受欢迎，是一种很有发展前途的流量计。

利用多普勒效应制造的超声多普勒流量计近年来得到广泛的关注，被认为是非接触测量双相流的理想仪表。

8. 流体振荡式流量计

流体振荡式流量计是利用流体在特定流道条件下流动时将产生振荡，且振荡的频率与流速成比例这一原理设计的。当通流截面一定时，流速与导容积流量成正比。因此，测量振荡频率即可测得流量。这种流量计是20世纪70年代开发和发展起来的。由于它兼有无转动部件和脉冲数字输出的优点，很有发展前途。目前典型的产品有涡街流量计、旋进旋涡流量计。

9. 质量流量计

由于流体的容积受温度、压力等参数的影响，用容积流量表示流量大小时需给出介质的参数。在介质参数不断变化的情况下，往往难以达到这一要求，而造成仪表显示值失真。因此，质量流量计就得到广泛的应用和重视。质量流量计分直接式和间接式两种。直接式质量流量计利用与质量流量直接有关的原理进行测量，目前常用的有量热式、角动量式、振动陀螺式、马格努斯效应式和科里奥利力式等质量流量计。间接式质量流量计是用密度计与容积流量直接相乘求得质量流量的。

在现代工业生产中，流动工质的温度、压力等运行参数不断提高，在高温高压的情况下，由于材质和结构等方面的原因，直接式质量流量计的应用遇到困难，而间接式质量流量计由于密度计受湿度和压力适用范围的限制，往往也不好实际应用。因此，在工业生产中广泛采用的是温度压力补偿式质量流量计。可把它看作一种间接式质量流量计，不是配用密度计，而是利用温度、压力与密度间的关系，用温度、压力信号经函数运算为密度信号，与容积流量相乘而得到质量流量。目前温度、压力补偿式质量流量计虽已实用化，但当被测介质参数变化范围很大或很迅速时，正确地补偿将很困难或不可能，因此进一步研究在实际生产中适用的质量流量计和密度计还是一个课题。

流量测量仪表的种类很多，其中差压式流量计比较成熟，已有比较完整的实验资料和实践经验，其主要部件也已标准化，适于测量稳定流动的流体流量，在火力发电厂中得到了广泛的应用。

第二十三章　差压式流量计及检修检定

第一节　差压式流量计概述

差压式流量计（简称 DPF）是根据安装于管道中流量检测件产生的差压、已知的流体条件和检测件与管道的几何尺寸来测量流量的仪表。DPF 由一次装置（检测件）和二次装置（差压转换和流量显示仪表）组成。通常以检测件的形式对 DPF 分类，如孔板流量计、文丘里管流量计及均速管流量计等。二次装置为各种机械、电子、机电一体式差压计、差压变送器和流量显示及计算仪表，它已发展为系列化、通用化及标准化程度很高的种类规格庞杂的一大类仪表。差压计既可用于测量流量参数，也可测量其他参数（如压力、物位、密度等）。

DPF 按其检测件的作用原理可分为节流式、动压头式、水力阻力式、离心式、动压增益式和射流式等几大类，其中以节流式和动压头式应用最为广泛。

节流式 DPF 的检测件按其标准化程度分为标准型和非标准型两大类。所谓标准节流装置是指按照标准文件设计、制造、安装和使用，无需经实流校准即可确定其流量值并估算流量测量误差。标准型节流式 DPF 的发展经过漫长的过程。

一、节流式差压流量计的主要特点

应用最普遍的节流件标准孔板结构易于复制，简单、牢固、性能稳定可靠，使用期限长，价格低廉。

节流式 DPF 应用范围极广泛，至今尚无任何一类流量计可与之相比。全部单相流体，包括液体、气体、蒸汽皆可测量，部分混相流，如气固、气液、液固等亦可应用，可适用于热力一般生产过程的管径及不同压力和温度工作状态。

检测件，特别是标准型的，是全世界通用的，并得到国际标准组织的认可。对标准型检测件进行的试验研究是国际性的，而不像其他流量计一般仅依靠个别厂家或研究群体进行，因此其研究的深度和广度不可同日而语。由于上述原因，标准型节流式 DPF 无需实流校准，即可投用，在流量计中亦是唯一的。

目前在各种类型中以节流式和动压头式应用最多。节流式已开发 20 余个品种，较成熟的向标准型发展。动压头式以均速管流量计为代表，近年有较快发展，它是插入式流量计的主要品种，其用量在迅速增加。

节流式 DPF 主要存在以下缺点：

（1）测量的重复性、精确度在流量计中属于中等水平，由于众多因素的影响错综复杂，精确度难以提高。

（2）范围度窄，由于仪表信号（差压）与流量为平方关系，一般范围度仅 $3:1 \sim 4:1$。

（3）现场安装条件要求较高，如需较长的直管段（指孔板，喷嘴），一般难以满足。

（4）检测件与差压显示仪表之间引压管线为薄弱环节，易产生泄漏、堵塞、冻结及信号失真等故障。

（5）压损大（指孔板，喷嘴）。

二、节流式差压流量计的分类

1. 按产生差压的作用原理分类

（1）节流式：依据流体通过节流件使部分压力能转变为动能以产生差压的原理工作，其检测件称为节流装置，是 DPF 的主要品种。

（2）动压头式：依据动压转变为静压的原理工作，如均速管流量计。

（3）水力阻力式：依据流体阻力产生的压差原理工作，检测件为毛细管束，又称层流流量计，一般用于微小流量测量。

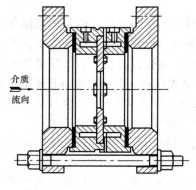

（4）离心式：依据弯曲管或环状管产生离心力原理形成的压差工作，如弯管流量计，环形管流量计等。

（5）动压增益式：依据动压放大原理工作，如皮托—文丘里管。

（6）射流式：依据流体射流撞击产生原理工作，如射流式差压流量计。

2. 按结构形式分类

（1）标准孔板：又称同心直角边缘孔板，其轴向截面如图 23-1 所示。孔板是一块加工成圆形同心的具有锐利直角边缘的薄板。孔板开孔的上游侧边缘应是锐利的直角。

（2）标准喷嘴：有 ISA1932 喷嘴和长径喷嘴两种结构形式。

图 23-1 标准孔板轴向截面

（3）经典文丘里管：由入口圆筒段、圆锥收缩段、圆筒形喉部和圆锥扩散段组成，见图 23-2。

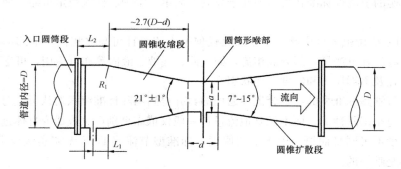

图 23-2 经典文丘里管

（4）圆缺孔板：其开孔为一个圆的一部分（圆缺部分），这个圆的直径为管道直径的 98%，开孔的圆弧部分的圆心应精确定位，使其与管道同心，这样可保证开孔不会被连接的管道或两端的垫片所遮盖，其结构如图 23-3 所示。

（5）偏心孔板：这种孔板的孔是偏心的，它与管道同心的圆相切，这个圆的直径等于管道直径的 98%。安装这种孔板必须保证它的孔不会被法兰或垫片遮盖住，其结构如图 23-4 所示。

（6）楔形孔板。楔形孔板的结构如图 23-5 所示。其检测件为 V 形，设计合适时节流件上下游无滞流区，不会使管道堵塞，取压方式未标准化。

（7）线性孔板：又称弹性加载可变面积可变压头孔板，如图 23-6 所示。其孔隙面积随流量大小而自动变化，曲面圆锥形塞子在差压和弹簧力的作用下来回移动，孔隙的变化使输出信号（差压或位移）与流量成线性关系，并极大地扩大范围度。

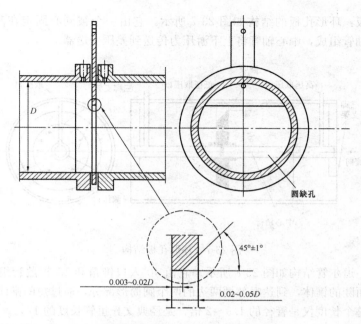

圆缺孔

45°±1°

0.003~0.02D

0.02~0.05D

图 23-3　圆缺孔板结构

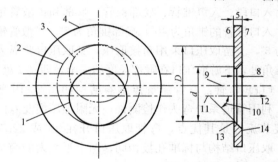

图 23-4　偏心孔板结构

1—孔板开孔；2—管道内径；3—孔板开孔另一位置；4—孔
板外径；5—孔板厚度；6—上游端面；7—下游端面；8—孔
板开孔厚度；9—孔板轴线；10—斜角；11—孔板开孔轴线；
12—流向；13—上游边缘；14—下游边缘

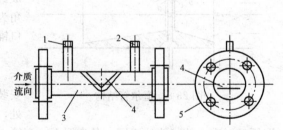

图 23-5　楔形孔板的结构

1—高压取压口；2—低压取压口；3—测量管；
4—楔形孔板；5—法兰

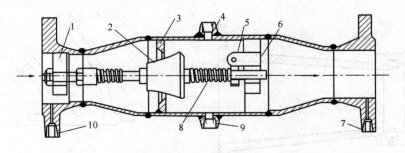

图 23-6　线性孔板

1—稳定装置；2—纺锤形活塞；3—固定孔板；4—排气孔；5—标定和锁定蜗杆装置；6—轴支撑；
7—低压侧差压检出接头；8—高张力精密弹簧；9—排水孔；10—高压侧差压检出接头

(8) 环形孔板：环形孔板的结构如图 23-7 所示。它由一个被同心固定在测量管中的圆板、三脚支架和中心轴管组成，中心轴管将上下游压力传送到差压变送器。

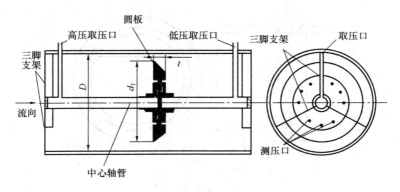

图 23-7　环形孔板结构

(9) 道尔管：道尔管结构如图 23-8 所示。它由 40°入口锥角和 15°扩散管组成。流体首先碰到 a 上，再经短而陡的锥体，到达喉部槽两边的两个圆筒形部分，通过短的锥体后在 f 处，突然扩大到管道中，整个长度仅是管径的 1.5～2 倍，是经典文丘里管长度的 17%。

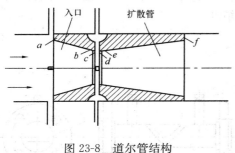

图 23-8　道尔管结构

(10) 罗洛斯管：罗洛斯管结构如图 23-9 所示。它由入口段、入口锥管、喉部锥管、喉部和扩散管组成。入口锥管的锥角为 40°，喉部锥角为 7°，扩散管锥角为 5°，上游取压口采用角接取压，其取压口紧靠入口锥角处，下游取压口在喉部长度的一半，即 $d/4$ 处。

(11) 弯管：弯管流量传感器结构如图 23-10 所示。利用管道系统弯头作检测件，无附加压损及专门安装节流件是其优点，弯管取压口开在 45°或 22.5°处，取压口结构与标准孔板相同，两个平面内的两个取压口对准，使其能处于同一条直线上，弯管内壁应尽量保持光滑。

(12) 可换孔板节流装置。图 23-11 所示为断流取出型可换孔板节流装置。在需要检查孔板或更换孔板时，无需拆开管道，短时间暂停管道内被测介质的流动，这时就可打开上盖，取出孔板及密封件予以检查或更换。

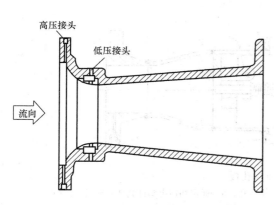

图 23-9　罗洛斯（Lo-Loss）管结构

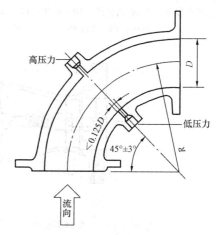

图 23-10　弯管流量传感器结构

三、差压式流量计的安装

差压式流量计的安装包括节流装置、连接管路和差压计三个部分。如果安装不正确或不符合规定的各项技术要求，将给差压式流量计的测量精度和使用带来很大影响，因此，必须重视安装工作。

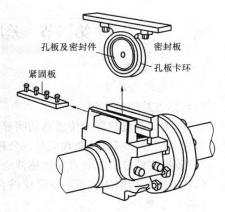

图 23-11　可换孔板节流装置

1. 节流装置的安装

(1) 为了避免由于流束扰动而影响流量系数的准确性，在节流装置前后必须有一段直管段。

(2) 节流装置的开孔中心必须与管道中心线同心，节流装置的入口端面应与管道中心线垂直，节流装置不得装反。

(3) 节流装置前后长度为 $2D$ 以内的管道内壁上，不应有任何突出部分。这段管道的实际平均内径计算值的最大偏差不得超过允许值。

(4) 节流装置在安装之前，应将表面的油污用软布擦净，但应特别保护孔板的尖锐边缘，不得用砂布或锉刀进行辅助加工。

(5) 如果节流装置前的管径有突然缩小的情况，由大管径到小管径的一段长度应符合要求；如果节流装置前的管径有锥形扩大时，对流量系数的影响更大，因此应有更长的直管段。

2. 连接管路的安装

(1) 为了减小迟延，连接管的内径不应小于 8～12mm，连接管路应按最短距离敷设。管路的弯曲处应是均匀的圆角。

(2) 应设法排除连接管路中可能积存的气体、水分、液体或固体微粒等，避免它们影响压差传送。为此，连接管路的敷设应保持垂直或大于 1：10 的倾斜度，并加装气体、凝液、微粒的收集器和沉降器等，以定期进行排除。

(3) 连接管路应不受外界热源的影响，并应防止冻结。

(4) 连接管路中应装有必要的切断、冲洗、灌封液、排污等所需要的阀门。连接管路应保证密封而无渗漏现象。

(5) 两根连接管路中的液体温度应相同，以免由于重度的差别而引起附加的测量误差。

3. 差压计

差压计的安装主要是安装地点周围条件，如温度、湿度、振动、腐蚀等的选择，应符合差压计所规定的使用条件。

差压式流量计的安装方式与被测介质有关，在火力发电厂中主要是水和蒸汽流量的测量。

(1) 测量液体流量时，为了防止液体中可能有气体进入并积存在连接管路中，以及液体中可能有沉淀物析出，建议将差压计装在节流装置的下方。如果差压计不得不装在节流装置的上方时，建议从节流装置开始引出的连接管先向下而后再弯向上方，以形成 U 形液封。在连接管路的最高点上，应装设集气器。被测介质有沉淀物析出时，差压计前必须装设沉降器。

(2) 测量蒸汽流量时，为了保证两根连接管内凝结水的高度相等，并防止高温蒸汽直接进入差压计，在靠近节流装置的连接管路上，应装设两个平衡容器。两个平衡容器应位于同一水平面上。平衡容器与节流装置之间不应装设切断阀门。差压计应装在节流装置的下方，如果不得不装在其上方时，应在连接管路的最高点上加装集气器。

第二节　差压式流量计的调校及检定

一、技术要求

（一）几何检验法

（1）标志及随机文件。

1）标志。节流装置或传感器的明显部位应有流向标志，还应有铭牌。铭牌上注明制造厂名、产品名称及型号、制造日期和编号、公称通径、工作压力、节流件孔径。

2）随机文件。节流装置及传感器应有设计计算书及使用说明书。

（2）节流件，取压装置，管道应符合差压式流量计检定规程规定的通用技术要求。

（二）系数检定

（1）均速管、楔形及弯管传感器应注明测量管道的内径，楔形比及节流面积比，或节流件孔径，对已做过检定的传感器还应有上次的检定证书。

（2）传感器外表面色泽均匀，涂、镀层均匀完好。

（3）传感器的基本误差限 E_a 或 E_c 与重复性 E_{ra} 或 E_{rc} 上限应符合表 23-1 的规定。

表 23-1　　　　　　　　　　　　　传感器误差

准确度等级	0.5	1.0	1.5	2.5	5
基本误差 E_a（或 E_c,%）	±0.5	±1.0	±1.5	±2.5	±5
重复性上限 E_{ra}（或 E_{rc},%）	0.25	0.50	0.75	1.25	2.50

（三）差压计或差压变送器的要求

1. 一般要求

（1）差压计应符合国家标准或行业标准的技术要求。

（2）在差压计的明显部位有铭牌。铭牌文字、符号完整、清晰，注明差压计名称、型号及规格、量程及可调范围、公称压力、输出信号、准确度等级、计量器具生产许可证标志及编号、供电（气）源、制造厂名及出厂日期、编号。若是防爆型的差压计应有防爆等级标志及防爆合格证编号，另附使用说明书。

（3）正负压室应有明显标记。

（4）差压计表面色泽均匀，涂镀层光洁，无明显伤痕等。

（5）可动部件灵活可靠。

（6）紧固件不得有松动和损伤现象。

（7）密封性：正、负压室同时承受公称压力持续一定时间，差压计不得泄漏和损坏。

2. 计量性能要求

（1）差压计基本误差 E_e 回程误差 E_h 和重复性上限 E_r（Δp）列在表 23-2 中。

表 23-2　　　　　　　　　　　　差压计的准确度等级

准确度等级	0.2（0.25）	0.5	1.0	1.5	2.5
基本误差 E_e（%）	±0.2（0.25）	±0.5	±1.0	±1.5	±2.5
回程误差 E_h（%）	0.16（0.2）	0.4	0.8	1.2	2.0
重复性上限 E_r（Δp,%）	0.08（0.1）	0.25（0.2）	0.4	0.6	1.0

注　表中的误差是输出量程的百分数。

（2）过范围。分别在正、负压室施加 1.25 倍的测量上限差压值，持续一定时间后，其输出下限值的变化量和量程变化量应小于表 23-3 的值。

表 23-3 差压计下限值和量程变化量

准确度等级	0.2 (0.25)	0.5	1.0	1.5	2.5
下值和量程变化量（%）	0.1	0.25	0.4	0.6	1.0

注　表中的变化量是输出量程的百分数。

（3）单向静压。分别在正、负压室施加公称压力，撤压后测量基本误差值和回程误差值应符合表 22-2 的规定（允许调整下限）。

（4）静压。同时对正、负压室施加公称压力，撤压后输出下限值的变化量应小于表 22-3 中的值。

3. 电气性能要求

（1）接地。将输出端子接地，观察输出下限值和量程，其变化量应小于表 22-3 中的值。本条仅用于输出端子对地绝缘（或悬空）的电动差压计。

（2）绝缘电阻。

1）电源端子与接地（机壳）端子大于 50MΩ；

2）电源端子与输出端子大于 50MΩ；

3）输出端子与接地（机壳）端子大于 20MΩ。

（3）电源和气源影响：

1）气动差压计输出信号稳定在上限值，气源压力分别为公称值的 90% 和 110% 时，输出值变化量应小于表 22-3 的误差值。

2）电动差压计电源电压变化为公称值的 90% 和 110% 时，其下限值及量程变化量应小于表 22-3 中的值。

3）直流电源反向保护，当施加最大允许反向供电电压时，应无损坏。本条适用于两线制差压计。

二、检定条件

（一）几何检验法

1. 室内环境条件

（1）节流件及取压装置的检验可在 15～35℃ 下进行；当用工具显微镜等仪器时，要求环境温度为 20℃±2℃。

（2）室内的相对湿度一般为 45%～75%；当用仪器检验时为 60%～70%。

2. 量具和仪器

检验用的量具和仪器应有有效的检定合格证书，样板和量块需经检定合格，量具和仪器的测量误差应在被测量允许误差的 1/3 以内。

（二）系数检定所用的检定设备

（1）水流量标准装置，可检定测量液体的传感器及检定测量任何介质的节流装置。装置准确度 $|E_s| \leqslant 0.2\%$（或至少优于传感器基本误差限 1/2～1/3）。

（2）差压计至少备两台（一台差压上限对应于传感器最大流量下的差压，另一台差压上限对应于传感器 40% 的流量）。准确度至少为 0.5 级。

（3）温度计：分度值为 0.1℃（0～50℃）标准水银温度计两支。

（4）0～20mA 0.5 级标准电流表一块。

（5）分度值为 0.1s 的秒表 1 块。

（6）测量传感器直径（或节流件孔板径）的量具及仪器包括工具显微镜、孔径测量仪、内测千分尺、内径千分尺、带表卡尺、游标卡尺等。

（7）由于传感器（或节流件）前后的管段对流量系数或流出系数有影响。因此做系数检定的传感器（或节流件）应带一段实际使用的管段。

（三）检定差压计或差压变送器所需要的设备

（1）标准仪器应有有效检定证书。

（2）标准仪器的量程与被检差压计量程相当；准确度一般应等于或优于被检差压计准确度的 1/3。

1）输入信号用的标准仪器由活塞压力计、手动微压发生器与压力计组合、气动定值器与压力计组合。

2）输出检测用的标准仪器及元件：

a. 输出电源信号的差压计，应优先选用阻值为 100Ω 和 250Ω，阻值误差为 ±（0.02～0.1)％的精密电阻作负载。用数字电压表（不少于 4 位半）测量负载两端的电压降作为输出信号。

b. 输出气压信号的差压计，选用量程为 160kPa 的标准压力表。

（四）其他检定设备及环境条件

（1）供给电压计的电源变化量要求：电压为 ±10％；频率为 ±10％；谐波失真 <50％（交流电源）；纹波 <0.2％（直流电源）。

（2）供给差压计的气源压力变化量为气源压力的 ±10％；气源一般应是无油、无灰尘的净化空气，可以配用空气过滤器、减压阀和气动定值器，气量不大时也可用氮气。

（3）密封性及静压试验用设备，比检定差压计公称压力大 2～3 倍的精密压力表（0.4 级）和活塞压力计（或手压水泵）。

（五）环境条件

（1）参比试验大气条件：检定温度为（20±2)℃；相对湿度为 60％～70％；大气压力为 86～106kPa。

（2）一般试验大气条件：检定温度为 15～35℃；相对湿度为 45％～75％；大气压力为 86～106kPa。

（3）准确度等级小于或等于 0.5 级的应选用参比试验大气条件。

三、检定项目和检定方法

节流装置的几何检验参照差压式流量计检定规程的规定进行。

差压计或差压变送器的检定分为以下步骤。

（一）外观检查

用目测法对差压计进行检查：

（1）差压计应符合国家标准或行业标准的技术要求。

（2）在差压计的明显部位有铭牌。铭牌文字、符号完整、清晰，应注明差压计名称、型号及规格、量程及可调范围、公称压力、输出信号、准确度等级、计量器具生产许可证标志及编号、供电（气）源、制造厂名及出厂日期、编号。若是防爆型的差压计应有防爆等级标志及防爆合格证编号，另附使用说明书。

（3）正负压室应有明显标记。

（4）差压计表面色泽均匀，涂、镀层光洁，无明显伤痕等。

(5) 可动部件灵活可靠。

(6) 紧固件不得有松动和损伤现象。

(7) 密封性：正、负压室同时承受公称压力持续一定时间，差压计不得泄漏和损坏。

（二）差压计检定条件

在检定环境下一般应放置 2h 后再进行检定；使用中差压计检定前应把测压室清洗干净。

上述差压计安装在平衡无振动的支架上。

（三）密封性试验

差压计密封性试验系统如图 23-12 所示。

将公称压力同时加入差压计的正负室后，切断压力源密封 15min，观察压力表示值，前 10min 稍有波动，后 5min 内压力值下降不得超过公称压力的 20％，且在正、负压室同时承受公称压力持续一定时间后，差压计不得泄漏和损坏。

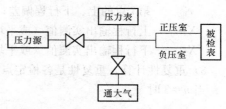

图 23-12　差压计密封性试验系统图

（四）示值检定及误差计算

(1) 在差压计输出量程内，选择不少于 5 个检定点，包括上、下限值（或上限值的 10％和 90％附近）。

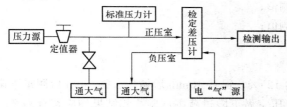

图 23-13　差压式流量计示值检定系统

(2) 示值检定系统如图 23-13 所示。

(3) 检定前仪表预热 15min 以上，预热后输入差压信号进行不小于 3 次的全范围移动。然后在差压计输出量程内，选择不少于 5 个检定点，包括上、下限值或上限值的 10％和 90％附近进行试验，并记录下差压计检定前的输出值。

(4) 检定前允许调整输出下限值和量程。在检定时输出信号要缓慢平稳地按同一个方向逼近检定点，3s 后读取输出信号的实测值。

(5) 从下限至上限是上行程，从上限至下限是下行程，上、下行程为一个循环。基本误差检定至少取 1 个循环；回程误差取 1～3 个循环；需要做重复性检定时，至少取 3 个循环，将全部数据记入记录表。

(6) 误差计算，计算结果应符合表 23-2 的要求。

1) 基本误差计算。基本误差是各检定点的上行程（或上行程平均值）及下行程（或下行程平均值）与标准值差的最大引用误差。

根据各检定点输出信号的实测值，按下式计算

$$E_{ei} = \frac{X_i - X_{si}}{X_F} \times 100\% \quad E_e = |E_{ei}|_{\max} \tag{23-1}$$

式中　E_e——差压计的基本误差；

　　　E_{ei}——第 i 检定点的基本误差；

　　　X_i——第 i 点输出的实测值（或平均值）；

　　　X_{si}——第 i 点输出的标准值；

　　　X_F——输出值量程。

2) 回程误差计算。回程误差是各检定点上、下行程输出实测值（或平均值）之差的最大百分误差 E_h，即

$$E_{h} = \frac{e_{h}}{X_{F}} \qquad (23\text{-}2)$$

$$e_{h} = | e_{hi} |_{max}$$

$$e_{hi} = X_{1i} - X_{2i}$$

式中 E_{h}——差压计的回程误差；

　　e_{h}——上、下行程最大偏差；

　　e_{hi}——第 i 点的上、下行程偏差；

　　X_{1i}——上行程输出实测值（或平均值）；

　　X_{2i}——下行程输出实测值（或平均值）。

3）重复性计算。重复性是各检定点上、下行程重复性误差中最大的重复性 E_{r}：

当 $n=3$ 时

$$E_{ri} = \frac{1}{2} \times \frac{X_{imax} - X_{imin}}{X} \times 100\% \qquad (23\text{-}3)$$

$$E_{r} = | E_{ri} |_{max} \qquad (23\text{-}4)$$

式中 E_{r}——差压计重复性；

　　E_{ri}——i 点的重复性；

　　X_{imax}——i 点上（或下）行程输出最大实测值；

　　X_{imin}——i 点上（或下）行程输出最小实测值；

　　X——X_{i} 的平均值。

（五）过范围试验

将压力输入正压室由下限值调至上限值的 125%，保持 10min 后撤压，待 5min 后测量下限值和量程的变化量，然后用同样的方法，对负压室做下限过范围试验。其结果均应符合表 23-3 的要求。

（六）静压试验

（1）单向静压试验：在正压室加入公称压力，保持 5min 后撤压，待 10min 后（允许调整下限值）测量基本误差和回程误差，然后用同样方法对负压进行同样试验，其结果应符合表 23-2 的要求。

（2）双向静压试验：在正、负压室同时加 25% 的压力，待稳压后测量输出下限值的变化量，然后将压力上升到公称压力，做同样的试验，试验结果应符合表 23-3 中的要求。

（七）电气性能

（1）接地试验：对于输出端子对地绝缘（或悬空）的电动差压计，将输出端子接地，观察输出下限值和量程，其变化量应小于表 23-3 中的值。

（2）绝缘电阻：将被测端子分别短接，用额定直流 100V 或 500V 绝缘电阻表测量。其结果应符合如下要求：

1）电源端子与接地（机壳）端子绝缘电阻大于 50MΩ；

2）电源端子与输出端子绝缘电阻大于 50MΩ；

3）输出端子与接地（机壳）端子绝缘电阻大于 20MΩ。

（3）电源和气源变化影响。

1）气动差压计输出信号稳定在上限值，气源压力分别为公称值的 90% 和 110% 时，输出值变化量应小于表 23-3 的误差值；

2）电动差压计电源电压变化为公称值的 90% 和 110% 时，其下限值及量程变化量应小于表

23-3 中的值；

3）对于两线制差压计需进行直流电源反向保护试验，当施加最大允许反向供电电压时，应无损坏，试验后应恢复正常供电电压检查有无损坏。

四、检定结果处理和检定周期

1. 检定结果

（1）新制造和修理后的节流装置经几何检验法检定合格的应发给几何检验法检定证书。

（2）传感器及节流装置经检定合格的应发给系数检定证书。

（3）与其配套使用的差压计，经检定合格的应发给差压计检定证书。

（4）经检验或检定不合格的应发给检定结果通知书。

2. 检定周期

（1）用几何检验法检定节流装置的周期一般不超过 2 年，对计量单相清洁流体的标准喷嘴，长径喷嘴经典文丘利管、文丘利喷嘴，根据使用情况可以延长，但一般不要超过 4 年。

（2）用传感器及节流装置经系数检定的周期一般不超过 2 年。

（3）用差压计或差压变送器检验法检定的周期一般不超过 1 年。

第二十四章　其他类型流量计的检修检定

第一节　容积式流量计

容积式流量计又称排量流量计（positive displacement flowmeter），简称 PD 流量计或 PDF，在流量仪表中是精度最高的一类。它利用机械测量元件把流体连续不断地分割成单个已知的体积部分，根据计量室逐次、重复地充满和排放该体积部分流体的次数来测量流量体积总量。PD 流量计一般不具有时间基准，为得到瞬时流量值需要另外附加测量时间的装置。定排量测量方法在 20 世纪 30 年代开始普遍使用。

容积式流量计品种繁多，可按不同原则分类。按测量元件结构分类有转子式、刮板式、旋转活塞式和膜式等。

一、容积式流量计的原理及构造

1. 椭圆齿轮式流量计

椭圆齿轮式流量计的工作原理如图 24-1 所示。两个椭圆齿轮具有相互滚动进行接触旋转的特殊形状。p_1 和 p_2 分别表示入口压力和出口压力，显然 $p_1 > p_2$，图 24-1（a）下方齿轮在两侧压力差的作用下，产生逆时针方向旋转，为主动轮；上方齿轮因两侧压力相等，不产生旋转力矩，是从动轮，由下方齿轮带动，顺时针方向旋转。在图 24-1（b）位置时，两个齿轮均在差压作用下产生旋转力矩，继续旋转。选装到图 24-1（c）位置时，上方齿轮变为主动轮，下方齿轮则成为从动轮，继续旋转到与图 24-1（a）相同位置，完成一个循环。一次循环动作排出四个由齿轮与壳壁间围成的新月形空腔的流体体积，该体积称作流量计的"循环体积"。

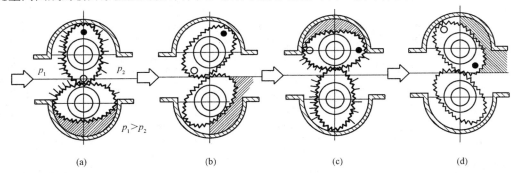

| (a) | (b) | (c) | (d) |

图 24-1　椭圆齿轮流量计工作原理

设流量计"循环体积"为 v，一定时间内齿轮转动次数为 N，则在该时间内流过流量计的流体体积为 V，则 $V = Nv$。

2. 腰轮流量计

腰轮流量计由测量部分和积算部分两大部分组成，必要时可附加自动温度补偿器、自动压力补偿器、发信器和高温延伸（散热）件等。

腰轮流量计由一对腰轮和壳体构成，两腰轮是有互为共轭曲线的转子，即罗茨（Roots）轮，与腰轮同轴装有驱动齿轮，被测流量推动转子旋转，转子间由驱动齿轮相互驱动。腰轮、计量室壳体一般由铸铁、铸钢或不锈钢制成，要根据流体腐蚀性及其工作压力、温度选用。计量室也有单独制成，与仪表外壳分离，这样计量室就不承受静压，没有静压引起变形的附加误差。

二、容积式流量计的安装

1. 安装场所

流量计安装应选择合适的场所，需注意以下各点。

(1) 周围温度和湿度应符合制造厂规定，一般温度为 -10 (-15) ~40 (50)℃，湿度为 10%~90%。

(2) 日光直射在夏季会使温度升高，接近辐射热的场所，也会使温度升高，这种场所应采取遮阳或隔热措施。

(3) 非防尘、防浸水型仪表应避开有腐蚀性气氛或潮湿场所，因为积算器减速齿轮等零部件会被腐蚀气体和昼夜温差结露所损坏。如无法避免，可采取内腔用洁净空气吹气（air pruge）方式保持微正压。

(4) 避开振动和冲击的场所。

(5) 要有足够空间便于安装和日常维护。

2. 仪表姿势、流动方向、与管道连接

安装姿势必须做到横平竖直，做到其转子轴与地面平行（垂直结构转子轴设计例外），其他型号按使用说明书规定要求，一般为水平安装。垂直安装为防止垢屑等从管道上方落入流量计，将其装在旁路管。

实际流动方向应与仪表壳体表明方向一致。容积式流量计一般只能做单方向测量，必要时在其下游装止回阀，以免损坏仪表。

要使流量计不承受管线膨胀、收缩、变形和振动；防止系统因阀门及管道设计不合理产生振动，特别要避免谐振。安装时不要让仪表受应力，例如上下游管道两法兰平面不平行，法兰面间距离过大，管道不同心等不良管道布置的不合理安装。特别是对无分离测量室，受压壳体和测量室一体的流量计更应注意，因为受较大安装应力会引起变形，影响测量精度，甚至卡死活动测量元件。

3. 防止异相流体进入仪表

容积式流量计计量室与活动检测件的间隙很小，流体中颗粒杂质影响仪表正常运行，造成卡死或过早磨损。仪表上游必须安装过滤器，并定期清洗；测量气体在必要时应考虑加装沉渣器或水吸收器等保护性设备。用于测量液体管道必须避免气体进入管道系统，必要时设置气体分离器。

4. 减小脉动流、冲击流或过载流的危害

虽然有某些装在泵吸入端使用成功的实例，但仪表应装在泵的出口端。脉动流和冲击流会损害流量计，理想的流源是离心泵或高位槽。若必须要用往复泵，或管道易产生过载冲击，或水锤冲击等冲击流的场所，应装缓冲罐、膨胀室或安全阀等保护设备。流量计过载超速运行可能带来无法弥补的危害，如管系有可能发生过量超载流，应在下游安装限流孔板、定流量阀或流量控制器等保护设施。

5. 不断流安装

由于容积式流量计测量元件损坏后会产生管道断流的缺点，在连续生产或不准断流的场所，应配备有自动切换设备的并联系统冗余；也可采取流量常用的并联运行方式，一台出故障另一台仍可流通。

三、容积式流量计的使用注意事项

1. 清洗管线

新投管线运行前要清扫，往往随后还要用实流冲洗，以去除残留焊屑垢皮等。此时先应关闭

仪表前后截止阀，让液流从旁路管流过；若无旁路管，仪表位置应装短管代替。

2. 排尽气体

通常实液扫线后，管道内还残留较多空气，随着加压运行，空气以较高流速流过流量计，活动测量元件可能过速运转，损伤轴和轴承。因此开始时要缓慢增加流量，使空气渐渐外逸。

3. 旁路管切换顺序

液流从旁路管转入仪表时，启闭要缓慢，特别在高温高压管线上更应注意。启动后通过最低位指针或字轮和秒表，确认未达过度流动，最佳流量应控制在 70%～80% 最大流量，以保证仪表使用寿命。

4. 监查过滤器

新投管线启动过滤器网最易被打破，试运行后要及时检查网是否完好。同时过滤网清洁无污物时记录下常用流量下的压力损失这个参数，今后不必卸下检查网堵塞状况，即以压力损失增加程度判断是是否要清洗。

5. 测量高黏度液体

用于高黏度液体，一般均加热后使之流动。当仪表停用后，其内部液体冷却而变稠，再启用时必须先加热待液体黏度降低后才让液体流过仪表，否则会咬住活动测量元件使仪表损坏。

6. 加润滑油

测量气体流量的流量计启用前必须加润滑油，日常运行也经常检查润滑油存量的液位计。

7. 避免急剧流量变化

使用气体腰轮流量计时，应注意不能有急剧的流量变化（如使用快开阀），因腰轮的惯性作用，急剧流量变化将产生较大附加惯性力，使转子损坏。用作控制系统的检测仪表时，若下游控制突然截止流动，转子一时停不下来，产生压气机效应，下游压力升高，然后倒流，发出错误信号。

四、液体容积式流量计的检定

液体容积式流量计的检定应严格按照规程（JJG 667）来进行。有关技术文件、外观、基本误差和准确度等级、重复性、耐压强度、压力损失、超载能力和安装要求也要严格按照规程进行。

1. 检定条件及设备

（1）检定条件：环境温度、温度变化量、相对湿度、额定电压、磁场干扰、机械振动等。

（2）检定设备：

1）检定用流量标准装置（体积管）；

2）温度计，最小分度值应不大于 0.1℃；

3）压力表，准确度等级为 0.4 级；

4）标准体积管入口、出口安装的流量调节阀；

5）流量计前面安装的过路器和消气器；

6）采用二等标准密度计；

7）在线检定将体积管串接流量计的输出（或输入）管线。

注意：在流量计与体积管之间不得有旁路流出（或流入）液体。在线检定时液体的黏度应和运行时的液体黏度大致相同。检定工况应与运行工况基本相同（和温度、密度等）。

2. 检定项目和检定方法

（1）检定项目：

1）外观检查及随机文件；

2）耐压强度检验；

3）基本误差和重复性检定；

4）流量计系数。

（2）检定方法：按照图 24-2 连接检定系统。

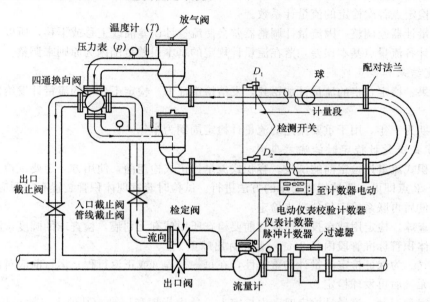

图 24-2　液体容积式流量计检定系统图

1）打开被检流量计的检定阀，关闭流量计的出口阀，让介质通过流量计流经体积管，应使流量计在 70%～100% 的最大流量下运行。待运行一段时间后再进行检定，使体积管管壁温度达到平衡。

2）检定前先发几次球，对体积管进行排气，确认无气后关闭排气阀，使检定球回到发球状态。

3）对准确度等级优于 0.2 级的流量计，其检定点应为均匀分布的 5 个点，其中含最大流量和最小流量。由于各输转站的流量计一般长期使用在固定的流量范围内，因此，检定点为其流量范围内均匀分布的 3 个点，应含最大流量和最小流量每个流量点至少检定 3 次。

4）检定流量计时，用标准体积管的出口调节阀调节流量计的流量，使标准体积管的出口的压力始终保持高于检定介质在工作温度下的饱和蒸汽压。流量计实际运行中，由多台并联使用。由于受排量的限制，在实际操作中一般采用调节其他流量计的进口阀和被检定流量计的进口阀，来调节被检流量计检定点的流量，其流量值偏差应不超过 2.5%。

5）由控制台操纵标准体积管发球，当检定球触动第一个检测开关时，自动开始记录流量计发出的脉冲数。当球触动第二个检测开关时，自动停止记录流量计发出的脉冲数，读取脉冲计数器上的脉冲示值 N。

6）当检定球在两个检测开关之间的标准段中运行时，应测量和记录标准体积管进、出口及流量计出口的温度、压力值。

3．检定数据处理

（1）按各流量检定点每次检定分别计算检定时，测得的标准体积管处实际体积 V。

（2）将标准体积管处实际体积 V 的值换算到流量计检定条件下的累计实际流量 Q_s。

（3）基本误差计算包括：①流量计各检定点各次检定的示值误差；②流量计各流量点的基本误差。

（4）流量计的重复性，即各检定点的重复性和流量计的重复性。

（5）各检定点各次检定的流量计系数。

（6）流量计器差调整。因流量计调整器差会使流量计误差曲线上移或下移，所以调整器差时应保证流量计各流量点基本误差，落在流量计规定的基本误差范围内为原则来调整。

4. 检定结果和检定周期

检定结果：检定合格的流量计加铅封，发给检定证书。检定不合格的流量计发给检定结果通知书。

检定周期为一年，用于重要用途的流量计检定周期为半年。

5. 容积式流量计检定时的注意事项

（1）容积式流量计检定前的试检。容积式流量计正式检定前，使用方一定要试检。每一台流量计试检 1～2 点即可，要按规程要求的方法进行。试检时若发现体积管装置有问题应尽快解决，达到检定条件后再联系检定单位过来检定。

（2）检查球。检定用球在投入体积管前要检查所用球有无划痕，检查球的圆度，测量球的直径，应大于体积管标准管段内径 2%～4%，称出球重。

（3）排气。为保证检定流量计的重复性，在每一行程（或正返行程）运行前应对体积管进行排气，确认无气后再发球检定。

（4）·检定和记录。流量计检定时，由检定人员负责指挥和记录。其他人员协助检定的温度、压力等参数的读取。

（5）操作。由使用单位的人员操作流量计检定控制台，操作人员在流量计检定时要认真、仔细。

五、气体容积式流量计的检定

气体容积式流量计的检定时依据检定规程（JJG 633）进行的。有关流量计的性能要求（包括准确度等级、最大允许误差、重复性、密封性）在相关规程中有详细的描述，检定时须严格按照规程的要求进行。

气体容积式流量计的通用技术要求包括外观（检定标记、流向标记、表盘标记）须满足规程的要求。其检定内容包括形式评价或样机试验、首次检定、后续检定、使用中检定。

1. 检定条件

（1）参比条件：环境温度 15～25℃；相对湿度 40%～70%；大气压力 86～106kPa。

（2）非参比条件：环境温度 −10～40℃；相对湿度 ≤93%；大气压力 86～106kPa。

2. 检定设备

（1）标准器。检定用计量标准器的流量范围应与备件流量计的流量范围相适应，其扩展不确定度（$k=2$）应小于或等于备件流量计最大允许误差绝对值的 1/2。

（2）辅助计量器具。测量值参与误差计算的计量器具，必须持有有效检定证书或校准证书，同时还应满足温度计分度值分 0.1℃；湿度计在相对湿度为 20%～90% 范围内的误差限为 ±5%；修正后气压计示值的相对扩展不确定度（$k=2$）应优于 2.5%；差压机准确度等级应优于 1 级；数显压力计的分辨力 10MPa 以下；水柱式压力机的分度值在 20MPa 以下。

3. 检定项目

流量计的首次检定、后续检定和使用中检验的项目见表 24-1。

表 24-1　　　　　　　　　　　　**气体容积式流量计检定项目一览表**

检定项目	首次检定	后续检定	使用中检验
外观	＋	－	－
密封性	＋	－	－
示值误差	＋	＋	＋
重复性	＋	＋	＋

注　1. "＋"表示需检项目，"－"表示不需检项目；
　　2. 外观按规程通用技术要求的规定，目测检查。

4. 检定方法

流量计的基本检定方法就是利用管道将被检流量计的标准器两者串联起来，在流过一定量的气体时，比较两者的指示量而得到其示值误差。

检定方法的种类，按使用的标准器分类，如表 24-2 所示。

表 24-2　　　　　　　　　　　　**气体容积式流量计检定方法的分类**

传递方法	标准器	检定方法
比较法	标准流量计	动态
体积法	活塞式气体流量计标准装置	动态或静态
	钟罩式气体流量计标准装置	动态或静态

（1）动态法检定原理及典型试验装置。气体在规定流量下流经被检流量计，同步累计流过流量计和标准器的气体体积、时间、脉冲等初态值；当流过流量计的气量达到给定气量时，同时停止累计；比较两者的指示量，以及检测期间记录的温度、压力、湿度等参数，按规定的计算公式计算得到流量计的示值误差。动态法检定为容积式流量计的首选检定方法，标准流量计比较法典型试验装置——音速喷嘴气体流量标准装置结构见图 24-3。

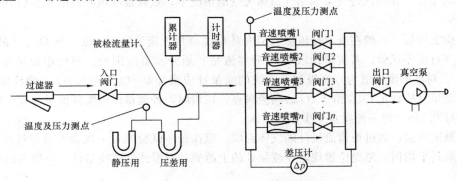

图 24-3　音速喷嘴气体流量标准装置示意图

（2）静态法检定原理及典型试验装置。在被检流量计和标准器静止状态下，记录两者的初始值；开启排气阀，使流量计在预定流量下运行，当气量达到给定气量时关闭排气阀，读取被检流量计和标准器的终态值，比较两者的指示量，根据检测期间记录的温度、压力、湿度等参数，按规定的计算公式计算得到流量计的示值误差。静态法典型试验装置——钟罩式气体流量标准装置结构见图 24-4。

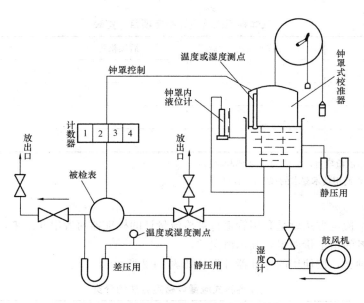

图 24-4　钟罩式气体流量标准装置结构

5. 检定程序

(1) 安装。流量计的安装应符合使用说明书的要求，或按流量计上的安装标记进行安装；定位使用的，按定位状态进行安装。安装流量计的试验管道通径应与流量计一致，安装后流量计轴线与管道轴线目测应同轴；流量计入口端的密封件不应突入管内，管道内壁应清洁无积垢。湿式气体流量计内部液温检定介质温度和周围环境气温相差不应超过 1℃。

(2) 密封性检查。流量计及检定系统中的测温、测压一起，各连接管路在检定压力下应具有良好的气密性，密封性检查应严格按照检定装置的操作规程，确认系统无泄漏后方可进行检定。

(3) 预运行。在试验开始前，被检流量计应通气运行。原则上应在明示最大流量下通流 5min，或保证预运行的气量不小于 50 倍回转提及量。对湿式气体流量计，预运行后应重新使测试元件对准零位，在确认进气口和出气口通大气的情况下，重新校准风叶基准水位后方可进行误差检定。

(4) 检定流量。一般在流量计流量范围内对 Q_{max}（最大流量）、$0.2Q_{max}$ 和 Q_{min}（最小流量）三流量点进行误差试验。若流量计以 Q_t（分界流量）划分流量范围的，则检定流量点位 Q_{max}、Q_1 和 Q_{min}。对准确度等级为 0.2 级和 0.5 级的流量计应增加 $0.7Q_{max}$ 和 $0.4Q_{max}$ 两检定流量点；湿式气体流量计应检定 Q_{max} 和 $0.2Q_{max}$ 两流量点。试验时，各流量点的实际流量与规定检定流量偏差不超过 0.5%。每一流量点至少试验 2 次。

(5) 温度测量。流过被检流量计的气体温度，应在每一试验流量一次误差测量过程中测量 2 次以上，取其平均值。测温位置规定在流量计的上游侧。对湿式气体流量计，应增测出口处气体温度。

(6) 湿度测量。对封液介质为清水的湿式气体流量计（以下简称水封湿式流量计）和钟罩式气体流量标准装置（以下简称水封钟罩），要进行湿度测量。流过被检流量计的气体湿度规定在按近其入口处测量。一般认为气体流过水封湿式流量计或水封钟罩后的相对湿度值为 95%。

(7) 压力测量。流过被检流量汁的气体压力测量，在每一检定流量一次检定过程中测量 1 次，测压位置规定在流量计的上游侧。

（8）差压测量。必要时，应在各试验流量下测量被检流量计入口和出口间的压力差（差压）。

（9）示值误差测量。一次试验过程中，流量计的测试元件起、停应处在同一位置；给定气量或设定脉冲数应等于回转体积的整数倍，或设定的给定气量大到足以使由回转体积变化带来的影响可忽略不计。各流量点的示值误差为多次独立测量误差的算术平均值（尽量不要在相同的流量下进行连续的误差测量）。

6. 检定结果的处理

按有关规程规定和要求检定合格的流量计出具检定证书，必要时设置新的流量计系数；检定不合格的出具检定结果通知书，并指出不合格项目。

7. 检定周期

准确度等级为 0.2 级和 0.5 级的流量计，检定周期为 2 年，其余等级的流量计检定周期为 3 年；对周期检定的流量计，一般检定周期为 1 年。

第二节 靶式流量计

火力发电厂中燃油（重油或原油）的黏度都比较大，因而在一般流速下其雷诺数 Re 很低。对于这种黏性流体的流量测量，不符合前述标准节流装置的使用条件。而且，燃油的黏度随温度的变化很大，在温差为 5～10℃时，其黏度可能相差 50%。另外，燃油中可能夹杂有悬浮颗粒，在对燃油加温时还可能有可燃气体析出，使它具有多相流体的性质，这对于一般只适用于单相流体的流量计，必然会产生很大的测量误差。目前，用于测量黏性流体流量的仪表有多种形式，如采用非标准节流装置的差压式流量计、采用恒压差变截面的转子流量计、利用流体推力作用的靶式流量计以及容积式流量计等，在火力发电厂燃油流量的测量中多采用靶式流量计。

一、靶式流量计原理和结构

1. 工作原理

靶式流量计的测量原理框图如图 24-5 所示。

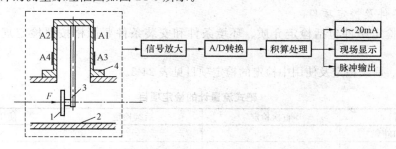

图 24-5　靶式流量计原理框图

1—靶；2—测量管；3—靶杆；4—弹性体；A1～A4—应变片

在测量管（仪表表体）中心同轴放置一块圆形靶板，当流体冲击靶板时，靶板上受到一个力 F，它与流速 v、介质密度 ρ 和靶板受力面积 A 有关。

靶板受力经力转换器转换成电信号，经信号放大，A/D 转换及积算处理后，可得到相应的流量和总量。

2. 结构形式

靶式流量计结构简图如图 24-6 所示。它由检测装置、力转换器、信号处理和显示仪几部分组成。检测装置包括测量管和靶板，力转换器为应变计式传感器，信号处理和显示仪可以就地直

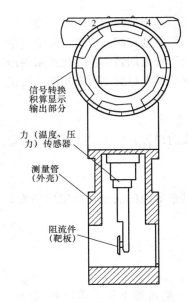

信号转换
积算显示
输出部分

力（温度、压
力）传感器

测量管
（外壳）

阻流件
（靶板）

图 24-6　靶式流量计结构简图

读显示或远距标准信号传输等。靶式流量计的结构形式可分为管道式、夹装式和插入式等，各类结构形式还可分为一体式和分离式两种。一体式为现场直读显示，而分离式则把数码显示仪与检测装置分离（一般不超过 100m）。

3. 靶式流量计主要特点

（1）感测件为无可动部件，结构简单牢固。

（2）应用范围和适应性很广泛，一般工业过程中的流体介质，包括液体、气体和蒸汽，各种口径范围，各种工作状态（高温、低温，常压、高压）皆可应用，可以说其应用范围可与孔板流量计相比美。

（3）可解决困难的流量测量问题，如测量含有杂质（微粒）之类的脏污流体；原油、污水、高温渣油、浆液、烧碱液、沥青等。

（4）灵敏度高，能测量微小流量，流速可低至 0.08m/s。

（5）用于小口径及低雷诺数（$Re = 10^3 \sim 5 \times 10^3$）的流体，它可以弥补标准节流装置难以应用的场合，如小口径蒸汽流量测量等。

（6）可适应高参数流体的测量，压力高达几十个兆帕，温度达 450℃。

（7）可用于双向流动流体的测量。

（8）压力损失较低，约为标准孔板的一半。

（9）直读式仪表无需外能源，清晰明了，操作简便，亦可输出标准信号（脉冲频率或电流信号）。

（10）仪表性能价格比高，为经济实惠的流量计。

二、靶式流量计的检定

1. 检定条件及检定项目

流量计的检定条件包括检定介质、环境条件和安装条件要严格按照检定规程（JJG 461）进行。

首次检定、后续检定及使用中检定的检定项目见表 24-3。

表 24-3　　　　　　　　　　　　　靶式流量计的检定项目

检定项目	首次检定	后续检定	使用中检验
随机文件和外观	+	+	+
密封性	+	+	−
试着误差	+	+	−
重复性		+	

注　"+"表示需要检定的项目，"−"表示不需要检定的项目。

2. 检定方法

（1）外观检查。

1）流量计表面不得有毛刺、划痕、裂纹、锈蚀、霉斑和涂层剥落现象。

2）密封面应平整无损伤。

3）表面连接部分的焊接应平整光洁，无虚焊和脱焊现象。

4）接插件须牢固可靠，不会因振动而松动或脱落。

5）显示屏的数字醒目、整齐；文字符号及标志完整、清晰、端正。

（2）密封性检查。流量计在试验条件下，保持公称压力 5min，流量计及各连接处应无渗漏。

（3）运行前检查。按流量计说明书中指定的方法检查流量计参数的设置。流量计应在最大流量的 70%～100% 范围内运行至少 5min，待流动状态稳定后，开始进行检定。

（4）检定点和检定次数。流量计检定点应包括 q_{min}、$0.25q_{max}$、$0.5q_{max}$、$0.75q_{max}$、q_{max} 共 5 个流量点。每个流量点的检定次数应不少于 3 次。

3. 检定程序

（1）把流量调到规定的流量值，运行 5min，同时启动标准器（或标准器的记录功能）和被检流量计（或被检流量计的输出功能）。

（2）记录标准器和被检流量计的初始示值，按装置操作要求运行一段时间后，同时停止标准器（或标准器的记录功能）和被检流量计（或被检流量计的输出功能）。

（3）记录标准器和被检流量计的最终示值。

（4）分别计算流量计和标准器记录的累积流量值或瞬时流量值。

4. 检定结果的计算

检定过程中应对相关检定数据认真仔细地记录。检定结果的计算包括相对示值误差的计算、引用误差的计算、重复性的计算都应严格按照规程规定的公式进行。

5. 检定结果处理及检定周期

经检定合格的流量计发给检定证书。经检定不合格的流量计发给检定结果通知书，并注明不合格项目。流量计的检定周期为 1 年。

第三节　电磁流量计

电磁流量计（以下简称 EMF）是利用法拉第电磁感应定律制成的一种测量导电液体体积流量的仪表。20 世纪 70 年代以来出现键控低频矩形波励磁方式，逐渐替代早期应用的工频交流励磁方式，仪表性能有了很大提高，得到更为广泛的应用。

电磁流量计按励磁电流方式划分，有直流励磁、交流（工频或其他频率）励磁、低频矩形波励磁和双频矩形波励磁。

电磁流量计按输出信号连线和励磁（或电源）连线的制式分类，有四线制和二线制。

电磁流量计按转换器与传感器组装方式分类，有分离型和一体型。

电磁流量计按流量传感器与管道连接方法分类，有法兰连接、法兰夹装连接、卫生型连接和螺纹连接。

电磁流量计按流量传感器电极是否与被测液体接触分类，有接触型和非接触型；按流量传感器结构分类，有短管型和插入型。

电磁流量计按用途分类，有通用型、防爆型、卫生型、防侵水型和潜水型等。

一、电磁流量计的原理及机构

1. 电磁流量计的原理

电磁流量计的基本原理是法拉第电磁感应定律，即导体在磁场中切割磁力线运动时在其两端产生感应电动

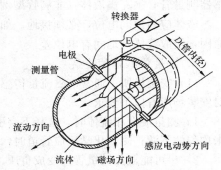

图 24-7　电磁流量计的测量原理

259

势。如图 24-7 所示，导电性液体在垂直于磁场的非磁性测量管内流动，与流动方向垂直的方向上产生与流量成比例的感应电动势，电动势的方向按"弗来明右手规则"，其值与液体流速（流量）有关。

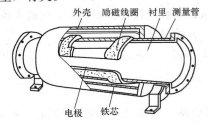

图 24-8　电磁流量传感器的结构

外壳　励磁线圈　衬里　测量管

电极　铁芯

2. 电磁流量计的结构

电磁流量计由流量传感器和转换器两大部分组成。传感器典型结构示意见图 24-8，测量管上下装有励磁线圈，通励磁电流后产生磁场穿过测量管，一对电极装在测量管内壁与液体相接触，引出感应电动势，送到转换器。励磁电流则由转换器提供。

3. 电磁流量计的特点

（1）电磁流量计的测量通道是一段无阻流检测件的光滑直管，因不易阻塞，适用于测量含有固体颗粒或纤维的液固两相流体，如纸浆、煤水浆、矿浆、泥浆和污水等。

（2）电磁流量计不产生因检测流量所形成的压力损失，仪表的阻力仅是同一长度管道的沿程阻力，节能效果显著，对于要求低阻力损失的大管径供水管道最为适合。

（3）电磁流量计的所测得的体积流量，实际上不受流体密度、黏度、温度、压力和导电率（只要在某阈值以上）变化明显的影响。

（4）电磁流量计与其他大部分流量仪表相比，前置直管段要求较低。

（5）电磁流量计的测量范围度大，通常为 20：1～50：1，可选流量范围宽。满度值液体流速可在 0.5～10m/s 内选定。有些型号仪表可在现场根据需要扩大和缩小流量（例如设有 4 位数电位器设定仪表常数），不必取下做离线实流标定。

（6）电磁流量计的口径范围比其他品种流量仪表宽，从几个毫米到 3m。可测正反双向流量，也可测脉动流量，只要脉动频率低于励磁频率很多，仪表输出本质上是线性的。

（7）电磁流量计易于选择与流体接触件的材料品种，可应用于腐蚀性流体。

（8）电磁流量计能测量导电率很低的液体，如石油制品和有机溶剂等。不能测量气体、蒸汽和含有较多较大气泡的液体。

（9）通用型电磁流量计由于衬里材料和电气绝缘材料限制，不能用于较高温度的液体；有些型号仪表用于低于室温的液体，因测量管外凝露（或霜）而破坏绝缘。

4. 电磁流量计的使用注意事项

液体应具有测量所需的导电率，并要求导电率分布大体上均匀。因此流量传感器安装要避开容易产生导电率不均匀场所，例如其上游附近加入药液，加液点最好设于传感器下游。使用时传感器测量管必须充满液体（非满管型例外）。有混合时，其分布应大体均匀。

液体应与地同电位，必须接地。如工艺管道用塑料等绝缘材料时，输送液体产生摩擦静电等原因，造成液体与地间有电位差。

5. 流量传感器的安装

（1）安装场所。通常电磁流量传感器外壳防护等极为 IP65（GB 4208 规定的防尘防喷水级），对安装场所有以下要求。

1）测量混合相流体时，选择不会引起相分离的场所；测量双组分液体时，避免装在混合尚未均匀的下游；测量化学反应管道时，要装在反应充分完成段的下游。

2）尽可能避免测量管内变成负压。

3）选择振动小的场所，特别对一体型仪表。

4）避免附近有大电机、大变压器等，以免引起电磁场干扰。

5）易于实现传感器单独接地的场所。

6）尽可能避开周围环境有高浓度腐蚀性气体。

7）环境温度在－25/－10～50/600℃范围内，一体型结构温度还受制于电子元器件，范围要窄些。

8）环境相对湿度在10%～90%范围内。

9）尽可能避免受阳光直照。

10）避免雨水浸淋，不会被水浸没。

如果防护等级是IP67（防尘防浸水级）或IP68（防尘防潜水级），则无需上述8）、10）两项要求。

（2）直管段长度要求。为获得正常测量精确度，电磁流量传感器上游也要有一定长度直管段，但其长度与大部分其他流量仪表相比要求较低。90°弯头、T形管、同心异径管、全开闸阀后通常认为只要离电极中心线（不是传感器进口端连接面）5倍直径（5D）长度的直管段，不同开度的阀则需10D；下游直管段为（2～3）D或无要求；但要防止蝶阀阀片伸入到传感器测量管内。

（3）安装位置和流动方向。传感器安装方向水平、垂直或倾斜均可，不受限制。但测量固液两相流体最好垂直安装，自下而上流动。这样能避免水平安装时衬里下半部局部磨损严重，低流速时固相沉淀等缺点。

水平安装时要使电极轴线平行于地平线，不要处于垂直于地平线，因为处于底部的电极易被沉积物覆盖，顶部电极易被液体中偶存气泡擦过遮住电极表面，使输出信号波动。

（4）旁路管、便于清洗连接和预置入孔。为便于在工艺管道继续流动和传感器停止流动时检查和调整零点，应装旁路管。但大管径管系因投资和位置空间限制，往往不易办到。根据电极污染程度来校正测量值，或确定一个不影响测量值的污染程度判断基准是困难的。除前文所述，采用非接触电极或带刮刀清除装置电极的仪表，可解决一些问题外，有时还需要清除内壁附着物。

对于管径大于1.5～1.6m的管系在EMF附近管道上，预置入孔，以便管系停止运行时清洗传感器测量管内壁。

（5）负压管系的安装。氟塑料衬里传感器须谨慎地应用于负压管系；正压管系应防止产生负压，例如液体温度高于室温的管系，关闭传感器上下游截止阀停止运行后，流体冷却收缩会形成负压，应在传感器附近装负压防止阀。

（6）接地。传感器必须单独接地（接地电阻100Ω以下）。分离型原则上接地应在传感器一侧，转换器接地应在同一接地点。如传感器装在有阴极腐蚀保护管道上，除了传感器和接地环一起接地外，还要用较粗铜导线（16mm²）绕过传感器跨接管道两连接法兰上，使阴极保护电流与传感器之间隔离。

有时后杂散电流过大，如电解槽沿着电解液的泄漏电流影响EMF正常测量，则可采取流量传感器与其连接的工艺之间电气隔离的办法。同样有阴极保护的管线上，阴极保护电流影响EMF测量时，也可以采取本方法。

二、电磁流量计的检定

电磁流量计的检定应严格按照规程（JJG 1033）来进行。流量计的指标（准确度等级、引用误差、误差表示方法和选取原则、重复性）、流量计的通用技术要求（随机文件、标识、外观、密封性和保护功能）和检定条件（流量标准装置、检定用液体、检定环境条件、流量计的安装条件等）也必须达到规程的要求。

1. 检定项目

电磁流量计的检定项目如表 24-4 所列。

表 24-4 　　　　　　　　　　　　　　　　电磁流量计的检定项目

检定项目	首次检定	后续检定	使用中检验
随机文件、标识及外观	＋	＋	＋
密封性	＋	＋	－
相对示值误差（或引用误差）	＋	＋	－
重复性	＋	＋	－

注　"＋"表示需检定，"－"表示不必检定。

2. 检定步骤

（1）随机文件、标识及外观检查。

（2）密封性检查。将流量计安装到装置上后，通入试验液体至最大试验压力，检查流量计密封性，应符合规程的要求。

（3）相对示值误差（或引用误差）检定。

1）运行前检查：连接、开机、预热，按流量计说明书中指定的方法检查流量计参数的设置及零点校准。

2）使检定液体流过流量计，且使流量计处于正常运行状态，等待液体温度、压力和流量稳定后方可进行正式检定。

3）检定流量点：流量计检定应包含下列流量点：q_{max}、q_{min}、$0.10q_{max}$、$0.25q_{max}$、$0.50q_{max}$ 和 $0.75q_{max}$。当检定点小于 q_{min} 时，该检定点可取消。

在检定过程中，每个流量点的每次实际检定流量与设定流量的偏差，应不超过±5％或不超过±1％q_{max}。

4）检定次数。对于使用相对示值误差的流量计，准确度等级等于及优于 0.2 级的每个流量点的重复检定次数应不少于 6 次；准确度等级低于 0.2 级的每个流量点的重复检定次数应不少于3 次。

对于使用引用误差的流量计，每个流量点的重复检定次数应不少于 3 次。

5）检定程序：

a. 将流量调到规定的流量值，等待流量、温度和压力稳定；

b. 记录标准器和被检流量计的初始示值（或清零），同时启动标准器（或标准器的记录功能）和被检流量计（或被检流量计的输出功能）；

c. 按装置操作要求运行一段时间后，同时停止标准器（或标准器的记录功能）和被检流量计（或被检流量计的输出功能），记录标准器和被检流量计的最终示值；

d. 分别计算流量计和标准器记录的累积流量值或瞬时流量值。

6）在每次检定中，应读取并记录流量计显示仪表的示值、标准器的示值和检定时间，还应根据需要测量并记录在标准器和流量计处流体的温度和压力等。

相对示值误差、引用误差和流量计重复性的计算按照相关规程规定的公式进行。

在检定中如对流量计特征系数进行了调整，应分别将原系数和新系数在检定证书中注明。

3. 检定结果的处理

经检定合格的流量计发给检定证书，经检定不合格的流量计发给检定结果通知书，并注明不合格项目。

4. 检定周期

流量计准确度等级为0.2级及优于0.2级的其检定周期为1年,对于准确度等级低于0.2级及使用引用误差的流量计检定周期为2年。

三、电磁流量计常见故障及处理

电磁流量计在运行中产生的故障有两种:一是仪表本身故障,即仪表结构件或元器件损坏引起的故障;二是由外部原因引起的故障,如安装不妥流动畸变、沉积和结垢等。

常见故障原因及解决方案见表24-5。

表 24-5 电磁流量计常见故障原因及解决方案

现象	故障原因	解决方案
仪表无流量信号输出	这类故障在使用过程中较为常见,原因一般有: (1) 仪表供电不正常; (2) 电缆连接不正常; (3) 液体流动状况不符合安装要求; (4) 传感器零部件损坏或测量内壁有附着层; (5) 转换器元器件损坏	(1) 确认已接入电源,检查电源线路板输出各路电压是否正常,或尝试置换整个电源线路板,判别其好坏。 (2) 检查电缆是否完好,连接是否正确。 (3) 检查液体流动方向和管内液体是否充满。对于能正反向测量的电磁流量计,若方向不一致虽可测量,但设定的显示流量正反方向不符,必须改正。若拆传感器工作量大,也可改变传感器上的箭头方向和重新设定显示仪表符号。管道未流满液体主要是传感器安装位置不妥引起的,应在安装时采取措施,避免造成管道内液体不满管。 (4) 检查变送器内壁电极是否覆盖有液体结疤层,对于容易结疤的测量液体,要定期进行清理。 (5) 若判断为是转换器元器件损坏引起的故障,更换损坏的元器件即可
输出值波动	(1) 造成此类故障大多是由测量介质或外界环境的影响造成的,在外界干扰排除后故障可自行消除。 (2) 为保证测量的准确性,此类故障也不可忽视。在有些生产环境中,由于测量管道或液体的振动大,会造成流量计的电路板松动,也可引起输出值的波动	(1) 确认是否为工艺操作原因,流体确实发生脉动,此时流量计仅如实反映流动状况,脉动结束后故障可自行消除。 (2) 外界杂散电流等产生的电磁干扰。检查仪表运行环境是否有大型电器或电焊机在工作,要确认仪表接地和运行环境良好。 (3) 管道未充满液体或液体中含有气泡时,两者皆为工艺原因引起的。此时可请求工艺人员确认,待液体满管或气泡平复后,输出值可恢复正常。 (4) 变送器电路板为插件结构,由于现场测量管道或液体振动大,常会造成流量计的电源板松动。如松动,可将流量计拆卸开,重新固定好电路板
流量测量值与实际值不符	(1) 变送器电路板是否完好; (2) 当液体流速过低时,被测液体中含有微小气泡,气泡上升在管道上方渐渐聚集,则液体流通面积发生变化,气体多时还会产生干扰信号,影响测量准确度; (3) 信号电缆出现连接不好现象或使用过程中电缆的绝缘性能下降引起测量不准确; (4) 转换器的参数设定值不准确	(1) 检查变送器电路板是否完好。若接线盒进水或被腐蚀性被测液体腐蚀,可导致电器性能下降或损坏,此时应更换电路板。 (2) 保证管道内被测液体的流速在最低流量界限值之上,以使变送器能够正常工作。 (3) 检查信号电缆连接和电缆的绝缘性能是否完好,若出现信号电缆松动现象,将其重新连接即可;若检查到电缆的绝缘性不符合绝缘要求,则需要换新的电缆。 (4) 重新对转换器设定值进行设定,并对转换器的零点、满度值进行校验

现象	故障原因	解决方案
输出信号超满度量程	(1) 信号电缆接线出现错误或电缆连接断开； (2) 转换器的参数设定不正确； (3) 转换器与传感器型号不配套	(1) 检查信号回路连接正常与否，若信号回路断开，输出信号将超满度值，此时需重新正确连接信号电缆。同时，需检查电缆的绝缘性能是否完好，若已经不符合要求，则需更换新的电缆。 (2) 详细检查转换器的各参数设定和零点、满度是否符合要求。 (3) 检查到转换器与传感器的型号不配套，则需要与厂方联系调换
零点不稳	(1) 管道未充满液体或液体中含有气泡。 (2) 主观上认为管泵液体无流动而实际上存在微小流动。 (3) 液体方面（如液体电导率均匀性不好、电极污染等）的原因。 (4) 信号回路绝缘下降	(1) 管道未充满液体或液体中含有气泡皆为工艺原因，此时应请求工艺人员确认，工艺正常后，输出值可恢复正常。 (2) 管道内有微量流动，这不是电磁流量计故障。 (3) 若杂质沉积测量管内壁或在测量管内壁结垢，或电极被污染，均有可能出现零点变动，此时必须清洗；若零点变动不大，也可尝试重新调零。 (4) 由于受环境条件的影响，灰尘、油污等可能进入表壳体内，因此，需要检查电极部位绝缘是否下降或破坏，若不符合绝缘要求，则必须进行清理

四、电磁流量计电极的清洗

如果测量的介质长期比较污浊，那么电磁流量计在工作一段时间后，电极上会产生结垢。当结垢物质的导电率和被测介质的导电率不同时，就会带来测量误差。污泥、油污对电极的附着，也会使仪表输出发生摆动和漂移。因此，在这种情况下就需要定期对电磁流量计的电极进行维护与清洗。

电极清洗常用的方法有以下几种：

1. 电化学方法

金属电极在电解质流体中存在电化学现象。根据电化学原理，电极与流体存在界面电场，电极与流体的界面是电极/流体相间存在的双电层所引起的。对于电极与流体界面电场的研究发现物质的分子、原子或离子在界面具有富集或贫乏的吸附现象，而且发现大多数无机阴离子是表面活性物质，具有典型的离子吸附规律，而无机阳离子的表面活性很小。因此电化学清洗电极仅考虑阴离子吸附的情况。阴离子的吸附与电极电位有密切关系，吸附主要发生在比零电荷电位更正的电位范围，即带异号电荷的电极表面。在同号电荷的电极表面上，当剩余电荷密度稍大时，静电斥力大于吸附作用力，阴离子很快就脱附了，这就是电化学清洗的原理。

2. 机械清除法

机械清除法是通过在电极上安装特殊的机械结构来实现电极清除。目前有两种形式：

一种是采用机械刮除器。用不锈钢制成一把带有细轴的刮刀，通过空心电极把刮刀引出，细轴和空心电极之间采用机械密封以防止介质外流，于是组成了机械刮除器。当从外面转动细轴时候，刮刀紧贴电极端平面转动，刮除污垢。这种刮除器可以手动，也可以用电动机驱动细轴自动刮除。另一种刮刀型电磁流量计就有这样的性能，而且性能稳定，操作方便。

3. 超声波清洗方法

将超声波发生器产生的 45～65kHz 的超声波电压加到电极上，使超声波的能量集中在电极与介质接触面上，从而利用超声波的能力将污垢击碎，达到清洗的目的。

4. 电击穿法

这种方法使用交流高压电定期加到电极和介质之间，一般加 30~100V。由于电极被附着，其表面接触电阻变大，所加电压几乎集中在附着物上，高电压会将附着物击穿，然后被流体冲走。使用电击穿法必须是在流量计中断测量、传感器与转换器间信号线断开、停电情况下将交流高压电直接在传感器信号输出端子上进行清洗。

第四节　超声波流量计

一、超声波流量计的基本原理及类型

1. 超声波流量计的基本原理

超声波在流动的流体中传播时就载上流体流速的信息。因此通过接收到的超声波就可以检测出流体的流速，从而换算成流量。通常认为超声波在流体中的实际传播速度是由介质静止状态下超声波的传播速度（C_f）和流体轴向平均流速（v_m），在超声波传播方向上的分量组成。按图 24-9 所示，根据超声波顺流的传播时间（t_{down}）和逆流的传播时间（t_{up}）与各量之间的关系，得到流体流速，进而可得到管道平均流速的估计值 $\bar{v}$，乘以过流面积 A，即可得到体积流量。

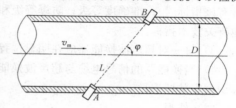

图 24-9　超声波流量计测量原理示意图

2. 超声波流量计的构成

超声波流量计由超声波换能器、电子线路及流量显示和累积系统三部分组成。超声波发射换能器将电能转换为超声波能量，并将其发射到被测流体中，接收器接收到的超声波信号，经电子线路放大并转换为代表流量的电信号供给显示和积算仪表进行显示、积算。这样就实现了流量的检测和显示。

超声波流量计常用压电换能器，它利用压电材料的压电效应，采用发射电路把电能加到发射换能器的压电元件上，使其产生超声波振动。超声波以某一角度射入流体中传播，然后由接收换能器接收，并经压电元件变为电能，以便检测。发射换能器利用压电元件的逆压电效应，而接收换能器则是利用压电效应。

超声波流量计换能器的压电元件常做成圆形薄片，沿厚度振动。薄片直径超过厚度的 10 倍，以保证振动的方向性。压电元件材料多采用锆钛酸铅，为固定压电元件，使超声波以合适的角度射入到流体中，需把元件放入声楔中，构成换能器整体（又称探头）。声楔的材料不仅要求强度高、耐老化，而且要求超声波经声楔后能量损失小即透射系数接近 1。常用的声楔材料是有机玻璃，因为它透明，可以观察到声楔中压电元件的组装情况。另外，某些橡胶、塑料及胶木也可作声楔材料。

超声波流量计的电子线路包括发射、接收、信号处理和显示电路。测得的瞬时流量和累积流量值用数字量或模拟量显示。

二、超声波流量计的检定

超声波流量计的检定应严格按照规程（JJCJ 1030）进行。规程当中对流量计的计量性能（准确度等级、重复性、流量计系数调整、双向测量流量计的要求及外夹式流量计的要求）都有明确的要求，检定过程中应严格遵照执行。

1. 通用技术要求

（1）随机文件。

1）流量计应附有使用说明书。

2）外夹式流量计的使用说明书中应详细说明流量计的安装方法和使用要求。

3）流量计使用说明书中应对换能器给出工作压力范围和工作温度范围，并提供换能器安装的几何尺寸。接触式超声波流量计在随机文件中应包括流量计出厂检验时几何尺寸的检验报告。

4）周期检定的流量计还应有前次的检定证书及上一次检定后各次使用中检验的检验报告。

（2）铭牌和标识。

1）流量计应有流向标识。

2）流量计应有铭牌。表体或铭牌上一般应注明：制造厂名；产品名称及型号；出厂编号；制造计量器具许可证标志和编号；耐压等级（仅对接触式流量计）；标称直径或其适用管径范围；适用工作压力范围和工作温度范围；在工作条件下的最大、最小流量或流速；分界流量（当流量计有该指标时）；准确度等级；防爆等级和防爆合格证编号（仅对防爆型流量计）；制造年月；其他有关技术指标。

3）每一对超声波换能器应在明显位置标有永久性的唯一性标识和安装标识。

4）当换能器的信号电缆与超声波换能器需一一对应时，应在明显位置标有永久性的唯一性标识和安装标识。

（3）外观。

1）新制造的流量计应有良好的表面处理，不得有毛刺、划痕、裂纹、锈蚀、霉斑和涂层剥落现象。密封面应平整，不得有损伤。

2）流量计表体的连接部分的焊接应平整光洁，不得有虚焊、脱焊等现象。

3）接插件必须牢固可靠，不得因振动而松动或脱落。

4）显示的数字应醒目、整齐，表示功能的文字符号和标志应完整、清晰、端正。

5）按键应手感适中，没有黏连现象。

6）流量计各项标识正确；读数装置上的防护玻璃应有良好的透明度，没有使读数畸变等妨碍读数的缺陷。

（4）保护功能。流量计应有对流量计系数进行保护的功能，并能记录历史修改过程，避免意外更改。流量计系数的值应与上次检定时置入的系数相同并没有进行过修改。

（5）密封性。通过检定介质到最大实验压力，历时 5min，流量计表体上各接口应无渗漏。

2．检定条件

（1）流量标准装置的要求：

1）流量标准装置（以下简称装置）及其配套仪表均应有有效的检定证书。

2）装置测量结果的不确定度应不大于被检流量计最大允许误差绝对值的 1/3。

3）当检定用液体的蒸气压高于环境大气压力时，装置应是密闭式的。

4）需要测量流经流量计的流体温度时，可直接从流量计表体上的测温孔测温。如流量计表体上无测温孔，应根据流量计本身要求和有关规定确定温度的测量位置。如无特殊要求，对于单向测量的流量计，应将温度测量位置设在流量计下游（3～5）D 处（D 为管道内径）；对于双向测量的流量计，应设在距流量计至少 5D 处。所用温度计的测量误差对检定结果造成的影响应在流量计最大允许误差的 1/5 以内。

5）需要测量流经流量计的流体压力时，可直接从流量计表体上的取压孔取压。如流量计表体上无取压孔，应根据流量计本身要求确定压力的测量位置。如无特殊要求，装置应在流量计上游侧 10D 处安装压力计。取压孔轴线应垂直于测量管轴线，直径为 4～12mm。所用压力计的测量误差对检定结果造成的影响应在流量计最大允许误差的 1/5 以内。

（2）检定用流体。

1）通用条件：

a. 检定用流体应为单相气体或液体，充满试验管道，其流动应无旋涡。

b. 检定用流体应是清洁的，无可见颗粒、纤维等物质。

c. 液体流量计应使用液体作为检定介质，气体流量计应使用气体作为检定用介质，且检定介质与实际使用介质的密度、黏度等物理参数相接近。

2）检定用液体：

a. 检定用液体在管道系统和流量计内任一点上的压力应高于其饱和蒸汽压力。对于易汽化的检定用液体，在流量计的下游应有一定的背压。推荐背压为最高检定温度下检定用液体饱和蒸汽压力的 1.25 倍。

b. 在每个流量点的每次检定过程中，液体温度变化应不超过 ± 0.5℃。

c. 液体中不夹杂气体。

3）检定用气体：

a. 对工作压力在 0.4MPa 及以上的流量计，管道内气体的压力不低于 0.1MPa 并尽量使其与实际使用条件相一致。对工作压力在 0.4MPa 以下的流量计，管道内气体的压力不得高于 0.4MPa，可在常压下进行检定。

b. 无游离水或油等杂质存在，粉尘等固体物的粒径应小于 $5\mu m$。

c. 对准确度等级不低于 1.0 级的流量计，在每个流量点的每一次检定过程中，检定用气体的温度变化应不超过 ± 0.5℃。对准确度等级低于 1.0 级的流量计，在每个流量点的每一次检定过程中，检定用气体的温度变化应不超过 ± 1℃。

d. 检定用气体为天然气时，天然气气质应符合 GB 17820 二类气的要求，天然气的相对密度为 0.55～0.80。

e. 检定用气体为天然气时，在检定过程中，气体的组分应相对稳定。天然气取样按 GB/T 13609 执行，天然气组成分析按 GB/T 13610 执行。

f. 在每个流量点的检定过程中，压力波动应不超过 $\pm 0.5\%$。

（3）检定环境条件。环境温度一般为 5～45℃；湿度一般为 35%～95%；大气压力一般为 86～106kPa。

交流电源电压应为 (220 ± 22)V，电源频率应为 (50 ± 2.5)Hz，也可根据流量计的要求使用合适的交流或直流电源（如 24V 直流电源）。

外界磁场应小到对流量计的影响可忽略不计。

机械振动和噪声应小到对流量计的影响可忽略不计。

当以天然气等可燃性或爆炸性流体为介质进行检定的场合，所有检定装置及其辅助设备、检测场地都应满足 GB 50251 的要求，所有设备、环境条件必须符合 GB 3836 的相关安全防爆要求。

（4）安装条件：

1）流量计的安装应符合要求。

2）检定时原则上须将构成流量计的所有部件一起送检。

（5）每次测量时间应不少于装置和被检流量计允许的最短测量时间。

（6）当采用被检表脉冲输出进行检定时，一次检定中所记脉冲数不得少于最大允许误差绝对值倒数的 10 倍。

（7）用于检定的所有电气设备应在同点接地线。

3. 检定项目和检定方法

(1) 检定项目。首次检定、后续检定和使用中检验的检定项目列于表 24-6 中。

表 24-6　检定项目表

检定项目	首次检定	后续检定	使用中检验
随机文件及外观	+	+	+
密封性	+	+	+
流量计参数	-	-	+
示值误差	+	+	-
重复性	+	+	-
流量计修整系数	+	+	-

注　"+"表示需检项目；"-"表示不需检项目。

(2) 随机文件和外观检查。

1) 检查随机文件，应符合规程的要求。

2) 用目测的方法检查流量计外观，应符合规程的要求。

(3) 示值误差检定。

1) 运行前检查：连接、开机、预热，按流量计说明书中指定的方法检查流量计参数的设置。

2) 密封性检查：用目测的方法检查流量计密封性，应符合规程的要求。

3) 流量计应在可达到的最大检定流量的 10%～100% 范围内运行，至少 5min，等流体温度、压力和流量稳定后方可进行正式检定。

4) 流量点的控制和检定系数：

a. 检定一般应包含下列流量点：q_{min}、q_1、$0.40q_{max}$、q_{max}；对于准确度等级不低于 0.5%，且量程比不大于 20∶1 的流量计，增加 $0.25q_{max}$ 和 $0.70q_{max}$ 两个流量点；对于准确度等级优于 0.5%，且量程比大于 20∶1 的流量计，再增加一检定点，其流量为 $0.1q_{max}$。

b. 当装置最大检定流量不能达到 q_{max} 时，q_{max} 可取装置的最大流量，但检定的最大流量：液体应不小于 $10q_1$；气体应不小于 $4q_1$。

c. 在检定过程中，每个流量点的每次实际检定流量与设定流量的偏差应不超过设定流量的 $\pm5\%$ 或不超过 $\pm1\%q_{max}$，最小流量点对应的流体流速应不小于流量计铭牌标示的最小流速。

d. 每个流量点的检定次数应不少于 3 次，对于形式评价和准确度等级不低于 0.5 级的流量计，每个流量点的检定次数应不少于 6 次。

5) 检定程序：

a. 把流量调到规定的流量值，达到稳定后，记录标准器和被检流量计的初始示值，同时启动标准器（或标准器的记录功能）和被检流量计（或被检流量计的输出功能）。

b. 按装置操作要求运行一段时间后，同时停止标准器（或标准器的记录功能）和被检流量计（或被检流量计的输出功能）。

c. 记录标准器和被检流量计的最终示值。

d. 分别计算流量计和标准器记录的累积流量值或瞬时流量值。

6) 示值误差计算。

(4) 流量计的重复性。

(5) 流量计系数修正。流量计经检定后可按合适的方法对流量计进行系数修正，新流量计系数置入流量计后，应在 q_1 以下及以上分别选至少 1 个流量点进行测试以确认其修正效果，并计算流量计系数调整量。然后将旧流量计系数 F_0、新流量计系数 F 和流量计系数调整量写在检定证书中。

4. 检定结果的处理

经检定合格的流量计发给检定证书。经检定不合格的流量计发给检定结果通知书，并注明不合格项目。对使用中检验的流量计发给检验报告。

5. 检定周期

检定周期一般不超过 2 年。对插入式流量计，如流量计具有自诊断功能，且能够保留报警记录，也可每 6 年检定一次并每年在使用现场进行使用中检验。

第五节 浮子流量计

浮子流量计是以浮子在垂直锥形管中随着流量变化而升降，改变它们之间的流通面积来进行测量的体积流量仪表，又称转子流量计。在美国、日本常称为变面积流量计（variable area flowmeter）或面积流量计。

一、浮子流量计的原理和结构

1. 浮子流量计的原理

浮子流量计的流量检测元件是由一根自下向上扩大的垂直锥形管和一个沿着锥管轴上下移动的浮子组组成的。工作原理如图 24-10 所示，被测流体从下向上经过锥形管 1 和浮子 2 形成的流通间隙 3 时，浮子上下端产生差压形成浮子上升的力。当浮子所受上升力大于浸在流体中浮子重量时，浮子便上升，流通间隙面积随之增大，流通间隙处流体流速立即下降，浮子上下端差压降低，作用于浮子的上升力亦随着减少，直到上升力等于浸在流体中浮子重量时，浮子便稳定在某一高度。浮子在锥管中高度和通过的流量有对应关系。

2. 浮子流量计的典型结构

口径 15～40mm 透明锥形管浮子流量计典型结构如图 24-11 所示。透明锥形管 4 用得最普遍的是由硼硅玻璃制成的，习惯简称为玻璃管浮子流量计。流量分度直接刻在锥形管 4 外壁上，也

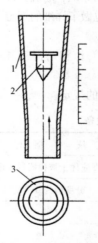

图 24-10　浮子流量计的工作原理

1—锥形管；2—浮子；3—流通间隙

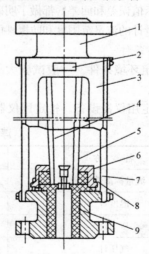

图 24-11　透明锥形管浮子流量计结构

1—基座；2—标牌；3—防护罩；4—透明锥形管；
5—浮子；6—压盖；7—支撑板；8—螺钉；9—衬套

有在锥管旁另装分度标尺。锥形管内腔有圆锥体平滑面和带导向棱筋（或平面）两种。浮子在锥形管内自由移动，或在锥形管棱筋导向下移动，较大口平滑面内壁仪表还有采用导杆导向。

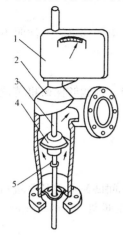

图 24-12 金属管
浮子流量计结构
1—转换部分；2—传感
部分；3—导杆；4—浮子；
5—锥形管

图 24-12 是直角形安装方式金属管浮子流量计典型结构，通常适用于口径 15～40mm 以上仪表。锥形管 5 和浮子 4 组成流量检测元件。套管内有导杆 3 的延伸部分，通过磁钢耦合等方式，将浮子的位移传给套管外的转换部分。转换部分有就地指示和远传信号输出两大类型。除直角安装方式结构外还有进出口中线与锥形管同心的直通型结构，通常用于口径小于 10～15mm 的仪表。

3. 浮子流量计的安装使用注意事项

（1）仪表安装方向。绝大部分浮子流量计必须垂直安装在无振动的管道上，不应有明显的倾斜，流体自下而上流过仪表。装有旁路管系以便不断流进行维护。浮子流量计中心线与铅垂线间夹角一般不超过 5°。

（2）用于污脏流体的安装。应在仪表上游装过滤器。带有磁性耦合的金属管浮子流量计用于可能含铁磁性杂质流体时，应在仪表前装磁过滤器。

要保持浮子和锥形管的清洁，特别是小口径仪表，浮子洁净程度明显影响测量值。例如 6mm 口径玻璃浮子流量计，在实验室测量看似清洁水，流量为 2.5L/h，运行 24h 后，流量示值增加百分之几，浮子表面沾附肉眼观察不出的异物，取出浮子用纱布擦拭，即恢复原来的流量示值。必要时可设置冲洗配管，定时冲洗。

（3）要排尽液体用仪表内气体。进出口不在直线的角形金属浮子流量计，用于液体时注意外传浮子位移的引伸套管内是否有残留空气，必须排尽；若液体含有微小气泡流动时极易积聚在套管内，更应定时排气。这点对小口径仪表更为重要，否则影响流量示值明显。

二、浮子流量计的检定

浮子流量计的检定应严格按照相关规程来进行。规程中对计量性能要求（包括准确度等级和最大允许误差、示值误差和回差）都做了明确的规定，对于铭牌和标识、随机文件、外观、流量测量上限值数系、流量计的流量范围度和防爆性能作为通用技术要求也做了详细的规定，检定时应严格遵守。

1. 检定条件

（1）检定环境条件。一般试验大气条件：温度 5～35℃；相对湿度 45%～75%；大气压力 86～106kPa。

（2）检定用仪器设备。检定用仪器设备应符合表 24-7 的规定。

表 24-7 浮子流量计检定用仪器设备

名　称	技　术　指　标
流量标准装置	装置的扩展部确定度应优于被检流量计最大允许误差的 1/2
温度计	分度值为 0.2℃
压力计	1 级
气压计	0.5 级
密度计	±0.1 级
直流毫安表或数字显示仪表	0.5 级

（3）流量标准装置的要求。流量标准装置及配套计量器具应具有有效的检定合格证书。检定气体流量计时，应在流量计进口处测量压力、温度。

（4）检定用流体。

1）检定用流体（液体或气体）应尽可能等同流量计使用的介质。

2）检定用流体应为单相流并充满试验管道，其流动应保持相对稳定，无旋涡。必要时应在流量计的上游安装流动调整器。

3）当检定用流体为液体时，液体中应无气泡，无可见杂物。

4）检定用介质应安全、清洁、环保。

（5）安装要求。

1）检定时流量计应按使用要求安装，做到系统无泄漏，无振动，便于观察。若流量计的自重引起过大的应力或系统产生振动时，则应采取措施，消除其影响。

2）对准确度等级为 1.0 级和 1.5 级的流量计安装倾斜度应不超过 2°，准确度等级为 2.5 级及以下等级的流量计倾斜度不超过 5°。

3）流量计上游管道密封件不得突入管道内部。

2. 检定项目

流量计的首次检定、后续检定和使用中检验的项目见表 24-8。

表 24-8   浮子流量计检定项目

序　号	检定项目	首次检定	后续检定	使用中检验
1	随机文件	+	+	+
2	外观检查	+	+	+
3	示值误差、回差	+	+	－

注　"＋"表示需检项目，"－"表示不检项目。

3. 检定方法

（1）检查流量计的随机文件，其结果应符合规程中有关随机文件的要求。

（2）用目测的方法检查流量计的外观，其结果应符合规程中有关外观的要求。

（3）将流量计安装在符合要求的流量标准装置上。

（4）在流量计的流量范围内，一般应选择包括上限流量和下限流量在内的 5 个均匀分布流量点进行检定。

（5）每一流量点的检定次数为 2 次。金属管流量计和带有导杆的玻璃管流量计做正、反行程的检定，正、反行程的检定次数不少于 2 次。

4. 示值误差的检定

示值误差检定的方法可以是容积法、称重法和标准表法。检定时应缓慢地打开流量调节阀，让流体流过流量计，待流体状态和浮子稳定后开始进行检定。检定液体流量计时，应排除管道内和附着在浮子周边的气泡后方可开始检定。检定时，应尽可能使用流量计下游阀门调节流量。特别是在检定气体流量计或用挥发性液体作检定介质时，更应在下游调节流量。

（1）液体流量计的检定。

1）容积法：按流量装置操作规程调节流量，使浮子升到预定检定流量，待稳定后操作换向器换向，使检定介质流入选定的工作量器。当到达预定时间或预定体积时，换向器再次换向，记录工作量器内的液体体积以及介质温度和本次测量时间，单次检定操作结束。计算标准器测得的

流量 $q_V = V/t$（式中，V 为流入工作量器内的液体体积；t 为流入时间）。换算到流过流量计的流量 q_m，再换算到标准状态（即刻度状态）下的流量 q_N。

2）质量法：液体质量法检定操作与容积法相同。检定操作结束后，记录测量容器内的液体质量，以及介质温度和本次测量的时间，然后按照规程规定的公式装置测得的流量 q_V。

3）标准表法：采用标准表法检定流量计时，其标准流量计和被检流量计一般应为同类型、同规格。检定时将标准流量计和被检流量计串联起来，当标准流量计和被检流量计的流量达到稳定时，同步读取两流量计的指示流量。若标准的和被检的流量计刻度状态相同，则标准浮子流量计的指示流量 q_V 不需要修正，就可以作为被检流量计刻度状态下的实际流量 q_N。

4）其他液体标准流量计法：若检定时环境大气条件、介质温度符合规程的要求，对以清水作为检定介质的流量计，可以不作流量修正换算，即可将装置（标准表）测得的流量直接作为被检流量计的刻度流量。

5）检定用介质与刻度用介质不同时的修正：以上修正到流量计标准（刻度）状态下的流量公式都是检定用介质与刻度用介质相同。当检定用介质与刻度用介质不同时，在可以忽略黏度的影响下，这些公式的右端乘以修正系数 k。

（2）气体流量计的检定。

1）气体流量计的检定通常用标准表法。

2）将被检流量计串联安装在被检流量计的下游（也可以是上游）。当标准流量计和被检流量计的流量达到稳定时，读取标准流量计及被检流量计的指示流量，记录标准流量计和被检流量计进口处的压力、温度，按标准表类型，计算被检流量计在标准（刻度）状态下的实际流量 q_N。

3）针对于液体及气体流量计，按照规程规定的计算公式，代入检定过程中记录的数据，计算得到流量计的示值误差和回程误差。

5. 检定结果的处理

经检定符合有关规程要求的流量计发给检定证书。检定不合格的发给检定结果通知书，并注明不合格项目。

6. 检定周期

根据流量计的具体情况而确定，检定周期一般不超过 2 年。

第五篇

其他测量仪表检修

第二十五章 氧量传感器及其检修检定

第一节 氧化锆氧量传感器原理及结构

氧化锆氧量传感器是利用氧化锆陶瓷敏感元件测量各类加热炉或排气管道中的氧电势，由化学平衡原理计算出对应的氧浓度，达到监测和控制炉内燃烧空燃比，保证产品质量及尾气排放达标的测量元件，广泛应用于各类煤燃烧、油燃烧、气燃烧等炉体的气氛控制。它是目前最佳的燃烧气氛测量方式，具有结构简单、响应迅速、维护容易、使用方便、测量准确等优点。

一、氧量传感器工作原理

氧量传感器是利用稳定的二氧化锆陶瓷在 650℃ 以上的环境中产生的氧离子导电特性而设计的。在一定的温度条件下，如果在二氧化锆块状陶瓷两侧的气体中分别存在着不同的氧分压（即氧浓度）时，二氧化锆陶瓷内部将产生一系列的反应和氧离子的迁移。这时通过二氧化锆两侧的引出电极，可测到稳定的毫伏级信号，称为氧电势。它服从能斯特（Nernst）方程：$E = \dfrac{RT}{nF} \ln \dfrac{p_0}{p_1}$。［式中，$E$——氧量传感器输出的氧电势，mV，$n$——电子转移数；$R$——理想气体常数，取 8.314W·S/mol；$T$——传感器所处的绝对温度，K；$F$——法拉第常数；$p_1$——待测气体氧浓度百分数（氧分压）；

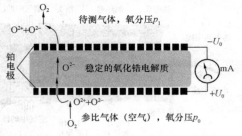

图 25-1 氧化锆测氧原理

p_0——参比气体（通常为空气）氧浓度百分数（氧分压）］。图 25-1 为氧化锆测氧原理示意图。实际应用时，在二氧化锆电解质（ZrO_2 管）的两侧面分别烧结上多孔铂（Pt）电极，在一定温度下，当电解质两侧氧浓度不同时，高浓度侧（空气）的氧分子被吸附在铂电极上与电子（4e）结合形成氧离子 O^{2-}，使该电极带正电，O^{2-} 离子通过电解质中的氧离子空位迁移到低氧浓度侧的 Pt 电极上放出电子，转化成氧分子，使该电极带负电。两个电极的反应式分别为

参比侧：$O_2 + 4e \longrightarrow 2O^{2-}$

测量侧：$2O^{2-} - 4e \longrightarrow O_2$

将二氧化锆的一侧通入已知氧浓度的气体（通常为空气），称为参比气。另一侧则是被测气体，就是要检测的炉内的气氛。氧量传感器输出的信号就是氧电势信号，通过能斯特方程就可以得到被测炉气氛中的氧分压和氧电势的关系。氧量传感器带有自加热装置，一般温度保证在 700℃，这样 T 值基本是恒定的，从而直接测量出炉内氧分压浓度。工程应用中采用标准气体来标定氧量传感器输出氧电势 E 和氧分压浓度的对应关系，这种方法也是目前公认的最准确、最

273

直接的标定方法。

二、氧化锆氧量计的结构类型

按检测方式的不同，氧化锆氧探头分为两大类：采样检测式氧探头及直插式氧探头。

1. 采样检测式氧探头

采样检测方式是通过导引管，将被测气体导入氧化锆检测室，再通过加热元件把氧化锆加热到工作温度（750℃以上）。氧化锆一般采用管状，电极采用多孔铂电极（见图 25-2）。其优点是不受检测气体温度的影响，通过采用不同的导流管可以检测各种温度气体中的氧含量，这种灵活性被运用在许多工业在线检测上。其缺点是反应时间慢；结构复杂，容易影响检测精度；在被检测气体杂质较多时，采样管容易堵塞；多孔铂电极容易受到气体中的硫、砷等的腐蚀以及细小粉尘的堵塞而失效；加热器一般用电炉丝加热，寿命不长。

在被检测气体温度较低（0～650℃），或被测气体较清洁时，适宜采样式检测方式，如制氮机测氧、实验室测氧等。

2. 直插检测式氧探头

直插式检测是将氧化锆直接插入高温被测气体，直接检测气体中的氧含量，这种检测方式适宜被检测气体温度在 700～1150℃时（特殊结构还可以用于 1400℃ 的高温），它利用被测气体的高温使氧化锆达到工作温度，不需另外用加热器（见图 25-3）。直插式氧探头的技术关键是陶瓷材料的高温密封和电极问题。以下列举了两种直插式氧探头的结构形式。

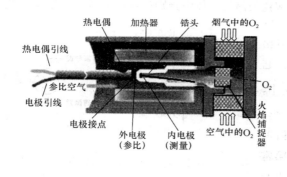

图 25-2　采样检测式氧探头

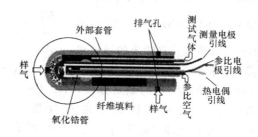

图 25-3　直插检测式氧探头

（1）整体氧化锆管。该形式是从采样检测方式中采用氧化锆管的形式上发展起来的，就是将原来的氧化锆管加长，使氧化锆可以直接伸到高温被测气体中。这种结构无需考虑高温密封问题。

（2）直插式氧化锆氧探头。由于需要将氧化锆直接插入检测气体中，对氧探头的长度有较高要求，其有效长度为 500～1000mm，特殊的环境长度可达 1500mm。且对检测精度、工作稳定性和使用寿命都有很高的要求，因此直插式氧探头很难采用传统氧化锆氧探头的整体氧化锆管状结构，而多采取技术要求较高的氧化锆和氧化铝管连接的结构。密封性能是这种氧化锆氧探头的最关键技术之一。目前国际上最先进的连接方式，是将氧化锆与氧化铝管永久的焊接在一起，其密封性能极佳，与采样式检测方式比，直插式检测有显而易见的优点——氧化锆直接接触气体，检测精度高，反应速度快，维护量较小。

第二节　氧化锆氧量传感器的检修和校准

一、氧化锆氧量传感器的主要技术指标

（1）测氧范围：一般设两挡：$0\sim10\%O_2$，$0\sim20\%O_2$。

（2）输出：$0\sim10mA$ 或 $4\sim20mA$（线性恒流输出，可任选一种，也可同时使用两种）。

（3）仪器精度：

1）整套仪器精度（含探头）：3 级（$\pm3\%$满度值）；

2）变送器精度：1 级（$\leqslant1\%$满度值）；

3）温度控制精度：$750℃\pm5℃$。

（4）仪器重复性：在实际相同的测氧条件下，对同一被测量的气样进行 6 次测量，测量结果的重复性，应不超过基本误差的 $1/2$。

（5）仪器稳定性：

1）零点漂移和量程漂移（含探头），不大于$\pm3\%$满度值$/24h$；

2）变送器稳定性：优于$\pm1.5\%$满度值$/4$ 昼夜。

（6）绝缘电阻：仪器电源电路（包括与此等同的电路）及从外部可触及的其他电路，与机壳之间的绝缘电阻应大于 $2M\Omega$。

（7）保护接地性能：仪器应有供接地用的保护接地装置，并有明显的接地标记，其接触电阻应不大于 0.1Ω。带有接地线的仪器，接地线的接地端子至仪器外壳的电阻应不大于 0.2Ω。

（8）氧化锆电池内阻：在 $750℃\pm50℃$ 工作温度下，测得氧化锆电池两极间的电阻，对新制造的应不大 80Ω，使用中的不大于 800Ω。

（9）响应时间：当被测气体含氧量变化时，仪器指示含氧量稳定值的 90%，所需的时间应不超过制造厂规定值，最长不超过 30s。

（10）基本误差：仪器在规定的检定条件下，测得值与标准值之差，与满量程的比，应不超过制造厂给出的准确度，最大不超过 5%。

（11）稳定度：在规定条件下，仪器连续工作 4h，其测量结果的稳定度不超过基本误差的 $1/2$。

（12）电源电压波动的影响：当电源电压变化为额定值的 $\pm10\%$ 时，而引起的附加误差，应不超过基本误差的 $1/2$。

二、检修

1. 技术要求

外观及工作正常性检查：

（1）仪器各种铭牌标志清晰。

（2）整套仪器应完整无损，所有紧固件应无松动现象。

（3）仪器通电后，各部分应能正常工作，各调节器应能正常调节，应清晰稳定地显示各参数值，人机对话功能良好。

（4）散热排气工作应正常。

2. 检修项目

（1）氧变送器的检查：当外回路的输入信号及氧变送器的设置正确时，氧变送器不能正常工作，应拆下返回厂家维修。

（2）氧探测器检查的质量要求：

1）烟气取样管应安装牢固，氧探头处无灰尘堵塞，烟气能顺利到达锆管，且锆管烟空侧密

封严密，管道畅通清洁。

2）氧化锆管应清洁，无裂纹、弯曲，无严重的磨损和腐蚀现象，电极引线牢固可靠，端子接触良好。

3）恒温炉温度控制的热电偶，应能正确地测量炉温度，并与氧化锆及电炉丝绝缘良好，无妨碍保温砖块的固定。

4）氧化锆的氧电势，热电偶和电炉丝的接线端子固定牢固，接触良好。

5）电炉丝的阻值在规定范围内。

6）氧化锆氧量探测器与炉墙的法兰固定应牢固，密封垫圈应在凹槽内，切密封严密，无漏风烟现象。

三、常见故障及检修办法

氧量传感器的常见故障及解决方案见表 25-1。

表 25-1　　　　　　　　　　　氧量传感器的常见故障及解决方案

故障现象		检查方法	解决方案
温度异常	温度偏高（>750℃）	检查实际炉温	>750℃时，仪表显示符合实际炉温则可继续使用，但建议使用高温型
		检查电偶阻值是否正常（<100Ω）	>100Ω则电偶断需联系厂家解决
		电偶阻值正常，则测量电偶信号是否正常（31mV左右）	（1）电偶信号正常，但仪表显示不正常，则见操作说明；（2）如重新操作不能恢复，则需更换转换器
	温度偏低（<750℃）	电偶阻值正常，则测量电偶信号是否正常（31mV左右）	
		电炉正常测量仪表电炉端是否有电压输出	如无电压输出则需更换转换器
		测量电炉是否正常（70~200Ω）	>200Ω则电炉断需联系厂家解决
		检查温补元件是否正常	添加或更换
		检查氧电池是否断裂	如断裂则需更换
氧量异常	氧量不稳定（温度750℃）	检查炉膛烟气压力或流速是否稳定	调整燃烧
		通空气状态下测量电池阻值是否正常（<800Ω）	如>800Ω则需更换氧电池
	氧量不变化（温度750℃）	测点是否为烟气死角	检测器长度是否合理或更换测点
		通空气状态下测量电池阻值是否正常（<800Ω）	如>800Ω则需更换氧电池
	氧量偏高（温度750℃）	检查测点附近是否有漏风	加强密封
		参比气是否流通正常	加强流通
		通空气状态下测量电池阻值是否正常（<800Ω）	参见操作说明，如>800Ω则需更换氧电池
	氧量偏低（温度750℃）	燃烧不充分	调整燃烧
		是否有水管破裂，炉膛内充斥大量水蒸气	锅炉检修
		通空气状态下测量电池阻值是否正常（<800Ω）	参见操作说明，如>800Ω则需更换氧电池

四、Ronyin1231 型氧化锆氧分析仪故障检查

Ronyin1231 型氧化锆氧分析仪故障检查内容见表 25-2。

表 25-2 Ronyin1231 型氧化锆氧分析仪故障检查内容

故　障	现象、原因及判断方法	解决方法
仪器系统参数丢失	现象 (1) 仪器显示混乱； (2) 氧量、温度、毫安电流等与氧电势、热电偶电势不对应。 原因： (1) 雷击、强电干扰、掉电、短路、熔断器熔断或者自动开关跳闸都可能是系统参数丢失的原因； (2) 当仪器长期放置（或关电）不工作时，主电路板上电池放电使电压过低，使系统参数丢失	(1) 电源，重新开机上电，恢复出厂缺省值； (2) 仪器长期放置（或关电）不工作后，重新开机上电前将微动开关 SW1 的 1 路置 ON； 出厂时，量程为 10%、电流输出为 4～20mA、温控 700℃、探头本地电势为 0，斜率为 48.2
探头加热器断路（或者连线断路）	现象：仪器显示探头环境温度。 判断方法： (1) 关闭电源，在探头接线盒处断开与仪器的连线，测量加热器电阻，阻值大大超过正常的 110Ω； (2) 或者连接线接触不良	(1) 保证连接线良好接触； (2) 换探头加热器
探头加热器短路（或者连线短路）	现象：仪器熔断器熔断（或自动开关跳闸）。 判断方法： (1) 关闭电源，拔下仪器接线端子 X2 的 3、4 脚，测量电阻，阻值小于正常的 110Ω（或者短路）； (2) 在探头接线盒处断开加热器连线，测量加热器电阻，判断是连线短路，还是加热器短路	(1) 消除连接线短路故障； (2) 换探头加热器
探头热电偶断路（或者连线断路）	现象： (1) 器温度显示不正常，显示可能高于 900℃； (2) 仪器主板上发光二极管 L2 不亮。 判断方法：分别在仪器端子 X3 的 3、4 脚处和探头处测量热电偶电势及电阻	(1) 保证连接线良好接触； (2) 换探头热电偶
无参比气	现象： (1) 氧量数值比实际值偏高； (2) 新探头氧量值恒为 10%	(1) 使用仪器内提供的参比气； (2) 或者用户提供干净、无水、无油的压缩空气（约 50～200mL/min）
锆管断裂	现象： (1) 氧量数值比实际值偏高； (2) 氧量数值接近空气氧浓度 15%～21%。 判断方法：通标准气时氧量随时间变大，趋向空气氧浓度，氧电势不稳定，趋向 0mV	换锆管

故　障	现象、原因及判断方法	解决方法
仪器面板电路（或者连接电缆）故障	现象： (1) 按键无响应； (2)（或者）面板不能显示； (3) 重新接好电缆、开机上电后按键仍无响应（或仍不显示）	(1) 换电缆、电路板再试； (2) 如不显示可调节电路板背后的电位器； (3) 高温及太阳曝晒会影响显示效果和寿命； (4) 如果急用，可断开连接电缆，由主电路板带探头独立工作
仪器主电路板故障	判断方法： (1) 关闭电源，断开与探头的全部连接线，接线端子 X3 的 1、2 脚短接，3、4 脚也短接，SW1 的 1 路置 ON。 (2) 开电源，仪器正常状态为： 1) L1 亮暗灯间隔交替，L2 长亮，L3 闪烁； 2) 电流输出为 25mA 左右； 3) 面板灯 alarm 亮； 4) 显示氧浓度 20.6% 左右，温度为环境温度，氧电势 0mV 左右，显示和输出为 4mA，报警显示 temperature below 690℃，否则主电路板故障。 (3) 主板上 L1 长暗或者长亮，而不是等间隔的明暗交替，仪器电脑部分故障	换主电路板
氧电势信号毫伏线接反	现象：氧量显示错误。 判断方法：测量主电路板 X3 端子 1、2 脚电压为 1 低 2 高，正常应该 1 高 2 低	接线正负调换
热电偶信号毫伏线接反	现象：仪器停止加热，L2 不亮，仪器显示故障 broken thermocouple 或者 wrong pol. Thermocouple。 判断方法：测量主电路板 X3 端子 3、4 脚电压为 3 低 4 高，正常应该 3 高 4 低	接线正负调换
加热电缆未与弱电信号线分开	现象：氧量和温度显示跳变不稳定。 原因：强电干扰弱电	如果没有使用专用电缆，加热电缆需要采用单独一根电缆，与信号线分开；信号线要求带有屏蔽层
信号屏蔽接线错误	现象：氧量或者温度显示跳变，不稳定	信号屏蔽接线单点接在主板 X3 端子 5 脚或者 6 脚，不得与其他导体（包括探头外壳）接触
探头未接地	现象：探头外壳及仪器带高压静电，烧毁仪器	探头外壳良好接地
探头进水	现象：烧毁探头	防止雨水从电缆、气管、接头、金属软管等处进入探头
氧电势信号线短路或者断路	现象： (1) 短路时氧量显示 20.6% 左右； (2) 断路时窜入干扰或者静电，氧量跳变或者显示一个不正常的数值	换电缆

故　障	现象、原因及判断方法	解决方法
电缆不合格	现象：情况复杂，可能出现氧量跳变、温度跳变、仪器带电等。 判断方法： 测试电缆线，检查开路、短路及绝缘	换电缆
感应和窜入干扰	现象：氧量或者温度跳变。 原因： (1) 周围有强烈的干扰源； (2) 仪器和探头间电缆太长	针对性解决
探头内电极接触不良	现象：氧量跳变或者显示一不正常的数值。 判断方法：探头接线盒处短时间断开连线（温度在650℃以上），测量电阻： (1) 阻值时有时无； (2) 电阻值大于10kΩ以上	(1) 换内电极； (2) 清洁锆管及电极接触点
探头过滤器堵塞	现象： (1) 氧量显示变化缓慢； (2) 通入标准气时仪器显示正确	(1) 从校验进气口通入150kPa压缩气体数分钟吹扫粉尘； (2) 拆下并清除过滤器灰尘
探头内气流通道堵塞或者锆头老化	现象： (1) 氧量显示不准且变化缓慢； (2) 通入标准气后，需数分钟或更长的时间显示才能接近标准气标称值	(1) 从校验进气口通入150kPa压缩气体数分钟吹扫粉尘； (2) 解体探头，清除内部灰尘污染（返回厂家）； (3) 换锆管
加热变压器内部短路	现象：仪器5A熔断器熔断（或者容量大于5A的自动开关跳闸）。 判断方法：关电源，拔下主电路板X4端子，测量变压器一次1、2脚（红线）电阻，正常值大于5.5Ω，测量变压器二次3、4脚（蓝线）电阻，正常值大于2Ω	(1) 更换加热变压器； (2)（或者）不使用加热变压器，使X4端子1、4脚短接，2、3脚短接，拨码置于特殊位置（见说明书）
探头内集聚水分、杂质及可燃物	现象： 在以下情况出现氧量接近0%或不正确： (1) 探头刚装上； (2) 探头从停炉冷态重新上电工作； (3) 探头从校验口通气进去时	(1) 用试验空气长时间冲洗探头，直到氧浓度显示接近21%； (2) 通电1～2天也会恢复正常； (3) 探头头部垂直（倾斜）向下安装使水分流出探头
仪器安装位置环境温度太高/主电路板虚焊/系统参数丢失	现象： (1) 显示跳变或超出测量范围； (2) 显示氧量值与毫伏值不对应。 判断方法： (1) 氧量仪器毫伏值（端子X3的1脚和2脚）和热电偶毫伏值（端子X3的3脚和4脚），毫伏值未发现跳变而氧浓度值温度值发生跳变； (2) 仪器打开门降温后故障消失可判断是环境温度太高	(1) 环境温度太高要将仪器移到环境温度比较低的地方； (2) 其他针对性解决

故　障	现象、原因及判断方法	解决方法
探头法兰密封不好/标准气孔未堵塞	现象： (1) 氧量数值比实际值偏高； (2) 氧量数值接近空气氧浓度 15％～21％	针对性解决漏气问题
校准参数非法	现象： 校准时，电池特性曲线的斜率超过 30～65mV/数量级或电池常数超过－50～＋10mV，仪器显示 invalid parameters	(1) 如果校准中无错误，锆管未断裂，则是探头老化，需换新探头； (2) 请记下每次校准前后校准参数的数值
自动开关容量不够	现象：开机时 220V 电源自动开关跳闸。 原因：开机时有较大的冲击电流	换 5A 以上的自动开关
电流负载带电源或者量程设置错误	现象： (1) 仪器电流输出（X3 端子的 7、8 脚）输出正确，但连接负载后用户方数据错误； (2) 输出电流与氧量显示不对应	用户负载必须无源。 (1) 仪器的量程和用户方的量程设置一致； (2) 仪器为有源输出，不需用户提供电源

五、氧量计的校准

1. ZO-4Ⅲ型氧量分析仪的校准

校验是在分析仪通电一段时间稳定后进行。

（1）量程校准：接近量程（10％）或环境空气（20.4 氧含量）、流量为 400～600mL/min 的标准气，通入检测器的标准气接口，观察氧量值的变化，待稳定后，通过功能键（FUNC）选择量程校正状态，调节上调键"∧"或下调键"∨"，使显示值与标准气体标称值相符，然后按下存储—测量键"S—M"以存储已设定的各个参数。

（2）零位校准：量程校准后，再通入低氧量标准气（1％氧含量）作标准气，观察氧量值的变化，待稳定后，通过功能键（FUNC）选择零位校正状态，调节上调键"∧"或下调键"∨"，使显示值与标准气体标称值相符，然后按下存储—测量键"S—M"以存储已设定的各个参数。零位、量程校准后，再重复校验直至零位、量程显示在仪表允许范围之内。

（3）以实际被测气体的氧含量附近的标准气（5％）通入仪表，可检验仪表的准确性。如果是新仪表，一般能满足准确性的要求，但使用一段时间后，达不到上述要求，需更换氧化锆元件。

校正结束，将带有橡皮垫圈的螺堵旋在检测器的标准气嘴上，撤去标气，旋紧钢瓶开关。

2. Ronyin1231 型氧化锆氧分析仪的校准

（1）传感器校准：由于材料和制造工艺等原因，反映每只探头的测量特征的参数并不完全相等。当经过一段时间的运行后，探头也会由于气体中杂质的污染等原因逐渐引入测量误差，因此需要对系统进行校准。仪器具有两种校准方式：

单点校准，即通一种标准气校准探头的电池常数。

两点校准，即通两种标准气校准探头的电池常数、斜率。两点校准使测量数据在全量程范围内真实、准确、可靠。

（2）仪器校准：仪器校准功能包括：

1）校准分析仪毫伏氧电势测量精度；

2）校准分析仪温度测量精度；

3）校准分析仪标准毫安电流输出精度。

第三节　氧量传感器的安装及使用维护

一、氧量传感器的安装

合理的安装是保证氧量传感器可靠运行的关键，许多使用问题均是由于氧量传感器安装不当造成的，一定要特别注意这一点，安装氧量传感器尽量考虑氧量传感器的安装要求：

1. 采样测量点

确定测量点是首要的工作。应遵循如下几项原则：

（1）选择的测量点要求能正确反映所需要的炉内气氛，以保证氧量传感器输出信号的真实性，尽量避开回风死角。

（2）测量点不可太靠近燃烧点或喷头等部位，这些部位气氛处于剧烈反应中，会造成氧量传感器检测值剧烈波动失真；也不要过于靠近风机等产气设备，以免电动机的振动冲刷损坏传感器。

（3）避免放在可能碰撞的位置，以免碰撞损坏探头，保证传感器的安全。

2. 氧量传感器的安装、连接方式

（1）HMP 氧探头的安装可采用水平或垂直方式，垂直安装是比较理想的安装方式。不管采用何种方式，探头采样管引导板的方向应该尽量正对被测气流的方向，在初始安装的时候可以通过了解工艺确定基本方向。最终确定比较好的引导方向，需要在系统通电加热探头以后，旋转采样管方向，使用数字万用表观察输出氧电势的波动情况来确定。

（2）氧量传感器安装所用接头为专用法兰接头。如有其他类型的接头，只要安装尺寸相同，符合密封要求也可替代本接头。氧量传感器的专用接头上，按要求需要配装石棉垫压接，以确保密封，否则因为一般炉内为负压，该处法兰接头处漏气会影响测量精度或造成信号波动。

（3）氧量传感器的信号引出线最好用屏蔽线，可以消除干扰。最佳方式是使用 2 根 2 芯电缆，一根 2 芯屏蔽电缆接氧电势输出信号，另一根 2 芯控制电缆接探头加热连接端。

二、氧量计的使用和维护

氧量计中的氧量传感器是一种很精密的检测装置，它的核心部件为陶瓷，而且长期在线工作，正确地使用和精心的维护对保证氧量传感器正常工作是非常必要的。

1. 连接加热控制

特别提醒：只有在氧量传感器连接了加热控制以后传感器才能正常工作，冷态下输出的是随机信号，不代表任何意义。氧量传感器在接入加热控制以后，在室温条件下即可开始正常的气氛检测。一般的探头调零就是在室温下，加热探头以后通过对空气的测量，用数字万用表测量此时探头输出毫伏值，此数值就是该探头的零位偏差数值，在显示仪表中需要加入该零位偏差来修正仪表显示的氧浓度。

2. 新装或更换氧量传感器时的注意事项

新装或更换氧量传感器时，均应校正氧分析仪的氧浓度显示值。不进行此项工作，更换新的传感器后，氧分析仪检测的氧浓度可能会与实际浓度产生偏差，从而影响生产。

3. 氧浓度的修正原理及方法

氧量传感器直接测量输出的是被测气氛的浓度与标准空气差电势数值，称为氧电势，该电势数值在零点（即空气测量）时不同的探头起始输出电势就存在偏差，而输出电势经过模型转换输出氧浓度时也可能存在误差，因此在氧分析仪中对探头信号进行标定修正就是很必要的工作，否则显示氧浓度与实际被测气氛的氧浓度就会存在较大偏差，满足不了现场生产的需要，甚至误导控制影响生产。

修正参数时可以参考理论数值，对应工程实际对测量系统进行相应调校。具体的修正一般通过标准气体标定进行，方法是将计量核定确认的标准气体通过标气口通入探头，测量此时输出氧电势及仪表显示氧浓度，仪表显示氧浓度应该与标准气体浓度相同，存在偏差则修正仪表线性参数；标准计量要求最少使用三种不同标准气体标定系统，这样经过三次标定重复修正好系统线性，保证系统正常工作。

4. 积尘对氧量传感器的影响及吹扫清除方法

由于氧量传感器是长期在线检测测量的器件，锅炉等设备（尤其是煤燃烧炉或者烧粉窑炉等）产生的粉尘会堵塞导气采样管道，造成测量的气氛数值失真甚至无法测量气氛。此时必须定期对采样管中的积尘进行吹扫处理，吹扫时间的长短视积灰程度确定，这种吹扫方法要求氧分析仪具有相应功能或者配套使用氧量传感器的维护装置，如果没有这些装置只能安装手动阀门控制压缩空气，或气泵定期通入吹扫口对探头进行除尘工作，但此时必须注意以下情况：

（1）由于在吹扫的过程中，氧量传感器的氧电势会下降，最低有可能会降到 $1\sim2\text{mV}$，这时检测的氧电势不代表炉内的气氛，此点必须要注意。

（2）吹扫空气的流量要保证能够去除积灰，吹扫过程中可注意氧量传感器的氧电势输出值。如果氧电势值始终没有下降，表明空气流量太小，积尘没有清理，应予以调节或者检查吹扫管道，可能吹扫管道已经堵死。

（3）吹扫口的通道是与炉内直接相通的，每次在吹扫完毕后，应关闭阀门堵死吹扫孔，防止因炉内负压空气进入，影响氧量传感器的检测。

由于工作现场环境下较为复杂，容易产生人为误操作。为了提高氧量传感器检测的准确性和使用寿命，降低人为操作失误，应采用氧分析系统，该系统可以定期进行吹扫，控制电磁阀定期通断吹扫。

在分析氧量传感器的好坏时应将其视为一个单独的检测部件。在检测氧量传感器的氧电势时应把与氧量传感器连接的所有导线断开，用高内阻的数字表在氧量传感器的输出端直接检测氧电势。通过检测氧电势，与正常使用时的数值相比较。

第二十六章 称重仪表及检修检定

称重仪表和其他仪表一样，只要熟悉它的结构原理和电路就可以进行维修。为了适应火力发电厂自动控制系统的需要，当今现场使用的称重仪表大多是电子式。一般的电子称重仪表都带有微型控制器或处理器，这说明电子称重仪表都是有程序的。如果微控制器或处理器出现问题，可以由制造商提供技术支持，因为仪表的电路各式各样，每种电路都有自己专门的应用程序，只要微处理器（主要是软件）的问题解决了，其他问题就容易解决了。

第一节 概　　述

一、电子称重仪表的一般结构

电子称重仪表按照信号源的种类一般分模拟称重仪表和数字称重仪表。下面简单地介绍一下两种仪表的结构原理。

1. 模拟称重仪表

模拟称重仪表接收的是模拟信号，秤体使用的是模拟传感器。模拟称重仪表一般包含小信号放大电路、A/D 转换部分、微型控制器或处理器、显示电路、键盘、数据输出部分（包括并口输出或串口输出）、其他外设（如电流环输出、模拟输出、干接点输出等）。

传感器或信号源输出的信号是比较小的，一般为 0～2mV，A/D 转换无法处理这么小的信号，所以要通过小信号放大电路将其放大，也有的 A/D 转换芯片内置放大电路，这样可以省去小信号放大部分。小信号经过放大后经过 A/D 转换电路将模拟信号转换为数字信号，然后输出给处理器。处理器将数据进行数字滤波和其他算法处理后，将数据输出到显示电路和其他输出外设。

2. 数字称重仪表

数字称重仪表接收的是数字信号，所以只能接数字传感器。数字传感器有很多种，协议也各式各样，但都是通过 RS422 或 RS485 通信。比较有名的有德国的 HBM，日本的久保田传感器，国内的有 DMP，金钟衡器的金钟 SP 型传感器。数字称重仪表不需要小信号放大电路和 A/D 转换部分，这些功能都在数字传感器中完成。数字称重仪表的功能就是提供和数字传感器对应的通信接口和协议，并且包括显示电路、键盘、数据输出部分（包括并口输出或串口输出）、其他外设（如电流环输出、模拟输出、干接点输出等）。

二、电子皮带秤

一般电子皮带秤主要由承重装置、称重传感器、速度传感器和称重显示器组成。

电子皮带秤承重装置的秤架结构主要有双杠杆多托辊式、单托辊式、悬臂式和悬浮式 4 种。双杠杆多托辊式和悬浮式秤架的电子皮带秤计量段较长，一般为 2～8 组托辊，计量准确度高，适用于流量较大、计量准确度要求高的地方。单托辊式和悬臂式秤架的电子皮带秤的皮带速度可由制造厂确定，适用于流量较小的地方或控制流量配料用的地方。

电子皮带秤是皮带输送机输送固体散状物料过程中对物料进行连续自动称重的一种计量设备，它可以在不中断物料流的情况下测量出皮带输送机上通过物料的瞬时流量和累积流量。

电子皮带秤基本工作原理：

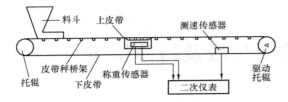

料斗 上皮带 测速传感器

皮带秤桥架 称重传感器 驱动托辊
托辊 下皮带 二次仪表

图 26-1　电子皮带秤原理示意图

电子皮带秤系统主要由五个部分组成：皮带秤桥架、称重传感器、测速传感器、二次仪表（称重变送器和积算器），其工作原理如图 26-1 所示。

将装有称重传感器的称重桥架，安装于皮带输送机的纵梁上，通过称重传感器支撑的桥架和称重托辊检测皮带上的物料重量，产生一个正比于皮带载荷的电输出信号。同时速度传感器装在皮带机的反面皮带上，产生一系列脉冲信号，每个脉冲代表一个皮带长度，脉冲的长度正比于皮带速度。二次仪表积算器将以上两种信号用积分的方法，把皮带速度和皮带负荷（m/s×kg/m）进行积算，在显示屏上分别显示出瞬时流量和累计重量。

三、轨道衡

轨道衡的系统组成包括称重台面和软件部分。称重台面由机械称重台面、电气控制系统及铁路线路和称重台面基础组成，系统信息由上述各环节按序串联传递，各部分相辅相成，紧密联系。

机械称重台面由承重主梁、抗扭装置、（纵横向）限位装置、过渡装置及引轨、传感器支座及基础预埋件、轨道电路装置和装置接地装置构成。

电子及电气控制部分采用先进的大规模集成电路微电子元件和计算机技术，高速采样通道技术，设计标准规范。

轨道衡的工作原理框图如图 26-2 所示。动态电子轨道衡由机械台面（直接承受机车车辆载货）及测量控制部分（电控部分）组成。当被称车辆通过称量台面时，传感器感受到车辆载荷，并将其转化为对应电压信号，传到测量控制部分（简称通道），并由它将传来的模拟信号经放大和滤波，经 A/D 转化得到相应的数字信号，然后送入计算机系统，经计算机系统的称重软件对采集的数据进行波形判断。数字滤波等处理后得出称量值，最后显示及输出。

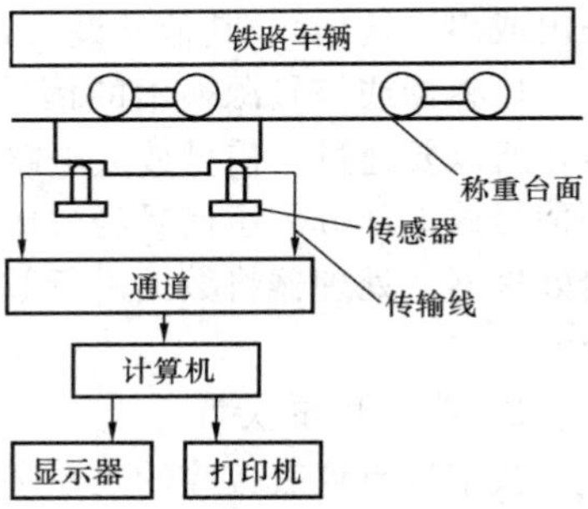

铁路车辆

称重台面
传感器
传输线

通道

计算机

显示器　打印机

图 26-2　轨道衡的工作原理框图

四、汽车衡

SCS 系列电子汽车衡是一种以电阻应变式称重传感器为力—电转换元件，采用微处理机控制，对汽车进行动静态称重的自动化计量设备。该系统具有自动化程度高、性能可靠、计量精度高、操作简单、维修方便等特点。

系统工作原理：系统利用电阻应变式传感器完成力—电转换，由称重显示控制系统在工作软件支持下完成称重计量的全部工作。当汽车被称量时，台面完成力及力的传递工作，传感器在供桥电源的支持下将重量信号转换成电压信号送入模拟通道，经放大器放大滤波，A/D 转换后，送入计算机进行处理，最后显示和输出，其逻辑框图如图26-3所示。

汽车衡为静态称量系统由机械秤台、称重传感器及称重显示控制系统组成，各

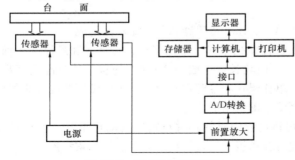

台　　面

传感器　传感器

显示器

存储器　计算机　打印机

接口

A/D转换

电源　前置放大

图 26-3　汽车衡逻辑框图

部分主要结构功能和特点简述如下：

机械秤台部分：机械秤台为静态称量台面，机械秤台由四只传感器支撑，秤体的主要结构是由钢柱将各个秤体搭接成称重台面。其主要特点是传感器和承重作用面保持在同一水平面，不仅重心低、复位好、传感器受力好，而且秤体强度高、稳定性好，安装方便、便于维护。

传感器部分：传感器是完成力—电转换的关键部件。

微处理机控制系统：该系统电气部分由微机硬件系统、软件系统及通道部分构成。可实现的控制功能如下：

（1）称重结果可长期存入磁盘保存。

（2）可根据需要编制计量物资的管理程序，对其进行统计报表等。

（3）用户可根据需要选择不同打印表格的形式。

（4）每次称重具有自动零点跟踪、自动除皮等功能。

（5）可实现远距离数据传输，形成计算机通信网络。

五、核子秤

核子秤是采用核称量传感器的电子称量装置，由于它具有如下的优点：

（1）不受物料的理化性质的影响，不受皮带颠簸、张力和刚度变化、振动、厚薄、惯性等因素的影响。

（2）动态测量精度高、性能稳定、工作可靠。

（3）结构简单，安装维修方便，通常可以不影响输送机的正常工作，进行安装和调试。

（4）能在高温、粉尘密集等恶劣的环境条件下工作。因而在原料场、烧结、配煤等过程中应用日渐增多，它除焦带输送机外，还可以用于螺旋式、刮板式、履带式和提斗式等各种形式的输送机中。

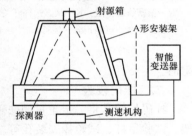

图 26-4　核子秤原理图

核子秤的结构原理如图 26-4 所示。A 形架用来支撑核称重传感器，它安装在输送机上，测速机构采用测速发电机。智能变送器对荷重信号进行 A/D 转换、数据处理输出 8 位 LED 显示信号。显示瞬时流量、负载流量和累计重量；输出 0～10mA 或 4～20mA 信号，用于系统控制。

核子秤的安装要保证放射线与皮带垂直，即核秤 A 形支架与输送机中心线垂直，且输送机位于支架中心，左右距离相等。

第二节　电子皮带秤的检定与校验

电子皮带秤在使用过程中需要定期进行检定和校验，才能确保其称重精确度。

皮带秤的检定是为查明和确认皮带秤是否符合法定要求的程序，它包括检查、加标记和（或）出具检定证书，是由得到授权或认可的机构和人员依法从事的测试活动。校验则是在皮带秤使用现场或定型的试验场所对完整的皮带秤进行的性能试验。检定分首次检定、后续检定和使用中检验。首次检定是对未曾检定过的皮带秤所进行的一种检定；后续检定是皮带秤首次检定后的任何一种检定方法，后续检定包括强制性周期检定、修理后检定、周期检定有效期内的检定；使用中检验是为检查皮带秤的检定标记或检定证书是否有效、保护标记是否损坏、检定后皮带秤是否遭到明显改动，以及其示值误差是否超过使用中最大允许误差所进行的一种检查。校验分物料试验、模拟校验和模拟载荷试验。物料试验是采用皮带秤预期称量的物料，在皮带秤使用现场或典型的校验场所对完整的皮带秤进行的一种试验；模拟校验是在无皮带输送机的情况下，采用标准砝码对完整的皮带秤组成的校验装置进行的一种校验；模拟载荷试验是在皮带秤使用现场，采用模拟载荷装置模拟物料通过皮带秤（具有皮带输送机）的一种试验。模拟试验和模拟载荷试验通常不能直接确定皮带秤的精确度，但是它对确定皮带秤的重复性和稳定性很有帮助。像模拟校验和模拟载荷试验这样的能检验皮带秤某些性能的装置被称为运行检验装置。

现在采用的运行检验装置进行的校验有电信号校验、挂码校验、小车码校验、链码校验、循环链码校验等。

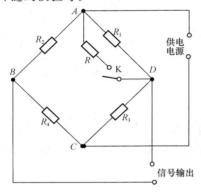

图 26-5　电信号校验

R—精密线绕电阻；K—状态选择开关

（合—试验；分—运行）

一、电信号校验

电信号校验就是由累计器内部产生一个模拟称重传感器输出的毫伏信号，以进行电子皮带秤模拟校验的一种方法，具体做法可在称重传感器电桥的一条臂上并接一个精密的线绕电阻 R（见图 26-5），并用状态选择开关 K 进行切换。皮带秤在"运行"状态时，开关断开线绕电阻 R 与电桥的一个接线点，称重传感器在物料重量的作用下产生变形，桥臂各个电阻的阻值发生变化，桥路不平衡，输出一个毫伏信号到累计器；皮带秤在"试验"状态时，虽然皮带秤上并无荷重，但是开关把线绕电阻 R 接入桥路，使得桥路不平衡，也输出一个毫伏信号到累计器。如果在物料重量 P 作用下称重传感器的输出信号等于空载而线绕电阻 R 阻值接入桥路时称重传感器的输出信号，那么 P 就是线绕电阻 R 电阻值的等值荷重。一般情况下，根据额定负荷来选取线绕电阻 R 的电阻值。

二、挂码校验

挂码校验是将一定重量的砝码挂在秤架上的某个部位进行试验的方法，这些部位可以是试验架、试验吊杆、试验棒安装孔等。有些棒状砝码是安放在专用的试验架或放入安装孔进行挂码校验，图 26-6 所示是将校验砝码 3 通过吊钩 2 挂在砝码吊杆 1 上进行挂码试验的示意图。

当皮带输送机处于静止状态时进行的挂码试验称为静态挂码，在启动皮带输送机情况下进行的挂码校验称为动态挂码。静态挂码用于不带位移传感器的皮带秤或累计器有模拟位移传感器输出功能的皮带秤，动态挂码适合于各种皮带秤。动态挂码的优点是试验结果反映了皮带输送机运行状态下的部分干扰，如皮带重量变化、皮带张力变化的干扰，因而比静态挂码更接近实际物料输送状态。

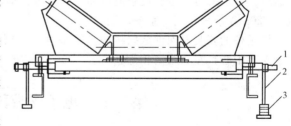

图 26-6　挂码校验

1—砝码吊杆；2—吊钩；3—砝码

三、小车码校验

小车码的结构形式像一个 4 轮小车，每 2 个滚轮由轴连接成前轮或后轮，前后轮则由伸缩连杆连成一个整体。前后轮的中心有一个砝码架，可加挂标准砝码，以改变小车码的总重量，前后轮上还有拉线杆可拉绳索以固定小车码。前后轮的结构完全相同，重量相等且通常为千克的整数倍。由此可知，小车码主要用于单托辊秤的试验，将小车码的前后轮安放在单托辊秤称重托辊的上方，左右各一个，通过伸缩连杆长度的调整，使小车码前后轮的中心距等于单托辊秤的称量段。由受力分析可知，只要小车码前后轮的中心距与单托辊秤的称量段相等，前轮与后轮相对于称重托辊位置的变化不影响校验精确度。

四、滚链校验

滚链校验装置所用的链码如图 26-7 所示。其结构包括拉孔、链片、滚球、碟螺母、分割链片及轴。

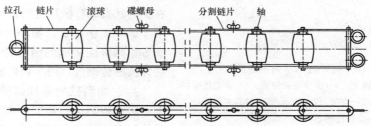

图 26-7　标定链码结构示意图

滚链校验装置的结构见图 26-8，它是由许多重量相等的滚轮 3 通过间距很近的链板 5 连接成一整条链子。试验时，把滚链安放在皮带 4 的上方，两端通过固定绳 2 固定在立柱 1 上，当皮带输送机启动后，滚轮 3 即在皮带 4 上原地转动，以模拟物料随皮带运动。滚轮 3 内装有轴承，使之转动灵活，滚轮两侧有端盖，以便密封。

五、循环链码校验

1. 循环链码的结构及工作原理

循环链码与带式输送机及皮带秤的位置关系如图 26-9 所示。

图 26-8　滚链校验装置的结构
1—立柱；2—固定绳；3—滚轮；
4—皮带；5—链板；6—固定环

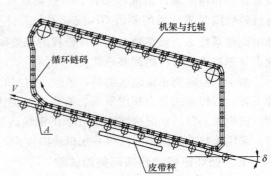

图 26-9　循环链码与带式输送机及皮带秤的位置关系示意图

循环链码是一种新型模拟载荷试验装置。它主要由标准重量循环码块组成的码块链条、皮带秤链码托辊及支架、主辅升降系统、称重传感器、位移传感器、校验累计器及控制系统组成，如图 26-10 所示。

2. 循环链码校验步骤

校验时，启动皮带机，操作升降系统 5 工作使码块链条 2 在下降状态，部分码块自动降落在皮带秤的秤架 3 附近的皮带上，码块链条 2 随着皮带的移动循环通过称量段，码块的重量作用在

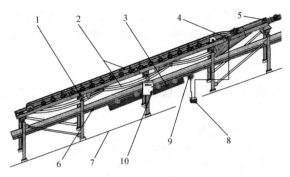

图 26-10　循环链码结构示意图

1—支架；2—码块链条；3—皮带秤的秤架；4—称重传感器；
5—升降系统；6—皮带；7—地面；8—检验累计器；
9—位移传感器；10—电控箱

称量段上，皮带秤累计器得到循环链码通过秤架的累计重量。与此同时，检验累计器 8 也累计循环链码作用在称量段的重量，将检验累计器的累计值与皮带秤累计器累计值进行比较，就可以确定皮带秤累计器累计值误差，从而完成校验工作。当升降系统 5 工作在提升状态时，循环链码自动提升离开皮带，整个试验工作结束。循环链码是由数百个标准重量码块连接成的闭合链条，标准重量码块为精密铸钢件，用于数控机床加工。

六、物料砝码叠加试验

研究新型运行检验装置，突破点应该是新装置全面具备实际物料称重过程的特点外，还应该具备"物料是施加在整条皮带的承载段上"这一特点。

采用棒状物料砝码叠加试验的基本原理见图 26-11。

在一台皮带机上安装 2 台性能相同的皮带秤（被检皮带秤 2 和检定皮带秤 4），两台皮带秤相距 2～3 组托辊的距离，并事先将两台秤的误差值和误差方向调整在基本相同的范围内，试验时正常输送物料 3，并在检定皮带秤 4 的承载器上加标准载荷（棒状砝码）6，此时被检累计器和检定累计器同步累计，并获得皮带运行整数圈时累计量的差值 G；按有关公式计算出调整系数 K，该系数为检定皮带秤的调整系数。由于 2 台皮带秤此时的误差相同，因此该系

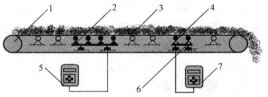

图 26-11　采用棒状砝码的物料砝码叠加试验

1—皮带输送机；2—被检皮带秤；3—物料；
4—检定皮带秤；5—被检累计器；6—棒状砝码；
7—检定累计器

数也等于被检皮带秤的调整系数。

由于试验时仍正常输送物料，虽然所附加的标准载荷（棒状砝码）是属于集中荷重并加在皮带下方，对秤架的受力和皮带张力有影响，但由于在试验时仍正常输送物料，其影响是比较小的。皮带张力总的状况应该更接近于正常输送物料的状况。所以在秤架的特性稳定的前提条件下，采用棒状砝码的物料砝码叠加试验的性能，应稍稍优于循环链码试验。

七、循环链码物料砝码叠加试验

循环链码进行物料砝码叠加试验，可在皮带输送机空载情况下试验，也可在皮带输送机正常输送物料情况下试验，技术参数为：皮带秤计量准确度 0.1%～0.2%，校验准确度优于 0.1%。试验过程大体与采用棒状砝码的物料砝码叠加试验相似。

与采用棒状砝码的物料砝码叠加试验比较，所附加的标准载荷由棒状砝码改为循环链码，见图 26-12。虽然棒状砝码的结构远较循环链码简单，但采用循环链码可以克服棒状砝码的集中荷重且荷重加在皮带下方的缺点，应该说它几乎能完全满足实际物料称重过程的要求。在秤架的特性稳定的前提条件下，采用循环链码的物料砝码叠加试验，物料砝码叠加试验的性能应该稍稍优于采用棒状砝码的物料砝码叠加试验，当然其性能应该优于单纯的循环链码试验。

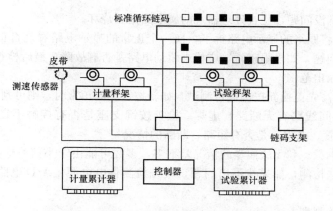

图 26-12　采用循环链码的物料砝码叠加试验

第三节　电子称重仪表的检修

一、电子称重仪表的一般故障及维修方法

了解了电子称重仪表的基本结构原理，如果有一些电子电路的基本知识（会看电路图），就可以进行电子称重仪表的维修了。无论是维修仪表还是其他的电子产品一般都有两种思路，一种是针对故障现象来判断出问题的电路，这是常用的方法，而且往往是有效的。如果是较复杂的电路，这种方法往往会造成误解，结果反而事倍功半。这时需要用第二种方法——排查法。排查法就是按照正常的检测手段逐一排查，最后找到问题的所在。排查法的步骤如下。

（1）首先要检测电源。电源是整个电路工作的主要激励，在检查电路之前首先要检查供电电源是否正常。

（2）其次检查输入部分，也就是小信号放大部分。将信号输入端接至信号源，调节信号源的输入大小，看放大之后的电压是否按照规律变化。

（3）检查处理器是否工作。用示波器测试晶振有没有起振，测试各个点的输出是否正常。

（4）检查驱动电路和其他输出电路。在维修过程中，我们要用到目测、部件排除、确认维修等方法的相互结合运用来完成维修工作。只要确认了哪部分电路出现故障、损坏程度，就可以进行下一步方案解决问题。经过这些步骤基本上能找出问题的所在。下面介绍一下电子称重仪表常见的故障及解决方法。

1）称重物移除后无法回到零点的故障分析。检查传感器输出信号值是否在标准内（A/D的总放大码/使用内码范围/底码范围），如果信号值未在标准内，调节传感器可调电阻，将信号值调到标准内。如无法补偿可检查传感器是否有问题，在保证传感器输出正常（秤体稳定）情况下，锁定仪表故障，一般是放大电路及 A/D 转换电路发生问题，再依据电路原理逐一判断测试分析，以最终解决问题。

2）称量不准确的故障分析。观测内码值是否稳定，传感器各部位是否有摩擦现象，稳压电源是否稳定，运放电路是否正常，使用砝码测试秤盘四脚秤量是否平均。依照说明书指示，进一步做仪表局部分析或重量校正。

3）无法开机的故障。先确定非熔断器、电源开关、电源线及电压切换开关的问题所造成，检查变压器有无交流电压输入及交流电输出。如果仪表带有电池将电池取下再以 AC 电源开机，以了解是否是电池电压不足所造成的。其次再检测整流电路、稳压电路以及显示驱动电路是否出现异常，如果这些都没问题，检查处理器及附属电路是否烧坏。

4）显示乱码。将原来的显示电路拆下，换一个正常的显示电路看是否正常。如果显示正常说明显示电路出现问题。如果不正常，应检查驱动电路是否有故障，最后检查处理器显示输出的引脚是否在合理的输出范围。

5）按键不好用。先更换新按键进行测试，如新按键功能正常时，则可判定为按键接触不良，测量按键与CPU之间线路有无断路、虚焊。检查按键支座是否有接触不良现象。测量按键与CPU回路上的二极管、电阻等是否有短路、断路的情况。

（5）无法称到满载。和无法回零的情况差不多，多数可能由于小信号输入范围发生了改变。按照无法回零的方法检测，如果找不出问题，就先检测供电电源、A/D电路是否正常，再检测传感器输出。

（6）传感器故障判别方法。

1）静态测量法：使用万用电表之欧姆挡，分别测量传感器之"E+"对"S+"、"S−"（或是"E−"对"S+"、"S−"也可）阻值是否相同，一般而言误差在 0.5Ω 以上就需做补偿，如误差过大（2Ω 以上）则建议更换传感器。

2）动态测量法：将传感器接线正确地接回主机板，使用数字万用表（四位半以上较佳）之DCV挡上，测量"S+"对地与"S−"对地之电压是否相等（最好是0误差），如不相等需做传感器补偿。

（7）传感器补偿。传感器输出信号过高加一电阻器在传感器的"E+"、"S−"之间，使信号值到正常范围（电阻值越低，传感器输出信号越低）。传感器输出信号过低或"−ERR"加一电阻器在传感器的"E+"～"S+"之间，使信号值到正常范围（电阻值越低，传感器输出信号越高）。检测A/D电路放大码的方法：把电子秤调试到内部设定状态（使之显示当前的内码状态）施加满称量砝码，记录此放大码值，它们的关系是底码值＋满称量放大码＋安全区码。

（8）数字仪表的故障分析。数字仪表维修比较简单，只需要检测供电电源电路、通信电路、CPU微处理电路及储存电路和显示电路就可以了。依据说明书的说明提示，对不同错误现象和实际测量结果进行问题判断解决，前提是保证数字传感器的性能正常。

二、电子称重仪表的使用注意事项

称重仪表也叫称重显示控制仪表，都属于精密仪器仪表一类，在安装、使用、维护上都必须按说明书中的要求去做，才能确保仪表的安全、正常、准确，否则可能导致仪表损坏，或缩短其使用寿命。同时在使用称重仪表时必须要注意自身的安全，以下十三点注意事项，需要认真对待，能够很好地保护称重仪表和自己，并且对仪表的使用年限大大提高。

1. 安装

一般应选择清洁、干燥、通风、温度适宜的环境放置仪表。仪表位置应固定，不要经常移动，否则可能导致信号电缆插头内部引线脱落而产生故障。

2. 电源

称重仪表大多使用220V交流电源，电源电压变化范围一般为187～242V。在变更电源线路后切记先要测量电压是否符合要求，才能给仪表通电。假如误把380V电源通到仪表上可能会引起损坏。插拔仪表与外部周边设备连接线前（如传感器、打印机、大屏幕连接线等），必须先切断仪表及相应设备电源。

3. 接地

称重仪表应连接独立且良好的接地线（接地电阻小于 4Ω，接地引线应尽量地短）。接地线既具有保护操作人员人身安全，同时也具有重要的抗干扰作用，能确保仪表稳定地工作。地线连接在仪表电源插座上，若把仪表地线接在公共的强电保护地线上，这样可能会对仪表产生电源干扰，使仪表显示值波动。

4. 防晒

应避免阳光直射在仪表黑色外壳上，否则有可能会使仪表工作环境超过额定温度范围而损坏。而且需要干燥的地方，以增加仪表的寿命。

5. 防水

一般情况下，仪表工作环境的湿度虽可达 95%，但都规定不能产生结露。特殊的具有防水功能的不锈钢外壳仪表除外。

6. 防腐

腐蚀性物质不能渗进仪表内部，否则会对线路板上的器件和线路板本身产生腐蚀，时间一长，可能会使仪表报废。即使是具有防腐功能的仪表，如果封闭不严，也会有同样的结果。不要在有可燃性气体、可燃性蒸汽及有压力容器罐装系统等易燃易爆的场合使用。

7. 防雷击

电子衡器属于弱电系统，容易受到雷电的袭击而损坏部件。雷电主要从两个方面进入仪表：由电源线导入和由秤台经信号缆导入。在正常天气下，操作人员只要操纵电源开关即可，但在可能发生近距离雷击的情况下，必须拔下仪表电源插头及秤台信号电缆插头。

8. 防强电

220V 以上的电源相线意外地搭到秤台或利用秤台作地线，在秤台上进行电焊操作都有可能损坏仪表。

9. 清洁

在工业环境下，仪表外壳上会有积灰或受到污染，必须在断电情况下经常用湿抹布擦干净。但要注意不能用酒精等溶剂擦拭显示窗，这样会使透光性能变坏，显示模糊不清。

10. 防静电

一旦仪表损坏，就要送修。有的单位为了使调运的周期缩短，经常把仪表的 PCB 板拆下来，用特快专递邮寄，这就产生防静电的问题。取 PCB 板时要手持板的四角，切勿用手摸到有集成块引脚的地方。

11. 防振动

仪表运输时，最好放在原包装箱中，或采取合适的防振动措施。

12. 防爆

如果仪表使用在复合型或本安型防爆系统中，应遵循防爆的有关规定。

13. 相关人员的素质能力

电子称重仪表是一种比较先进的称重系统，应由经过培训的人员专门负责操作和维护。目前大部分称重仪表都通过软件上的参数设定和校正来确定衡器的功能及性能。一旦这些参数被随意更改，就可能影响称量的准确性及功能（如不打印或不通信等）。所以，确定操作人员和维护人员各自的职责也是十分重要的。

三、提高电厂称重仪表计量精确度的途径

电厂的称重仪表主要用于煤量的计量和统计。为了提高计量设备的精确度，减少计量误差，在现场工作中，首先要保证计量设备的安装符合使用要求；还要保证计量设备（或计量系统）的安装技术标准及其运行的稳定性；再则就是要加强对计量设备的维护和选择正确校准方法及制定合理的检定周期。

1. 提高系统的安装精度

在安装计量设备时，首先要根据计量设备的技术要求合理选址，满足计量设备的工作要求；另外对多点给料或输送带较长容易跑偏的输送机要有防止皮带跑偏的补救设施。

2. 正确使用和维护

（1）要经常清除灰尘，特别是电子皮带秤承重架上的灰尘和核子秤秤架上的灰尘；

（2）要经常检查传感器的测速轮工作是否正常，有无打滑现象；

（3）要经常清理仪器仪表内的积尘；

（4）要保证计量设备有良好的接地；

（5）要按规定要求定期进行校准或标定。

第二十七章　执行器（执行机构）及其检修

第一节　执行器（执行机构）概述

对于执行机构最广泛的定义是：一种能提供直线或旋转运动的驱动装置，它利用某种驱动能源并在某种控制信号作用下工作。执行机构使用液体、气体、电力或其他能源并通过电动机、气缸或其他装置将其转化成驱动作用。

执行器在自动控制系统中的作用相当于人的四肢，它接受调节器的控制信号，改变操纵变量，使生产过程按预定要求正常执行。执行器由执行机构和调节机构组成。执行机构是指根据调节器控制信号产生推力或位移的装置，而调节机构是根据执行机构输出信号去改变能量或物料输送量的装置，而调节机构是根据执行机构输出信号来改变能量或物料输送量的装置，最常见的是调节阀。在生产现场，由执行器直接控制工艺介质，若选型或使用不当，往往会给生产过程的自动控制带来困难。因此执行器的选择、使用和安装调试是个重要的问题。

一、执行器分类

执行器按其能源形式分为气动、电动和液动三大类，它们各有特点，适用于不同的场合。随着近几年来科学技术的不断发展，各类执行机构正逐步走向智能化的道路，而其中专门和气动执行器配套使用的智能阀门定位器和全电子电动执行器的出现更加速了执行机构智能化的发展，为执行器的应用开辟了新天地。

常用执行机构的类别和名称如表 27-1 所示。

表 27-1　　　　　　　　　　　常用执行机构的类别和名称

类　别	名　称
电动执行机构	电动角行程执行器
	电动直行程执行器
	电磁阀
气动执行机构	气动薄膜执行器
	气动长行程执行器
液动执行机构	液动执行器

1. 液动执行器

液动执行器推力最大，一般都是机电一体化的，但比较笨重，所以现在使用不多。但也因为其推力大的特点，在一些大型场所因无法取代而被采用，如三峡的船阀用的就是液动执行器。

2. 气动执行器

气动执行器的执行机构和调节机构是统一的整体，其执行机构有薄膜式和活塞式两类。活塞式行程长，适用于要求有较大推力的场合，不但可以直接带动阀杆，而且可以和蜗轮蜗杆等配合使用；而薄膜式行程较小，只能直接带动阀杆。其执行器分为正作用和反作用两种形式，所谓正作用就是信号压力增大，推杆向下；反作用形式就是信号压力增大，推杆向上。这种执行机构的输出位移与输入气压信号成正比例关系，信号压力越大，推杆的位移量也越大。当压力与弹簧的反作用力平衡时，推杆稳定在某一位置，气动执行器又有角行程气动执行器和直行程气动执行器两种。随着气动执行器智能化的不断发展，智能阀门定位器成为其不可缺少的配套产品。智能阀门定位器内装高集成度的微控制器，采用电平衡（数字平衡）原理代替传统的力平衡原理，将电控命令转换成气动定位增量来实现阀位控制；利用数字式开、停、关的信号来驱动气动执行机构的动作；阀位反馈信号直接通过高精确度的位置传感器，实现电/气转换功能。智能阀门定位器具有提高输出力和动作速度、调节精确度（最小行程分辨率可达±0.05％）、克服阀杆摩擦力、实现正确定位等特点。正是因为这些配套产品的不断智能化，才使得气动执行器更加智能化。

由于气动执行机构有结构简单、输出推力大、动作平稳可靠、安全防爆等优点，在化工、炼油等对安全要求较高的生产过程中得到广泛的应用。

3. 电动执行器

电动执行器的执行机构和调节机构是分开的两部分，其执行机构分角行程和直行程两种。电动执行器接受来自调节器的直流信号，并将其转换成相应的角位移或直行程位移去操纵阀门、挡板等调节机构，以实现自动调节。

电动执行机构安全防爆性能差，电动机动作不够迅速，且在行程受阻或阀杆被扎住时电动机容易受损。尽管近年来电动执行机构在不断改进并有扩大应用的趋势，但从总体上看不及气动执行机构应用的普遍。

随着自动化、电子和计算机技术的发展，现在越来越多的电动执行机构已经向智能化发展。一些厂家在引进国外技术的基础上设计的新产品，采用了双 CPU、电子限力矩保护、电子行程限位、数字式位置发送器、相位自动鉴别、红外线遥控调试以及故障诊断、自动切换处理多种保护措施等关键技术，提高了产品的稳定性、可靠性和精确度等级。它已通过防爆及射频干扰、静电放电、快速瞬变脉冲群等试验，基本误差小于±1.5％，回差为 1％，外壳保护等级为 IP65，使用环境温度为 -25～70℃，这些指标均已达到国际先进水平。智能电动执行机构是一类新型终端控制仪表，它根据控制电信号直接操作改变调节阀阀杆的位移。由于人们对控制系统的精确度和动态特性提出了越来越高的要求，电动执行机构能够获得最快响应时间，实现控制也更为合理、方便、经济，因而受到用户的欢迎。它还可免去选用气动执行机构必需配置良好气源设备和安装气路管线的麻烦。

二、执行器（执行机构）的检查项目

（1）执行器外观完好，无零部件短缺、松动、变形等现象。

（2）角行程执行器与其固定底座连接牢固，与主设备的各连接件动作灵活；直行程执行器与阀门等主设备连接牢固，执行器无松动现象，全行程动作灵活。

（3）执行器的电缆连接规范，端子（或插头）接线紧固。

（4）带有就地显示（或开度指示）装置的执行器，其显示内容（或状态指示）正确。

（5）带有就地操作按钮的执行器，就地"开/关"操作执行器动作正常，执行器参数（或功能）设置完好。

（6）带有"远方/就地"切换装置的执行器，要检查其切换功能是否正常。

（7）带有就地手轮操作的执行器，就地手动操作全行程动作灵活，无卡涩、不动等异常现象。

（8）控制室（或远方）操作执行器动作情况检查，执行器在控制室（或远方）操作时动作应灵活，其行程应与阀门（或挡板）的全行程相对应。带开度指示的执行器，其位置反馈显示应与阀门（或挡板）的实际开度相对应。

（9）执行器减速机构的润滑油（或润滑脂），符合执行器使用维护说明书的要求。

（10）电磁阀执行机构要检查其电缆连接规范，接线正确牢固，线圈阻值和绝缘符合要求。电磁阀所带的执行部分动作灵活可靠，与其相关的部件（如过滤器、雾化器等）完好。

（11）气动执行要检查过滤器、电/气定位器、气/气定位器、位置反馈装置等部分工作正常，各连接机构动作灵活可靠。气源压力正常，定位器的输入、输出正常，带手轮的执行器手轮操作灵活。

（12）电液执行器要检查伺服阀、闭锁阀、快开阀、快关阀、位置反馈等电气部分完好，各电磁阀线圈的阻值、绝缘符合要求，电磁阀的插头安装牢固（带紧固螺栓的要将螺栓上好）。各电磁阀和执行机构动作灵活可靠。位置反馈信号正确，电磁阀装置与执行机构的连接处无渗漏现象。

三、执行器（执行机构）的日常检修项目

1. 电动机部分的检修

（1）测量三相电动机定子线圈的阻值，其三相阻值平衡。

（2）检查测量三相电动机定子线圈的绝缘，线圈绝缘和对地（或对外壳）绝缘良好。

（3）测量单相电动机定子线圈的阻值，电动机正、反转引线与公共端引线的阻值平衡。

（4）检查测量单相电动机定子线圈的绝缘，线圈绝缘和对地（或对外壳）绝缘良好。

（5）检查测量单相电动机的移相电容完好。

（6）电动机定子线圈的阻值不平衡，线圈绝缘不符合要求时，要对电动机定子线圈进行修理。

（7）对三相（或单相）电动机进行解体，解体前要做好标记，以便于电动机的回装。对电动机的各部件进行清扫，保持各部件的清洁。

（8）对电动机的转子进行检查，应无磨损、弯曲等不良现象。

（9）对电动机转子的轴承进行清洗、检查，轴承转动灵活，无磨损等不良现象。轴承清洗、检查后，上润滑脂回装。

（10）电动机回装后检查各部件安装牢固，其转子转动灵活，无摩擦等不良现象。电动机定子线圈的阻值和绝缘良好，接线端子完好，短接片连接正确。

（11）电动机检修后要进行单独通电试验，检查电动机正、反转情况，电动机正、反转动应灵活无异常现象。

2. 减速机构的检修

（1）根据执行器使用维护说明书，减速机构在其正常使用年限内，不出现故障或异常现象时，减速机构不需解体检修。

（2）根据执行器使用维护说明书，减速机构使用达一定年限后，或者减速机构出现问题（如齿轮、铜套、螺杆等磨损），则减速机构需整体（或局部）解体检修。

减速机构的解体方法及步骤，应根据其说明书进行，注意其拆卸顺序，解体时不应损坏其零部件。

（3）减速机构解体后要对其零部件进行清洗，并且检查每个零部件的磨损情况。当零部件磨损严重、有裂纹或出现不正常现象时，要对其进行修理或更换。

（4）减速机构的零部件清理干净并检查完后，要对其进行回装。回装时要注意零部件的回装顺序，该加油的地方必须加润滑油或润滑脂。零部件回装时的松紧程度配合要适当，固定部分要牢固，转动部分要灵活。

（5）减速机构回装完毕后，要对其进行检查和试验，检修后的减速机构应达到或接近原执行器的要求。

3. 电气控制部分的检修

（1）执行器的终端开关检查，"全开、全关"信号终端开关动作灵活可靠，接点闭合、断开正确，终端开关引线绝缘良好。

（2）执行器的力矩开关检查，"开、关"力矩信号的开关动作灵活可靠，接点闭合、断开正确，力矩开关引线绝缘良好。

（3）执行器接线端子的检查，其接线端子（或插头）固定应牢固，内部接线正确，连接良好，排列整齐，绝缘符合要求。

（4）执行器内若带有控制电路板，应对其进行检查、清灰。电路板安装应牢固，电路板上的元器件外观应正常，无松动、过热等不良现象。

（5）带有位置反馈装置的执行器，要对其位置反馈部分进行检修。电路板及零部件应无异常现象，位置反馈装置与减速机构的连接部分应可靠，并且转动灵活。位置反馈装置的输出信号应与执行器的行程相对应。

（6）智能型执行器或带有就地操作按钮的执行器，要对其各操作按钮及功能进行检查和设置。执行器的显示屏（或状态指示灯）在执行器动作的范围内显示内容应正确，各操作按钮在就地操作时执行器动作应正确灵活，执行器的各种功能（或参数）设置应完好。

（7）气动执行机构要对电/气控制装置、气/气控制装置和位置反馈装置及其连接机构进行检修，对过滤减压阀、保位阀、电磁阀、气源控制阀及压缩空气系统管路进行检查。当控制信号（电信号或气信号）发生变化时，控制装置的输出和执行机构也应发生相应的变化。执行机构的行程要与控制信号的大小相对应，位置反馈信号正确，执行机构及控制装置的各零部件动作灵活可靠。

（8）液动执行器要对伺服阀、闭锁阀、快开阀、快关阀、位置反馈等装置进行检修。检查测量各电磁阀线圈的阻值和绝缘，线圈阻值和绝缘应符合要求。各电磁阀的插头安装要牢固（带紧固螺栓的要将螺栓上好），插头与插座接触应良好。各电磁阀、位置反馈装置和执行机构的动作应灵活可靠，行程满足阀门要求，位置反馈信号和终端信号应正确，电磁阀装置与执行机构的连接处无渗漏现象。

四、执行器（执行机构）的调试及投运项目

执行器检修项目完成后，要对执行器进行就地及远方控制方式的调试。

（1）调试前要检查执行器及其零部件安装完好，控制电缆绝缘正常，执行器接线正确牢固，执行器与主设备连接工作完成。

（2）执行器调试时要联系主设备的检修人员、运行人员及调试有关人员，并确认主设备检修工作已完成，检修人员已撤离检修现场。

（3）现场手动检查执行器与主设备在全行程范围内动作灵活，无卡涩、拒动等不良现象。根据主设备的"全开、全关"位置，确定执行器"全开、全关"终端开关的位置，将执行器手动摇至中间位置，执行器送电。

（4）智能型执行器或带有就地显示功能的执行器，检查其就地显示状态正确，智能型执行器要检查（或设置）其各参数。

（5）执行器送电后首先要检查其电动"开、关"方向，电动执行器的"开、关"方向要与阀门（或挡板）的"开、关"方向一致。其次要检查执行器的终端开关，"全开、全关"方向的终端开关在执行器"开、关"时要能够正确动作。

（6）带就地操作按钮的执行器，要就地全行程电动检查执行器与阀门（或挡板）的动作情况。在其整个的动作过程中，各机构动作灵活可靠，无拒动、卡涩等不良现象，"全开、全关"及中间点要与阀门（或挡板）的实际位置一一对应。

（7）执行器的控制系统具备调试条件后，主控与就地要进行系统调试。主控操作执行器时，DCS（或操作器）显示动作状态要与阀门（或挡板）的实际动作情况一致，"全开、全关"等状态信号正确。带有开度指示的调整门执行器，其0～100％的开度指示与阀门（或挡板）的实际开度相对应，误差要小于5％。

（8）执行器检修调试完成后，其状态显示应正确，动作应灵活可靠，开度指示应准确，并经过运行等有关人员验收，各项指标符合要求后，方可投入正常运行。

第二节 电动执行机构及其检修

基本的执行机构用于把阀门驱动至全开或全关的位置，用于控制阀的执行机构能够精确地使阀门走到任何位置。尽管大部分执行机构都是用于开关阀门，但是如今的执行机构的设计远远超出了简单的开关功能，它们包含了位置感应装置、力矩感应装置、电极保护装置、逻辑控制装置、数字通信模块及PID控制模块等，而这些装置全部安装在一个紧凑的外壳内。

因为越来越多的工厂采用了自动化控制，人工操作被机械或自动化设备所替代，人们要求执行机构能够起到控制系统与阀门机械运动之间的界面作用，更要求执行机构增强工作安全性能和环境保护性能。在一些危险性的场合，自动化的执行机构装置能减少人员的伤害。某些特殊阀门要求在特殊情况下紧急打开或关闭，阀门执行机构能阻止危险进一步扩散同时将损失减至最少。对一些高压大口径的阀门，所需的执行机构输出力矩非常大，这时所需执行机构必须提高机械效率并使用高输出的电动机，平稳地操作大口径阀门。

一、电动执行机构的结构原理

以MD系列电动执行机构的整体式比例调节型为例。

MD系列电动执行机构以交流伺服电动机为驱动装置的位置伺服机构，由配接的位置定位器PM－2控制板接受调节系统的4～20mA直流控制信号，与位置发送器的位置反馈信号进行比较，比较后的信号偏差经过放大使功率级导通，电动机旋转驱动执行机构的输出件朝着减小这一偏差的方向移动（位置发送器不断将输出件的实际位置转变为电信号——位移反馈信号送至位置定位器），直到偏差信号小于设定值为止。此时执行机构的输出件就稳定在与输入信号相对应的位置上。该系列角行程机构示意图如图27-1所示，直行程机构示意图如图27-2所示。

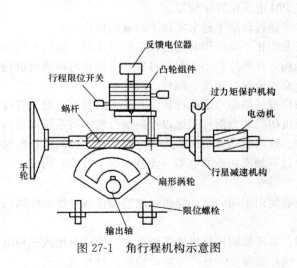

图27-1 角行程机构示意图

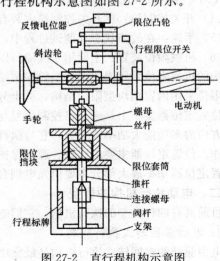

图27-2 直行程机构示意图

MD 系列角行程调节电动执行机构的构成：

MD 系列角行程调节电动执行机构由动力部件和位置定位器（PM-2 控制板）两大部分组成。其中动力部件主要由电动机、减速器、力矩行程限制器、开关控制箱、手轮和机械限位装置以及位置发送器等组成，其各部分作用简述如下：

（1）电动机：电动机是特种单相或三相交流异步电动机，具有高启动力矩、低启动电流和较小的转动惯量，因而有较好的伺服特性。在电动机定子内部装有热敏开关做过热保护，当电动机出现异常过热（内部温度超过 130℃）时，该开关将控制电动机的电路断开以保护电动机和执行机构。当电动机冷却以后开关恢复接通，电路恢复工作。为了克服惯性惰走，调节型电动执行机构的电动机控制电路均有电制动功能。

（2）减速器：角行程执行机构采用行星减速加涡轮涡杆传动机构，既有较高的机械效率，又具有机械自锁特性。直行程执行机构的减速器由多转执行机构减速器配接丝杆螺母传动装置组成。

（3）力矩行程限制器：它是一个设置在减速器内的标准单元，由过力矩保护机构、行程控制机构（电气限位）、位置传感器及接线端子等组成。

1）过力矩保护机构：内行星齿轮在传递力矩时产生的偏转拨动嵌装在齿轮外圈的摆杆，摆杆的两端各装有一个测力压缩弹簧作为正、反向力矩的传感元件，当输出力矩超过设定限制力矩时，内齿轮的偏转使摆杆触动力矩开关，切断控制电路使电动机停转。调整力炬限制弹簧的压缩量即可调整力矩的限定值。该保护具有记忆功能，对应于接线图中的电气设备是力矩开关 LEF、LEO。当该保护动作后，在排除机械力矩故障后，执行机构断电或信号瞬间反向一下即可恢复（即记忆解除）正常工作。

2）行程控制机构：由凸轮组和微动开关组成。该凸轮组通过齿轮减速装置，与减速器传动轴相连，通过调整分别作用于正、反方向微动开关（即行程限位开关）的凸轮板的位置可限定执行机构的行程（行程开关 FCO，FCF）。该电气限位的范围在出厂时已经调好，一般情况下勿随便调整，以免损坏机构。

3）位置传感器：采用高精度、长寿命的导电塑料电位器作为位置传感元件，它与凸轮组同轴连接，整体式比例调节型电动执行机构位置指示信号，是将电位器随输出轴行程变化的电阻值送入 PM-2 控制板的比较放大电路，并由它送出一个 4～20mA 的 DC 电流信号用于指示。

（4）开关控制箱：在开关控制箱内装有 PM 电子位置定位器。

（5）手轮：在故障状态和调试过程中，可通过转动手轮来实现手动就地操作。

（6）机械限位装置：主要用于故障时以及防止手动操作时超过极限位置保护。角行程电动执行机构的机械限位采用内置扇形蜗轮限位结构，外形体积小，限位可靠；直行程电动执行机构的机械限位采用内置挡块型限位结构，可十分有效地保护阀座、阀杆、阀芯。

位置定位器实质上是一个将控制信号与位置反馈信号进行比较，并放大以控制电动机开停和旋转方向的多功能大功率放大板，它与执行机构的动力部件相连以控制执行机构按系统规定的状态工作。位置定位器主要由比较、逻辑保护、放大驱动及功率放大等电路组成。控制单相电动机的位置定位器功率放大部分主要由光电耦合过零触发固态继电器（无触点电子开关）构成。

二、电动执行机构的类型

目前共有四种类型的执行机构，它们能够使用不同的驱动能源，能够操作各种类型的阀门。

1. 电动多回转式执行机构

电力驱动的多回转式执行机构是最常用、最可靠的执行机构类型之一。使用单相或三相电动机驱动齿轮或蜗轮蜗杆最后驱动阀杆螺母，阀杆螺母使阀杆产生运动使阀门打开或关闭。

多回转式电动执行机构可以快速驱动大尺寸阀门。为了保护阀门不受损坏，安装在阀门行程的终点的限位开关会切断电动机电源，同时当安全力矩被超过时，力矩感应装置也会切断电动机电源，位置开关用于指示阀门的开关状态，安装离合器装置的手轮机构可在电源故障时手动操作阀门。

这种类型执行机构的主要优点是所有部件都安装在一个壳体内，在这个防水、防尘、防爆的外壳内集成了所有基本及先进的功能。主要缺点是，当电源故障时，阀门只能保持在原位，只有使用备用电源系统，阀门才能实现故障安全位置（故障开或故障关）。

2. 电动单回转式执行机构

这种执行机构类似于电动多回转执行机构，主要差别是执行机构最终输出的是 $1/4r$ 即 $90°$ 的运动。新一代电动单回转式执行机构结合了大部分多回转执行机构的复杂功能，例如：使用非进入式操作界面实现参数设定与诊断功能。

单回转执行机构结构紧凑可以安装到小尺寸阀门上，通常输出力矩可达 $8000N \cdot m$，另外应为所需电源较小，它们可以安装电池来实现故障安全操作。

3. 流体驱动多回转式或直线输出执行机构

这种类型执行机构经常用于操作直通阀（截止阀）和闸阀，它们使用气动或液动操作方式。结构简单，工作可靠，很容易实现故障安全操作模式。

通常情况下人们使用电动多回转执行机构来驱动闸阀和截止阀，只有在无电源时才考虑使用液动或气动执行机构。

4. 流体驱动单回转式执行机构

气动、液动单回转执行机构非常通用，它们不需要电源并且结构简单，性能可靠，它们应用的领域非常广泛，通常输出力矩为几万牛米到几十万牛米。它们使用气缸及传动装置将直线运动转换为直角输出，传动装置通常有拨叉、齿轮齿条杠杆。齿轮齿条在全行程范围内输出相同力矩，非常适用于小尺寸阀门；拨叉具有较高效率，在行程起点具有高力矩输出，非常适合于大口径阀门。气动执行机构一般安装电磁阀、定位器或位置开关等附件来实现对阀门的控制和监测。

这种类型执行机构很容易实现故障安全操作模式。

三、电动执行机构的预测性维护

操作人员可以借助内置的数据存储器来记录阀门每次动作时力矩感应装置测得的数据，这些数据可以用来监测阀门运行的状态，可以提示阀门是否需要维修，也可以用这些数据来诊断阀门。

针对阀门可以诊断如下数据：

（1）阀门密封或填料摩擦力；

（2）阀杆、阀门轴承的摩擦力矩；

（3）阀座摩擦力；

（4）阀门运行中的摩擦力；

（5）阀芯所受的动态力；

（6）阀杆螺纹摩擦力；

（7）阀杆位置。

上述大部分数据存在于所有种类的阀门，但着重点不同，例如：对于蝶阀，阀门运行中的摩擦力是可以忽略的，但对于旋塞阀这个力数值却很大。不同的阀门具有不同的力矩运行曲线，例如：对于楔式闸阀，开启和关闭力矩都非常大，其他行程时只有填料摩擦力和螺纹摩擦力，关闭时，液体静压力作用在闸板上增加了阀座摩擦力，最终楔紧效应使力矩迅速增大直到关闭到位。

所以根据力矩曲线的变化可以预测出将会发生的故障，可以对预测性维护提供有价值的信息。

四、电动执行机构的检修注意事项

以 MD 系列电动执行机构的整体式比例调节型为例。

在通电前，必须进行外观检查和绝缘检查，动力回路（弧电回路）及信号触点对外壳的绝缘，用 500V 绝缘电阻表测量不得低于 20MΩ；信号输入、输出回路及它们与动力回路之间的绝缘，除特殊要求外，不应低于 10MΩ 合格后方可通电。在通电后，应检查变压器、电动机及电子电路部分元件等是否过热，转动部件是否有杂音，发现异常现象应立即切断电源，查明原因。未查明原因前，不要轻易焊下元件。更换电子元件时，应防止温度过高，损坏元件。更换场效应管和集成电路时一定要把电烙铁妥善接地，或脱离电源利用余热进行焊接。拆卸零部件、元器件或焊接导线时，应做好标记，对应记号。应尽量避免被检设备的输出回路开路，避免被检设备在有输入信号时停电。检修后的设备必须进行校验。对于电动机要检查线圈对外壳及线圈之间的绝缘电阻，测量线圈直流电阻，清洗轴承并加优质润滑油，检查转子、定子线圈及制动装置；对于减速器要解体清洗各部件，检查行星齿轮部分的情况，检查斜齿轮部分的情况，检查蜗轮蜗杆或丝杆螺母的啮合情况，最后进行装配、调整并加长效钙基润滑脂。对于位置传感器部分要进行外观检查，检查电位器与行程控制机构的同轴连接情况，检查电位器的基本情况，检查电位器及放大板之间的连接情况。

五、电动执行机构的常见故障现象分析

以 MD 系列电动执行机构的整体式比例调节型为例。

1. 位置传感器部分

（1）电动执行机构接受控制系统发出的开、关信号后，电动机能正常转动，但没有阀位反馈。其可能原因是：

1）位置传感器的电位器与行程控制机构不能同轴旋转，需检查连接部分是否损坏；

2）电位器损坏或性能变坏，阻值不随转动而发生变化；

3）位置传感器的电位器及放大板间连接导线不正常；

4）PM 放大板损坏，无反馈信号送出。

（2）电动执行机构接受控制系统发出的开、关信号后，电动机能正常转动，但阀位反馈始终为一固定值，不随阀门的开、关而变化，其可能原因是：

1）导电塑料电位器的阻值为一恒值，不随转动而变，需检修更换电位器；

2）放大板中有关部分异常，需检查处理。

2. 执行器

（1）执行机构接收控制系统发出的开、关信号后，电动机不转并有嗡嗡声，其原因可能是：

1）减速器的行星齿轮部分卡涩、损坏或变形；

2）减速器的斜齿轮传动部分变形或过度磨损或损坏；

3）减速器的蜗轮蜗杆或丝杆螺母传动部分变形损坏、卡涩等；

4）整体机械部分配合不好，不灵活，需调整加油。

（2）电气部分故障。

1）电动执行机构接受控制系统发出的开、关信号后，电动机不转，也无嗡嗡声。可能原因是：没有交流电源或电源不能加到执行机构的电动机部分或位置定位器部分；PM 放大板工作不正常，不能发出对应的控制信号；固态继电器部分损坏，不能将放大板送来的弱信号转变成电动机需要的强电信号；电动机热保护开关损坏；力矩限制开关损坏；行程限制开关损坏；手动/自动开关位置选错或开关损坏；电动机损坏。

2）电动执行机构接受控制系统发出的开、关信号后，电动机不转，有嗡嗡声。其可能原因是：电动机的启动电容损坏；电动机线圈匝间轻微短路；电源电压不够。

3）电动执行机构接受控制系统发出的开、关信号后，电动机抖动，并伴有咯咯声，其原因可能是：PM 放大板的输出信号不足不能使固态继电器完全导通，造成电动机的加载电压不足；固态继电器性能变坏，造成其输出端未完全导通。

第三节　SMC 普通型阀门电动装置的检修

SMC 普通型阀门电动装置（以下称电动装置）用于驱动控制阀瓣直线运动的闸阀、截止阀、隔膜阀等多回转阀门。可以组合成多回转电动装置及部分回转电动装置，用于驱动控制阀瓣旋转运动的球阀、蝶阀、旋塞阀等部分回转阀门。

SMC 普通型阀门电动装置可以远距离电动操作（控制室内操作），也可根据要求加装现场按钮灯盒而具备现场操作功能。手动机构可以完成现场手动操作阀门。

一、SMC 普通型阀门电动装置常见故障及排除方法

SMC 普通型阀门电动装置常见故障、原因及排除方法见表 27-2。

表 27-2　　　　　　　　　MC 普通型阀门电动装置常见故障、原因及排除方法

故　障	原　因	排除方法
电动机不能启动	（1）电源不通； （2）电源电压低； （3）热继电器动作； （4）T—SW 动作； （5）阀门操作转矩过大	（1）检查电源； （2）检查电压； （3）等待热继电器恢复正常状态； （4）将 T—SW 向增大力矩方向调整或强启； （5）检查阀门操作转矩
开关运转中电动机停止	（1）负载过大，使转矩开关动作； （2）热继电器动作； （3）阀门状态不良载荷大	（1）如输出最大力矩还有裕量，提高转矩设定值； （2）调整热继电器； （3）检查阀门使其正常，若可能，应定期电动操作一次阀门
用齿轮限位开关无法使电动机停止	（1）电机旋转反向； （2）开关调整不良； （3）调整后忘记将调整螺杆复位； （4）控制电源开关故障； （5）限位开关齿轮损坏	（1）手动至中间位置重接线； （2）重调； （3）使调整螺杆复位； （4）检查排除故障； （5）检查更换
T. SWG. L. SW 动作，电动机不停	（1）电动旋转反向； （2）接地出现故障	（1）手动操作阀门至中间位置重新接线； （2）检查测量接地电阻
全开全关指示灯不亮	转矩开关动作，阀门没有达到应有位置	调整转矩开关
远控开度指示不动	（1）信号输出（电位器）齿轮松动电位器轴不转； （2）电源不良； （3）电位器损坏	（1）紧固螺栓； （2）检查电源； （3）更换

故　障	原　因	排除方法
电动运转但阀门不动	(1) 手动切换机构不正常； (2) 锁紧螺母松动	(1) 解体检查修复正常； (2) 拧紧、錾牢
手动不动	离合器牙嵌与手轮体牙嵌面相顶，两牙嵌没啮合	少许转动使牙嵌位置错开
启动时阀杆振动	阀杆螺母松动或紧固不当	卸下阀杆罩或管堵紧固螺母
绝缘不良	浸入雨水（电线进入口密封不良）	(1) 修理密封部件； (2) 干燥电器元件及电动机； (3) 注意电线入口密封
漏油	(1) 密封损坏； (2) 环境温度高，主箱体内压升高	(1) 检查密封修复； (2) 松动一处不影响工作的螺栓（最好是油塞）排气

二、检修项目

1. 小修标准项目

(1) 电动门整体外观检查，检查阀门各部位是否有松动现象，对阀门进行开启或关闭，观察是否有异常现象。

(2) 检查阀杆与蝶板连接是否牢固。

(3) 电动门打开和关闭灵活性检查。

(4) 密封圈渗漏检查。

(5) 检查传动轴填料处是否泄漏。

(6) 查看行程开关是否松动或破损。

(7) 检查反馈装置是否松动，机械位置是否移动。

2. 大修标准项目

(1) 电动门整体外观检查，检查阀门各部位是否有松动现象，对阀门进行开启或关闭，检查是否有异常现象。

(2) 检查阀杆与蝶板连接是否牢固。

(3) 电动门打开和关闭灵活性检查。

(4) 密封圈渗漏检查。

(5) 检查传动轴填料处泄漏。

(6) 查看行程开关是否松动或破损。

(7) 检查反馈装置是否松动，机械位置是否移动。

(8) 蝶阀的对夹式法兰连接是否紧密牢固。

(9) 对蝶阀进行 2.0 倍公称压力强度试验。

(10) 对蝶阀进行 1.25 倍公称压力密封试验（单向或双向）。

(11) 蝶阀信号反馈装置灵敏度检查。

(12) 蝶阀开关时间检查。

(13) 蝶阀关闭弹簧检查是否有腐蚀。

(14) 阀门灵活性检查，应灵活平稳，无卡涩跳动，行程控制和开度指示准确。

三、使用和维护注意事项

（1）电动装置顶部的阀杆罩或者管堵应旋紧，当取下维修时应遮盖电动装置顶部以免异物进入。

（2）位置指示窗玻璃不得用硬物撞击。

（3）不得在恶劣天气（雨、雪天）的户外进行安装或打开 G. L. SW 箱罩等电器密封部位。

（4）维修调试后需将各电器密封部位装好、紧固，并应注意不应遗失密封圈，以防雨水、潮气浸入造成电器元件失效及零件锈蚀。

（5）打开电器部件外罩时应先断前级电源。

（6）电动机功率选择取决于该电动装置的输出转矩、转速，不得任意更换电动机。

（7）转矩线路板不得取下或减小。

（8）转矩弹簧盖在转矩定位时不得随意松动或拆卸。

（9）手/电动切换手柄切换到手动位置后不得人为将其搬回电动位置。手/电动切换操作时参照切换手柄上铭牌及箭头所示方向将其按下，若按不到位可适当转动手轮。

（10）手动操作时手轮不可再加套筒或插入棍棒等方法强行转动。

（11）电动装置自阀门取下维修后重新装上时应进行 G. L. SW 的调整。

（12）在阀门平时很少使用的情况下，如果工艺允许应建立定期启动检查电动门的制度。

（13）电动装置的接地螺栓与接地线必须连接可靠。

四、装置的调整试验

调整转矩、行程之前，必须检查位置指示机构上的电位器是否脱开（把电位器轴上齿轮的紧定轴钉松开即可脱开）以防损坏。新装的电动装置首次电动时，必须检查电动机相序控制线路接线是否正确，以防电动机失控。

1. 转矩控制机调整

（1）首先调整关方向转矩。

（2）按照随产品提供的转矩特性曲线，从小转矩开始，逐渐增大转矩直到阀门关严。

（3）根据阀门工作特性调整开方向转矩要比关方向转矩大。

（4）以上调整均在空载、无介质压力等因素下调整的。在有压力、温度时应注意其能否关严，如关不严则要适当增加转矩值以关得严，打得开为准。

2. 行程控制机构调整

（1）用手动将阀门关严。

（2）脱开行程控制机构，用螺丝刀将行程控制机构中顶杆推进并转 90°，使主动小齿轮与计数器个位齿轮脱开。

（3）用螺丝刀旋转关向调整轴，按箭头方向旋转直到微动开关动作为止，则关向行程应初步调好。

（4）松开顶杆使主动齿轮与两边个位齿轮正确啮合，为保证其正确啮合在松开顶杆后，可用螺丝刀稍许转动调整轴，此时可以电动打开几圈，而后关闭，视关向行程动作是否符合要求，可以按上述程序重新调整。

（5）开方向调整，在关方向调整好以后，用手动将阀门开到所需位置（注意：此时行程控制机构不能脱开，否则关向调整又被打乱）。然后脱开行程控制机构，旋转"开"向调整轴，按箭头方向旋转直到微动开关动作为止，再使行程控制机构与主动齿轮啮合，则开向行程调完。行程控制机构调整完后，可反复试操作几次，一般开阀门控制在全行程 90% 左右。

3. 位置指示机构的调整

（1）在调整好轴矩、行程基础上调整位置指示机构和远传电位器。

（2）将阀门关闭。

（3）将位置指针推到表板的"关"字处，转动电位器使电位器至零位上，并使电位器轴上齿轮与开度轴上齿轮啮合，拧紧电位器轴上齿轮的紧固螺栓即可。

第四节　气动调节机构的检修

一、机构概述及工作原理

1. 机构概述

气动调节执行机构用于生产过程汽、水、油、风管路流通量的调整，以控制各类参数使符合生产要求并维持相对稳定。具体用于机组过、再热喷水减温、主给水旁路、燃油压力、高压加热器及低压加热器疏水调节、凝汽器补水溢流、辅汽联箱压力、给水泵再循环调节润滑油温、定冷水温调节、炉四角风门挡板、摆动火嘴调节等。

主要有美国 FISHER，美国 COPES、VALTEK，英国 CCI，吴忠气动仪表厂的阀门，哈尔滨风华机械厂 ZWK—1 型风门挡板执行机构等。

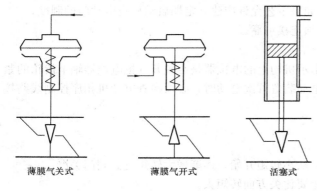

薄膜气关式　　　薄膜气开式　　　活塞式

图 27-3　气动执行机构简示图

2. 结构与工作原理

气动调节执行机构按照气压/位移转换原理有气动薄膜式（如 FISHER TYPE667 型）、气动活塞式（如英国 CCI）；按照执行机构输出轴运动形式有直行程和角行程两种；执行机构与阀门连在一起时，有气开式、气关式之分，如图 27-3 所示。

以下以美国 FISHER TYPE667 型气动执行机构为例阐述气动执行机构的结构、原理、检修维护要点，其他不再赘述。

气动执行机构通常由执行器、定位器、电/气转换器、位置发送器及保位阀、过滤减压阀等组成，如图 27-4 所示。

（1）控制单元 4～20mA 的电信号经电/气转换器转换成 20～100kPa 的气压信号，通过定位器输入执行器，由薄膜转换成与气压信号成正比的向下作用力，压缩弹簧使阀杆产生位移。

（2）阀杆行程带动定位连杆所产生的位移与电/气转换器输出气压信号在定位器内通过波纹管、定位凸轮、定位支架对挡板产生作用，互相平衡，控制喷嘴输出，从而达到准确、快速定位的目的。

（3）阀杆行程带动反馈连杆角位移，在位置发送器内该位移信号转换成相应的 4～20mA 的电信号，代表阀门行程开度。

（4）过滤减压阀用以滤掉压缩空

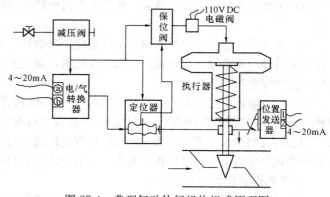

图 27-4　典型气动执行机构组成原理图

气中的水、油和杂质，净化气源，保证执行机构各部件正常工作；同时将高压气源减压稳定在执行机构额定用气压力范围内。

（5）保位阀的作用是在突然失去气源时，及时切断执行器的进气气路，保证在一定时间内执行机构保位不动。

（6）电磁阀受外部信号控制得、失电时，使执行器闭锁开关。

二、机构的检修与调试

1. 检修前的准备工作

（1）工器具与材料的准备。各种规格的十字、一字螺丝刀，医用托盘两个（大、小各一），无水乙醇、镊子、各种规格扳手、气管接头。

（2）气动执行机构的隔离与拆卸。进行检修前应使该执行机构与相应的阀门、挡板分离或使阀门、挡板对系统无影响。拆卸过程中应注意各零部件的收集、保管。拆卸前应注意气源的隔离。

2. 设备检修步骤与要求

（1）外观检查、检修。气动执行机构应外观良好，气压表、定位器、过滤器、保位阀、气管路完整无破损，执行器动作灵活，无卡涩。气路及各气动元件无泄漏。

（2）定位器、过滤减压阀、保位阀清洗。各元件按说明书解体，橡胶垫片、垫圈用清水清洗，其他零件用无水乙醇清洗，过滤减压阀滤网用乙醇煮沸 5min，取出晾干。

3. 检修工艺与质量标准

（1）执行机构外观清扫，外观完整无破损、无断裂。

（2）调校各个气压表指示准确。

（3）空气过滤减压阀清洗，输出气压符合要求，定位器、电/气转换器、保位阀清洁。

（4）设备铭牌字迹清晰、完整。

（5）检查气源供气管路压力正常。

（6）气源管路与各部件连接正确，无漏气。

（7）反馈连杆连接牢固无松动。

（8）断开信号线的两端，测信号线对地，信号线之间绝缘电阻合格。

（9）气动执行机构动作灵活、准确。

4. 机构的调整试验

（1）电/气转换器校验。加入 4mA 信号，电/气转换器输出应为 20kPa，否则调整其电路板上 ZERO 电位器；加入 20mA 信号，电/气转换器输出应为 100kPa，否则调整其电路板上 SPAN 电位器；并输入 8、12、16mA 观察中间点是否输出线性为 40、60、80kPa。

（2）位置发送器调校。在电/气转换器加入电信号 4mA 使阀门全关，位置发送器输出应为 4mA，否则调整其电路板上 ZERO 电位器；加入 20mA 以上信号，位置发送器输出应为 20mA，否则调整其电路板上 SPAN 电位器。反复调校，使零点、量程、线性均准确、良好，并重新定位好行程刻度指示板及电路板上信号正反拨位开关。

（3）定位器调校。在位置发送器调校基础上，以位置发送器输出信号为阀位标准对定位器进行调校，使其在电/气转换器输入 4mA 信号时，阀门全关，位置发送器输出应为 4mA，否则调整其定位零点螺丝；使其在电/气转换器输入 20mA 信号时，阀门全开，位置发送器输出应为 20mA，否则调整其定位量程螺丝。反复调校，使零点、量程、线性均准确、良好。在定位器内一般有正反作用解决方案。

（4）阀门开至任一中间位置，关闭总气源，检查保位阀功能。

（5）使电磁阀得、失电，试验阀门的强开或强关功能。

（6）调整阀门全开，全关行程开关动作。

5.维护要点

（1）检查气源压力符合要求，保证品质，及时除去水、油、杂质。

（2）检查气管路系统严密性，如各连接接头。

（3）检查定位器、保位阀、电/气转换器的清洁程度。

（4）检查定位连杆、反馈连杆有无脱落、松动或卡涩现象。

（5）检查指令、反馈信号线有无松脱、接地现象。

（6）检查定位器、电/气转换器内有无调整螺丝、调整螺母松动，相关弹簧松落情况。

6.检修结果的处理

整理好检修、维护、调试记录；按要求填写试验报告单、质量验收单，所有技术资料完善，规范存档。

参 考 文 献

[1] 张本贤. 热工控制与运行. 北京：中国电力出版社，2006.

[2] 叶江祺. 热工测量和控制仪表的安装. 北京：中国电力出版社，1998.

[3] 赵燕平. 火力发电厂维护消缺技术问答丛书. 热控分册. 北京：中国电力出版社，2004.

[4] 柴彤，等. 超超临界火电机组检修技术丛书. 热工控制设备检修. 北京：中国电力出版社，2012.

[5] 赵燕平，等. 电力试验技术丛书. 电厂热工测量装置及控制系统试验技术. 北京：中国电力出版社，2008.